数控铣削加工过程仿真与优化

——建模、算法与工程应用

刘　强　李忠群　编著

航空工业出版社
北　京

内 容 提 要

本书围绕高性能数控切削加工过程及仿真、切削参数优化技术这条主线，重点介绍了铣削加工过程的切削力学/动力学建模理论与仿真算法、数控机床动力学特性参数辨识方法与测试技术、切削参数优化原理与应用、切削参数数据库构建方法等内容，并结合“X - Cut”和“e - Cutting”系列数控铣削加工动力学仿真优化系统，给出了多个工程应用实例。书中内容既包括切削理论及动力学基本原理，又涉及国内外高性能数控加工技术的最新研究进展和成果，还有具体实际应用指导作用。

本书可供机械制造专业尤其是数控加工技术方向的本科生、研究生做教科书或参考书使用，也可供相关专业的工程技术人员、数控工艺及编程人员参考。

图书在版编目（CIP）数据

数控铣削加工过程仿真与优化：建模、算法与工程应用/刘强，李忠群编著. --北京：航空工业出版社，2011.7

ISBN 978 - 7 - 80243 - 304 - 5

Ⅰ. 数… Ⅱ. ①刘…②李… Ⅲ. 数控机床：铣床—金属切削—加工 Ⅳ. ①TG547

中国版本图书馆 CIP 数据核字（2011）第 135216 号

数控铣削加工过程仿真与优化——建模、算法与工程应用
Shukong Xixiao Jiagong Guocheng Fangzhen yu Youhua
——Jianmo、Suanfa yu Gongcheng Yingyong

航空工业出版社出版发行
（北京市安定门外小关东里 14 号 100029）
发行部电话：010 - 64815615 010 - 64978486

北京地质印刷厂印刷　　全国各地新华书店经售
2011 年 7 月第 1 版　　2011 年 7 月第 1 次印刷
开本：787 × 1092 1/16　　印张：16　　字数：386 千字
印数：1—9000　　定价：50.00 元

序

人类进入21世纪，制造技术从先进制造已开始发展到高端制造。数控机床是代表一个国家制造技术能力和水平重要的高端制造装备，已在航空、航天、汽车、能源、模具和电子等制造行业得到广泛应用，并呈现出“高速化、复合化、高效化、智能化”等发展趋势。随着复杂产品零件对切削加工的精度、效率和成本以及环境友好性等方面要求越来越高，采用数控机床实现高性能切削加工（High Performance Cutting）已成为现代制造业必不可少的手段，而数控切削过程仿真、加工工艺与参数优化则是支持实现高性能数控切削加工应用的关键技术。

在切削加工技术发展过程中，人们对切削加工过程中的力学、动力学建模和切削参数优化问题的深入研究可以追溯到20世纪早期和中期，从美国的F. W. 泰勒（F. W. Talor）提出沿用至今的刀具寿命公式，到M. E. 麦钱特（M. E. Merchant）首次采用解析方法研究切削模型问题，再到J. 特卢斯托夫斯基（J. Tlusty）和S. A. 托拜厄斯（S. A. Tobias）研究机床颤振的机理，开创机床动力学研究的先河，以及后来P. 奥克斯利（P. Oxley）在切削力学的解析研究方面开展深入全面的研究，师汉民教授在金属切削基础理论及应用进行新的探索等，国内外的一批学者积极开展和推动了切削理论研究和工程应用实践，取得了令人瞩目的成果。近20年来随着高速数控机床的出现和高速切削进入实际应用，进一步激发起人们研究高速加工中许多不同于常规切削的现象和规律的兴趣，使得切削力学和动力学研究再次成为数控加工领域的热点，此外，借助于计算机建模仿真技术，数控切削过程的物理仿真、虚拟加工等也已不再是纸上谈兵，而是可以将理论、仿真研究与工程应用紧密结合，从而使得数控加工过程切削力学、动力学的研究应用进入一个新阶段。

近10年来，刘强教授带领他的研究团队一直致力于数控切削过程建模与仿真、切削参数优化技术的研究与应用工作，尤其值得一提的是，他们紧密结合国内制造企业数控加工技术的新发展和新需求，将理论研究与工程实践相结合，自主研究开发了“X - Cut ”、“e - Cutting”系列数控切削过程力学、动力学仿真优化系统，为实施“千台数控机床增效工程”提供了数控加工过程仿真优化的技术方法和应用工具，已在100多家企业应用，取得了显著的成效，这是高校与企业“产、学、研”合作进行先进技术推广应用的一个成功范例。

在基础理论研究和工程开发应用取得成功的基础上，刘强教授与李忠群教授又将在数控切削过程建模、仿真和优化领域的研究应用成果编著成《数控铣削加工过程仿真与优化——建模、算法与工程应用》一书，这是作者及其团队多年来在该领域研究应用工作的汇集与总结，我期望该书将对数控切削加工仿真优化基础理论的深化研究、工程应用的广泛拓展产生积极的推动作用。

中国工程院院士

2011年7月

前　言

随着飞机、汽车、卫星、模具等现代产品制造对零件切削加工的精度、效率和成本以及环境友好性等方面要求越来越高，数控加工已成为应用越来越广泛的机械加工方法。采用高性能切削（High Performance Cutting，HPC）技术以实现优质、高效、低成本和绿色的数控加工，是近20年来众多学者和工程师努力追求实现的目标。

高性能切削技术涉及数控机床、先进刀具、高效编程、数控加工仿真、切削工艺与参数优化等多个方面，在解决了机床、刀具和程编这些必备条件之后，数控加工仿真和切削工艺与参数优化又成为数控加工技术领域关注的热点。数控加工仿真可分为几何仿真和物理仿真。几何仿真即运动仿真，是利用计算机模拟与数控程序相对应的刀位轨迹、加工过程中“刀具－工件－机床”三者之间相互的几何运动关系，用来检验数控加工中走刀轨迹的正确性以及是否存在过切、干涉、碰撞等现象。物理仿真主要包括切削力、切屑生成过程、刀具磨损、切削温度、加工表面形貌、切削动力学及稳定性、加工精度等仿真，以切削过程的力学/动力学仿真结果为指导和依据，可以合理、定量地进行数控加工工艺和切削参数的调整和优化。本书力图以数控铣削加工过程为主要研究对象，阐明数控加工过程的切削力学/动力学建模仿真与切削参数优化的一般概念、基本原理、技术方法和实际应用，为从事数控加工技术的高校学生、研究人员和工程技术人员提供一本理论与实践相结合的参考书。

早在20世纪90年代中期，本书的第一作者留学加拿大英属哥伦比亚大学（The University of British Columbia UBC）的制造自动化实验室（Manufacturing Automation Laboratory，MAL），国际上制造自动化领域知名学者尤瑟夫·奥廷塔思（Yusuf Altintas）教授将其引入了数控切削过程建模分析、辨识与控制的理论方法及应用这一既经典传统却又焕发出新鲜活力的领域。1998年留学回国后，作者继续在知名数控技术专家郇极教授和Yusuf Altintas教授的联合指导下，于2000年完成了《开放结构智能切削加工控制系统》的博士学位论文，同时指导研究生在数控机床动力学与控制这个领域开始了坚持不懈的理论研究和工程应用工作。

2000年后，适逢我国航空、航天、电子等行业进入快速发展时期，相关企业引进了一大批高速、精密、多轴联动的高档数控机床，以解决大量高性能要求的大型、整体、复杂零件的高效精密加工问题。这些制造行业数控机床数量多、功能强、性能高，但由于缺乏先进高效数控加工关键技术支持，大多沿用经验或试切法确定切削参数，相对于国外先进水平，国内企业的实际数控加工综合效率明显偏低。因此，企业迫切需要进一步“改造技术”，科学合理地优化切削工艺与参数，提高数控加工的质量和效率，这为开展数控加工过程的力学/动力学仿真和切削参数优化方面的研究工作提供了迫切的需求和广泛的应用背景。

2003年以来，作者及其研究团队先后承担了“基于切削过程仿真的数控加工过程优化技术研究及应用”、“整体构件高速数控加工关键技术研究”、“数控机床增效关键使能技术工程化研究与应用”、“基于切削力学和机电耦合的数控机床优化设计”、“面向全行业的切削参数数据库研究”等项目，围绕切削力学/动力学基础理论、切削参数仿真优化关键技术和使能工具软硬件系统等开展了深入的研究工作，结合国内制造企业数控加工的特点和需求，自主研究开发了 X – Cut 系列基于切削力学/动力学仿真的数控切削参数优化系统（包括 SimuCut、OptiCut、DynaCut、DataCut 等），与昌河飞机工业（集团）有限责任公司和成都飞机工业（集团）有限责任公司联合组建了国防科技工业高效数控加工技术研究应用中心，为“千台数控机床增效工程”专项提供了增效使能总体技术支持。当前，X – Cut 已推广应用于 110 多个制造企业及研究院所的数控加工参数优化和增效工作，取得了显著的实际应用效果。“基于切削过程仿真的数控加工过程优化技术研究及应用”项目还获得了国防科学技术奖二等奖（2006）和航空科学技术奖一等奖（2007）。

在 X – Cut 成功应用的基础上，北京嘉宝兴业科技有限责任公司与作者研究团队进一步合作，面向高等学校和职业技术院校的数控加工的教学与科研需求，在全新的内核平台上研究开发了“数控切削动力学仿真与优化系统（e – Cutting）软件，并已向各类高等院校及制造企业推出。我们期望，e – Cutting 在推动机械工程专业高年级本科生和研究生的数控切削过程力学/动力学理论教学、数控切削参数仿真优化的科研试验以及企业数控加工增效应用等方面，独树一帜，有所作为。

本书是在作者及其团队多年研究工作积累的基础上完成的，全书由刘强、李忠群执笔进行编箸，各章内容凝聚了众多研究人员的智慧结晶和辛勤劳动。第一作者指导第一位博士生尹力即在数控铣削动力学仿真方向开展研究，在学习和应用加拿大 UBC MAL 实验室 CutPro 的基础上，于 2003 年从底层结构和仿真算法开始，完全自主地开发了 Matlab 版本的 SimuCut，这是本书的早期探索性的研究开发工作。随后，李忠群、解杨敏、李峥、胡兴中、韩雄、黄开胜等继续研究了多种条件下切削动力学建模仿真与切削参数优化方法。解杨敏、胡兴中于 2006 年在 Matlab 版本基础上开发了 C + + 版本的 SimuCut，使其成为一个适合于实际应用的工具软件，李峥、黄开胜、申江丽等在 SimuCut 的进一步完善与应用工作中做出了重要贡献，以上的研究工作成果，构成了第 2 章和第 3 章的主体内容；金晓亮研究了数控机床动力学特性分析方法与测试技术，于 2006 年开发了 DynaCut 的软硬件系统，随后邱文旺、田恺等进行了完善和改进工作，并开发了与之配套应用的 SigProc 硬件系统，这部分内容主要纳入第 4 章；李峥、李忠群、解杨敏研究了不同加工特征下的切削力学仿真、难加工材料加工和中低速数控铣削参数的优化方法，李峥于 2008 年开发了 OptiCut 软件，这部分研究成果主要纳入了第 5 章；王娟、赵海洋、张福梅、赵明、王丹等在切削参数数据库系统开发和数据采集入库方面进行了大量工作，开发和构建了 DataCut，这部分研究成果纳入第 6 章。2010 年 3 月，研究团队确立了 e – Cutting 的研究开发目标，杨毅青、刘昕畅、李峥、黄开胜、邱文旺、申江丽、田恺等人进行了 e – Cutting 的架构设计、平台开发、功能模块开发和应用试验等工作，并于 2011 年 4 月，正式推出——“e – Cutting 的教育版和应用版”。本书第 7 章的工程应用实例，来自于研究团队在“千台数控机床增效工程”中，分别采用 X – Cut 和 e – Cutting 系统针对企业实际产品零件数控加工应用，进行切削参数仿真优化的过程和结果。在 X – Cut 和 e – Cutting 的研究开发过程中，彭翀、袁理、张斌等还先后进行了 SimuCut 和 e－Cutting 的网络化应用开发，隋慧敏进行了 SimuCut 与通用 CAD/CAM 软件的接口技术初步研究，限于篇幅，这些内容未纳入本书中。

此外，作者所在的国防科技工业高效数控加工技术研究应用中心的袁松梅教授、张以都教授、陈五一教授、陈志同教授、宋放之高工、宋祎老师和鹿珊珊老师等，在共同承担多个相关的科研项目过程中，对作者的研究、开发和试验工作给予了大力支持。宁汝新教授、唐晓青教授、吴复兴研究员、田雨华研究员、徐乃明研究员、谈风奎研究员、林英苏研究员、林小青研究员、汤立民研究员、卢廷钧研究员等一批工艺与装备技术领域的专家，还有彭艳萍、印培智、李冬茹、高志强等领导，一直给予作者及其团队莫大的鼓励和支持。昌河飞机工业（集团）有限责任公司、成都飞机工业（集团）有限责任公司、电子工业第十四研究所、首都机械厂等一批企业院所的数控分厂（车间）的领导和技术人员在有关项目研究的试验验证和生产应用方面，给作者及其团队提供了重要的帮助。

现任北京嘉宝兴业科技有限责任公司总经理孙刚先生，既是本书第一作者攻读硕士研究生时导师王克昌教授和韦彦成教授同一门下的师弟，又曾是先后毕业留在当时的北京航空航天大学 707 教研室任教的同事。是他以同门学子的学术情结和成功企业家的敏锐眼光，极力鼓励我们将已有的科研成果进一步凝练开发并著书立说，使其获得更广泛的应用和更多的受众。可以说，没有他的具体支持和推动，对于当前承担繁重科研和教学任务的我们，这本书的编著工作暂时还难以提上工作日程，更无从谈起能如此之快地完成本书的编著和出版工作。

值此书出版之际，作者谨向上述各位老师、研究生、领导和同事以及其他在工作中给予我们帮助的所有朋友，致以衷心的感谢！

本书的研究工作得到国防基础科研计划及“千台数控机床增效工程”专项（项目编号：K1203020507、B2120080261、A2120110002）、教育部高校博士点基金（项目编号：200800060010）和湖南省自然科学基金重点项目（项目编号：10JJ2040）的支持，本书的编著及出版工作得到了北京嘉宝兴业科技有限责任公司和航空工业出版社的鼎力支持，特此鸣谢！

为方便读者，本书配有免费试用的“e－Cutting 数控切削动力学仿真与优化系统（教育试用版）”，可以通过访问 http：//www. e－cutting. com 申请下载，或是致电北京嘉宝兴业科技有限责任公司（传真：010－62034241）联系索取。

本书汇集了作者及其团队多年的研究工作进展和成果，也参考引用了该领域国内外有关同仁的有关文献，由于篇幅限制，未将其在书中一一对应标注，只在书后参考文献中一并列出，对这些参考文献的作者及其研究成果，在此表示敬意和感谢！虽然作者已尽最大努力避免和减少谬误，但由于水平有限以及编著时间仓促，书中难免存在错误，敬请各位读者和同仁批评指正。

编著者

2011 年 5 月 10 日于北京航空航天大学

目　　录

第1章　概　述

高效数控加工（High Efficiency CNC Machining）是实现优质、高效、低成本和环境友好的制造过程的重要技术途径，它是指综合应用高效数控加工装备、优化的数控加工工艺及参数以及数控车间制造执行系统（MES）等技术，减少零件在整个数控加工过程的占用时间，从而提升数控加工过程的综合效率。高效数控加工不过分强调最快的切削速度或最高的加工质量，而是通过提高单位时间的材料去除速率（Material Removal Rate，MRR）、降低加工时间来实现降低加工成本的目的。

数控加工过程占用时间可以分为三个部分：切削时间、辅助时间和生产准备时间。高效数控加工就是通过采用高性能数控装备、先进工艺技术和现代管理手段，减少这三部分时间，达到提高加工效率的目的。其中，采用高性能切削技术（High Performance Cutting，HPC）来减少切削时间，是提高数控加工效率最直接、有效的途径。高性能切削技术包括：高速切削、大进给切削和强力切削等，采用 HPC 的同时，还需要以高性能切削刀具、新型冷却润滑方式、数控程序优化及切削过程参数优化等作为支持技术，才能实现提高切削过程的材料去除速率，缩短直接切除工件上多余材料的切削时间，从而提高加工效率。

为了满足数控加工过程中工件材料、零件几何形状、精度和表面质量等方面的新要求，提高数控机床产品本身的竞争力，从20世纪90年代中期开始，综合了高精度和高速化两个方面特点的高性能数控机床受到高度重视，进入21世纪以来，高性能切削及其主要支撑技术——虚拟数控加工（Virtual CNC Machining）技术已经成为数控切削加工领域的研究新热点。国际生产工程学会（The International Academy for Production Engineering，CIRP）分别于2004年、2006年召开了第一、二届高性能切削国际会议，就高性能切削加工技术及装备所涉及的机床动力学建模、控制、CAM、切削理论、铣削/钻削/磨削、微切削等方向进行了研讨，国内举办的先进制造技术方面的重要会议也已将高性能数控机床及加工工艺技术列为主题之一，可以说，高性能切削加工及其支撑技术研究应用已成为数控加工技术发展的一个新趋势。

1.1　高性能切削的内涵

现代装备及产品中高性能零件呈现如下特性。

（1）材料特点

金属材料零件是数控加工的主要对象，各种钢、铝合金等占有很大比例，钛合金、高温合金也有占一定比例，金属材料毛坯可以由铸造、锻造、预拉伸、轧制等多种工艺制成，此外，非金属材料零件（主要是复合材料和光学硬脆性材料）的数控加工量也呈现上升的趋势。

（2）结构特点

零件结构种类多样，如汽车发动机的箱体、缸体/缸盖、盘、轴等零件，飞机的壁板、梁、框、肋、缘条、长桁和接头及骨架等结构零件，航空发动机的叶片/叶轮/叶盘、机匣、盘环件等。此外，由于高性能、轻量化和高可靠性的设计要求，采用整体结构和复杂型面结构的零件比例大大增加，因此零件几何尺寸大、型面复杂、工艺特征多、壁厚小。

（3）工艺特点

由于材料选用和结构设计上的特点，高性能零件数控切削加工具有加工精度要求高、材料去除量大、加工变形控制难度大等诸多特点，对加工质量、变形控制和加工效率提出了很高的要求。另外，现代制造业的发展还要保证零件加工过程满足日益严格的环境友好方面的要求。

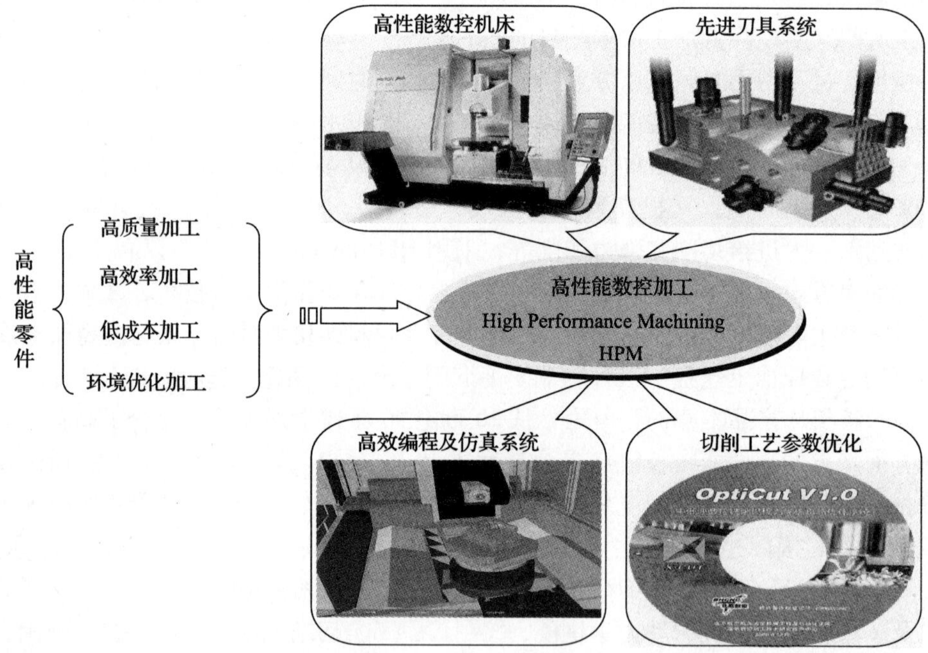

图 1－1　高性能切削加工

高性能产品零件的材料、结构和工艺特点，对加工质量、效率、成本以及环保等方面提出了更高的要求，高性能切削就是满足上述要求而提出的一个新的理念。所谓高性能切削加工是指在数控切削加工过程中，全面考虑机床、刀具、工件、编程、加工工艺和参数等因素及其相互作用，采用刀具轨迹仿真、几何仿真、物理仿真等方法，通过对“机床－零件－刀具－夹具”工艺系统特性、数控编程、走刀路径、切削参数等的分析，对切削加工过程进行综合优化，实现优质、高效、低成本及绿色的数控加工。

在高性能数控切削加工中，高性能数控机床、高性能切削刀具、高效数控编程与仿真系统（虚拟数控加工技术）、加工工艺与切削参数优化技术等是其关键的支撑技术。

1.2　高性能数控机床与刀具

1.2.1　高性能数控机床

（1）高性能数控机床的主要特点

高性能加工中心不仅满足高精度和可靠性、工序集约、复合加工、信息化和智能化等性能要求，还满足生产效率高、运行成本低、环境污染少、人机界面友好的要求。高性能数控机床应具备如下主要特点。

①多轴联动：

一般为 4 轴或 5 轴联动，或在 5 轴联动控制基础上实现更多轴的控制以及实现复合加工联动控制。引入 A/B、A/C 坐标的多轴联动可方便地解决诸如叶片、复杂型腔、泵体、多面体等复杂结构和型面的加工问题；在多轴联动基础上实现复合数控加工可以大大缩短工件定位装夹等辅助工作时间，提高机床加工效率。

②高速主轴：

现代高性能零件的数控加工对高性能数控机床的主轴提出了多样性需求，如要求主轴转速超过几万转每分钟甚至更高，或要求主轴功率达到几十甚至几百千瓦，高速主轴配合使用高性能刀具系统，可以实现高速切削加工，如飞机大型铝合金结构件的高速数控加工中，切削线速度一般达 1000～4000m/min，最高切削线速度可达 5000m/min 以上。

电主轴由于具有结构紧凑、重量[①]轻、惯性小、动态响应性能好、振动和噪声小等特点，是高速主轴单元的理想结构。在高速主轴单元设计中高速主轴支撑是核心，设计和选择主轴支撑时，不但要求在主轴旋转时有较高的刚度和承载能力，而且要求有较高的使用寿命。国内外用于高性能机床主轴支撑的轴承主要有：陶瓷球轴承、静压轴承、动静压轴承、气浮轴承和磁悬浮轴承。其中又因动静压轴承综合了动压与静压轴承的优点，所以在高速加工设备中有很好的应用前景与发展潜力。

③高动态响应的进给系统：

在高速加工条件下，除要求高主轴转速外，还对进给轴的速度及加、减速度提出了很高的要求，直线进给轴速度最高可达 120m/min，新型数控机床的进给加速度可达到 3～5g。高性能数控机床采用直线电机驱动的直线轴运动和力矩电机驱动的摆动轴运动，可大大简化机械传动结构，实现所谓“零传动”。同时要采用先进的轮廓（Profile）控制技术等，如回冲加速、新型 NURBS 插补等平滑插补、钟形加减速、前馈控制、精确矢量补偿、最佳拐角减速控制及大数目超前程序段预处理等，保证具有快速反应能力而且功能丰富、高效和高精度。

④高精度：

直线轴定位精度在微米数量级，并可实现更高的位置精度。由于进给伺服中采用直线电机驱动、高精度高刚度运动部件构成的运动控制系统，并考虑进给系统中的机电耦合作

① 本书重量系为质量（mass）概念，单位为千克。

用，采用全闭环反馈控制、PID加前馈控制甚至更复杂先进控制算法的数字伺服控制以及补偿控制，数控机床的坐标轴运动平稳性和运动精度进一步提高。此外，卧式加工中心都装有机床精度及温度补偿系统，使加工精度更加稳定。

⑤高刚度：

主轴系统、进给系统和机床结构应具有良好的静态刚度和动态刚度以及热稳定性。足够高的静态刚度可以抵抗由于机床零部件重力和零件加工时的切削力引起的机床变形，保证刀具与工件在切削过程中的静态位移；优良的动态特性可防止和减小切削过程中由于动态切削过程产生的强迫振动和自激振动，以满足刀具与工件在切削过程中的动态位移要求；良好的热稳定性使得机床在加工过程中受到切削热、环境温度变化等作用时，热变形尽可能小。最终，机床高静动态刚度和热稳定性将使零件切削加工获得好的表面质量和高的切削效率。

⑥智能化：

智能化是新一代数控机床的重要特征。智能化主要表现在两个方面：一方面是机床控制的智能化，例如，在机床轴运动控制上引入前馈控制、预测控制、鲁棒控制等先进控制策略，在加工过程控制上引入自适应控制、学习控制等。另一方面是将专家系统、自动检测及自动补偿功能等嵌入数控系统，例如，在数控系统中配备自动编程与仿真、机床状态监测、故障诊断、刀具自动管理及补偿、机床热变形/振动监测与补偿等功能，使数控机床具有更多的“智能”，提高数控系统的控制性能，从而实现机床和加工过程的智能化、最优化控制。

（2）高性能数控机床的研究开发

不断追求数控机床的更高性能一直是机床研究与开发者的目标。1995年美国Cincinnati公司在美国制造科学中心（National Center for Manufacturing Science，NCMS）基金的资助下，正式提出了“高性能数控加工”和“高性能数控机床”的概念，并持续开展了大型高速机床关键技术研究和“HYPER－MACH（源自High Performance Machining）”高性能加工机床的研制工作。他们首先分析了使能技术的设计极限以及当前技术与未来需求之间的差距，建立了数控系统、伺服电机、直线电机的试验平台，初步设计了原型测试平台，进行了建模和动态分析，开展了对比测试，并于1998年研制并试验了全尺寸的5轴ZAC－Module机床，该机床在2000年的IMTS上展出引起轰动。2002年Cincinnati又得到资助进行高速加工工艺研究开发。现在，Hyper Mach系列高性能机床已有多种型号，可以有单主轴、双主轴、4主轴等配置，各主轴均可实现5轴联动加工并分区同时工作。单主轴切削大型铝合金零件时的材料去除速率能达到7538cm^3/min，此外，Hyper Mach已从铝合金材料零件铣削加工拓展到包括复合材料、蜂窝材料在内的多种金属、非金属材料零件的钻削、铣削等加工，已批量应用于军机、民机的各种结构零件的数控加工中。一款配有双主轴的Hyper Mach工作行程为：$X=16150$mm，$Y=2134$mm，$Z=750$mm，A、B轴的摆角范围±40°，X、Y轴以直线电机驱动、高精度激光反馈，快进、工进速度为：10000和6000mm/min，配备SuperV5主轴，主轴功率为130hp（96.9kW），转速18000r/min。

近年来，国外各知名数控机床制造厂商都不遗余力研究开发高性能数控机床。进一步针对高动态响应、高精度和重切削等，德马吉公司的DMC H duoBLOCK采用滚珠丝杠驱动，DMC H linear 则采用直线电机直接驱动以获得高达 1.6g 的加速度及高精度，另外 DMC 80/100/125 H duoBLOCK（见图 1－2）则采用高刚度的机械主轴，以便承受重切削。GF 阿奇夏米尔全新推出了 MIKRON HEM 系列高效立式加工中心（见图 1－3）。采用 SCHNEEBERGER 高精密线性导轨，高刚性以及高承载性能的线性导轨确保了全行程内光滑连续地移动。在获得工件的高几何精度和表面质量的同时保证了高加工效率。高的刚性减小了加工振动从而也延长了刀具寿命。

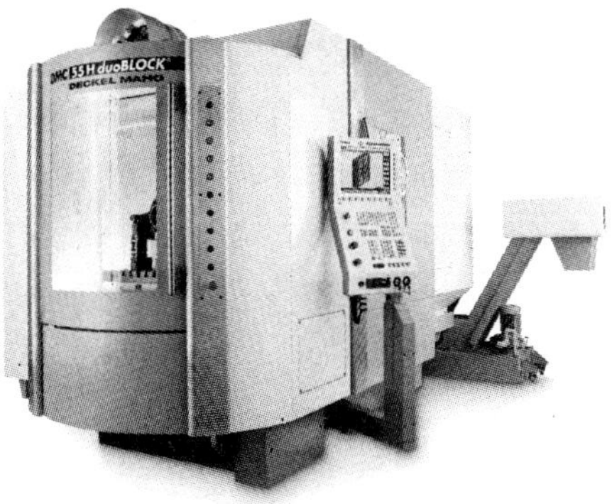

图 1－2　DMC 55 H duoBLOCK 卧式加工中心

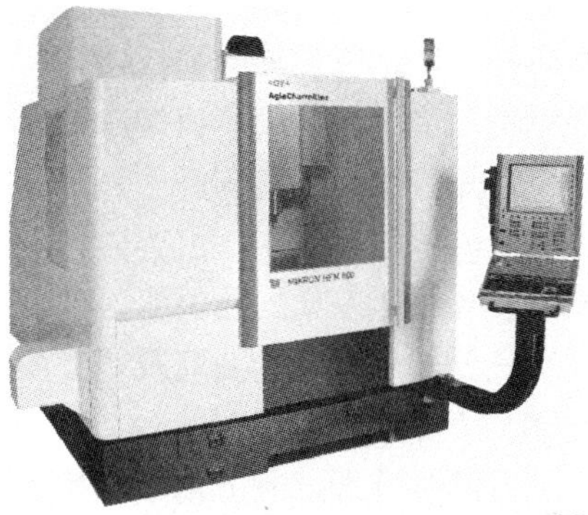

图 1－3　MIKRON HEM 800 高效立式加工中心

国内多家数控机床制造企业投入力量，研究开发高性能数控机床，并取得了可喜的突破性进展，已经研制并生产了一批可满足国内需求的高性能数控机床，如沈阳机床的 GMC1230u 龙门 5 轴联动铣削加工中心（见图 1－4）及 GTM320140 龙门移动式车铣加工中心（见图 1－5）。另外，北京市机电研究院也研制了以直线电机驱动的大型龙门式铣削加工中心和 5 轴联动铣削加工中心，可以用于高速、高效数控加工。

图 1－4　GMC1230u 龙门 5 轴联动铣削加工中心

图 1－5　GTM320140 龙门移动式车铣加工中心

1.2.2　先进切削刀具

高性能刀具的应用是实现高性能切削加工这一目标的最关键环节之一。高性能刀具不仅仅是高速刀具，脱离加工精度、稳定性和成本而去片面追求高加工速度不能算是高性能加工；离开了合适的零件材料、合理的工艺参数，高性能刀具也不能实现高性能加工。高性能刀具涉及刀具材料、刀具涂层技术、刀具结构设计与优化、刀具配套技术及刀具的应用等诸多方面。

（1）刀具材料

刀具材料是刀具研发与应用的基础，对刀具切削性能的提高起着决定性影响。高性能切削加工除了要求刀具材料具备普通刀具材料的基本性能外，还要求具备高的硬度、强度，良好的热稳定性和热硬性以及优异的高温力学性能。广泛应用的刀具材料包括高速钢、硬质合金、超硬刀具材料（含陶瓷、立方氮化硼、聚晶金刚石等）。随着制造业的不断发展硬质合金正在取代高速钢成为最主要的刀具材料，超硬刀具材料的使用比重也在大幅增加。在知名的刀具供应商中，山高 Jabro 推出的全新整体硬质合金通用加工铣刀 Solid2 系列，可适用的加工温度已由普通刀具的 800℃提高到了现有的 1100℃，从而提高了加工效率和刀具寿命，刀具的性价比得到了较大的提升。另一方面，随着干切削、硬切削的发展，国外各公司都推出了陶瓷及超硬刀具材料的新牌号。

（2）刀具涂层技术

涂层刀具材料是指通过化学气相沉积（CVD）、物理气相沉积（PVD）或其他技术方法，在硬质合金或高速钢基体上涂覆一层耐磨性极高的化合物，最早出现在 20 世纪 70 年代。传统的涂层主要有 TiC、TiN 和 Al_2O_3等，最新的涂层材料有 TiAlN、AlCrN、聚晶金刚石等。目前，纳米结构涂层刀具的涂层数达到 1000 层以上，每层厚度仅为几纳米。涂层刀具有效地解决了刀具材料硬度、耐磨性和强度、韧性之间的矛盾，并具有如下优越性：

①由于表面涂层材料具有很高硬度、耐磨性和耐高温性，故与未涂层的刀具相比，涂层刀具允许采用较高的切削速度，从而提高了切削加工效率；或能在相同的切削速度下，提高刀具寿命。

②由于涂层材料与被加工材料之间的摩擦因数较小，故涂层刀具的切削力小于未涂层刀具。

③用涂层刀具加工，零件的已加工表面质量较好。

④由于涂层刀具的综合性能良好，故涂层硬质合金刀片有较好的通用性。

目前，欧洲国家的涂层技术水平最高，领先于其他国家和地区。知名的厂商有欧瑞康巴尔查斯（OerlkonBalzers）公司、德国 PVT 等离子真空技术公司和丹麦尤尼莫克（Unimerco）公司等。其涂层设备和工艺先进，涂层材料品种多，涂层刀具和其他产品使用性能好。国外一些知名的高速钢和硬质合金工具厂，都有涂层刀具（刀片）产品，但涂层设备和工艺多购自涂层技术的专业公司，或与之合作，而不是自行研制。与工艺发达国家相比，中国的刀具涂层技术尚有很大差距，涂层刀具的数量差得更远，大致只占全部刀具的 20%，主要用在数控机床和加工中心上，在普通非数控机床上则少得可怜，原因是认识问题和价格因素。

（3）先进的刀具结构设计与优化

刀具结构创新体现在刀具结构的优化、切削负荷的合理分布、三维断屑槽形开发以及带前角的螺旋形刀刃铣削刀片的问世和小规格浅孔钻开发等诸多方面，出现了各种新型可转位刀片结构，如用于车削的高效刮光刀片、形状复杂的带前角铣刀刀片、球头立铣刀刀片等。刀具结构优化、几何参数更趋合理才能使刀具性能得到改善和提高，各种新型可转位刀具不仅在车削、铣削、钻削领域的应用有新的突破，而且已扩大到拉削和齿轮加工等复杂型面的加工领域。山特维克可乐满的 CoroMill 316 是第一种可互换头铣削产品系列，能够覆盖 10 ~ 25mm 的直径范围，因其全新的倒角和圆角半径硬质合金切削头范围的扩展，可适用于更多的应用场合，刀柄与可互换式立铣刀通过独特的螺纹接口连接，实现了高强度与高精度的完美结合。

（4）先进高性能刀具配套技术

高性能的切削刀具离不开先进的刀具配套技术，刀具配套技术主要包括刀柄与机床主轴之间的连接方式、刀具在刀柄里的夹紧方式、刀具系统平衡及刀具管理等。

HSK 锥柄由于具有连接刚性好、定位精度高及装卸时间短等优点，被越来越广泛地应用。目前，各机床工具厂商纷纷推出带 HSK 主轴接口的高速加工中心和带 HSK 刀柄的工具系统或整体刀具，充分显示了其强大的生命力和良好的应用前景。与此同时，一些类似于 HSK 的刀柄结构被相继开发出来，如 Sandvik 公司的 Capto 刀柄，Kennametal 公司的 KM 刀柄等。

高性能切削对刀具装夹提出了新要求，它要求装夹精度高、径向跳动小、夹持刚性好、结构紧凑且操作简单。目前主要有液压夹头、热装夹头和力缩夹头等 3 种常用新型夹头，它们各有其特点。液压夹头依靠液压腔的薄壁内套变形夹紧刀柄，套的变形量较大允许刀柄的直径可略有变动，且油腔有消振作用，使用方便，但薄壁套的夹持刚性较低且结构不对称。热装夹头利用热胀冷缩原理夹紧刀柄，夹紧可靠、结构紧凑、悬伸长，应用最为广泛。力缩夹头靠机械弹性变形产生夹紧力，省掉了热缩夹头加热冷却时间和能源，使用方便并且轴向定位精度可控，操作简单，但外形尺寸较大。

刀具或工具系统由于结构不对称或制造、装配误差带来偏心，在高速旋转时会产生周期性径向力，从而影响加工质量、刀具寿命和机床的性能，因此高速/高效加工时需对刀具的许用不平衡量及最高转速提出要求。为此，刀具制造商还开发了各种可调平衡的刀具，或通过事先进行动平衡试验把不平衡量控制在一定的范围内。新推出的在线自动平衡技术，可在工作转速下对主轴、刀柄和刀具作为一个转子系统整体地进行平衡。另一方面，在高速切削时，刀具的转速通常在 10000 ~ 20000r/min 以上甚至更高，此时，刀体、刀片及刀片的夹紧零件会受到很大离心力作用，当转速达到某一临界值时，足以使刀片甩出，或者夹紧螺钉断裂甚至整个刀体破裂。为此，德国制定了高速旋转刀具的安全规范，对刀具的设计、检测、使用、平衡质量都做了严格的规定，这项规范已先后成为欧洲标准和国际标准。

资料显示，刀具的直接成本只占制造成本的 2% ~4%，而刀具使用、管理的间接费用要占 12% 以上，科学的刀具管理能为用户节省可观的刀具费用，降低制造成本，因此开发刀具管理技术和相关的软件、硬件已成为刀具制造商的业务范围，可为用户提供多种形式的刀具管理服务，从简单的刀具物流管理到全部刀具业务的一揽子承包，后者包括刀具采购、鉴定、保管、现场服务、刀具重磨、工艺改进进和项目开发等。

（5）高性能刀具在航空领域的应用

随着材料科学和加工技术的发展，许多诸如钛合金、镍基合金、新型高强度钢等高强度轻质合金材料以及复合材料在航空领域的应用越来越广泛。但是，这些新型材料特殊的力学性能使其成为典型的难加工材料，从而对加工刀具提出了更高的要求。航空企业在选择刀具时，通常青睐性价比和可靠性高的知名刀具品牌，如国外的山特维克、山高、ISCAR、肯纳和瓦尔特等品牌，国产品牌主要有株洲钻石、西南工具等。其中，硬质合金刀具、陶瓷刀具、CBN 刀具、高速钢刀具的比例如图 1－6 所示，硬质合金刀具应用最多，陶瓷刀具主要应用于车削加工，CBN 刀具所占比例虽略逊于陶瓷刀具，但在使用中呈上升趋势，而高速钢刀具的应用呈明显减少趋势。

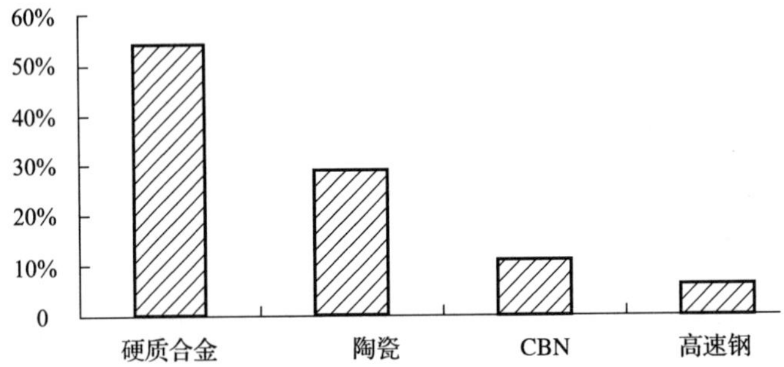

图 1－6　航空企业各种刀具的应用情况

航空企业在应用高效刀具时所面临的问题及其解决方案如下：

①刀具材料的选用合适与否是进行高效加工的关键，选用时必须考虑与工件材料特性的匹配（见表 1－1），否则将事倍功半。如含 Ti 不锈钢、钛合金就不适合选用 P 类硬质合金刀具，否则易造成刀具的黏结磨损。

表 1－1　常见工件材料与刀具及涂层的匹配

工件材料	刀具材料	优选涂层	备注
铝合金	硬质合金（钨钴类）	TiAlN	焊接式、整体式、镶齿刀具
复合材料	硬质合金	金刚石	碳纤维复合材料（钻孔）
钛合金	硬质合金（钨钴类）	—	细晶粒或超细晶粒
	钴高速钢、铝高速钢	—	—
高温合金	硬质合金（钨钴类）	TiCN	细晶粒
	钴高速钢、铝高速钢	—	—
沉淀硬化不锈钢	硬质合金（钨钴类、钨钛钴类）	TiAlN、TiAlN + Al_2O_3	细晶粒

②数控加工过程中，粗加工追求的主要目标是材料去除速率，但对钛合金等难加工材料而言，传统刀具很难满足高效加工要求，如高速钢刀具耐磨性太差，焊接镶片合金刀具因焊接技术问题易使刀片材料发生改变，整体合金刀具费用过高、韧性差等。通常的做法是采用可转位玉米铣刀进行大切深、小进给强力切削；精加工前使用插铣刀具对圆角进行加工，保证精加工余量均匀；精加工过程中采用涂层硬质合金刀具实现小切深、大进给的高速铣削。

③近年来，复合材料迅速发展，广泛用于航空航天领域，其中纤维增强树脂基复合材料、硬颗粒增强金属基复合材料的切削加工难度很大，在刀具的选择上，最好选用 PCD 金刚石刀具和 PCBN 刀具。

④针对铝合金的加工特点，可选用具有高耐磨性的陶瓷、金刚石及立方氮化硼等超硬刀具，此类刀具非常适合于铝合金的高速加工。

1.3　支持高性能切削的仿真与优化技术

1.3.1　切削过程仿真

自从 1952 年首台数控机床在美国麻省理工学院（MIT）问世以来，数控加工就成为实现制造系统自动加工的主要手段。随着现代社会对产品品种、规格多样化需求的增加，数控加工已成为现代制造业发展的必然趋势。由于计算机技术的不断发展和计算机图形学的飞速发展，将计算机仿真技术应用到数控加工中就形成了数控加工仿真技术。数控加工仿真实际上是真实数控加工过程在虚拟加工（Virtual Machining）中的数学模型，它是虚拟制造的重要组成部分。

数控加工仿真可分为几何仿真（Geometrical Simulation）和物理仿真（Physical Simulation）两个方面。几何仿真不考虑切削力、刀具磨损及其他物理因素对切削加工的影响，只对机床、刀具和工件几何体之间的相对运动进行仿真，主要用来验证 NC 加工代码的正确性，既可检验 NC 程序刀位轨迹是否符合加工要求，是否存在过切或欠切现象，又可检查干涉和碰撞，避免了费力耗时的试切过程，同时为物理仿真提供必要的切削几何信息。加工过程物理仿真亦即动力学仿真（Dynamic Simulation），是将切削过程中各物理因素的变化映射到虚拟加工系统中，在实际加工过程进行之前分析与预测各切削参数的变化及干扰因素对加工过程的影响。物理仿真的主要包括切削力仿真、切屑生成过程仿真、刀具磨损仿真、切削温度仿真、加工表面完整性仿真、加工稳定性仿真及加工精度仿真等。物理仿真的结果可作为调整和优化切削参数的依据，物理仿真的关键技术是建立加工过程的数学模型和动力学模型。

（1）数控加工几何仿真

目前，有关几何仿真方面的研究比较全面和深入。数控加工几何仿真研究始于 20 世纪 70 年代，其前提条件是假设切削过程是一个纯几何问题，数控机床在理想状况下运行，多集中于研究 NC 代码的几何验证和干涉检验两方面。根据几何建模方法的不同，常规数控加工几何仿真的实现方法可以分为：线框建模、表面建模、实体建模、基于图像空间建模、离散矢量建模等，这些建模方法各有优缺点，分别适用于不同的场合。

基于数控加工几何仿真方面的研究成果，一批优秀的应用软件如 PRO/E、UG、MasterCAM、SolidWorks、CATIA、I－DEAS 等基本上都已配置了几何仿真模块。尤其进入 20 世纪 90 年代后，相继出现了诸如 VERICUT、NCVerify 和 VirtualNC 等专门数控加工仿真软件。这些软件功能较全面，真实感图形显示的效果也很好，可以显示快速移动的刀具轨迹真实感图形和清晰的切削残留刀痕。

国内在这方面也开展了诸多研究工作，并取得了重要成果。如华中科技大学开发的NCPVSS（NC Program Verification & Simulation System），具有数控铣削加工过程仿真功能。哈尔滨工业大学开发的NCMPS（NC Machining Process Simulator）系统，可建立集成的数控加工仿真环境，面向多轴数控加工中心，在图形工作站上实时显示三维多轴数控加工过程。清华大学CIMS工程研究中心开发的GMPS（General Machine Processing Simulator），可以支持3轴至5轴镗铣类数控加工，支持的控制器类型有MAHO、FANUC系列。北京航空航天大学海尔软件有限公司开发的“制造工程师”（CAXA - ME）是一套具有三维加工仿真功能的软件，具有快速建立各种复杂三维模型、自动生成加工刀具轨迹、能够对数控加工程序进行仿真、检查和编辑等功能。国内的数控加工几何仿真尚处于跟踪、消化阶段，所涉及的仿真系统主要集中在2～2.5轴、3轴、3轴以上的多轴数控加工仿真，一般仅局限于某一个或某一类特定实例上。

（2）数控加工动力学仿真

在物理仿真方面，由于数控加工过程物理行为的非线性和不确定性，且加工过程涉及工艺系统诸多环节，因此要建立加工过程准确的物理模型相对比较困难，现有的研究工作尚不够深入，仍然存在许多理论和实际问题有待解决，至今没有出现具有完整意义上的物理仿真功能的商品化数控仿真软件，但已引起国内外的高度重视。目前研究领域主要涉及切削过程力学建模、加工变形与控制、切削稳定性预测与抑制、加工表面形貌仿真及系统集成与应用等诸多方面。

切削力是金属切削过程中主要的物理现象之一，直接影响刀具磨损、耐用度和已加工表面质量，切削力过大时甚至可能损坏刀具及机床零件；切削力还是引发振动和加工不稳定性（颤振）的源泉；此外，在设计机床、刀具、夹具时，也需考虑切削力的效应，随着加工过程自动化的发展，切削力作为切削过程一个重要参数，得到了广泛重视。在金属切削原理中，切削力的研究相对较早且比较深入，有关基础理论也比较成熟。在基本的切削力理论模型基础上，近年来国内外学者就如何建立准确的切削力预报模型给予了极大关注，现有的切削力建模途径和方法主要有以下几种：①基于试验数据的经验模型；②基于切削机理和材料本构关系的物理模型；③基于单位切削力系数的力学模型；④基于人工智能的神经网络模型等。

加工变形控制的关键所在是建立精确的切削力模型，并在此基础上通过优化切削参数将切削力控制在指定范围内，或通过刀具轨迹修正来补偿加工变形。典型的研究有：Ratchev等人针对薄壁零件加工时在切削力作用下易引起加工变形问题，提出了加工变形预测方法和补偿策略，切削力预测模型基于理论的柔性力—变形模型，补偿则通过在加工前对刀具路径优化来实现。Depince基于Kline提出的切削力模型及刀具受力模型，分析了弱刚性刀具加工变形对工件尺寸误差的影响并提出了补偿方法。Law等人分析了型腔铣中不同部位处的刀具变形量，提出了补偿方案。浙江大学柯映林等人针对大型航空结构件在加工时易发生加工变形现象，通过有限元分析和试验验证，建立了变形模型并初步提出了变形量的校正方法。

表面形貌建模与预测研究主要集中在通过建立切削过程中有关刀具与工件之间相对几何关系模型的基础上，综合考虑刀具轨迹、刀具制造与装配误差及加工系统动态特性参数的影响。Chen 等人提出了用于描述球刀铣削加工时进给方向、周期进给方向上表面残留产生机理的新模型，系统分析了铣刀半径、进给量周期进给量比、刀轴倾角对表面残留的影响。Omar 等人提出了有关切削力和表面形貌预测的改进模型，该模型可对侧铣加工中的三维表面形貌进行预测，在预测时考虑了刀具偏心、刀具变形、工艺系统动力学特性、后刀面磨损和刀轴倾角对表面粗糙度的影响。

颤振是指发生在切削过程中的一种自激振动（Self - excited Vibration）现象，具有很大危害性。有关切削颤振的研究最早可追溯到 20 世纪 50 年代，Tobias 和 Tlusty 认为自激振动与机床结构的动态特性和断续切削的反馈有关，并建立有关颤振的最基本模型。之后，很多学者在该领域内进行了不同程度的研究，相继提出了再生型颤振（Regenerative Chatter）、摩擦型颤振（Frictional Chatter），振型耦合型颤振（Mode - coupled Chatter）和混合型颤振（Hybrid Chatter）等一系列模型，其中再生效应被认为是加工系统最直接和最主要的激振机制。基于再生型颤振，Budak 和 Altintas 等提出了用于预测铣削稳定性的解析方法（Zero Order Analytical，ZOA），它将铣削过程简化为二自由度振动系统，并用 Fourier 级数的直流分量来表示动态铣削因子。Merdol 等通过考虑高次谐波的影响，提出了用于求解铣削稳定性的多频率方法（Multi Frequency，MF）。Insperger 则提出用于求解线性时滞铣削系统稳定性问题的半离散方法（Semi Discretization，SD）。上海交大丁汉等提出了基于直接积分方案的铣削稳定性全离散方法（Full Discretization，FD）。笔者通过使用数值方法求解铣削动力学微分方程并综合应用时域稳定性判据，获得了颤振稳定域时域解。此外，也有一些学者从别的角度来研究颤振的抑制问题。北工大王民提出利用电流变材料的电控流变特性通过在线调控切削系统动态特性以提高切削稳定性。吉林大学于骏一等在研究基于电流变材料阻尼器对铣削颤振抑制时发现，只有当阻尼器的阻尼和刚度协调时，颤振的抑制作用才显著。笔者所在课题组设计了用于抑制机床颤振的多调谐质量阻尼器并对阻尼器的参数进行了优化。

基于切削过程动力学建模成果，一些面向切削加工的动力学仿真分析软件与切削数据库相继被开发出来，如加拿大不列颠哥伦比亚大学的制造自动化实验室（MAL）开发的 CutPro，可针对铣、车、镗、钻等 4 种切削方式提供动力学仿真分析功能，并已在诸如波音、普惠等一些国际著名的制造企业取得了良好的应用效果。近年来，在国家有关部门的资助下，国内多家单位针对高速、高效切削进行了广泛研究，取得了一系列研究成果和应用效果。笔者所在的北京航空航天大学高效数控加工技术研究应用中心研究开发了铣削加工动力学仿真优化系统 SimuCut，并进一步面向“千台数控机床增效工程”企业应用开发出“X - Cut”系列数控机床增效使能工具系统（软硬件），在 100 多个制造企业得到应用，随后以教学科研和工程应用为目标，又开发了“e - Cutting”数控切削动力学仿真优化系统，可实现对铣削中的切削力、扭矩、功率、动态变形和颤振稳定域等进行预测，并考虑多种约束，进行切削参数的优化。山东大学刘战强等研发了基于实例推理的高速切削智能数据库，可对新切削条件下的加工数据和加工规律进行预报。

1.3.2　数控切削参数优化技术

数控切削加工过程优化涵盖三方面的内容：①数控切削加工工艺优化，如通过选择合适的机床、刀具和装夹方案或方法等来达到提高加工效率的目标，由于已超出本书范畴，故不作进一步展开；②刀具轨迹优化，亦即在数控编程时通过刀具路径规划与优化来尽可能避免刀具轨迹的突然变化，尽可能保持主轴运动的稳定性，尽可能使刀具路径最短。③切削参数（切削用量）优化，亦即在满足各种约束条件的前提下，通过切削参数优化使材料去除速率实现最大化。

数控加工刀具轨迹规划与优化主要集中在零件的粗加工方法上，其中最为典型的是型腔类和自由曲面类零件的 2.5 轴铣削加工。诸如 UG NX，CATIA，PowerMill，Cimatron，MasterCAM 等主流 CAM 软件均提供 2.5 轴加工方式，先自上而下用一组平行于刀具旋转轴的平面与零件表面和毛坯表面求交，利用交线在每一切削层上构造切削区域边界轮廓。然后采用平面型腔的刀具轨迹生成算法计算每一切削层上的刀具轨迹。该加工方法主要包括在切削层上构造切削区域边界轮廓和在切削区域内规划刀具轨迹两部分内容。在切削区域内，刀具轨迹规划方法通常有行切法和环切法两种。行切法加工中，刀具往往采用单向（Zig）或者往返（Zigzag）走刀方式，刀具轨迹计算比较简单。环切法加工刀具轨迹计算较为困难，其实质是计算平面切削区域轮廓曲线的等距线。目前常采用两种方式计算平面轮廓曲线的等距线：一种是基于 Voronoi 图，另一种基于集合论分段求交的方法。

近年来，鉴于行切和环切走刀方式所产生的刀具轨迹不平滑无法适应高速切削的要求。许多学者开始研究高速切削刀具轨迹生成方法，主要有螺旋线加工（Spiral），摆线加工（Trochoidal Machining）和中轴加工（Medial Axis）。其中螺旋线加工适用于型腔轮廓曲线接近圆的情形，摆线加工利用刀具沿一滚动的圆运动来对零件进行高速、高效切削，刀具路径始终是光滑平稳的，它还能减少全刀宽切削。等高粗加工中，切除的材料量较大，用尽可能短的时间去掉尽可能多的材料，就需要对粗加工刀具轨迹进行优化，提高加工效率。此外，为减轻精加工时圆角部位的负担，常采用一种插铣粗加工（Plunge Milling），也叫做钻削式粗加工，它是将铣刀像钻头一样逐行向下钻削式加工，从而切除大量材料。加工效率比普通曲面粗加工高。

目前有关切削参数优化的研究主要集中在把切削力、功率、转矩、加工稳定性、动静态变形、表面形貌等物理量作为约束条件，对刀具种类、刀具几何、夹紧方案、刀轴倾角和走刀轨迹等加工方案及主轴转速、径向切深、轴向切深、每齿进给量等切削参数进行优化。近年来，Budak 等人提出了无颤振最大材料去除速率目标下的最优轴向与径向切深对的计算方法，Altintas 等人提出了基于铣削过程仿真和颤振稳定性预报的 NC 主轴转速和进给率优化方法。Guzel 等人提出了使用球头铣刀加工雕刻曲面时将加工过程物理仿真与分段进给速度优化进行集成的方法，其目的是为了减少雕刻曲面的加工时间。Bae 等人针对型腔铣削提出了一种进给速度自动调节方法，该方法基于二维切削载荷，使用简单的切削力模型来实现进给速度自动调节。李志忠等人提出了一种通过预测切削力来优化进给速度的方法，通过对刀具轨迹进行离散化处理来预测切削力，优化时考虑各种约束条件，最后生成优化的刀位文件。张臣等人针对加工过程中切削用量变化较大的复杂零件铣削加工工艺参数优化问题，提出了基于仿真数据的数控铣削加工多目标变参数优化方法，在求解问题时使用了离散方法，以切削力、主轴功率、转速为约束条件，以加工效率和效益为目标函数。

1.3.3　虚拟加工技术

虚拟加工（Virtual Machining）是指在实际零件加工之前，在虚拟环境中考虑机床运动学、动力学、数控系统、空间精度、切削力、主轴转矩/功率、加工误差等，实现对加工过程的仿真和优化，从而可以正确、经济和高效地加工出首件合格零件。虚拟加工的本质可以认为是对数控加工过程进行几何仿真和力学仿真，并在两个仿真的基础上优化数控加工切削参数和过程。CAM 仿真软件、虚拟机床和切削过程动力学（Cutting Process Dynamics）是虚拟加工的重要支持工具。虚拟加工主要涉及内容有：

① NC 程序几何仿真——主要解决刀具干涉、碰撞检查，由于 NC 程编错误导致的尺寸、路径误差等，也可从几何运动方面进行 NC 程序的部分优化。

②机床结构特性仿真——机床结构动力学、静力学和整体性能（整机、进给和主轴驱动）仿真。

③加工动力学仿真——考虑机床动力学和切削过程扰动情况下的轨迹生成、插补、进给等仿真。

④加工过程优化——对各种不同切削条件下的切削力、转矩、功率、振动、生成表面等进行计算和仿真，经过迭代比较进行切削参数和加工工艺的优化。

采用 CAM 仿真软件对 NC 程序进行走刀轨迹仿真校验、干涉校验等几何仿真软件已商品化，并在国内制造企业大量应用。当前，虚拟数控加工研究的重点是对切削过程中“机床 - 工件 - 工艺（切削过程）”系统中的力学仿真问题。如图 1 - 7 所示为一个典型的虚拟加工体系结构图，如图 1 - 8 所示为涉及机床结构、零件结构、“机床 - 工件 - 工艺”三个方面动态特性的仿真过程及结果。

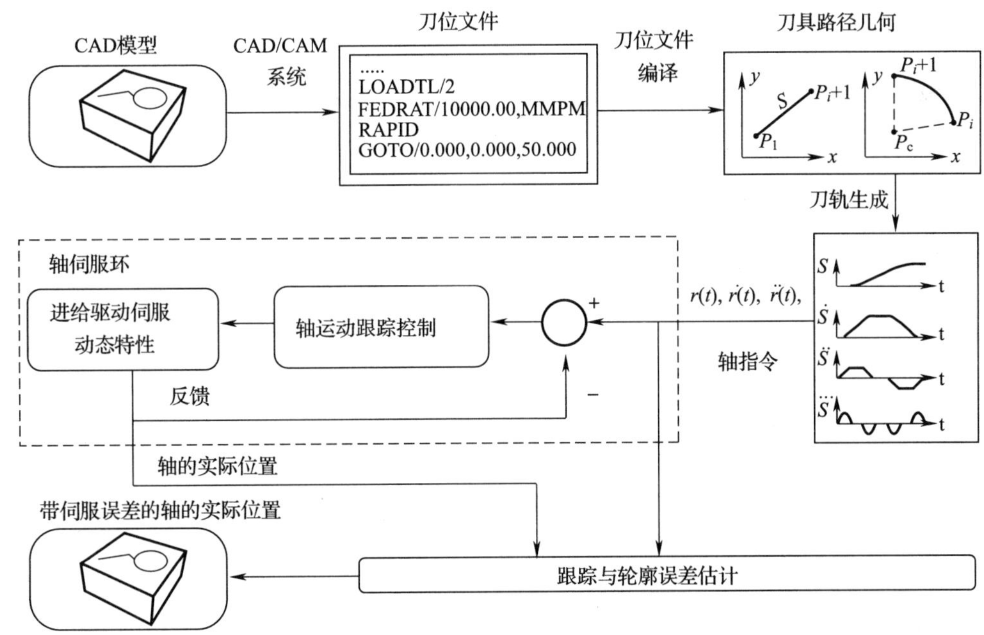

图 1 - 7　虚拟加工体系结构

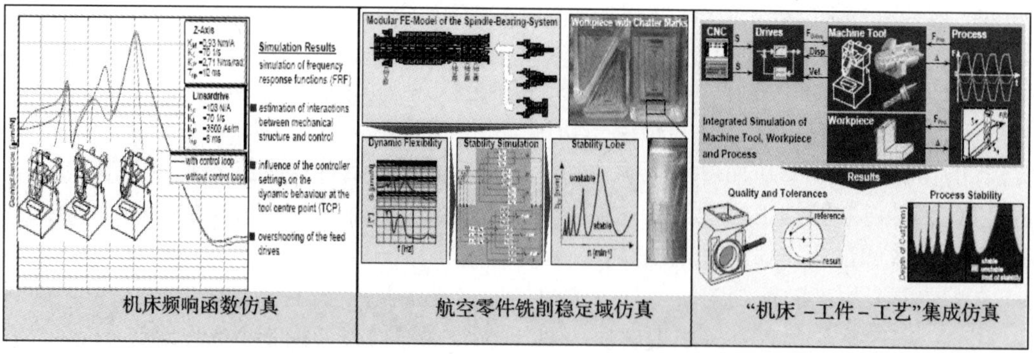

图 1 – 8　虚拟数控加工中的“机床 – 工件 – 工艺”动态特性仿真

1.4　本书内容概览

本书共分 7 章，围绕面向高性能数控切削加工的切削动力学建模、仿真与切削参数优化技术这条主线进行论述，涵盖了与高效数控切削加工有关的基本概念、数控切削加工力学与动力学建模技术及数控机床动态特性参数测试技术的基本原理与一般方法、高效数控加工切削参数优化建模与实现及切削数据库技术等，并列举了 4 个各具特色的工程应用实例。旨在通过本书使读者——机械加工（数控技术）方向本科生、研究生和相关研究人员或数控切削加工工程技术人员，牢固掌握相关基础知识，深入理解切削动力学建模与仿真的内涵，能将相关知识和技能应用到工程实际中去，为高效数控切削加工的现场问题找出有效解决方案，并提高现有数控机床的加工效率。

本书的组织结构如下：

第 2 章主要介绍切削过程力学建模原理。切削过程所涉及的复杂运动、切削用量、切削方式以及切削层变形等基本概念是进行切削过程力学建模的基础。在切削过程建模发展历程中相继出现了有关切削力的经验模型、物理模型和力学模型，这一章主要介绍了其中的切削力经验公式、几种常用的切削力系数模型并对切削过程中切削力的影响因素进行了分析。在此基础上，详细介绍了圆柱螺旋立铣刀、通用螺旋立铣刀及镶齿铣刀等 3 种常用铣刀的切削力建模分析过程。最后给出了瞬时刚性模型切削力系数辨识公式的理论推导、试验标定方法及常用材料的切削力系数值。

第 3 章主要介绍铣削过程动力学建模问题。颤振是影响数控加工尤其是高速数控加工质量和效率的关键因素，颤振的成因与机理至今仍未完全被揭示清楚。车削颤振是一种单自由度自激振动形式，分析车削颤振建模过程有助于加深人们对再生颤振相关理论的理解。通过将铣削过程简化为二自由度振动系统，对切削过程施用瞬时刚性力模型并考虑再生切削厚度可得到铣削过程动态切削力模型。在此基础上，通过在傅里叶级数展开时仅考虑直流分量并施用 Nyquist 判据可能获得铣削颤振稳定性叶瓣图，这一过程被称为经典铣削颤振稳定域解析求解方法。使用不同的径向切深就可以获得相应的颤振稳定域图形，这一系列的颤振稳定域图形就构成了三维颤振稳定性叶瓣图。基于颤振稳定域解析算法，系统分析加工系统工艺参数对颤振稳定域的影响，可加深人们对颤振稳定性叶瓣图的理解及如何通过改变工艺参数来消除或避免颤振。最后，这一章还介绍了几种颤振稳定域非解析求解方法，目的是为了拓展读者对切削加工稳定性有关理论的认识。

第 4 章主要介绍与机床动态特性参数测试与分析有关理论和实践。模态分析的基本理论主要包括单自由度系统和多自由度系统振动相关的基本概念和理论，试验模态分析则涵盖包括支撑、激励（方式、类型、信号）、测量系统和模态锤击试验在内的试验模态分析在内的基础知识及与振动信号分析、处理技术（包括采样与混频、泄漏与窗函数、平均技术、相干函数及频响函数的综合处理技术等）有关的内容。要获取加工系统模态参数，需要在试验模态分析获取频响函数的基础上进行模态辨识。本章在综述模态参数识别方法的基础上，重点介绍了正交多项式模态参数识别方法的理论、实现算法及拟合实例并以数控机床动力学特性参数测试与分析系统 DynaCut 的介绍作为结束。

第 5 章涉及到在进行机床动态特性参数测试和铣削过程动力学分析与仿真的基础上如何通过切削参数优化来指导实际工程应用。这一章首先对切削参数优化技术的国内外现状进行了综述。在此基础上详细介绍了铣削加工切削参数优化建模实现过程，包括如何设置目标函数、设计变量、约束条件。最后给出了高速切削加工和中低速切削加工时切削参数优化实现方法和优化实例。

第 6 章介绍铣削加工切削参数数据库相关理论及应用。这一章首先对切削数据库的国内外研究和应用现状进行了简要综述，然后介绍了数据库设计相关概念及关联技术，并围绕如何设计一个切削数据库进行描述，重点介绍了设计切削数据库所采用的开发工具及切削数据库管理系统要实现的主要功能。此外，还对如何采集、处理和录入切削数据所需的机床、刀具、工件和切削用量数据进行了介绍。最后，以铣削加工动力学仿真切削数据库 DataCut 的应用作为这一章的结束。

第 7 章为工程应用实例。这一章共提供 4 个各具特点的切削参数优化实例，实例 1 为航空整体构件的分层铣削切削参数优化问题，该实例给出了如何基于颤振稳定域仿真结果，通过人机交互的方法获得优化的切削参数；实例 2 为通道体零件的高速加工切削参数优化问题，在优化过程中需考虑颤振稳定域约束条件，并同时满足切削力等约束条件，优化参数由相关程序得出；实例 3 为难加工材料的中低速加工切削参数优化问题，在优化过程中无需考虑加工稳定性问题，通过满足切削力、切削功率等约束条件由优化系统自动得到优化的切削参数；实例 4 为难加工材料（钛合金）整体叶轮的切削参数优化问题，在优化过程中需综合考虑加工稳定性、切削力、切削温度和刀具寿命等约束条件，其优化的切削参数也是通过一种半自动人机交互的方式获得的。

参考文献

[1] 刘强．高性能数控机床与虚拟数控加工［J］．航空制造技术，2008，(17)：32－35.

[2] 舒尔茨，阿贝勒，何宁．高速加工理论与应用［M］．北京：科学出版社，2007.

[3] 艾兴．高速切削技术和刀具材料现状与展望［J］．世界制造技术与装备市场，2001 (3)：32－36.

[4] Smith S, Tlusty J. Current trends in high - speed machining [J]. Journal of Manufacturing and Engineering, Transaction of the ASME, 1997 (119): 664 - 666.

[5] 依然. 高效刀具关键技术开发与应用调查报告 [J]. 航空制造技术, 2009 (23): 68 - 69.

[6] 张伯鹏. 虚拟数控机床技术 [J]. 中国机械工程, 1998, 9 (11): 66 - 69.

[7] 闰中鹰. 数控切削加工仿真研究与实现 [M]. 北京: 北京航空航天大学出版社, 2001.

[8] 尹力. 数控铣削加工过程动力学仿真优化技术及应用研究 [D]. 北京: 北京航空航天大学, 2004.

[9] Engin S, Altintas Y. Mechanics and dynamics of general milling cutters Part I: helical end mills [J]. International Journal of Machine Tools & Manufacture, 2001, 41 (15): 2195 - 2212.

[10] Engin S, Altintas Y. Mechanics and dynamics of general milling cutters Part II: inserted cutters [J]. International Journal of Machine Tools & Manufacture, 2001, 41 (15): 2213 - 2231.

[11] Altintas Y, Eynian M, Onozuka H. Identification of dynamic cutting force coefficients and chatter stability with process damping [C]. CIRP Annals - Manufacturing Technology, 2008 (57): 371 - 374.

[12] Ozturk B, Lazoglu I. Machining of free - form surfaces Part I: Analytical chip load [J]. International Journal of Machine Tools & Manufacture, 2006, 46 (7 - 8): 728 - 735.

[13] Zhang L, Zheng L. Prediction of cutting forces in milling of circular corner profiles [J]. International Journal of Machine Tools & Manufacture, 2004, 44 (2 - 3): 225 - 235.

[14] 李忠群, 刘强. 圆角铣削颤振稳定域建模与仿真研究 [J]. 中国机械工程学报, 2010, 46 (7): 181 - 186.

[15] 李忠群. 复杂切削条件高速铣削加工动力学建模、仿真与切削参数优化研究 [D]. 北京: 北京航空航天大学, 2008.

[16] LI Z Q, LIU Q. Predication of Cutting Force for Circular Corner Milling [C]. Proceedings of the International Conference on Mechanical Engineering and Mechanics, 2007 (1): 1283 - 1289.

[17] Ratchev S, Liu S, Becker A A. Error compensation strategy in milling flexible thin - wall parts [J]. Journal of Materials Processing Technology, 2005, 162 - 163: 673 - 681.

[18] Depince P, Hascoet J Y. Active integration of tool deflection effects in end milling. Part I, Prediction of milled surfaces [J]. International Journal of Machine Tools & Manufacture, 2006, 46 (9): 937 - 944.

[19] Law M Y, Geddam A. Error compensation in the end milling of pockets: a methodology [J]. Journal of Materials Processing Technology, 2003, 139 (1 - 3): 21 - 27.

[20] 黄志刚, 柯映林. 飞机整体框类结构件铣削加工的模拟研究 [J]. 中国机械工程, 2004, 15 (11): 991 - 995.

[21] Chen J S, Huang Y K, Chen M S. A study of the surface scallop generating mechanism in the ball - end milling process [J]. International Journal of Machine Tools & Manufacture, 2005, 45 (9): 1077 - 1084.

[22] Omar O E E K, El - Wardany T, Ng E, et al. An improved cutting force and surface topography prediction model in end milling [J]. International Journal of Machine Tools & Manufacture, 2007, 47 (7 - 8): 1263 - 1275.

[23] 陈花玲, 戴德沛. 机床切削颤振的非线性理论研究 [J]. 振动工程学报, 1992, (4): 335 - 342.

[24] Budak E, Altintas Y. Analytical Prediction of Chatter Stability in Milling [J]. The ASME of Journal of Manufacturing Science and Engineering, 1998, 120: 22 - 30.

[25] Merdol S D., Altintas Y. Multi frequency solution of chatter stability limits for low immersion milling [J]. Transactions of ASME Journal of Manufacturing Science and Engineering, 2004, 126 (3): 459 - 466.

[26] Insperger T, Stepan G. Updated semi – discretization method for periodic delay – differential equations with discrete delay [J]. International Journal for Numerical Methods in Engineering, 2004, 61 (1): 117 – 141.

[27] Ding Y, Zhu L M, Ding H, et al. A full – discretization method for prediction of milling stability [J]. International Journal of Machine Tools & Manufacture, 2010, 50 (5): 502 – 509.

[28] Li Z Q, LIU Q. Solution and Analysis of Chatter Stability for End milling in the Time – domain [J]. Chinese Journal of Aeronautics, 2008, 21 (2): 169 – 178.

[29] 王民，费仁元，吴季茂. 电流变材料抑振机构动态性能测试与分析 [J]. 机械工程学报，2008, 44 (10): 196 – 200.

[30] Yu J, Zhang Y, Wang M, et al. Study on electrorheological fluid damper for application in machine chatter control [J]. Chinese Journal of Mechanical Engineering, 2003, 16 (1): 13 – 16.

[31] Yang Y Q, Muñoa J, Altintas Y. Optimization of multiple tuned mass dampers to suppress machine tool chatter [J]. International Journal of Machine tools & Manufacture, 2010, 50 (9): 834 – 842.

[32] 杨毅青. 数控机床动力学建模与性能优化技术研究 [D]. 北京：北京航空航天大学，2011.

[33] CutPro, Analytic and time – domain process simulation software package, Available at http://www.malinc.com/CutPro/index.htm, University of British Columbia, Manufacturing Automation laboratory, 2008.

[34] 刘强，尹力. 一种面向数控工艺参数优化的铣削过程动力学仿真系统研究 [J]. 中国机械工程，2005, 6 (13): 1146 – 1150.

[35] 刘战强，万熠，艾兴. 刀具材料智能选择系统的研究与开发 [J]. 中国机械工程，2003, 14 (21): 871 – 1874.

[36] Veeramani D, Gau Y S. Cutter – path generation using multiple cutting – tool sizes for 2 – 1/2 D pocket machining. IIE Transactions, 2000, 32: 661 – 675.

[37] 冉瑞江. 实用化数控加工编程系统的研究与开发 [D]. 北京：北京航空航天大学，1994.

[38] 张福梅. 基于动力学仿真技术的切削数据库系统研究及应用 [D]. 北京：北京航空航天大学，2010.

[39] Held M, Lukacs G, Andor L. Pocket machining based on contour – parallel tool paths generated by Means of Proximity maps [J]. Computer – Aided Design, 1994, 26 (3): 189 – 203.

[40] Suh Y S, Lee K. NC milling tool path generation for arbitrary pockets defined by sculptured surfaces [J]. Computer – Aided Design, 1990, 22 (5): 273 – 284.

[41] Bieterman M B, Sandstrom D R. A curvilinear tool – path method for pocket machining [J]. Journal of Manufacturing Science and Engineering, 2003, 125: 709 – 715.

[42] Lee E. Contour offset approach to spiral tool – path generation with constant scallop height [J]. Computer – Aided Design, 2003, 35: 511 – 518.

[43] 安鲁陵，周来水，庄海军，等. 型腔高速铣削刀轨生成算法研究 [J]. 计算机辅助设计与图形学学报，2004, 16 (9): 1202 – 1206.

[44] 孙全平，廖文和，盛亮. 高速铣削刀轨优化技术的研究 [J]. 机械科学与技术，2004, 23 (8): 922 – 926.

[45] Elber G, Cohen E, Drake S. MATHSM: medial axis transform toward high speed machining of pockets [J]. Computer – Aided Design, 2004, 37: 241 – 250.

[46] Zelinski P. Plunge roughing right now [J]. Modern Machine Shop, 2000, 73 (5): 70 – 76.

[47] Budak E, Tekeli A. Maximizing Chatter Free Material Removal Rate in Milling through Optimal Selec-

tion of Axial and Radial Depth of Cut Pairs [J]. CIRP Annals – Manufacturing Technology, 2005, 54 (1): 353 – 356.

[48] Altintas Y, Merdol S. Virtual High Performance Milling [J]. CIRP Annals – Manufacturing Technology, 2007, 56 (1): 81 – 84.

[49] Guzel B U, Lazoglu I. Increasing productivity in sculpture surface machining via off – line piecewise variable feedrate scheduling based on the force system model [J]. International Journal of Machine Tools & Manufacture, 2004, 44 (1): 21 – 28.

[50] Bae S H, Ko K, Kim B H, et al. Automatic Feedrate Adjustment for Pocket Machining [J]. Computer aided design, 2003, 35 (5): 495 – 500.

[51] Li Z Z, Zhang Z H, Zheng L. Feedrate optimization for variant milling process based on cutting force prediction [J]. International Journal of Advanced Manufacturing Technology, 2004, 24 (7 – 8): 541 – 552.

[52] 张臣，周来水，余湛悦，等. 基于仿真数据的数控铣削加工多目标变参数优化 [J]. 计算机辅助设计与图形学学报，2005，17 (5)：1039 – 1045.

[53] 吴宝海，张莹，罗明，等. 高效加工技术在航空发动机制造领域的发展和应用 [J]. 航空制造技术，2010 (21)：48 – 52.

[54] 郑朝晖，刘战强，张晓红. 高速高效加工领域科学技术发展研究 [J]. 机械工程学报，2010，46 (23)：106 – 120.

[55] 刘战强. 先进刀具设计技术：刀具结构、刀具材料与涂层技术 [J]. 航空制造技术，2006，(7)：38 – 42.

[56] 王焱，王文理. 先进刀具技术与航空零件切削加工 [J]. 航空制造技术，2009，(23)：38 – 42.

[57] 于启勋，张京英. 刀具涂层技术的进展和应用 [J]. 航空制造技术，2007，(7)：36 – 39.

[58] Yeung C, Altintas Y, Erkorkmaz K. Virtual CNC system. Part I System architecture [J]. International Journal of Machine Tools & Manufacture, 2006, 46: 1107 – 1123.

[59] Liu Q, Altintas Y. On – line monitoring of flank wear in turning with multilayered feed – forward neural network [J]. International Journal of Machine Tools and Manufacture, 1999, 39 (12): 1945 – 1959.

[60] Liu Q, Altintas Y, Wang H W. Adaptive state feedback controller with Kalman filter observer for machining process [J]. Chinese Journal of Mechanical Engineering (English Edition), 1999, 12 (3): 218 – 223.

[61] 许丹，刘强. 基于小波多分辨率分析的高性能 XY 工作台故障诊断 [J]. 中国机械工程，2007，18 (5)：573 – 577.

[62] Chen J, Liu Q. A synchronous drive control scheme based on neural networks for a novel XY – table [C]. Proceedings of the IEEE International Conference on Automation and Logistics, ICAL 2007, 2007: 2355 – 2360.

[63] 陈静，刘强. 自适应和模糊控制的新型 XY 平台同步控制研究 [J]. 系统仿真学报，2008，20 (12)：3212 – 3215.

[64] Liu Q, Zhang C P. H – type air – bearing motion stage driven by linear motors [J]. Optics and Precision Engineering, 2007, 15 (10): 1540 – 1546.

[65] 彭翀，刘强. 基于 EEFL 知识库的数控设备远程故障诊断技术研究 [J]. 中国机械工程，2007，18 (18)：2214 – 2217.

[66] 刘强，陈静，吴文镜等. 高性能数控机床几项关键设计技术的研究应用进展 [J]. 航空制造技术，2009，(5)：40 – 45.

[67] 刘强，郇极. 航空航天制造与现代数控技术及装备 [J]. 中国制造业信息化，2005，34 (3)：64

-66.

[68] 刘强. 大型飞机制造中的关键数控技术及装备 [J]. 航空制造技术, 2008, (5): 38-43.

[69] 刘强, 李冬茹. 国产数控机床及其关键技术发展现状及展望 [J]. 航空制造技术, 2010, (10): 26~30.

[70] 严鲁涛, 袁松梅, 刘强等. 绿色切削中的微量润滑技术 [J]. 制造技术与机床, 2008, (4): 91-93.

[71] 李广旭, 刘强, 李刘合等. 纳米 TiAlN 涂层硬质合金刀具高速铣削 AerMet100 钢的磨损机理 [J]. 摩擦学学报, 2010, 30 (2): 150-156.

[72] 刘晓旭, 袁松梅, 刘强等. 准干切削技术及其应用 [J]. 制造技术与机床, 2008, (4): 75-77.

[73] 严鲁涛, 袁松梅, 刘强等. 油雾再利用喷嘴及切削试验研究 [J]. 润滑与密封, 2009, 34 (3): 28-31.

[74] 王延忠, 唐超权, 刘强等. 基于有限元方法的机床床身热特性参数化分析 [J]. 机床与液压, 2007, 35 (8): 6-7, 83.

[75] 张明华, 袁松梅, 刘强等. 基于有限元分析方法的高速电主轴热态特性研究 [J]. 制造技术与机床, 2008, (4): 29-32.

[76] 晓立, 七丁. 展望未来机床透析行业发展 [J]. 航空制造技术, 2007, (4): 41-51.

[77] 袁松梅, 刘晓旭, 严鲁涛等. 高强钢铣削中微量润滑技术效果的试验分析 [J]. 北京航空航天大学学报, 2009, 35 (2): 179-182.

[78] 吴文镜, 刘强. 机床动力学建模的拓展传递矩阵法 [J]. 机械工程学报, 2010, 46 (21): 69-75.

[79] 刘强, 李哲浩, 唐晓青等. 制造科学与工程的学科发展与前沿研究问题 [J]. 北京航空航天大学学报, 2004, 30 (4): 283-289.

[80] 严鲁涛, 袁松梅, 刘强等. 绿色切削高强度钢的刀具磨损及切屑形态 [J]. 机械工程学报, 2010, 46 (9): 187-192.

第 2 章　切削过程力学建模原理

金属切削过程（Metal Cutting Process）是刀具与工件相互运动、相互作用的过程。由于切削力是影响刀具 - 工件振动、颤振、切削温度、刀具失效、工件尺寸精度和表面粗糙度的关键因素，在切削过程中尤以切削力的建模与仿真最为关键。

2.1　切削过程概述

2.1.1　切削运动与切削用量

（1）切削运动

在金属切削过程中，刀具与工件的相对运动可以分解为主运动和进给运动，而这两种运动的矢量和称为合成切削运动。所有切削运动的速度及方向都是相对于工件定义的。

主运动是刀具与工件之间主要的相对运动，它使刀具的切削部分切入工件材料，使被切金属层转变为切屑，从而形成工件新表面。刀刃上选定点相对于工件的主运动速度被称为切削速度（Cutting Velocity）。主运动特点是运动速度最高，消耗功率最大。例如，外圆车削时工件的旋转运动（见图 2 - 1）为主运动。主运动可以由工件完成（如车削、镗削），也可以由刀具完成（如铣削、钻削等），其运动方式可以是直线运动或旋转运动，但每种切削加工中的主运动通常只有一个。

进给运动配合主运动，使切削加工持续不断地进行，形成具有所需几何形状的已加工表面。进给运动可以是连续的，如外圆车削时车刀的纵向连续直线运动（见图 2 - 1）；也可能是间歇的，如在牛头刨床上加工平面时，刨刀每往复一次，工作台带工件横向间歇移动一次。进给运动可能不止一个，其运动形式可以是直线运动、旋转运动或两者的组合，无论哪种形式的进给运动消耗的功率均低于主运动。在图 2 - 1 所示外圆的车削运动中，v_c 为切削刃某点切削速度，v_f 为同一点的进给运动速度，v_e 为其合成速度。

（2）工件的加工表面

在切削过程中，工件上通常存在 3 个表面，它们分别是（见图 2 - 1）：

①待加工表面（Workpiece Surface）：工件表面上即将被切去的表面，随着切削过程的进行，它将逐渐减小，直至全部被切除；

②已加工表面（Machined Surface）：刀具切削后在工件表面上形成的新表面，并随着切削的

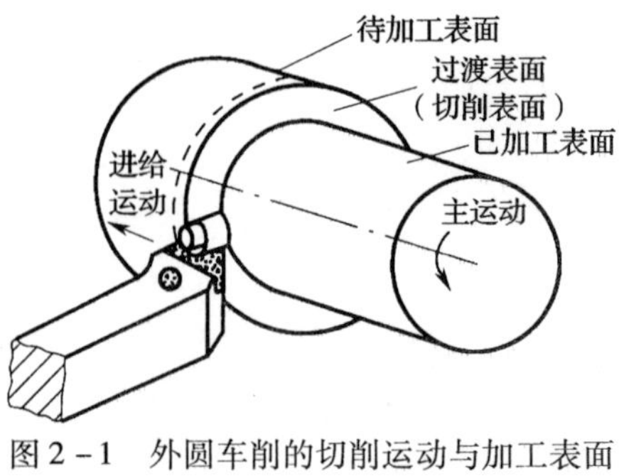

图 2 - 1　外圆车削的切削运动与加工表面

继续而逐渐扩大；

③过渡表面（Cutting Surface）：切削刃正在切削的表面，并且是切削过程中不断改变着的表面，总处在待加工表面与已加工表面之间。

在切削过程中，切削刃相对于工件的运动轨迹面，就是工件上的过渡表面和已加工表面。不同形状的切削刃与不同的切削运动组合，即可形成各种工件表面。

（3）切削用量

切削用量（Cutting Parameters）又称为切削参数，是指切削速度、进给量和切削深度（含轴向切削深度与径向切削深度）三者的总称。其定义如下：

①切削速度（Cutting Velocity）v：切削加工时，切削刃上选定点相对于工件的主运动的速度。切削刃上各点的切削速度可能不相同。当主运动为旋转运动时，刀具或工件最大直径处的切削速度由式（2－1）确定：

$$v = \frac{\pi D n}{1000}(\mathrm{m/min}) \tag{2-1}$$

式中：D——完成主运动的刀具或工件最大直径，mm；

n——主运动的转速，r/min。

②进给速度（Feed Velocity）v_f与进给量（Feedrate）f：进给速度 v_f是切削刃上选定点相对于工件进给运动的速度，其单位为 mm/s 或 m/min。若进给运动为直线运动，则进给运动在切削刃上各点是相同的。进给量 f 是工件或刀具主运动每转或每一行程时，工件和刀具两者在进给运动方向上的相对位移量，俗称走刀量。例如，外圆车削时的进给量 f 是指的工件每转一周时车刀相对于工件在进给方向上的位移量，其单位为 mm/r；对铣削来说还常用每齿进给量 f_t（Feedrate per Tooth）来表示进给量，它指的是铣刀每旋转一个刀齿时铣刀相对于工件在进给方向上的位移量。

对齿数为 N 的铣刀，显然进给速度 v_f与进给量 f 和每齿进给量 f_t 存在如下关系：

$$v_f = fn = f_t n N \tag{2-2}$$

③轴向切削深度（Axial Depth of Cut）a_p：指主刀刃与工件切削表面接触长度在主运动方向和进给运动方向所组成平面的法线方向上测量的值，俗称背吃刀量（Back Engagement）。对于外圆车削（见图 2－1），包含主运动方向 v 和进给运动方向 v_f的平面，是与工件主运动旋转轴向平行的，过切削刃上任意点的平面的法线方向必与工件轴线垂直相交，故外圆车削的切削深度等于工件已加工表面与待加工表面的垂直距离，即：

$$a_p = \frac{D_w - D_m}{2} \tag{2-3}$$

式中：D_w——工件待加工表面直径，mm；

D_m——工件已加工表面直径，mm。

④径向切削深度（Radial Depth of Cut）a_e：仅对铣削而言，是指在铣削过程中刀具在其径向实际参与切削的刀具宽度，俗称切削宽度。对于立式铣床，指的是水平方向的切削宽度。通常有百分比和绝对值两种表示方式。

2.1.2　切削层参数与切削方式

在切削过程中，刀具的切削刃在一次走刀中从工件待加工表面切下的金属层，被称为切削层。切削层的截面尺寸被称为切削层参数，它决定了刀具切削部分所承受的负荷以及切屑的尺寸大小。下面以两种最典型的切削加工方式车削和铣削说明如何定义切削层参数。

（1）车削切削层参数

如图2－2所示，刀具车削工件外圆时，切削刃上任一点的运动轨迹是一条螺旋线，整个切削刃切削出一条螺旋面。工件旋转一周，车刀沿工件轴线移动一个进给量f的距离，切下其中的金属切削层。由于进给速度远小于切削速度，因此通常都在过切削刃上选定点并与该点主运动方向垂直的平面内对切削层参数进行度量。

①切削厚度（Cutting Thickness）h：在主切削刃选定点的基面内，垂直于过渡表面的切削层尺寸，称为切削厚度。如图2－2所示的切削层截面的切削厚度为：

$$h = f\sin\kappa_r \tag{2-4}$$

上式中，κ_r为刀具主偏角，即刀具主切削刃与进给方向的夹角。由此可见，f或κ_r增大，则h变厚。

②切削宽度（Cutting Width）b：在主切削刃选定点的基面内，沿过渡层表面度量的切削层尺寸，称为切削宽度。车削加工切削层截面的切削宽度为：

$$b = \frac{a_p}{\sin\kappa_r} \tag{2-5}$$

由此可见，当a_p增大或κ_r减小时，切削宽度b将增大。

③切削面积（Cutting Area）A：在主切削刃选定点的基面内，切削层的截面面积，称为切削面积。车削切削层切削面积可表示为：

$$A = hb = fa_p \tag{2-6}$$

（2）铣削切削层参数

与车削加工方式不同，铣削时，刀具作旋转运动，工件作进给移动。由于铣刀上一般具有多个切削刃，所以金属铣削是后一刀齿在前一刀齿加工后进行切削的，因此铣削的切削层应是相邻两刀齿加工面之间的加工层，其切削层参数定义如下。

①切削厚度h：在基面内度量的相邻刀齿主切削刃运动轨迹间的距离。如图2－3所示，铣削时的切削厚度可表示为

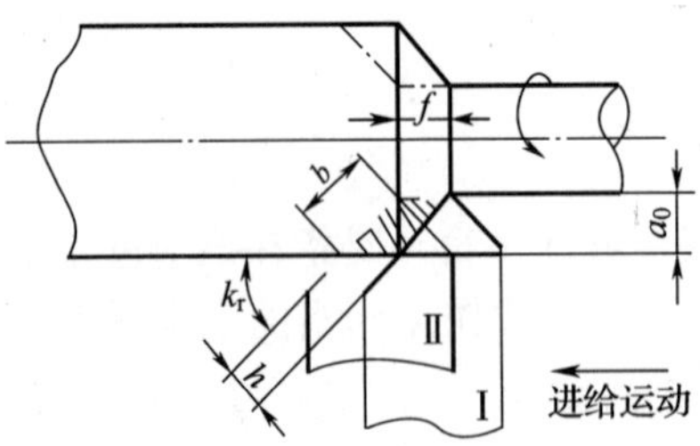

图2－2　车削切削层参数

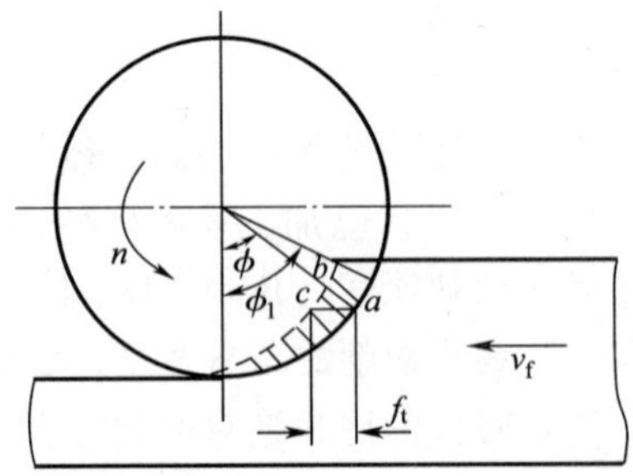

图2－3　铣削切削层参数

$$h = f_t \sin\phi \qquad (2-7)$$

可见，f_t 或 ϕ 增大将导致 h 增加，且当 $\phi=0$ 时，h 为 0，当 $\phi=\phi_1$ 时，h 最大。

②切削宽度 b：铣削的切削宽度是指主切削刃与工件切削面的接触长度，可近似表示为：

$$b = a_p \qquad (2-8)$$

即切削宽度等于背吃刀量。值得注意的是，铣削的背吃刀量与一般车削所定义的不同，它是平行于铣刀轴线方向度量的被切削层尺寸，因此，对于圆周铣，背吃刀量为工件在铣刀轴线方向上被切削的尺寸。

③切削面积 A：铣削时的切削面积可表示为：

$$A = hb = fa_p \sin\phi \qquad (2-9)$$

（3）切削方式

①自由切削（Free Cutting）与非自由切削（Non Free Cutting）：

刀具在切削过程中，如果只有一条直线切削刃参与切削，这种切削被称为自由切削。其主要特征是切削刃上各点切屑的流出方向大致相同，被切金属的变形基本上发生在二维平面内。反之，若刀具的切削刃为曲线，或有几条切削刃都参与了切削，并且同时完成整个切削过程，则称之为非自由切削。其主要特征是各切削刃之交接处切下的金属互相影响与干扰，金属变形更为复杂，且发生在三维空间内。一般情况下，多刃刀具切削时大都是非自由切削。

②直角切削（Orthogonal Cutting）与斜角切削（Oblique Cutting）：

直角切削是指刃倾角 $\lambda_s=0$ 时，主切削刃与切削速度方向成直角的切削，故又称之为正交切削。

斜角切削是指刃倾角 $\lambda_s \neq 0$ 时，主切削刃与切削速度方向不成直角的切削。

实际切削加工中的大多数情况属斜角切削方式，而在以前的理论和试验研究工作中，则比较常用直角切削方式。

2.1.3　金属的切削层变形

以塑性材料为例，金属在加工过程中会发生剪切和滑移，图 2－4 所示为金属的滑移线和流动轨迹，其中横向线是金属流动轨迹线，纵向线是金属的剪切滑移线。图 2－5 所示为金属的滑移过程。金属切削过程的塑性变形通常可以划分三个变形区，各区特点如下：

①第一变形区（The First Deformation Area）：

切削层金属从 OA 线开始发生塑性变形，到 OM 线晶粒的剪切滑移基本完成，这一区域称为第一变形区，如图 2－4 所示的 I 区，其中 OA 被称为始滑移线，OM 被称为终滑移线。第一变形区是金属切削变形过程中最大的变形区，在这个区域内，金属的塑性变形和剪切滑移将产生大量的切削热，并消耗大部分功率。此区域较窄，宽度仅 0.02 ~ 0.2mm。

②第二变形区（The Second Deformation Area）：

切屑沿前刀面排出时受到前刀面的挤压与摩擦，使靠近前刀面处金属纤维化，基本上与前刀面平行，如图 2－4 所示的Ⅱ区，这部分叫做第二变形区。

③第三变形区（The Third Deformation Area）

已加工表面受到切削刃钝圆部分与后刀面的挤压和摩擦，产生变形与回弹，造成纤维化与加工硬化，如图 2－4 所示的Ⅲ区，称为第三变形区。

上述三个变形区汇集在切削刃附近，此处的应力比较集中而复杂，金属的被切层就在此处与工件本体材料分离，一部分变成切屑，很小一部分留在已加工表面上。

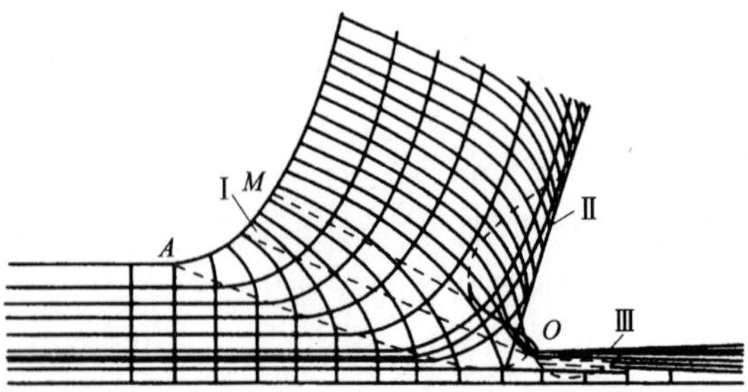

图 2－4　金属切削过程中滑移线与流线

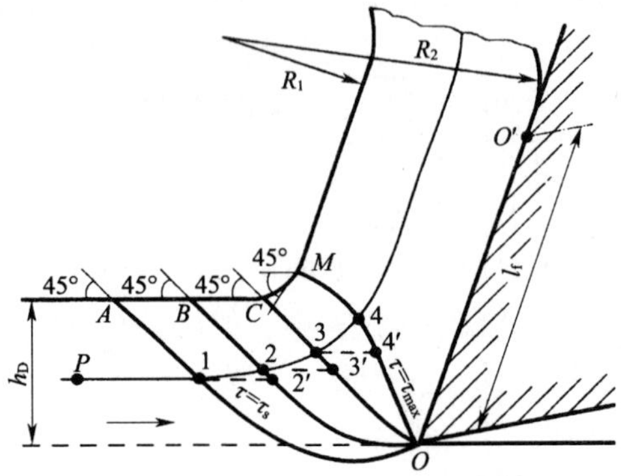

图 2－5　第一变形区金属滑移

2.2　切削力模型

切削力直接影响加工变形及切削热的产生，并进一步影响刀具磨损、刀具使用寿命、加工精度和已加工表面质量，切削力又是计算切削功率，制定合理的切削用量，设计刀具、机床、夹具的重要参数。因此，研究切削力的规律并构建切削力预测模型，具有较大的实用价值。

2.2.1　切削力及切削功率

（1）切削力的来源

金属切削时，刀具切入工件，使被加工材料发生变形成为切屑所需的力，称为切削力。如图 2－6 所示，有正向压力 $F_{\gamma N}$ 和 $F_{\alpha N}$ 分别作用于前后刀面上；由于切屑沿前刀面流出，故前刀面上存在摩擦力 F_{γ}；刀具与工件之间有相对运动，故有摩擦力 F_{α} 作用于后刀面上，$F_{\gamma N}$ 与 F_{γ} 合成为 $F_{\gamma,\gamma N}$，$F_{\alpha N}$ 与 F_{α} 合成为 $F_{\alpha,\alpha N}$，$F_{\gamma,\gamma N}$ 与 $F_{\alpha,\alpha N}$ 进一步合成 F，F 就是作用在刀具上的总切削力。

综上所述，切削力主要来源于两方面：一是切削层金属、切屑和工作表面层金属的弹性变形及塑性变形所产生的抗力：二是刀具与切屑、已加工表面间的摩擦阻力。

（2）切削合力和分力

以车削外圆为例，作用在刀具上各力的总和形成对刀具的总合力 F，见图 2－7。为满足实际应用需要，该合力 F 又可以分解为 3 个相互垂直的分力：

主切削力 F_c：垂直于基面，与切削速度 v_c 方向一致，又称切向力。

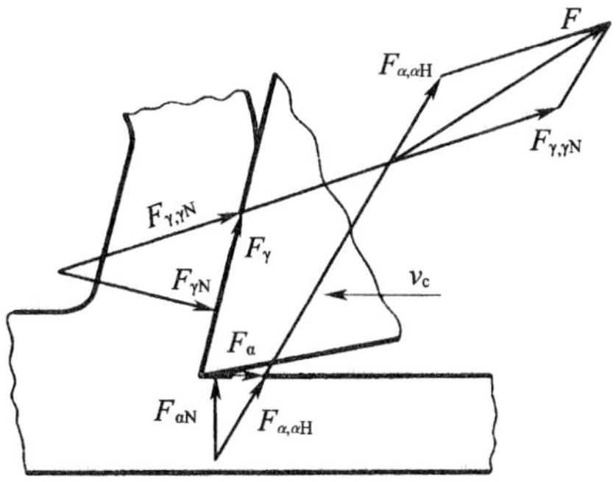

图 2-6　切削力的产生

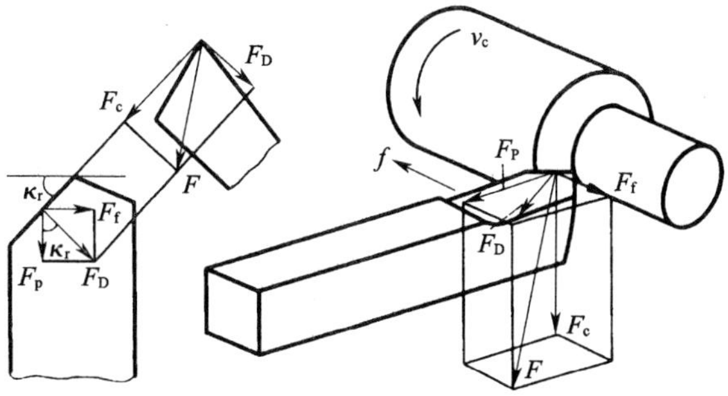

图 2-7　切削合力及分力

切深抗力 F_p：处于基面内，与工件轴线平行与走刀方向相反的分力，又称轴向力或走刀力。

进给抗力 F_f：处在基面内，与进给方向平行的分力，又称径向力或吃刀力。

由图 2-7 可知，

$$F = \sqrt{F_c^2 + F_D^2} = \sqrt{F_c^2 + F_p^2 + F_f^2} \tag{2-10}$$

式中，F_D为总合力在切削层尺寸平面上的投影，是进给力 F_f与背向力 F_p的合力。根据车刀材料、车刀几何参数、切削用量、工件材料和车刀磨损等情况不同，F_c、F_p、F_f三力之间比例会有较大变化。

（3）切削功率

切削过程中所消耗的功率称为切削功率 P_c。由图 2-7 可知，因 F_p方向无位移，所以不做功。于是：

$$P_c = \left(F_f v_c + \frac{F_c n_w f}{1000}\right) \times 10^{-3}(\mathrm{kW}) \tag{2-11a}$$

式中：F_c——主切削力，N；

v_c——切削速度，m/s；

F_f——进给力，N；

n_w——工件转速，r/s；

f——进给量，mm/r。

上式中，由于 $F_f < F_c$且 F_f方向上的进给速度有远小于主运动速度，所以进给运动所消耗的功率远低于主切削功率（小于 1%），可以忽略不计。一般可以按下式简化计算切削功率：

$$P_c = F_c v_c \times 10^{-3}(\mathrm{kW}) \tag{2-11b}$$

2.2.2　切削力的经验公式

通过切削试验，利用测力仪测出各种影响因素变化时的切削力，再将试验数据用图解法、线性回归等进行处理，得到反映各因素与切削力关系的表达式，亦即切削力经验公式（Empirical Formula）。

在实际中使用的切削力经验公式有两种：一是指数公式，二是单位切削力（单位切削面积上的主切削力大小）。其中指数公式的应用范围非常广，其形式为：

$$\begin{cases} F_c = C_{Fc} a_p{}^{x_{Fc}} f^{y_{Fc}} v_c{}^{n_{Fc}} K_{Fc} \\ F_p = C_{Fp} a_p{}^{x_{Fp}} f^{y_{Fp}} v_c{}^{n_{Fp}} K_{Fp} \\ F_f = C_{Ff} a_p{}^{x_{Ff}} f^{y_{Ff}} v_c{}^{n_{Ff}} K_{Ff} \end{cases} \tag{2-12}$$

式中：F_c——主切削力；

F_p——切深抗力；

F_f——进给抗力；

C_{Fc}，C_{Fp}，C_{Ff}——由被切削材料和切削条件确定的系数；

x_{Fc}，y_{Fc}，n_{Fc}，x_{Fp}，y_{Fp}，n_{Fp}，x_{Ff}，y_{Ff}，n_{Ff}——模型的指数系数；

K_{Fc}，K_{Fp}，K_{Ff}——模型的修正系数，与刀具几何参数、装配角度等因素有关。

上述公式是根据平均功率或金属的去除率来近似地估算出切削力的平均值，所以又称为平均刚性力模型。平均刚性力模型只反映切削力的平均变化水平，不能够有效地反映出切削加工中切削力在数值和方向上随时间周期波动的特点。同时，该模型也未考虑刀具的动态变形对切削力的影响，刀具的动态特性无法在模型中得到充分反映。平均刚性力模型虽然在切削力和刀具的静态变形估计上具有一定精度，但不适应对工件表面加工形貌的预测和相关动力学分析。

2.2.3 切削力的力学模型

切削力的力学模型（Mechanical Model）最早由 Sabberwaal 提出，该模型中切削力被假定为与切屑横截面积成正比，其中的比例系数取决于切削条件和材料特性。切削力的力学模型已被成功地应用于铣削过程，并且在应用中不断得到改进。

在力学建模方法所涉及的几种切削力模型中，瞬时刚性力模型可以较准确地对加工过程中任意时刻铣削力的大小和方向进行预测，因此该模型的应用相对广泛。借助瞬时刚性力模型的基本原理，通过建立铣削加工动力学方程，考虑再生切屑厚度，可以对瞬时动态切削力、动态变形、表面粗糙度和切削过程颤振等进行预测。

瞬时刚性力模型的基本公式可表示为：

$$\begin{aligned} \mathrm{d}F_t &= K_{tc} \cdot h \cdot \mathrm{d}z + K_{te} \cdot \mathrm{d}s \\ \mathrm{d}F_r &= K_{rc} \cdot h \cdot \mathrm{d}z + K_{re} \cdot \mathrm{d}s \\ \mathrm{d}F_a &= K_{ac} \cdot h \cdot \mathrm{d}z + K_{ae} \cdot \mathrm{d}s \end{aligned} \tag{2-13}$$

式中：$\mathrm{d}F_t$，$\mathrm{d}F_r$，$\mathrm{d}F_a$——分别为切向、径向和轴向切削力微元；

$\mathrm{d}s$，$\mathrm{d}z$，h——分别为切削刃长度微元、轴向切深微元及切削厚度；

K_{tc}，K_{rc}，K_{ac}——分别为切向、径向和轴向切削力系数；

K_{tc}，K_{re}，K_{ae}——分别为切向、径向和轴向刃口力系数。

上式中，根据 6 个系数的不同取值方式，可归纳出以下几种切削力系数模型。

（1）平均切削力系数模型（Average Cutting Force Coefficient Model）

在平均切削力系数模型中，上述 6 个系数均为常数，其具体数值可通过切削力系数辨识试验得到。

（2）双线性力模型（Bi－linear Force Model）

在双线性铣削力模型中，铣削力系数被定义为切屑厚度的分段函数，每一段采用不同的线性函数来处理（如图2－8所示），可满足模型精度要求，其表达式如下：

$$
\left.\begin{aligned}
K_{te} &= 0 \qquad & K_{tc} &= K_{tc1} \\
K_{re} &= 0 \qquad & K_{rc} &= K_{rc1} \\
K_{ae} &= 0 \qquad & K_{ac} &= K_{ac1}
\end{aligned}\right\} \text{if} \quad h < t_0
$$

$$
\left.\begin{aligned}
K_{te} &= (K_{tc1} - K_{tc2})t_0 \qquad & K_{tc} &= K_{tc2} \\
K_{re} &= (K_{rc1} - K_{rc2})t_0 \qquad & K_{rc} &= K_{rc2} \\
K_{ae} &= (K_{ac1} - K_{ac2})t_0 \qquad & K_{ac} &= K_{ac2}
\end{aligned}\right\} \text{if} \quad h > t_0
\tag{2-14}
$$

（3）指数切屑厚度模型（Exponential Chip Thickness Model）

指数切屑厚度模型中的切削力系数被表示为切屑厚度的指数函数，如下所示：

$$
\begin{aligned}
K_{te} &= K_{re} = K_{ae} = 0 \\
K_{tc} &= K_T h^{-r1} \\
K_{rc} &= K_R K_T h^{-r2} \\
K_{ac} &= K_A K_T h^{-r3}
\end{aligned}
\tag{2-15}
$$

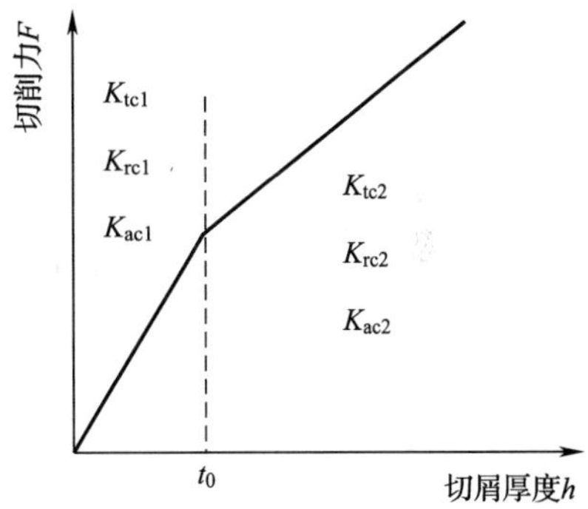

图2－8　双线性铣削力模型示意图

式中：K_T，K_R，K_A——分别为切向、径向和轴向切削力系数参数；

$r1$，$r2$，$r3$——分别为切向、径向和轴向切屑厚度指数。

（4）半力学模型（Semi－Mechanistic Model）

半力学模型表达式如下：

$$
\begin{aligned}
K_{te} &= K_{re} = K_{ae} = 0 \\
K_{tc} &= k_n[\cos\alpha_n + k_f\cos\eta_c\sin\alpha_n + k_f\tan\beta\sin\eta_c] \\
K_{rc} &= k_n\left[-\frac{\cos\alpha_n}{\cos\beta} + k_f\cos\alpha_n\frac{\cos\eta_c}{\cos\beta}\right] \\
K_{ac} &= k_n[\tan\beta\cos\alpha_n - k_f\sin\eta_c + k_f\tan\beta\cos\eta_c\sin\alpha_n]
\end{aligned}
\tag{2-16}
$$

式中：k_n，k_f——分别为前刀面上单位面积切削力、刀具侧面与前刀面上单位面积切削力之比；

α_n——前角；

η_c——切屑流动角；

β——螺旋角。

（5）高阶铣削力模型（High Order Force Model）

为精确地反映铣削力系数与切削用量之间的关系，引入一个高阶多项式表示铣削力系数与切屑厚度h之间的关系，该模型的表达式如下：

$$\begin{aligned}
K_{tc} &= K_{tc3} \cdot h^3 + K_{tc2} \cdot h^2 + K_{tc1} \cdot h + K_{tc0} \\
K_{rc} &= K_{rc3} \cdot h^3 + K_{rc2} \cdot h^2 + K_{rc1} \cdot h + K_{rc0} \\
K_{ac} &= K_{ac3} \cdot h^3 + K_{ac2} \cdot h^2 + K_{ac1} \cdot h + K_{ac0} \\
K_{te} &= K_{te3} \cdot h^3 + K_{te2} \cdot h^2 + K_{te1} \cdot h + K_{te0} \\
K_{re} &= K_{re3} \cdot h^3 + K_{re2} \cdot h^2 + K_{re1} \cdot h + K_{re0} \\
K_{ae} &= K_{ae3} \cdot h^3 + K_{ae2} \cdot h^2 + K_{ae1} \cdot h + K_{ae0}
\end{aligned} \tag{2-17}$$

式中，K_{tci}，K_{rci}，K_{aci}——分别为切向、径向和轴向力多项式系数；

K_{tei}，K_{rei}，K_{aei}——分别为切向、径向和轴向刃口力多项式系数。

2.2.4 切削力影响因素及修正

影响切削力的因素很多，主要表现在以下几个方面。

（1）工件材料的影响

工件材料的强度、硬度、加工硬化能力以及塑性变形的程度都对切削力产生影响。一般材料的强度愈高，硬度越大，加工硬化性越强，塑性变形越大，切削该材料所需的切削力也就越大。

需综合考虑多种因素对切削力的影响。如奥氏体不锈钢，虽然强度、硬度低，但加工硬化能力大，因此切削力也较大。铜、铝塑性变形大，但加工硬化小，切削力也较低。热处理对切削力的影响主要是通过改变被切削材料的硬度来施加的。

（2）切削用量的影响

①切削深度 a_p 与进给量 f 的影响：

由于切削面积 $A = a_p f$，故切削深度 a_p 与进给量 f 的增大都将使切削面积增大。切削面积的增大将使变形力和摩擦力增大，切削力也将随之增大，但两者对切削力影响稍有不同。

虽然切削深度与进给量对切削力的影响都成正比关系，但由于进给量的增大会减小切削层的变形，所以切削深度 a_p 对切削力的影响比进给量 f 大。从切削刀具载荷和能量消耗的观点来看，用大的进给量 f 工作，比用大的切削深度 a_p 工作更有利。

②切削速度：

切削速度对切削力的影响呈马鞍形变化。积屑瘤产生阶段，由于刀具实际前角增大，切削力减小，在积屑瘤消失阶段，切削力逐渐增大，积屑瘤消失时，切削力 F_c 达到最大，以后又开始减小，如图 2-9 所示。假设以切削速度 $v_c = 100\text{m/min}$ 作为基准得到相应的切削力系数，当 $v_c \neq 100\text{m/min}$，应加修正系数 $k_{v_cF_c}$，如表 2-1 所示。

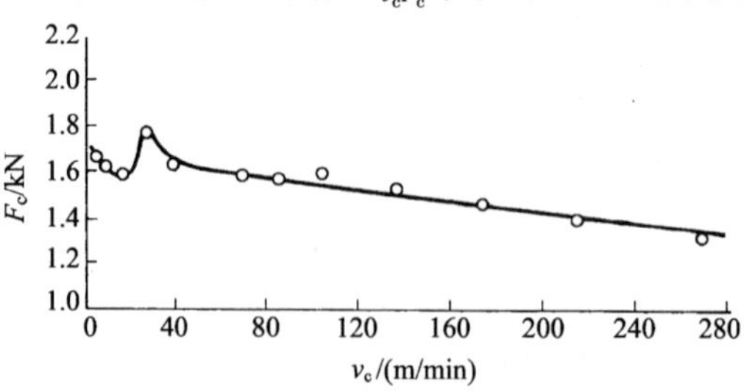

图 2-9 切削速度对切削力的影响

表 2－1 不同切削速度对应的切削力的修正系数值 $k_{v_cF_c}$

工具材料 \ v_c/(m/min)	50	75	100	125	175	200	250	300	400	500	600	700	800
碳素结构钢 45 合金结构钢 40Cr	1.05	1.02	1.00	0.98	0.96	0.94	—	—	—	—	—	—	—
合金工具钢 9CrSi 轴承刚 GCr15	1.15	1.04	1.00	0.98	0.96	0.94	—	—	—	—	—	—	—
铸铝合金 ZL10	1.09	1.04	1.00	0.95	0.86	0.82	0.74	0.66	0.54	0.49	0.49	0.45	0.43

（3）刀具几何参数的影响

①刀具前角：

在刀具几何参数中，前角 γ_o对切削力影响最大，切削力随着前角的增大而减小。这是因为前角的增大，切削变形与摩擦力减小，切削力相应减小。刀具前角对切削力的影响如表 2－2 所示。

表 2－2 刀具前角改变对切削力修正系数的影响

工件材料 \ 刀具前角 γ_o	−10°	0°	5°	10°	15°	20°	25°	30°
碳素结构钢 45	1.28	1.28	—	1.05	1	0.95	0.89	0.85
灰铸铁 HT20－40	1.37	1.21	—	1.05	1	095	—	0.84
硬铝合金 LY12	—	—	1.19	1.10	1	0.90	0.83	0.77
紫铜 T2	—	—	1.34	1.15	1	0.93	0.80	0.65
铅黄铜 HPb59－1	—	1.06	1.04	1.02	1	0.98	—	—

②刀具主偏角 κ_r和刀尖圆弧半径 r_ε：

主偏角对切削力 F_c的影响不大，当 $\kappa_r=60°\sim75°$ 时，F_c最小。因此，主偏角 $\kappa_r=75°$ 的车刀在生产中应用较多。主偏角 κ_r的变化对切深抗力 F_p与进给力 F_f影响较大。切深抗力随主偏角的增大而减小，进给力随主偏角的增大而增大。

刀尖圆弧半径增大，切削变形增大，切削力也增大，相当于 k_r减小对切削力影响。

③刀具刃倾角 λ_s：

切削试验表明，刃倾角 λ_s的变化对主切削力 F_c影响不大，但对切深抗力 F_p影响较大。当刃倾角由正值向负值变化时，切深抗力 F_f逐渐增大，因此工件弯曲变形增大，机床振动也增大。

（4）刀具磨损的影响

后刀面磨损后，形成了后角为零、高度为 VB 的小棱面，结果造成后刀面上的切削力增大，因而总的切削力也增大。后刀面磨损对切削力的影响如图 2－10 所示。

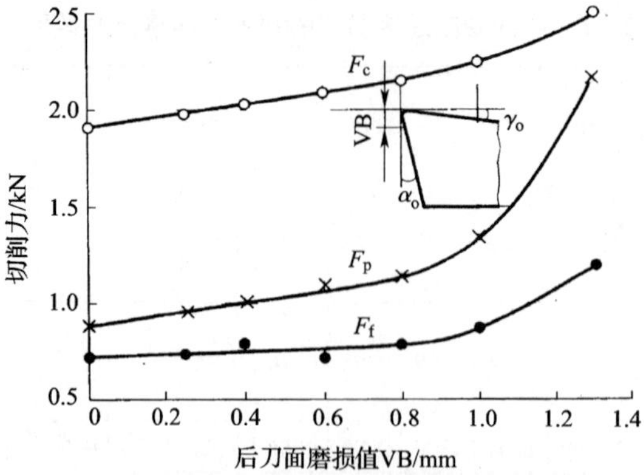

图 2－10 刀具后刀面磨损对切削力的影响

表 2－3 刀具后刀面磨损量对切削力修正系数的影响

工件材料 \ VB/mm	0	0.25	0.40	0.60	0.80	1.00	1.30
碳素结构钢 45	1	1.06	1.09	1.20	1.30	1.40	1.50
灰铸铁 HT20－40	1	1.13	1.15	1.17	1.19	1.25	1.34

（5）刀具材料与切削液的影响

刀具材料影响到它与被加工材料摩擦力的变化，因此影响切削力的变化。在相同的切削条件下，陶瓷刀具切削力最小，硬质合金刀具次之，高速钢刀具切削力最大。正确使用切削液，可以起到降低摩擦力、减小切削力的作用。

在切削液中合理地加入使表面张力降低的添加剂可以使切削液渗透入塑性变形区中的金属微裂纹内部，降低强化系数，减少切削力，使切削加工变得更为容易。

（6）切削力修正系数

下面以主切削力为例说明切削力修正公式及修正系数。切削力修正公式又叫 Kienzle 公式，其计算方法可以表示为：

$$F_{c_{new}} = F_c K_{\gamma_o F_c} K_{v_c F_c} K_{VB_{F_c}} \tag{2-17}$$

式中：$F_{c_{new}}$——任意条件下的主切削力；

F_c——标准切削条件下的主切削力；

$K_{\gamma_o F_c}$——前角修正系数；

$K_{v_c F_c}$——切削速度修正系数；

$K_{VB_{F_c}}$——磨损修正系数。

当实用条件与试验条件存在差别时，各修正系数可参见表 2－4 和图 2－11。

表 2－4 计算切削力的修正系数

工种	切削速度修正系数 $K_{v_c F_c}$	前角修正系数 $K_{\gamma_o F_c}$	磨损修正系数 $K_{VB_{F_c}}$
车削	见图 2－11（a）	见图 2－11（b）和（c）	1.3～1.5
刨、插削			1.3～1.5
铣削			1.2～1.4

表 2－4（续）

工种	切削速度修正系数 $K_{v_cF_c}$	前角修正系数 $K_{\gamma_oF_c}$	磨损修正系数 K_{VBF_c}
钻实心孔	—	—	1.25～1.4
扩孔	—	—	1.25～1.4

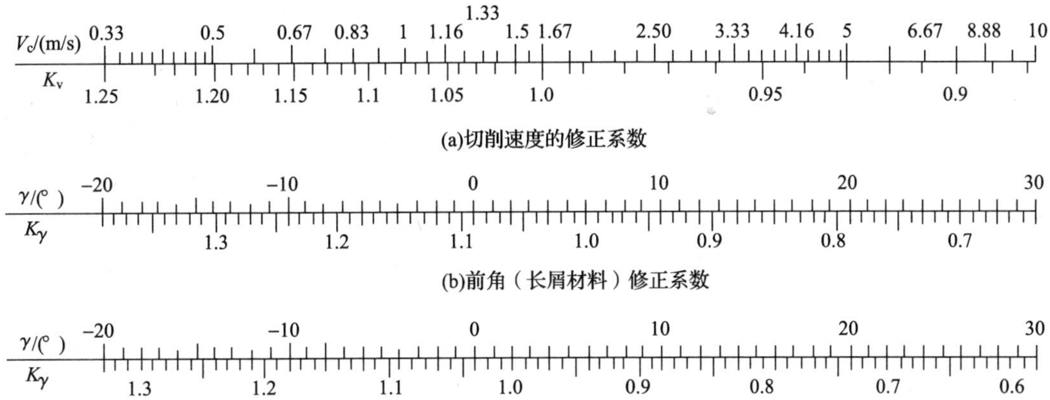

(a)切削速度的修正系数

(b)前角（长屑材料）修正系数

(c)前角（短屑材料）修正系数

图 2－11 确定修正系数的线图

2.3　铣削加工过程动态切削力建模

铣削加工过程（Milling Process）通常是一个由多齿参与的断续切削过程，铣刀随机床主轴绕自身轴线回转而工件相对于铣刀作进给运动，如图 2－12 所示。在详细介绍铣削加工过程动态切削力建模之前，首先对常用铣刀和铣削方式进行简要介绍。

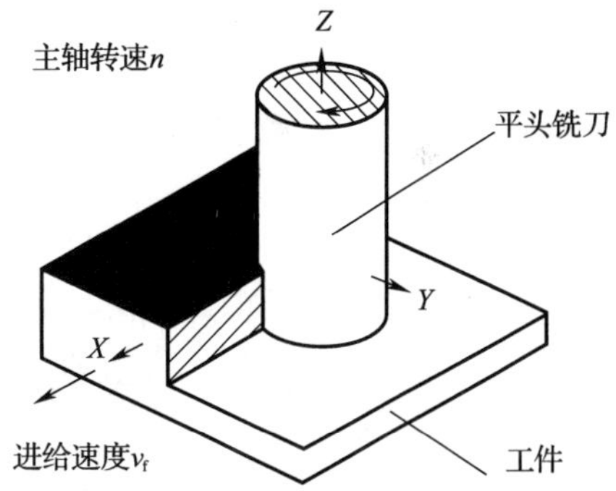

图 2－12　铣削加工示意图

2.3.1　铣刀种类及铣削方式

（1）铣刀种类

铣刀的种类很多，通常按用途分类可分为：

①圆柱铣刀：如图 2－13（a）所示，用于在卧式铣床上加工平面，其轴线与被加工表面平行，主要用高速钢制成，也有镶焊螺旋型的硬质合金刀片。这种铣刀仅在圆柱表面上有切削刃，无副切削刃。

②端铣刀：如图 2－13（b）所示，用于在立式铣床上加工平面，其轴线与被加工表面垂直，端铣刀的主切削刃分布在圆柱或圆锥表面上，端部切削刃为副切削刃。端铣刀主要采用硬质合金刀齿，允许采用较高的切削速度，加工表面质量好、生产率高。根据刀齿安装结构的不同，硬质合金端铣刀可分为整体焊接式、机夹重磨式和可转位式 3 种形式。

③盘形铣刀：盘形铣刀分为槽铣刀、两面刃铣刀、三面刃铣刀（含错齿三面刃铣刀）。槽铣刀（如图 2－13（c）所示）仅在圆柱面上有切削刃，但两侧端面也参与一部分切削，相当于副切削刃，一般用于加工浅槽。两面刃铣刀（见图 2－13（d））除圆柱表面有切削刃外，在一侧端面上也有切削刃，用于加工台阶面。三面刃铣刀（见图 2－13（e））除圆柱表面有切削刃外，两侧端面上均有切削刃，为改善这种铣刀端部切削刃的工作条件，可采用错齿结构，即刀齿交替地左斜或右斜，亦称错齿三面刃铣刀（见图 2－13（f））。三面刃铣刀主要用于切槽和台阶面。

④立铣刀：如图 2－13（g）所示，主要用于加工平面、台阶、槽和相互垂直的平面，利用锥柄或直柄夹紧在机床主轴上，圆柱面上的切削刃为主切削刃，端面上的切削刃为副切削刃。

⑤键槽铣刀：如图 2－13（h）所示，仅有两个刃瓣，既像立铣刀又像钻头，它可以轴向进给向毛坯钻孔，然后沿键槽方向运动铣出键的全长。键槽铣刀重磨时只需磨端刃。

⑥角度铣刀：角度铣刀分单角度铣刀（见图 2－13（i））和双角度铣刀（见图 2－13（j）），用于铣削沟槽和斜面。

⑦成形铣刀：如图 2－13（k）所示，用于加工成形表面的刀具，其刀齿廓形需根据被加工工件的廓形来确定。

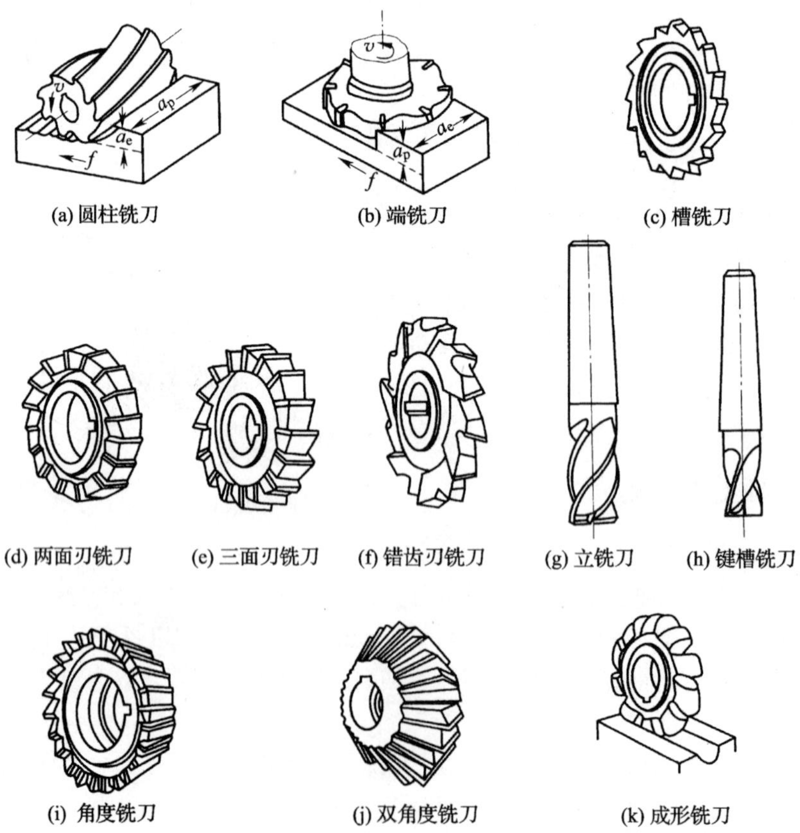

图 2－13　铣刀的类型

（2）铣削方式

铣削加工是一种比较复杂的切削过程。在铣削过程中不断变化的切削厚度，将引起铣削力的变化。故在铣削时可通过不同铣削方式的选择，来调节切削厚度的变化规律，达到铣削过程中铣削力不会有太大的波动并减轻铣刀的磨损。

铣削加工平面时，主要有周铣和端铣两种方式。周铣是用铣刀圆周上的切削刃来铣削工件平面，可分为逆铣和顺铣。而端铣是利用铣刀的端面刀齿加工工件的平面，可分为对称铣和不对称铣两种。

①周铣与端铣：

在铣床上加工平面时，既可用圆柱铣刀周铣，也可用端铣刀端铣。由于端铣的加工效率要高于周铣，且表面加工质量也好，故一般多采用端铣，但周铣也有它的用途，如可同时装几把刀加工组合平面等。两者的特点如下：

a. 周铣切削层厚度变化很大，相应的切削力变化也大，使切削过程振动较大。端铣时每齿切下的切削层厚度变化较小，故切削力变化较小，不会使切削过程有较大的振动。

b. 从刀齿的工作条件看，圆柱铣刀只有圆周切削刃切削，已加工表面实际是由许多圆弧所组成，表面粗糙度值较大。端铣时形成已加工表面是靠主切削刃，而过渡刃和副切削刀起修光作用，使已加工表面粗糙度数值小。周铣仅由主切削刃形成加工表面，特别是逆铣时切削厚度从零开始，刀齿产生滑移使刀齿磨损加剧，已加工表面粗糙度数值大，而端铣时刀齿刚切人时，切削层厚度较小，但不等于零，既可改善圆柱铣刀顺铣时的打刀现象，又可避免逆铣时刀尖与切削表面的强烈摩擦，提高刀具的耐用度。

c. 圆柱铣刀由于螺旋形刀齿不易镶装硬质合金，同时刀轴细长，装夹刚性差，加上切削的不均匀性等，因此大都采用高速钢制成。而端铣刀则使用机械夹紧固定可转位硬质合金刀片或镶装硬质台金刀片，主轴刚性较好，可进行高速切削，切削效率高，表面质量好。

综上所述，由于端铣的效率和表面加工质量好于周铣，因此在平面铣削中，大都使用端铣。

②逆铣与顺铣：

用铣刀圆周上的切削刃加工平面时，有两种铣削方式，即顺铣和逆铣，如图 2 - 14 所示。在铣削加工区域内，铣刀旋转方向与工作台移动方向相反时为逆铣；铣刀旋转方向与工作台移动方向相同时为顺铣。

a. 逆铣时，切削厚度从零逐渐增大到最大。开始切削时，由于于切削厚度为零，小于铣刀刃口钝圆半径，刀齿在加工表面上挤压、滑移一小段距离，刀具在工件表面产生强烈的摩擦，切不下切屑，一方面使刀刃磨损加剧，另一方面工件已加上表面冷硬现象严重，影响工件表面质量。只有到切削厚度大于刀口钝圆半径时，才能切下切屑。这时已加工表面形成的冷硬层，致使工件表面粗糙，也使继续进行切削的刀齿容易磨损。顺铣时，切削厚度从最大开始逐渐减小至零，它没有逆铣的缺点。避免在已加工表面产生冷硬层，刀齿也不会产生挤压、滑移现象，从而使工件表面粗糙度减小，铣刀耐用皮可提高 2 ~ 3 倍。但顺铣不宜铣削带硬皮的工件。

b. 逆铣时，在刀齿刚切入工件时由于与工件的挤压摩擦，垂直分力向下；当刀齿切离工件时，垂直分力向上，工件受到上抬的切削力。在切削过程中，垂直分力方向时上时下，易引起振功，从而影响加工精度。顺铣时，在切削过程中垂直分力始终向下把工件压在工作台上，不易产生振动，故可获得好的加工质量。

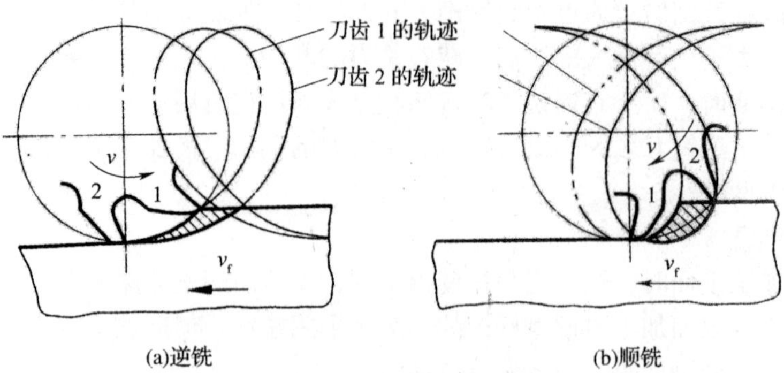

图2-14　逆铣与顺铣

c. 逆铣时，工件受到的进给分力 F_1 与进给运动方向 v_f 相反，铣床工作台丝杠始终与螺母接触。而顺铣时工件所受纵向分力 F_1 与进给方向相同，可能会使本来是螺母螺纹表面推动丝杠（工作台）前进的运动形式，变成由铣刀带动工作台前进的形式。如果丝杠、螺母之间存在间隙，就会造成工作台窜动，使铣削进给量不均匀，甚至还会打刀。因此，在没有消除螺纹间隙的铣床上，只能采用逆铣加工。

③对称铣与非对称铣

用端铣刀铣削时，由于铣刀工件之间的相对位置不同，有对称铣削和不对称铣削之分。就不对称铣削来说，由于工件受力的情况有很大的区别，故有不对称顺铣和不对称逆铣之分。

a. 对称铣削。如图2-15（a）所示，端铣刀相对于工件以对称位置进行平面铣削，处在逆铣状态的切入段与处在顺铣状态的切出段长度相等，两端沿进给方向的切削力方向相反，进给方向合力较小，刀齿切入时的切削厚度等于切出时的切削厚度。

b. 不对称逆铣。如图2-15（b）所示，铣刀相对于工件以不对称位置进行平面铣削，处在逆铣状态的切入段长度大于处在顺铣状态的切出段，进给方向上的切削合力与工件进给方向相反，综合状态为逆铣，切入时切削厚度小于切出时的切削厚度。

c. 不对称顺铣。如图2-15（c）所示，铣刀相对于工件以不对称位置进行平面铣削，处在逆铣状态的切入段长度小于处在顺铣状态的切出段，进给方向上的切削合力与工件进给方向相同，综合状态为顺铣，切入时切削厚度大于切出时的切削厚度。

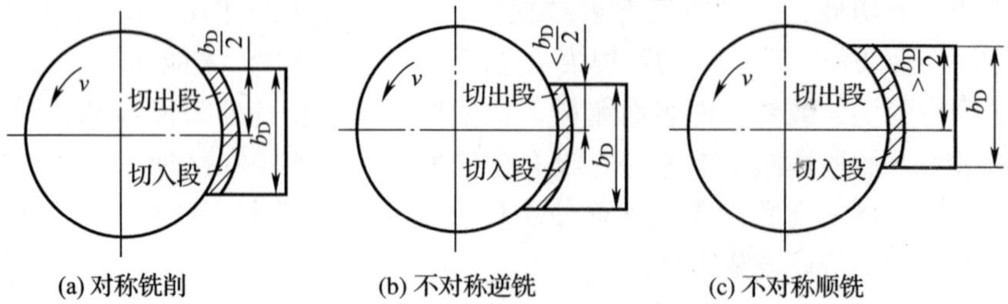

图2-15　端铣的3种铣削方式

通过切削力分析表明，不对称逆铣切削比较平稳，切入时切削厚度小，减少了冲击，当铣削高强度低合金钢时，铣刀使用寿命可提高 1 倍左右；但在铣削 2Cr13、1Cr18Ni9Ti 及 4Cr14Ni14W2Mo 等不锈钢与耐热钢时，应尽量减少切出时的切削厚度，因此切出时切屑与被切削层分离，一部分金属受压而成为毛刺，这对切削刃来说是受到一次冲击力。试验结果表明，在端铣不锈钢与耐热钢时，采用不对称顺铣可使刀具使用寿命提高 3 倍甚至更高；当铣削淬硬钢时，采用对称端铣，刀具使用寿命比其他铣削方式可提高 1 倍以上。因此，3 种端铣方式均应根据具体情况使用。

2.3.2　圆柱螺旋铣刀动态切削力建模

假设某圆柱螺旋铣刀的齿数为 N、螺旋角为 β、半径为 R、轴向切深为 a_p、径向切深为 a_e。沿铣刀轴线（Z 轴）方向将铣刀分割成 M 个切削刃微元，由于铣刀螺旋角 β 的存在，导致切削刃上的点将比刀具端点滞后，在轴向切削深度（Z）处的滞后角（ψ）（见图 2－16）可表示为：

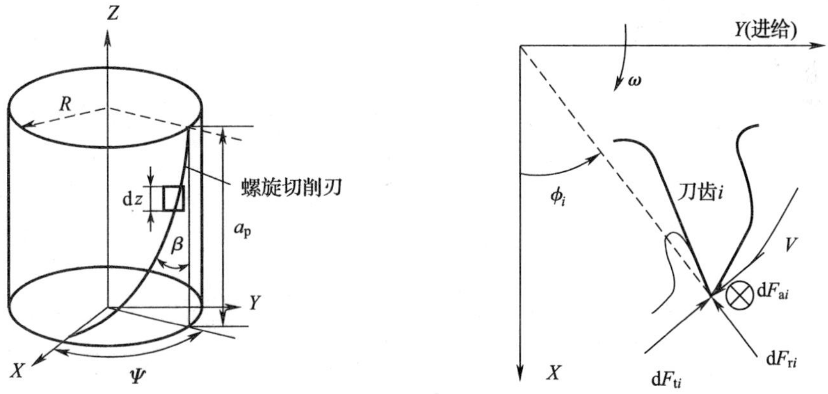

图 2－16　圆柱螺旋铣刀切削刃几何与受力情况

$$\psi = \frac{z\tan\beta}{R} \tag{2-19}$$

如果铣刀上的刀齿均布分布，则其齿间角 $\phi_p = 2\pi/N$；假设第一个切削刃端点处的角位移为 ϕ_{10}，那么第 j 个刀齿上第 l 个切削刃微元处的瞬时径向接触角（Immersion Angle）可表示为：

$$\phi_{jl} = \phi_{10} + (j-1)\phi_p + \frac{l\mathrm{d}z\tan\beta}{R} \tag{2-20}$$

由前一节可知，切削厚度随切削刃角度位置改变而变化，它是刀齿转角的函数，可近似表示为：

$$h(\phi_{jl}) = f_t\sin\phi_{jl} \tag{2-21}$$

式中：f_t——每齿进给量。

根据瞬时刚性力基本公式，作用在刀齿 j 上厚度为 dz 的第 l 个切削刃微元上的切向、径向和轴切削向力微元（Differential Cutting Force）可表示为：

$$\begin{aligned} dF_{tjl} &= g(\phi_{jl})(K_{tc}h(\phi_{jl}) + K_{te})dz \\ dF_{rjl} &= g(\phi_{jl})(K_{rc}h(\phi_{jl}) + K_{re})dz \\ dF_{ajl} &= g(\phi_{jl})(K_{ac}h(\phi_{jl}) + K_{ae})dz \end{aligned} \tag{2-22}$$

式中：$g(\phi_{jl})$ ——单位阶跃函数用于表示当前切削刃微元是否参与切削。其定义为：

$$\begin{cases} g(\phi_{jl}) = 1, & \phi_{st} \leqslant \phi_{jl} \leqslant \phi_{ex} \\ g(\phi_{jl}) = 0, & \phi_{jl} < \phi_{st} \text{ 或 } \phi_{jl} > \phi_{ex} \end{cases} \tag{2-23}$$

式中：ϕ_{st}，ϕ_{ex}——分别表示切入角（Entry Angle）和切出角（Exit Angle）。

对于逆铣，切入角和切出角可定义为：

$$\begin{cases} \phi_{st} = 0 \\ \phi_{ex} = \arccos(1 - a_e/R) \end{cases} \tag{2-24}$$

对于顺铣（Down Milling），切入、切出角可定义为：

$$\begin{cases} \phi_{st} = \pi - \arccos(1 - a_e/R) \\ \phi_{ex} = \pi \end{cases} \tag{2-25}$$

通过坐标变换，可得到作用在直角坐标系中的切削力分量如下：

$$\begin{aligned} dF_{xjl} &= -dF_{tjl}\cos\phi_{jl} - dF_{rjl}\sin\phi_{jl} \\ dF_{yjl} &= dF_{tjl}\sin\phi_{jl} - dF_{rjl}\cos\phi_{jl} \\ dF_{zjl} &= dF_{ajl} \end{aligned} \tag{2-26}$$

每一时刻在刀具有效切削刃上沿切向、径向和轴向的铣削力分布如图 2 - 17 所示。通过沿轴向积分和对每个刀齿求和，可得到作用于整个铣刀上在进给、法线和轴向方向上的瞬时切削力：

$$\begin{aligned} F_x &= \sum_{j=1}^{N}\sum_{l=1}^{M}[-dF_{tjl}\cos(\phi_{jl}) - dF_{rjl}\sin(\phi_{jl})] \\ F_y &= \sum_{j=1}^{N}\sum_{l=1}^{M}[dF_{tjl}\sin(\phi_{jl}) - dF_{rjl}\cos(\phi_{jl})] \\ F_z &= \sum_{j=1}^{N}\sum_{l=1}^{M}dF_{ajl} \end{aligned} \tag{2-27}$$

作用在主轴上的瞬时切削力矩为：

$$T_c = \frac{D}{2}\sum_{j=1}^{N}\sum_{l=1}^{M}dF_{tjl} \tag{2-28}$$

主轴切削功率为：

$$P_c = V\sum_{j=1}^{N}\sum_{l=1}^{M}dF_{tjl} \tag{2-29}$$

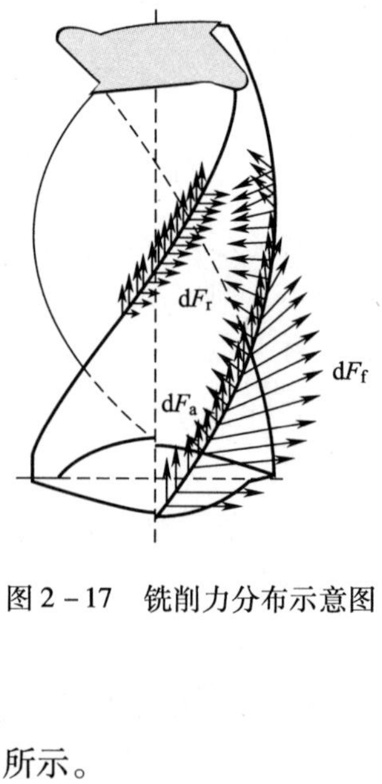

图 2 - 17　铣削力分布示意图

式中，$V=\pi Dn$——切削速度，其中 n 是主轴转速。

采用上述模型进行切削力仿真，仿真条件如表 2 - 5 所示。

不同切削条件下的圆柱螺旋铣刀立铣仿真结果如图 2 - 18 所示。

表 2-5　圆柱螺旋立铣刀切削力仿真用参数

刀具参数				工件	切削参数		
刀具材料	直径/mm	螺旋角/（°）	齿数	工件材料	a_p/mm	f_z/mm	n/（r/min）
高速钢	20	30	3	AL7075 - T6	2.0	0.5	10000
序号	ϕ_{st}/（°）	ϕ_{ex}/（°）	备注	序号	ϕ_{st}/（°）	ϕ_{ex}/（°）	备注
1	90	180	顺时针顺铣	4	0	90	逆时针逆铣
2	90	180	逆时针顺铣	5	45	135	顺时针周铣
3	0	90	顺时针逆铣	6	0	180	顺时针槽铣

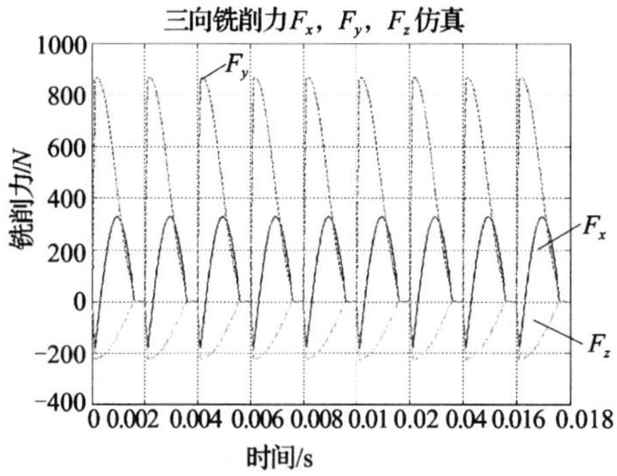

(a)顺时针顺铣

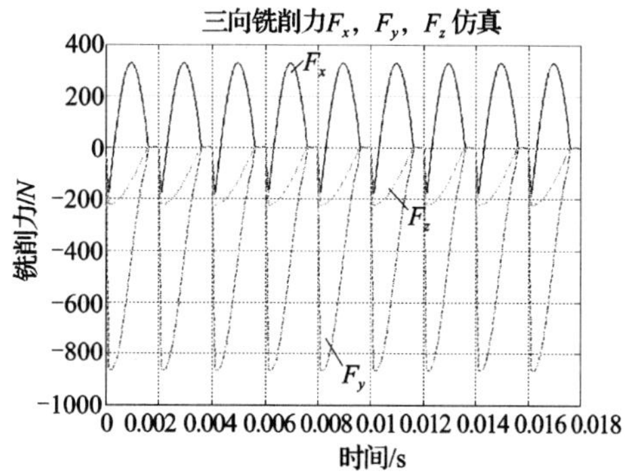

(b)逆时针顺铣

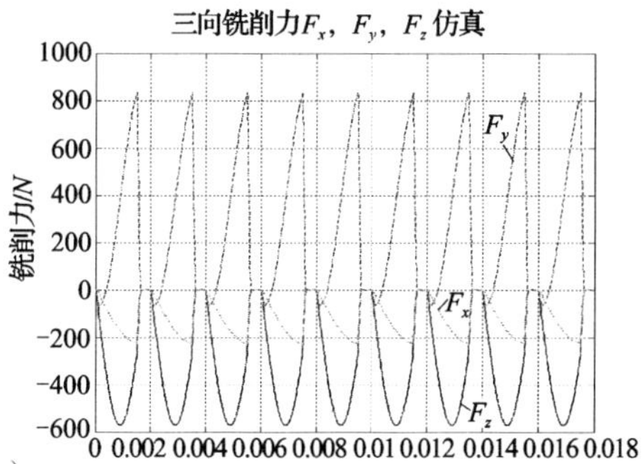

(c)顺时针逆铣

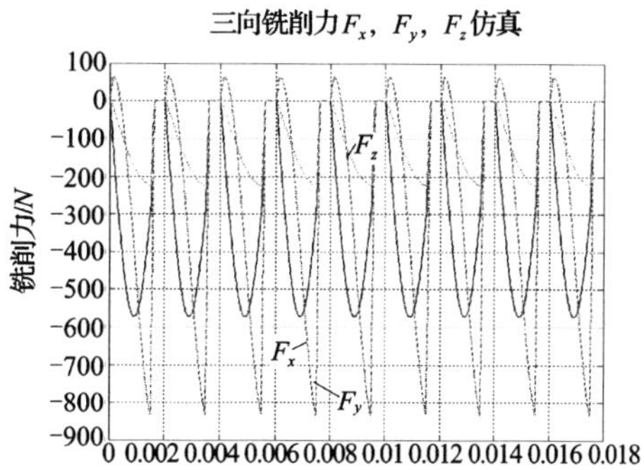

(d)逆时针逆铣

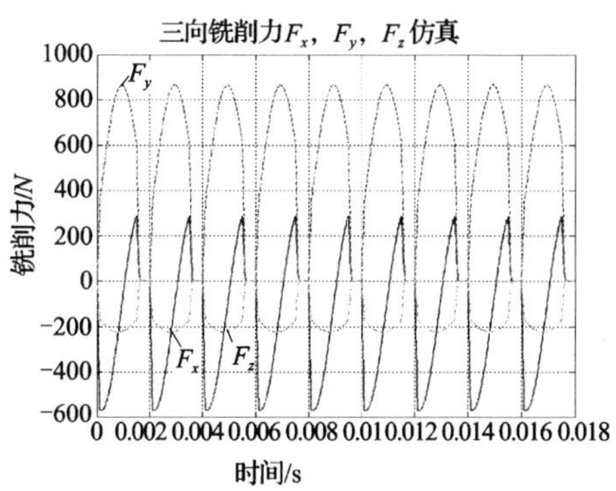

(e)顺时针周铣

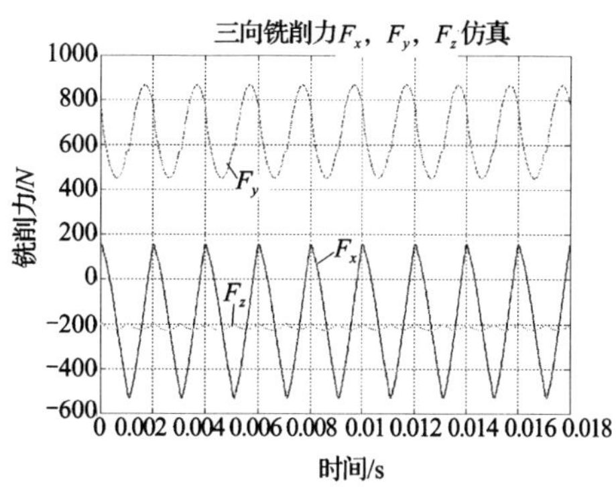

(f)顺时针槽铣

图 2-18　圆柱螺旋立铣刀切削力仿真结果

2.3.3 通用螺旋铣刀动态切削力建模

实际工程中使用的铣刀类型很多。例如，圆柱立铣刀（Cylindrical End Mill）、球头铣刀（Ball End Mill）、凸缘立铣刀（Bull Nose End Mill）、锥形立铣刀（Taper End Mill）等，根据APT系统中的定义，可使用 D、R、R_r、R_z、α、β、h 等7个相互独立的参数构建统一的通用几何模型（Generalized Geometric Model），以描述各种螺旋铣刀的几何包络形状（如图2－19所示），在该通用几何模型下，各种螺旋铣刀对应的形状及参数如图2－20所示。

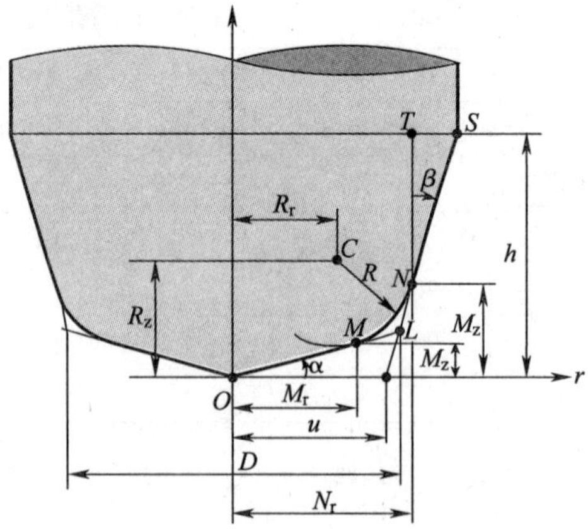

图2－19　由7个参数描述的螺旋铣刀通用几何模型

（1）螺旋切削刃的通用几何模型

如图2－19所示，可将铣刀的外形轮廓分成3部分：铣刀底部直线部分（位于 OM 之间）称为锥头区（Cone Zone）；铣刀的圆形部分（位于 MN 之间）称为圆弧区（Arc Zone）；铣刀上部直线部分（位于 NS 之间）称为锥肩区（Taper Zone）。一把铣刀可以同时包含一个、两个或三个区，如圆柱立铣刀仅包含锥肩区，而球头铣刀则同时包含圆弧区和锥肩区。

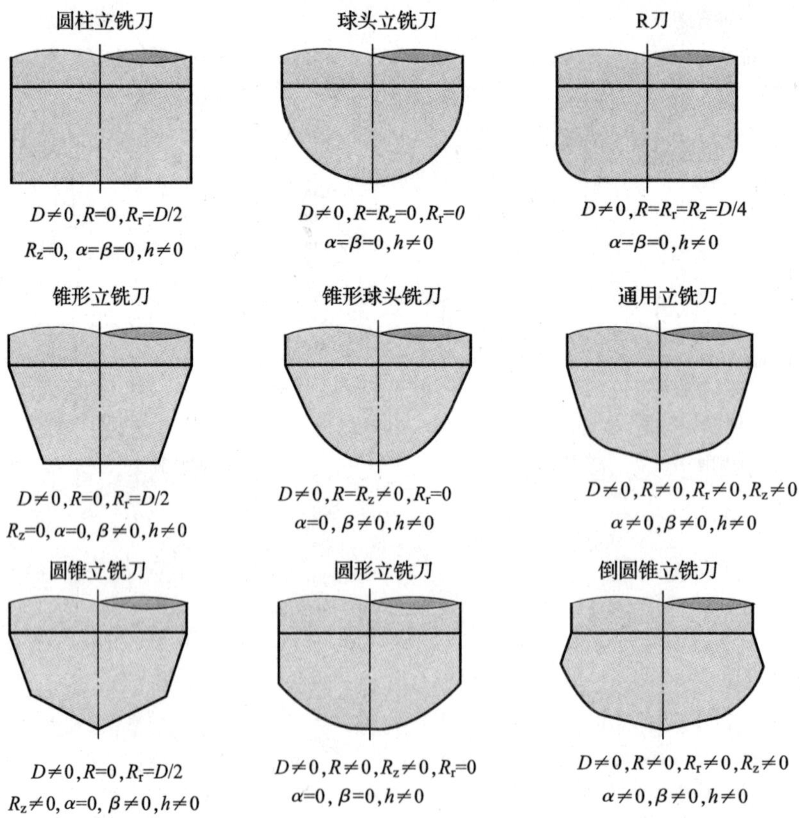

图2－20　各种螺旋铣刀的通用几何模型表示及几何参数

通用螺旋铣刀的螺旋切削刃如图 2－21 所示。要计算作用在铣刀上的切削力，需确定螺旋切削刃上任意一点 P 的坐标、切削刃几何形状、切削载荷和三向切削力微元（$\mathrm{d}F_t$、$\mathrm{d}F_r$、$\mathrm{d}F_a$）。点 P 的位置由其轴向高度 z、径向距离 $r(z)$、轴向接触角 $\kappa(z)$ 和径向滞后角 $\psi(z)$ 确定。轴向接触角定义为刀具轴线与 P 点处螺旋切削刃法线之间的夹角，径向滞后角定义为 P 点与刀尖点连线与刀尖点切削刃切线之间的夹角。

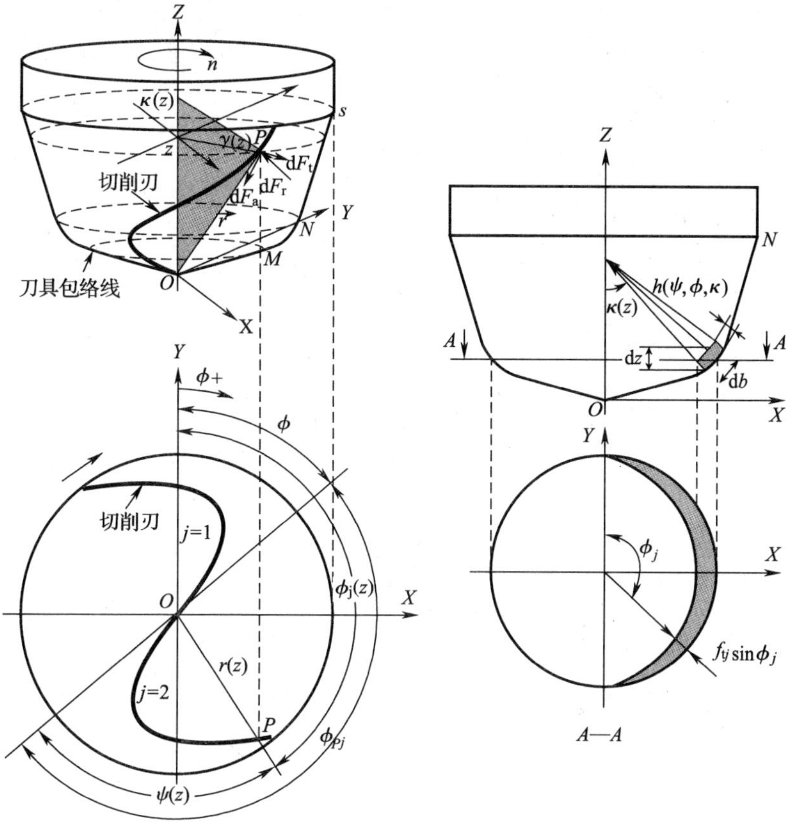

图 2－21　通用螺旋铣刀螺旋切削刃几何模型

圆心位于 C 点（距刀具轴线距离为 R_r）、半径为 R 的圆弧与锥度线 OL 和 LS 分别切于点 M 和 N。点 M 和 N 离铣刀轴线的径向距离及离刀尖点的轴向距离分别为：

$$M_r = \frac{R_z\tan\alpha + R_r + \sqrt{(R^2 - R_r^2)\tan^2\alpha + 2R_zR_r\tan\alpha - R_z^2 + R^2}}{\tan^2\alpha + 1} \quad 0° \leqslant \alpha < 90°$$

$$M_z = M_r\tan\alpha \tag{2-28}$$

且：

$$N_z = \frac{(R_r - u)\tan\beta + R_z - \sqrt{(R^2 - R_z^2)\tan^2\beta + 2R_z(R_r - u)\tan\beta - (R_r - u)^2 + R^2}}{\tan^2\beta + 1} \quad \beta < 90°$$

$$N_r = u + N_z\tan\beta \tag{2-29}$$

3 个区中 z 高度处的径向偏移和轴向接触角分别为：

$$r(z)=\frac{z}{\tan\alpha},\quad \kappa(z)=\alpha,\quad OM\text{段}$$

$$r(z)=\sqrt{R^2-(R_z-z)^2}+R_r,\quad \kappa(z)=\sin^{-1}\left(\frac{r(z)-R_r}{R}\right),\quad MN\text{段} \tag{2-30}$$

$$r(z)=u+z\tan\beta, u=\frac{D}{2}(1-\tan\alpha\tan\beta),\quad \kappa(z)=\frac{\pi}{2}-\beta,\quad NS\text{段}$$

刀尖点 O 指向 P 点的矢量 $\boldsymbol{r}(z)$ 可表示：

$$\boldsymbol{r}(\phi_j,z)=r(\phi_j,z)(\sin\phi_j\mathrm{i}+\cos\phi_j\mathrm{j})+z(\phi_j)\mathrm{k} \tag{2-31}$$

式中：ϕ_j——第 j 个切削刃上 P 点处的径向接触角。

以第一个刀齿（$j=1$）为参考，其高度 $z=0$ 时的径向接触角为 ϕ_{10}，那么刀齿 j 上高度 z 处的径向接触角可表示为：

$$\phi_j(z)=\phi_{10}+\sum_{j=1}^{N}\phi_{pj}-\psi(z) \tag{2-32}$$

式中：ϕ_{pj}——相邻刀齿间的齿间角；

$\psi(z)$——因螺旋角引起的径向滞后角。

由于铣刀直径在轴向上的变化，导致螺旋角和滞后角沿切削刃发生改变，其表达式为：

$$\mathrm{d}S=|\mathrm{d}r|=\sqrt{r^2(\phi)+(r'(\phi))^2+(z'(\phi))^2}\mathrm{d}\phi$$

$$r'(\phi)=\frac{\mathrm{d}r(\phi)}{\mathrm{d}\phi}$$

$$z'(\phi)=\frac{\mathrm{d}z(\phi)}{\mathrm{d}\phi} \tag{2-33}$$

切削厚度随径向接触角（ϕ_j）和轴向接触角 κ 变化：

$$h(\phi_j)=f_{tj}\sin\phi_j\sin\kappa \tag{2-34}$$

式中：f_{tj}——刀齿 j 的每齿进给量。

切削刃上不同部位的滞后角 $\psi(z)$ 计算如下：

①锥头区 OM（$z\leqslant M_z$）：

该区中假设螺旋角为常数 $i(z)=i_0$。圆锥表面上螺旋线的微分方程与方程的解如下：

$$\frac{\mathrm{d}r}{\mathrm{d}\psi}-\frac{\cos\alpha}{\tan i_0}r=0\Rightarrow r=\mathrm{e}^{(\cos\alpha/\tan i_0)\psi} \tag{2-35}$$

由于刀尖处的螺旋半径为零，从而导致 $\psi(0)=-\infty$。因此将从偏离刀尖点的某个位置开始仿真，例如 $r_s=M_r/20$，相应的滞后角初始值为 $\psi_{1s}=\ln r_s\tan i_0/\cos\alpha$。随螺旋槽变化的滞后角表示为：

$$\psi(z)=\frac{\ln(z\cot\alpha)\tan i_0}{\cos\alpha}-\psi_{1s} \tag{2-36}$$

M 点的最终滞后角为：

$$\psi_{1e}=\frac{\ln M_r\tan i_0}{\cos\alpha}-\psi_{1s} \tag{2-37}$$

如果铣刀上不存在锥头区 OM 时（如 R 刀或球头铣刀），则 α、ψ_{1s}、ψ_{1e}均为零。

②圆弧区 MN（$M_z<z\leqslant N_z$）：

因偏离铣刀轴线的径向值不同，对于不变导程铣刀，其螺旋角随螺旋槽高度变化可表示为：

$$i(z) = \tan^{-1}\left[\frac{(r(z) - R_r)\tan i_0}{R}\right] \tag{2-38}$$

当与圆锥相切的圆弧为非 1/4 圆时，会导致螺旋角在 M 点不连续。其滞后角表示为：

$$\psi(z) = \frac{(R + z - R_z)\tan i_0}{R} - \psi_{as} + \psi_{1e} \tag{2-39}$$

式中：ψ_{as}，ψ_{1e}——分别为由圆锥和圆弧在 M 点构成的最终滞后角。M 点由圆弧形成的滞后角 ψ_{as} 可表示为：

$$\psi_{as} = \frac{(R + M_z - R_z)\tan i_0}{R} \tag{2-40}$$

N 点的最终滞后角为：

$$\psi_{ae} = \frac{(R + N_z - R_z)\tan i_0}{R} - \psi_{as} + \psi_{1e} \tag{2-41}$$

若铣刀无圆弧部分，亦即 $R=0$，会导致：$\psi_{as}=0$ 和 $\psi_{ae}=\psi_{1e}$。

③锥肩区 NS（$N_z<z$）：

铣刀的锥肩区存在两种可能情况：要么保持导程恒定，要么保持螺旋角恒定。当导程恒定时，整个螺旋槽长度上的螺旋角可变；否则，当螺旋角保持恒定时，其导程可变。下面将对这两种情况进行建模。

螺旋角恒定（Constant Helix）：螺旋角为常数，滞后角沿螺旋槽改变。

$$\begin{aligned}
& i(z) = i_0 \\
& \psi(z) = \frac{\ln(N_r - (N_z - z)\tan\beta)\tan i_0}{R} - \psi_{2s} + \psi_{ae}; \quad \beta \neq 0 \\
& \psi(z) = \frac{(z - N_z)\tan i_0}{N_r} - \psi_{2s} + \psi_{ae}; \quad \beta = 0
\end{aligned} \tag{2-42}$$

式中：ψ_{ae}，ψ_{2s}——分别为 N 点圆弧段终点的滞后角和锥肩段（NS）产生的初始滞后角。ψ_{2s} 初始值为：

$$\begin{aligned}
& \psi_{2s} = \frac{\ln(N_r)\tan i_0}{\sin\beta}; \quad \beta \neq 0 \\
& \psi_{2s} = 0; \quad \beta = 0
\end{aligned} \tag{2-43}$$

S 点 ψ_{2e} 终值为：

$$\begin{aligned}
& \psi_{2e} = \frac{\ln(N_r - (N_z - h)\tan\beta)\tan i_0}{\sin\beta} - \psi_{2s} + \psi_{ae}; \quad \beta \neq 0 \\
& \psi_{2e} = \frac{(h - N_z)\tan i_0}{N_r} + \psi_{ae}; \quad \beta = 0
\end{aligned} \tag{2-44}$$

④导程恒定（Constant Lead）

螺旋槽的导程为常数，螺旋角随螺旋槽变化。N 点锥形螺旋槽的名义螺旋角（i_s）和导程角 L 的关系如下：

$$i_s = \tan^{-1}\left[\frac{2\pi N_r}{L\cos\beta}\right] \tag{2-45}$$

变螺旋角表示为：

$$i_z = \tan^{-1}\left[\frac{(\psi - \psi_{ae})r(z)}{z - N_z}\right] \tag{2-46}$$

滞后角 ψ (z) 表示为：

$$\psi(z) = \frac{(z - N_z)\tan i_s}{N_r} + \psi_{ae};\quad N_z \leqslant z \leqslant h \tag{2-47}$$

(2) 切削力模型

与圆柱螺旋铣刀类似，作用在刀齿 j 上高度为 dz 的切削刃微元上的切向（$dF_{t,j}$）、径向（$dF_{r,j}$）和轴向（$dF_{a,j}$）切削力可表示为：

$$\begin{aligned} dF_{t,j}(\phi_j,\kappa) &= K_{tc}h(\phi_j,\kappa)db + K_{te}dS \\ dF_{r,j}(\phi_j,\kappa) &= K_{rc}h(\phi_j,\kappa)db + K_{re}dS \\ dF_{a,j}(\phi_j,\kappa) &= K_{ac}h(\phi_j,\kappa)db + K_{ae}dS \end{aligned} \tag{2-48}$$

式中：$h(\phi_j, \kappa)$ ——在切削刃法线方向上测得的切削厚度；

db——为切削宽度，$db = dz/\sin\kappa$；

dS——切削刃长度。

$h(\phi_j, \kappa)$ 可表示为：

$$h(\phi_j,\kappa) = f_t\sin\phi_j\sin\kappa \tag{2-49}$$

dS 可表示为：

$$dS = |dr| = d\phi\sqrt{r^2(\phi) + (r'(\phi))^2 + (z'(\phi))^2} \tag{2-50}$$

考虑到 r、ϕ、ψ 均为 z 的函数，故切削刃微元的长度可表示为：

$$dS(z) = dz\sqrt{(r(z)\psi'(z))^2 + (r'(z))^2 + 1} \tag{2-51}$$

因此，由径向接触角 ϕ 和高度 z 表示的切削力微元可表示为：

$$\begin{aligned} dF_{t,j}(\phi_j,z) &= K_{tc}f_t\sin\phi_j dz + K_{te}dS(z) \\ dF_{r,j}(\phi_j,z) &= K_{rc}f_t\sin\phi_j dz + K_{re}dS(z) \\ dF_{a,j}(\phi_j,z) &= K_{ac}f_t\sin\phi_j dz + K_{ae}dS(z) \end{aligned} \tag{2-52}$$

通过坐标变换获得的 x、y 和 z 方向切削力为：

$$\begin{bmatrix} dF_{x,j}(\phi_j,z) \\ dF_{y,j}(\phi_j,z) \\ dF_{z,j}(\phi_j,z) \end{bmatrix} = \begin{bmatrix} -\cos\phi_j & -\sin\kappa\sin\phi_j & -\cos\kappa\sin\phi_j \\ \sin\phi_j & -\sin\kappa\cos\phi_j & -\cos\kappa\cos\phi_j \\ 0 & \cos\kappa & -\sin\kappa \end{bmatrix} \begin{bmatrix} dF_{t,j}(\phi_j,z) \\ dF_{r,j}(\phi_j,z) \\ dF_{a,j}(\phi_j,z) \end{bmatrix} \tag{2-53}$$

沿轴向积分，可获得作用在刀齿 j 上的切削力为：

$$\begin{bmatrix} F_{x,j}(\phi_j) \\ F_{y,j}(\phi_j) \\ F_{z,j}(\phi_j) \end{bmatrix} = \begin{bmatrix} \int_{z_1}^{z_2} dF_{x,j}(\phi_j,z) \\ \int_{z_1}^{z_2} dF_{y,j}(\phi_j,z) \\ \int_{z_1}^{z_2} dF_{z,j}(\phi_j,z) \end{bmatrix} \tag{2-54}$$

式中，积分上、下限 z_1、z_2 取决于每个切削刃的接触情况。对所有刀齿上的切削力求和，可得到铣刀沿进给、法线和轴向 3 个方向上的切削力：

$$\begin{bmatrix} F_x(\phi_j) \\ F_y(\phi_j) \\ F_z(\phi_j) \end{bmatrix} = \begin{bmatrix} \sum_{j=1}^{N} F_{x,j}(\phi_j) \\ \sum_{j=1}^{N} F_{y,j}(\phi_j) \\ \sum_{j=1}^{N} F_{z,j}(\phi_j) \end{bmatrix} \tag{2-55}$$

（3）仿真及验证实例

实例 1：

锥形螺旋球头硬质合金铣刀，刀具几何参数为：前角 = 10°，后角 = 10°，$D = 6.0\text{mm}$，$R = 3.0\text{mm}$，$R_r = 0\text{mm}$，$R_z = 3.0\text{mm}$，$\alpha = 0°$，$\beta = 4.0°$，$h = 38.0\text{mm}$，$L = 105\text{mm}$，$N_f = 1$；工件材料 Ti6Al4V，切削力系数为：$K_{tc} = 1869.8\text{N/mm}^2$，$K_{rc} = 915.0\text{N/mm}^2$，$K_{ac} = 780.0\text{N/mm}^2$，$K_{te} = 41.0\text{N/mm}$，$K_{re} = 77.5\text{N/mm}$，$K_{ae} = 58.90\text{N/mm}$。

切削用量、三向铣削力仿真与试验结果如图 2-22 所示。

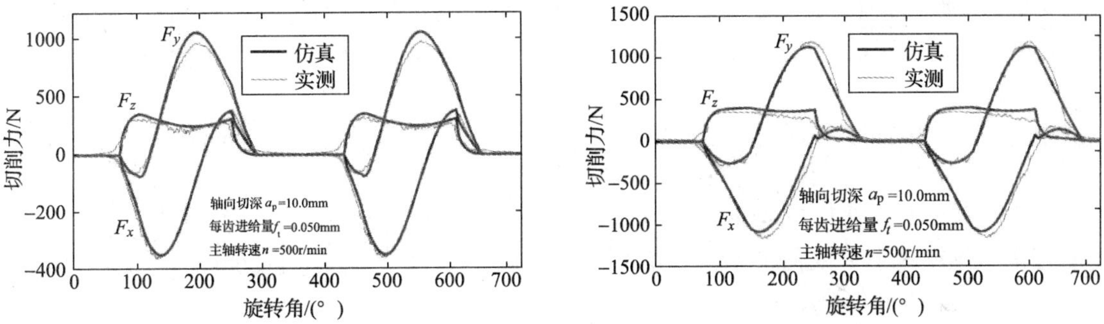

图 2-22　锥形螺旋球头铣刀加工钛合金切削力仿真与试验对比

实例 2：

球头铣刀，刀具几何参数：前角 = 10°，后角 = 0°，$D = 12.0\text{mm}$，$R = R_r = 6.0\text{mm}$，$R_z = 0\text{mm}$，$\alpha = 0°$，$\beta = 0°$，$h = 6.0\text{mm}$，$N_f = 2$；工件材料为球墨铸铁 GGG70，切削力系数；$K_{tc} = 2172.1\text{N/mm}^2$，$K_{rc} = 848.9\text{N/mm}^2$，$K_{ac} = -725.1\text{N/mm}^2$，$K_{te} = 17.3\text{N/mm}$，$K_{re} = 7.8\text{N/mm}$，$K_{ae} = -6.6\text{N/mm}$。

切削用量、三向切削力仿真及试验结果如图 2-23 所示。

2.3.4　镶齿铣刀动态切削力建模

镶齿面铣刀和镶齿立铣刀广泛应用于机械加工领域。镶齿面铣刀上安装有等间距或不等间距的各种相同或不相同的刀片，用于切除诸如变速箱、发动机机体或机床立柱、底座等零件端面上的多余材料。可转位立铣刀中的刀片分布在径向和轴向两个方向上，主要用于诸如飞机框、翼、梁等零件的粗加工，从零件周边切除极大量的材料。根据具体应用情况，刀片呈规则或任意分布。刀片的几何形状与参数及刀片在刀体上的分布情况将影响刀具在切削过程中的受力情况，下面将具体讨论镶齿铣刀的几何建模与动力学建模过程。

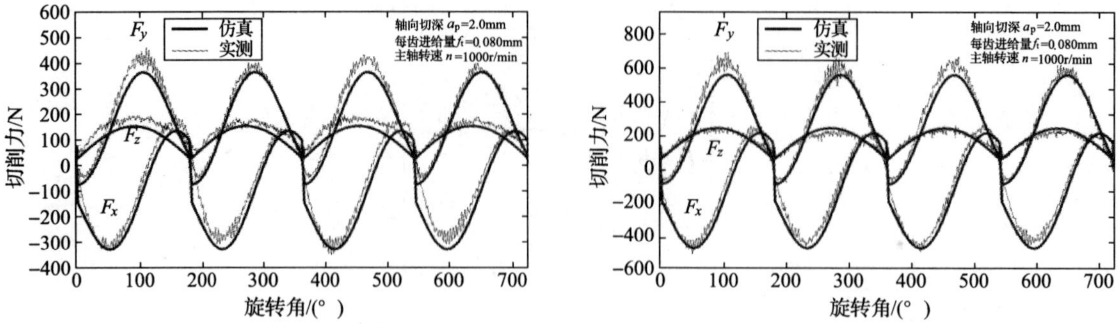

图 2－23　球头铣刀加工球墨铸铁切削力仿真与试验对比

（1）刀片的数学模型

如图 2－24 所示，以铣刀中心为 Z 轴建立全局坐标系（X，Y，Z），以刀片中心为原点建立局部坐标系（u，v，w），并将切削刃所在平面与刀片坐标系 uw 平面（$v=0$）贴合。从刀尖点到刀片中心的矢量可表示为：

$$\boldsymbol{V}_{IC} = -\sin\phi I_r \mathrm{i} + \cos\phi I_r \mathrm{j} + I_z \mathrm{k} \quad (2-56)$$

式中：I_r——为在 XY 平面内的径向偏距；

I_z——为刀片中心相对于 XY 平面的轴向偏距。

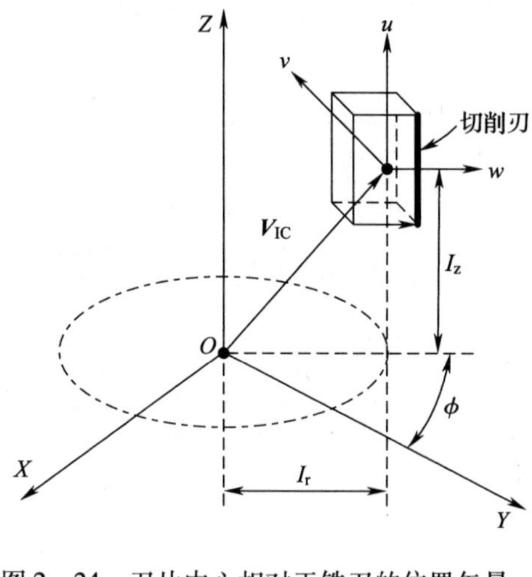

图 2－24　刀片中心相对于铣刀的位置矢量

应用场合及制造厂商的不同导致刀片形状千变万化，典型的刀片几何形状主要有：矩形、圆形、三角形、菱形和多边形等。下面将以两种最常用的刀片类型（矩形刀片与凸三角形刀片，见图 2－25）为例来阐述镶齿铣刀几何建模的原理与方法。

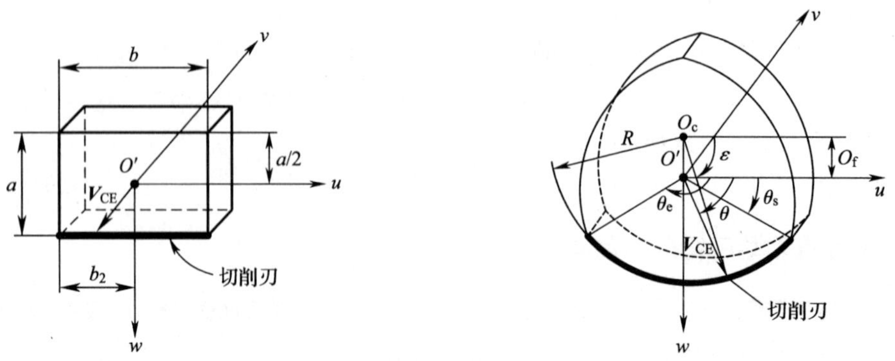

(a)矩形刀片　　(b)凸三角形刀片

图 2－25　典型刀片几何图形及参数

简化的矩形刀片可由刀片长度 b、宽度 a 等 2 个参数定义；简化的凸三角形刀片可由以 O_c 为曲率中心的圆弧切削刃的半径 R、刀片中心 O' 到切削刃曲率中心 O_c 的距离 O_f 以及由局部轴线 u 沿顺时针在 uw 平面中测出的刀刃角边界（θ_s，θ_e）等 4 个参数定义。刀片切削刃上任意一点的坐标可由（u，v，w）坐标系中的矢量 $\boldsymbol{V}_{CE}$ 定义：

$$\boldsymbol{V}_{CE} = u\mathrm{i} + v\mathrm{j} + w\mathrm{k} \tag{2-57}$$

式中，对于长方形刀片有：$-b/2 \leqslant u \leqslant b/2$；$v=0$；$w=a/2$；对于凸三角形刀片有：

$$\begin{cases} u = R\cos\gamma, v = 0, w = -R\cos\gamma + O_f \\ \gamma = \theta + \sin^{-1}\left(\dfrac{O_f\cos\theta}{R}\right); \theta_s \leqslant \theta \leqslant \theta_e \end{cases} \tag{2-58}$$

注意用刀片表面对刀片坐标系的 uvw 平面进行调正，该面包含着切削刃（即 $v=0$）。刀片的切削刃在刀片坐标系（u，v，w）中被定义。

通过沿全局坐标的 X 轴、Y 轴和 Z 轴（见图 2－26）将每个刀片旋转以定义其在刀具体上的方位。刀片的旋转可由绕 Y 轴的导程角 δ，绕 X 轴的轴向前角 β 和绕 Z 轴的转角 ϕ 定义。相应的旋转矩阵如下：

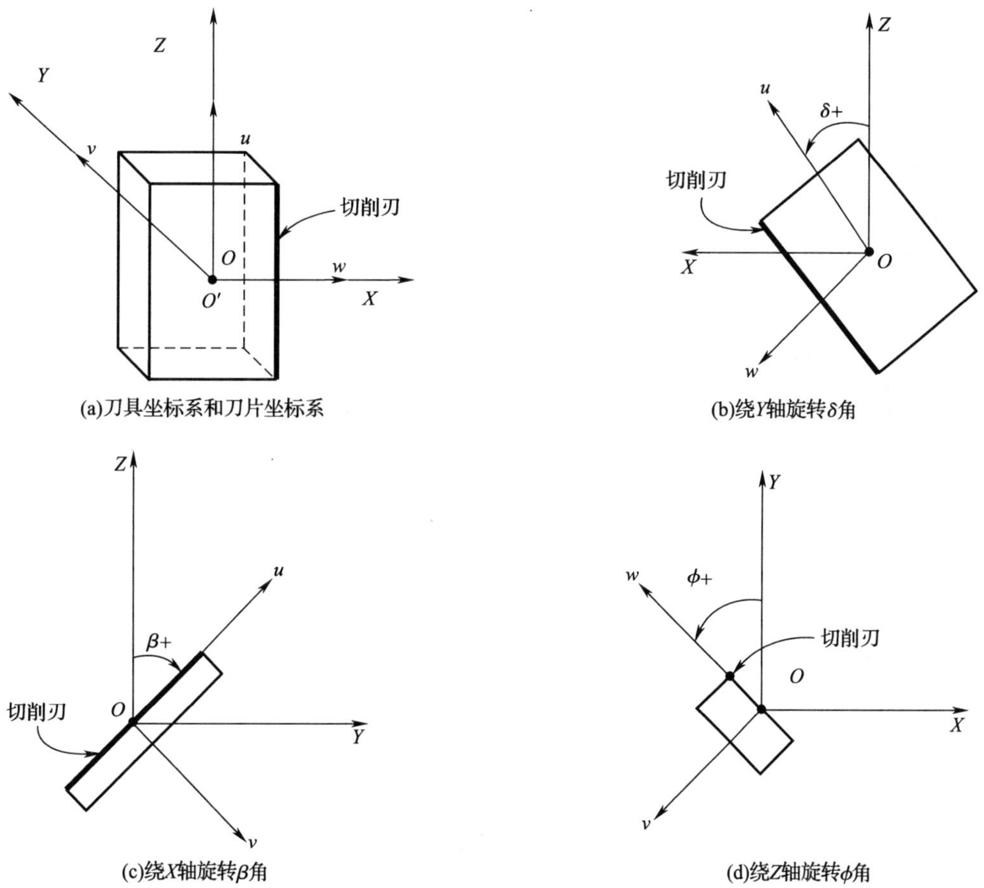

图 2－26　刀片定位角度

$$\boldsymbol{R}_x(\beta)=\begin{bmatrix}1&0&0\\0&\cos\beta&-\sin\beta\\0&\sin\beta&\cos\beta\end{bmatrix};\boldsymbol{R}_y(\delta)=\begin{bmatrix}\cos\delta&0&-\sin\delta\\0&1&0\\\sin\delta&0&\cos\delta\end{bmatrix};\boldsymbol{R}_z(\phi)=\begin{bmatrix}-\sin\phi&\cos\phi&0\\-\cos\phi&-\sin\phi&0\\0&0&1\end{bmatrix} \tag{2-59}$$

按以上顺序将刀片绕所有3个坐标轴旋转后，得到的变换矩阵为：

$$\boldsymbol{T}_M=\boldsymbol{R}_y(\delta)\boldsymbol{R}_x(\beta)\boldsymbol{R}_z(\phi) \tag{2-60}$$

$$=\begin{bmatrix}-\cos\delta\sin\phi+\sin\delta\sin\beta\cos\phi & \cos\delta\cos\phi+\sin\delta\sin\beta\sin\phi & -\sin\delta\cos\beta\\ -\cos\beta\cos\phi & -\sin\phi\cos\beta & -\sin\beta\\ -\sin\delta\sin\phi-\cos\delta\sin\beta\cos\phi & \sin\delta\cos\phi-\cos\delta\sin\beta\sin\phi & \cos\delta\cos\beta\end{bmatrix}$$

切削刃在刀片坐标系中的坐标（见图2-27）为：

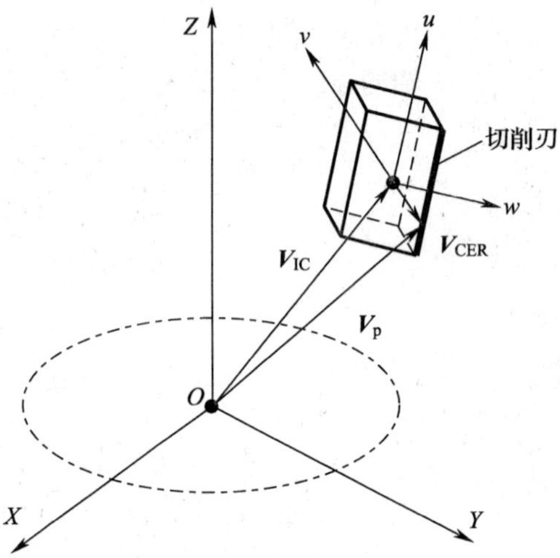

图2-27　切削刃的位置矢量

$$\boldsymbol{V}_{\mathrm{CER}}=\boldsymbol{T}_{\mathrm{M}}\boldsymbol{V}_{\mathrm{CE}}=[T_{\mathrm{M}}]\begin{bmatrix}u\\v\\w\end{bmatrix} \tag{2-61}$$

切削刃在刀具坐标系中最终位置可表示为：

$$\begin{aligned}\boldsymbol{V}_{\mathrm{p}}&=\boldsymbol{V}_{\mathrm{IC}}+\boldsymbol{V}_{\mathrm{CE}}\\&=[-\sin\phi(u\sin\delta-w\cos\delta-w\cos\delta+I_r)-\cos\phi\sin\beta(u\cos\delta+w\sin\delta)-v\cos\phi\cos\beta]\mathrm{i}+\\&\quad[\cos\phi(u\sin\delta-w\cos\delta-w\cos\delta+I_r)-\sin\phi\sin\beta(u\cos\delta+w\sin\delta)-v\sin\phi\cos\beta]\mathrm{j}+\\&\quad[\cos\beta(u\cos\delta+w\sin\delta)-v\sin\beta+I_z]\mathrm{k}\end{aligned} \tag{2-62}$$

对于给定的刀片中心位置（I_r，I_z）、刀片相对于刀具体的方位角（δ，β，ϕ）和切削刃尺寸（a，b，R，θ_s，θ_e），指定高度或轴向切深下切削刃上任意一点的坐标值可由式（2-62）计算得出。

（2）多刀片的数学模型

加工场合不同，所使用的镶齿铣刀的种类也不尽相同。实际工程中，既可以把几何参数完全相同的刀片均布在铣刀圆周上，也可以把几何参数不同的刀片随机分布在铣刀圆周上。下面将用一个通用矩阵来对铣刀上的刀片分布情况进行统一定义：

$$
\boldsymbol{D}_M = \begin{bmatrix} t_{11} & t_{12} & t_{13} & \cdots & t_{21} & t_{22} & \cdots & \cdots \\ I_{z11} & I_{z12} & I_{z13} & \cdots & I_{z21} & I_{z22} & \cdots & \cdots \\ I_{r11} & I_{r12} & I_{r13} & \cdots & I_{r21} & I_{r22} & \cdots & \cdots \\ \delta_{11} & \delta_{12} & \delta_{13} & \cdots & \delta_{21} & \delta_{22} & \cdots & \cdots \\ \beta_{11} & \beta_{12} & \beta_{13} & \cdots & \beta_{21} & \beta_{22} & \cdots & \cdots \\ \underbrace{\phi_{11}}_{\text{刀片1}} & \underbrace{\phi_{12}}_{\text{刀片2}} & \underbrace{\phi_{13}}_{\text{刀片3}} & \underbrace{\cdots}_{\cdots} & \underbrace{\phi_{21}}_{\text{刀片1}} & \underbrace{\phi_{22}}_{\text{刀片2}} & \underbrace{\cdots}_{\cdots} & \underbrace{\cdots}_{\cdots} \end{bmatrix} \tag{2-63}
$$

（切削刃1：第1—4列；切削刃2：第5—7列；…）

式中，矩阵的列数表示铣刀刀体上的刀片数 N。第一行元素 t_i 表示刀片类型，第二行元素 I_{zi} 表示刀片的轴向偏距，第三行元素 I_{ri} 表示刀片的径向偏距，第四行元素 δ_i 表示刀片的轴向前角，第五行元素 β_i 表示刀片的导程角，第六行元素 ϕ_i 表示刀片的转角。矩形刀片共有宽度 a、长度 b、刀尖圆弧半径 r 和最大切深 a_p 等 4 个参数，凸三角形刀片共有切削刃圆弧半径 R、切削刃圆弧中心到刀片中心距离 O_f、起始角 θ_s 和终止角 θ_e 等 4 个参数。每种刀片形状及其几何参数分别保存在数据库中，可供仿真时使用。

（3）静态切削力建模

镶齿铣刀的三维切削刃轮廓及切削力如图 2－28所示。沿轴向将刀片的切削刃分割成 M 个微元，则切削刃 j 上第 k 个切削刃微元的上端点 P_h（$x_{j,k+1}$，$y_{j,k+1}$，$z_{j,k+1}$）和下端点 P_l（$x_{j,k}$，$y_{j,k}$，$z_{j,k}$）可由式（2－62）计算并经过离散化处理获得。根据瞬时刚性模型，作用在该微元（图 2－27）上的瞬时切削力为：

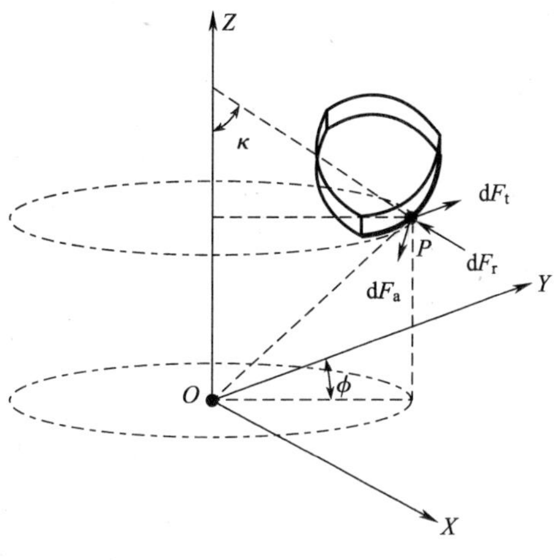

图 2－28　微切削刃轮廓及其切削力

$$
\begin{cases} \mathrm{d}F_{tjk} = g(\phi_{jk})(K_{tc}f_{zjk}\sin\phi_{jk}\mathrm{d}z_{jk} + K_{te}\mathrm{d}S_{jk}) \\ \mathrm{d}F_{rjk} = g(\phi_{jk})(K_{rc}f_{zjk}\sin\phi_{jk}\mathrm{d}z_{jk} + K_{re}\mathrm{d}S_{jk}) \\ \mathrm{d}F_{ajk} = g(\phi_{jk})(K_{ac}f_{zjk}\sin\phi_{jk}\mathrm{d}z_{jk} + K_{ae}\mathrm{d}S_{jk}) \end{cases} \tag{2-64}
$$

式中：$\mathrm{d}F_t$，$\mathrm{d}F_r$，$\mathrm{d}F_a$——分别为切向、径向和轴向切削力微元；

K_{tc}，K_{rc}，K_{ac}——分别为切向、径向和轴向切削力系数；

K_{te}，K_{re}，K_{ae}——分别为切向、径向和轴向刃口力系数；

g（ϕ_{jk}）——单位阶跃函数，用于表示当前切削刃是否参与切削；

$\mathrm{d}z_{jk}$——微元高度，$\mathrm{d}z_{jk} = z_{jk+1} - z_{jk}$；

$\mathrm{d}S_{jk}$——微元刃长，其计算公式如下：

$$
\mathrm{d}S_{jk} = \sqrt{(x_{jk+1} - x_{jk})^2 + (y_{jk+1} - y_{jk})^2 + (z_{jk+1} - z_{jk})^2} \tag{2-65}
$$

ϕ_{jk}为微元的径向接触角，可表示为：

$$\phi_{jk} = \arctan\left(\frac{y_{jk} + y_{jk+1}}{x_{jk} + x_{jk+1}}\right) \tag{2-66}$$

f_{zjk}为当前切削刃微元的每齿进给量，可表示为：

$$f_{zjk} = \frac{(\phi_{jk} - \phi_{(j-1)k})f_r}{2\pi} + R_{jk} - R_{(j-1)k} \tag{2-67}$$

式中：f_r——每转进给量

R_{jk}——当前切削刃微元到铣刀中心的径向距离，可表示为：

$$R_{jk} = \frac{1}{2}\sqrt{(x_{jk} + x_{j(k+1)})^2 + (y_{jk} + y_{j(k+1)})^2} \tag{2-68}$$

ϕ_{jk}可表示为：

$$\begin{cases} g(\phi_{jk}) = 1 & \phi_{st} \leqslant \phi_{jk} \leqslant \phi_{ex} \\ g(\phi_{jk}) = 0 & \phi_{jk} < \phi_{st} \text{ 或 } \phi_{jk} > \phi_{ex} \end{cases} \tag{2-69}$$

如图 2-28 所示，顺铣时，切入、切出角可表示为：

$$\begin{cases} \phi_{st} = \pi - \arccos(1 - a_e/R) \\ \phi_{ex} = \pi \end{cases} \tag{2-70}$$

逆铣时，切入、切出角可表示为：

$$\begin{cases} \phi_{st} = 0 \\ \phi_{ex} = \arccos(1 - a_e/R) \end{cases} \tag{2-71}$$

面铣时，切入、切出角可表示为：

$$\begin{cases} \phi_{st} = \arccos(b_1/R) \\ \phi_{ex} = \pi - \arccos(b_2/R) \end{cases} \tag{2-72}$$

式中，R 为当前切削刃微元处铣刀半径，a_e、b_1、b_2如图 2-29 所示。

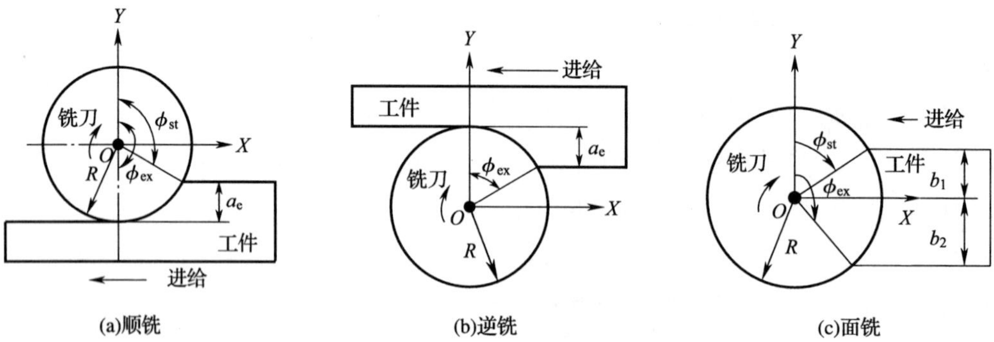

图 2-29　镶齿铣刀铣削示意图

通过坐标变换得到 X、Y、Z 方向上的切削力为：

$$\begin{bmatrix} dF_{xjk} \\ dF_{yjk} \\ dF_{zjk} \end{bmatrix} = g(\phi_{jk}) \begin{bmatrix} -\cos\phi_{jk} & -\sin\phi_{jk}\sin\phi_{jk} & -\cos\phi_{jk}\sin\phi_{jk} \\ \sin\phi_{jk} & -\sin\phi_{jk}\cos\phi_{jk} & -\cos\phi_{jk}\cos\phi_{jk} \\ 0 & \cos\phi_{jk} & -\sin\phi_{jk} \end{bmatrix} \times \begin{bmatrix} dF_{tjk} \\ dF_{rjk} \\ dF_{ajk} \end{bmatrix} \tag{2-73}$$

式中，ϕ_{jk}为当前切削刃微元与 XY 平面夹角，可表示为：

$$\phi_{jk} = \arctan\left(\frac{z_{jk} + z_{jk+1}}{R_{jk} + R_{jk+1}}\right) \tag{2-74}$$

沿轴向积分、对作用在每个刀齿上的切削力求和，可获得某一瞬间作用在整个铣刀上的切削力为：

$$\begin{bmatrix} F_x \\ F_y \\ F_z \end{bmatrix} = \begin{bmatrix} \sum_{j=1}^{N}\sum_{k=1}^{M} \mathrm{d}F_{xjk} \\ \sum_{j=1}^{N}\sum_{k=1}^{M} \mathrm{d}F_{yjk} \\ \sum_{j=1}^{N}\sum_{k=1}^{M} \mathrm{d}F_{zjk} \end{bmatrix} \tag{2-75}$$

（4）仿真实例

矩形刀片，刀片数 2，均布。刀片参数：$a=6.0\text{mm}$，长度 $b=10.0\text{mm}$；刀片方位参数：$I_r=14.0\text{mm}$，$I_z=5.9\text{mm}$，$\beta=10.0°$，$\delta=10°$；工件材料：铝合金 Al7075 - T6；切削力系数：$K_{tc}=868.5\text{N/mm}^2$，$K_{rc}=233.5.0\text{N/mm}^2$，$K_{ac}=161.0\text{N/mm}^2$，$K_{te}=27.1\text{N/mm}$，$K_{re}=37.4\text{N/mm}$，$K_{ae}=0.304\text{N/mm}$；切削参数：$f_t=0.2\text{mm}$、$a_p=4\text{mm}$、槽铣。

切削力仿真结果如图 2 - 30 所示。

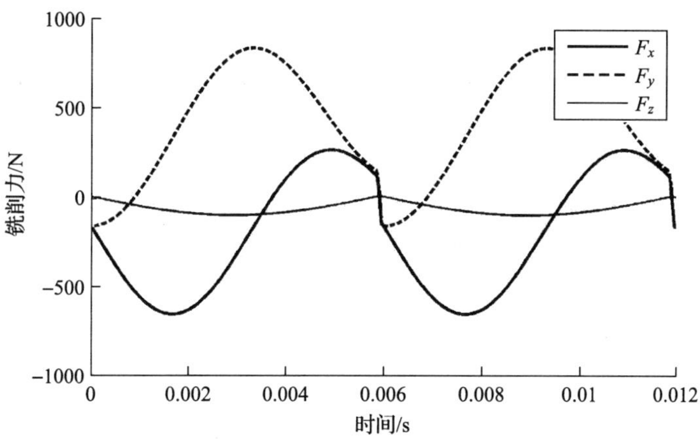

图 2 - 30　镶齿铣刀切削力仿真结果

2.4　切削力系数辨识

2.4.1　切削力系数辨识算法

目前获取工件材料切削力系数方法主要有两种：①通过直角切削数据库获取斜角铣削的切削力系数方法；②快速标定斜角铣削切削力系数的力学方法。

（1）通过直角切削数据库获取斜角铣削的切削力系数

通过直角切削数据库获取切削力系数方法 Budak 和 Armarego 等人提出，其计算公式如下：

$$
\left.\begin{aligned}
K_{tc} &= \frac{\tau_s}{\sin\phi_n}\frac{\cos(\beta_n-\alpha_n)+\tan\eta_c\sin\beta_n\tan\beta}{\sqrt{\cos^2(\phi_n+\beta_n-\alpha_n)+\tan^2\eta_c\sin^2\beta_n}}\\
K_{rc} &= \frac{\tau_s}{\sin\phi_n\cos\beta}\frac{\sin(\beta_n-\alpha_n)}{\sqrt{\cos^2(\phi_n+\beta_n-\alpha_n)+\tan^2\eta_c\sin^2\beta_n}}\\
K_{ac} &= \frac{\tau_s}{\sin\phi_n}\frac{\cos(\beta_n-\alpha_n)\tan\beta-\tan\eta_c\sin\beta_n}{\sqrt{\cos^2(\phi_n+\beta_n-\alpha_n)+\tan^2\eta_c\sin^2\beta_n}}
\end{aligned}\right. \tag{2-76}
$$

式中：τ_s——剪切屈服强度；

ϕ_n——剪切角；

α_n——刀具前角；

β_n——平均摩擦角；

η_c——切屑流动角；

β——螺旋角。

获取切削力系数的方法如下：

①通过直角切削试验获得剪切角 ϕ_n，平均摩擦角 β_n 和剪切屈服强度 τ_s 的数值。

②采用如下假说：斜角切削中的法向剪切角等于直角切削的剪切角（$\phi_c\equiv\phi_n$）；法向前角等于直角切削前角（$\alpha_r\equiv\alpha_n$）；采用 Stabler 的切屑流动规则，切屑流动角等于刃倾角（$\eta_c\equiv i$）；对于给定的切削速度、切屑载荷和刀具－工件材料对，在斜角切削中的摩擦因数 β_a 和剪切强度 τ_s 与在直角切削中相同。

③使用式（2－76）得到刀具－工件材料对的切削力系数。

（2）快速标定斜角铣削切削力系数的力学方法

利用直角切削参数如剪切角、剪切强度和摩擦因数来决定斜角铣削的切削力系数需要建立各种铣刀的几何模型，但有些刀具的切削刃比较复杂，为求解切削力系数生成非常耗时的直角切削数据库是不可能的。在这种情况下，Budak 等人提出了一种快速标定铣刀切削力系数的力学方法。在固定的接触角和轴向切削深度下，改变进给率进行一组铣削试验，测量每个刀齿周期的平均切削力。为避免测量时刀具偏心的影响，先测量主轴每转的总切削力，再除以刀齿数。通过令实测平均切削力等于理论平均切削力来辨识切削力系数。由于一个周期内每个刀齿切除的材料总量通常是个常数，与是否存在螺旋角无关，因此可假定平均切削力与螺旋角无关。

因为螺旋切削刃只有在有效接触区内（$\phi_{st}\leqslant\phi_j\leqslant\phi_{ex}$）才进行切削，瞬时铣削力在主轴旋转一个周期内进行积分，结果除以齿间角（$\phi_p=2\pi/n$）可得到每齿周期的平均切削力：

$$
\left.\begin{aligned}
\bar{F}_x &= \frac{1}{\phi_p}\int_{\phi_{st}}^{\phi_{ex}}F_x(\phi)\mathrm{d}\phi\\
\bar{F}_y &= \frac{1}{\phi_p}\int_{\phi_{st}}^{\phi_{ex}}F_y(\phi)\mathrm{d}\phi\\
\bar{F}_z &= \frac{1}{\phi_p}\int_{\phi_{st}}^{\phi_{ex}}F_z(\phi)\mathrm{d}\phi
\end{aligned}\right\} \tag{2-77}
$$

积分后得到 X，Y，Z，3 个方向上的平均切削力为：

$$\left.\begin{aligned}\bar{F}_x &= \left\{\frac{Na_pf_t}{8\pi}[K_{tc}\cos2\phi - K_{rc}(2\phi - \sin2\phi)] + \frac{Na_p}{2\pi}(-K_{te}\sin\phi + K_{re}\cos\phi)\right\}_{\phi_{st}}^{\phi_{ex}} \\ \bar{F}_y &= \left\{\frac{Na_pf_t}{8\pi}[K_{tc}(2\phi - \sin2\phi) + K_{rc}\cos2\phi] - \frac{Na_p}{2\pi}(K_{te}\cos\phi + K_{re}\sin\phi)\right\}_{\phi_{st}}^{\phi_{ex}} \\ \bar{F}_z &= \frac{Na_p}{2\pi}[-K_{ac}f_t\cos\phi + K_{ae}\phi]_{\phi_{st}}^{\phi_{ex}}\end{aligned}\right\} \quad (2-78)$$

为简化计算过程，选用全齿铣削（铣槽）试验。此时，切入角 $\phi_{st}=0$，切出角 $\phi_{ex}=\pi$。将全齿切削的条件代入式（2－78）得：

$$\left.\begin{aligned}\bar{F}_x &= -\frac{Na_p}{4}K_{rc}f_t - \frac{Na_p}{\pi}K_{re} \\ \bar{F}_y &= +\frac{Na_p}{4}K_{tc}f_t + \frac{Na_p}{\pi}K_{te} \\ \bar{F}_z &= +\frac{Na_p}{\pi}K_{ac}f_t + \frac{Na_p}{2}K_{ae}\end{aligned}\right\} \quad (2-79)$$

由式（2－79）可知，通过测得铣削过程中不同进给量 f_t 下的平均切削力，就可以对这些数据进行线性回归得到铣削力系数。这种试验标定过程可以重复应用于各种几何形状的铣刀，也可以用于新型铣刀的铣削力模型系数测定。

2.4.2　切削力系数辨识试验

铣削过程中的切削力可通过测力仪来测量。测力仪的测量原理是利用切削力作用在测力仪的弹性元件上所产生的变形，或作用在压电晶体上产生的电荷经过转换后，读出 F_x、F_y 和 F_z 值。按测力仪的工作原理可以分为机械式、液压式和电器式测力仪（电阻、电感、电容、压电或电磁式测力仪）。目前最常用的是压电式测力仪（Dynamometer）。

压电测力仪的工作原理是利用某些材料（石英晶体或压电陶瓷等）的压电效应（Piezoelectric Effect）。在受力时，它们的表面将产生电荷，电荷的多少与所施加的压力成正比而与压电晶体的大小无关。用电荷放大器转换成相应的电压参数，从而可测出力的大小。压电式测力仪具有灵敏度高、刚性好、自振频率高、线性度和抗干扰性都较好等优点，特别适合用于铣削加工过程中的动态力及瞬时力的测量。其缺点为易受湿度的影响，对连续测量稳定的或变化不大的切削力时，会产生电荷泄漏，使零点漂移，以致影响测量精度。

Kistler 9257B 压电式测力平台（如图 2－31 所示）是瑞士奇石乐公司开发的一款三分量测力系统，它不仅可以对三向切削力（F_x，F_y 和 F_z）进行测量，而且在借助附件的情况下同时对三向力矩（M_x，M_y 和 M_z）进行测量。

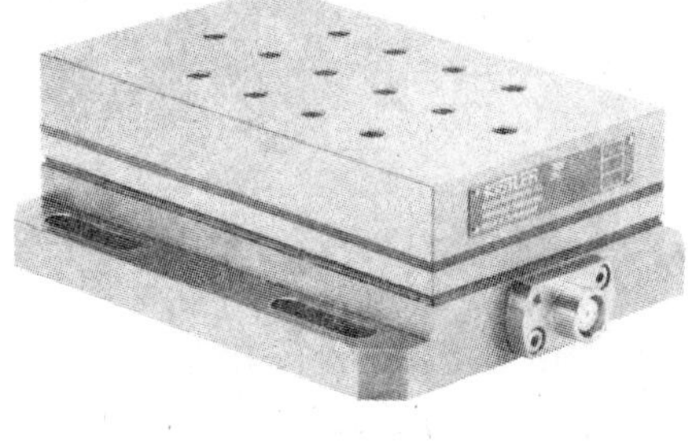

图 2－31　三分量测力平台 Kistler 9257B

切削力系数辨识试验旨在通过对铣削过程中给定切削条件下的三向切削力进行测定，并根据切削力系数辨识模型辨识出被测工件材料—切削刀具对的切削力系数。如图 2－32 所示为铣削过程切削力测量原理图。如图 2－33 所示为铣削过程切削力系数辨识试验现场。试验测试所需主要硬件包括 Kistler 9257B 测力平台、Kistler 5070A 电荷放大器、笔记本电脑和试件（试件图样见图 2－34），所需主要软件包括 DynoWare 和 SimuCut 等。对于铝合金试件，可参考如表 2－6 所示切削参数，按如图 2－35 所示流程进行切削力系数辨识试验。对于其他类型的工件材料，则应根据实际切削情况对切削参数作适当修改。

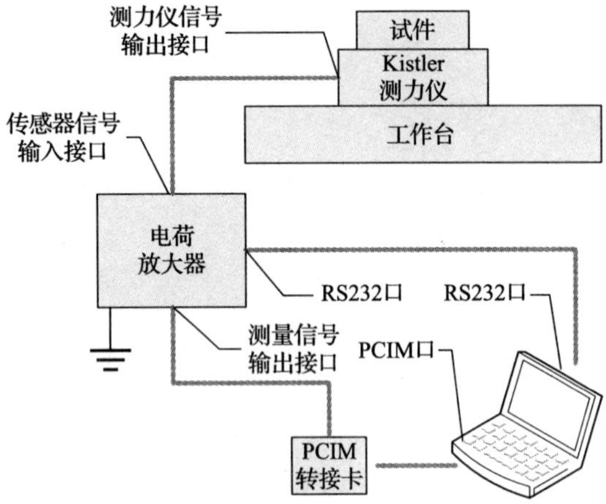

图 2－32　铣削力测试系统原理图

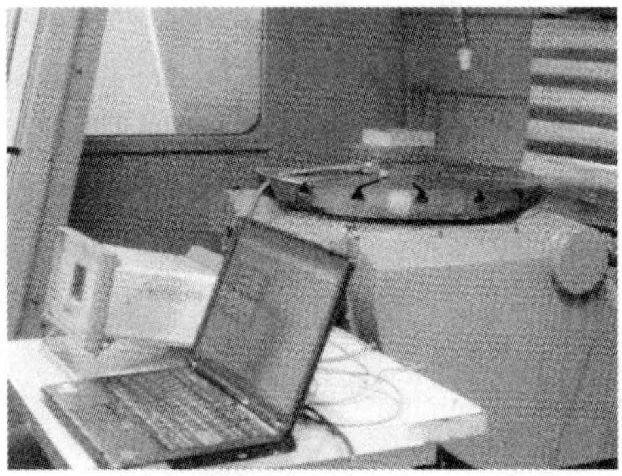

图 2－33　切削力系数辨识试验现场图

表 2－6　铝合金材料切削力系数辨识试验推荐用刀具参数及切削参数

刀具	齿数		2	直径 D/mm	12
	全长 L/悬长 L_o/刃长 N_{Lf}/mm		110/50/36		
试验参数	序号	每齿进给量 f_t/mm	主轴转速 n/（r/min）	切深 a_p/mm	进给速度 V_f/（mm/min）
	1	0. 05	2000	0. 5	200
	2	0. 10	2000	0. 5	400
	3	0. 15	2000	0. 5	600
	4	0. 05	2000	1. 0	200
	5	0. 10	2000	1. 0	400
	6	0. 15	2000	1. 0	600
	7	0. 05	2000	1. 5	200
	8	0. 10	2000	1. 5	400
	9	0. 15	2000	1. 5	600

2.4.3　典型材料的铣削力系数

根据前文提出的原理和方法，对几种常用的金属材料（含不同热处理状态和冷却润滑方式）进行切削力系数辨识试验，获得的切削力系数如表 2－7 所示。这些切削力系数是进一步进行切削力、加工稳定性预测及切削参数优化的基础数据，非常宝贵。

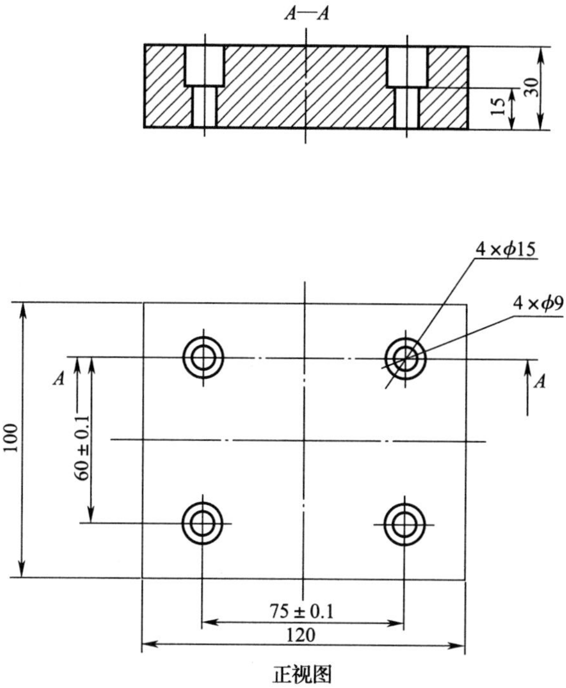

图 2－34　切削力系数辨识试验用试件

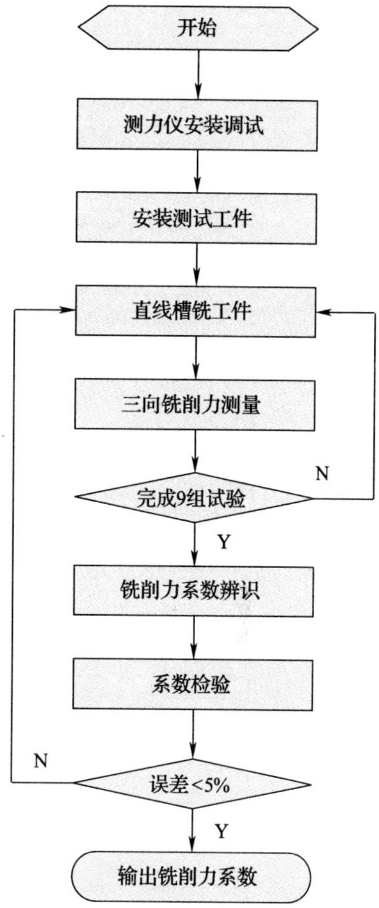

图 2－35　切削力系数辨识流程

表 2－7　典型材料切削力系数表（刀具材料均为硬质合金）

材料名称	工件材料牌号	K_{tc} /(N/mm²)	K_{rc} /(N/mm²)	K_{ac} /(N/mm²)	K_{te} /(N/mm)	K_{re} /(N/mm)	K_{ae} /(N/mm)
铝合金	6061－Tb51	781.7	－245.3	－58.2	11.5	－9.0	－6.1
	1161T	1053.0	155.0	65.0	12.0	29.0	1.6
	1973T3	1041.0	78.0	96.0	17.0	34.0	2.0
	2618A	825.6	283.2	114.2	9.9	11.3	1.9
	2A06	624.4	285.0	332.0	50.0	49.0	1.5
	2A14	826.3	231.0	192.8	70.3	59.7	0.9
	2A70	939.1	264.5	83.9	16.6	23.9	14.2
	356－76	696.9	256.0	134.6	24.9	32.9	1.0
	3A21	691.28	272.9	92.8	15.0	15.7	10.8

表 2-7（续）

材料名称	工件材料牌号	K_{tc} /(N/mm^2)	K_{rc} /(N/mm^2)	K_{ac} /(N/mm^2)	K_{te} /(N/mm)	K_{re} /(N/mm)	K_{ae} /(N/mm)
铝合金	5A05-H112	791.58	295.3	10.8	16.2	14.5	1.4
	5A05-H112（MQL）	927.87	-255.1	162.1	20.5	-28.9	2.1
	5A06H112	704.15	-359.3	-33.3	73.1	-81.8	-0.2
	5A06H112（MQL）	652.38	-221.5	-255.1	57.5	-80.5	16.3
	5A06T4	760.02	256.7	273.3	20.7	18.1	12.4
	7A04T6	949.87	-623.4	55.1	46.9	-64.7	2.5
	7A04T6（MQL）	850.63	-444.0	51.3	49.1	-75.7	3.0
	7A09T6	1189.1	-857.5	87.1	19.6	-16.7	0.2
	7A09T6（MQL）	821.8	-383.0	66.2	41.7	-61.0	0.7
	LC9	886.2	158.2	103.6	28.6	40.3	0.2
	LF21R	713.8	311.7	24.4	12.3	10.7	1.2
	LF5R	791.6	295.3	10.8	16.2	14.5	1.4
	LY12R	771.2	254.5	184.2	9.9	8.7	1.0
	ZL101	741.3	242.3	107.0	21.0	25.1	22.0
	ZL104	661.9	-290.9	-124.7	31.3	-27.6	-4.5
	ZL104（MQL）	803.6	-221.0	-152.4	13.1	-17.6	-2.1
	ZL105	916.2	335.0	81.5	23.0	27.5	21.5
	ZL201（MQL）	835.1	-333.8	-179.0	18.4	-7.5	-0.8
	ZL205AT5	895.5	327.5	64.2	22.5	21.2	3.7
	2024	918.0	207.2	80.2	21.7	26.6	0.7
	7075T6	796.1	168.8	222.0	27.7	30.8	1.4
	2A12T4	863.4	225.3	117.1	24.0	26.5	0.6
	6063	875.2	303.2	60.6	17.0	23.9	1.9
	LD5	709.7	179.9	1.4	54.6	36.6	3.1
	ZL201T5	941.4	305.4	35.3	8.3	23.8	4.3
碳素钢	钢 20	550.6	1238.4	52.3	-56.5	-68.1	-3.9
	钢 20（MQL）	883.3	1355.6	229.0	102.7	-97.4	-11.1
	45 调质钢 28-32HRC（MQL）	1977.3	760.0	83.0	109.5	167.9	19.4
	钢 50	1906.3	328.7	125.3	57.1	78.6	0.9
	45 调质钢 28-32HRC	1156.2	521.7	183.2	86.3	82.1	-12.2
铸钢	ZG35	2308.6	704.2	74.7	43.7	47.4	10.0
	ZG270-500（油冷）	2095.4	2578.6	845.7	-162.6	-210.9	-61.3
铸铁	QT450-10	1203.1	2121.0	710.9	-96.3	-120.9	-34.7

表 2-7（续）

材料名称	工件材料牌号	K_{tc} /(N/mm^2)	K_{rc} /(N/mm^2)	K_{ac} /(N/mm^2)	K_{te} /(N/mm)	K_{re} /(N/mm)	K_{ae} /(N/mm)
铸铁	QT450-10（油冷）	2193.5	3309.2	1645.1	-149.1	-186.7	-76.0
合金钢	PH13-8Mo	2933.2	3218.2	1912.3	18.1	18.8	17.0
	30CrMnMoTi	2792.5	1211.7	15.8	18.3	15.3	3.3
	30CrMnSiNi2A	1500.5	921.0	1651.9	209.1	558.8	40.9
	30CrNi3A	2792.5	1211.7	15.8	18.3	15.3	3.3
	S30Mn hhm	2344.0	869.2	82.9	42.6	20.0	23.2
超高强钢	300M	2415.8	1318.5	1093.0	97.2	70.4	80.0
模具钢	Cr12MoV	2385.0	1268.0	427.0	55.0	6.0	11.0
	P20-0.05in	3391.0	1947.0	211.2	39.2	15.4	9.9
	P20-0.065in	3146.0	1680.0	419.4	43.1	18.7	5.0
无氧铜	Tu1	1243.1	259.4	101.1	28.5	12.4	3.5
	MQL_ Tu1	741.3	45.6	153.9	31.9	-7.7	5.7
黄铜	MQL_ H62	1248.0	405.5	95.1	59.1	71.4	3.9
	H62M	1232.0	272.7	155.9	38.0	25.1	0.1
铅黄铜	HPb59-1	462.6	2803.2	1104.4	-48.4	-155.3	-51.8
	HPb59-1（油冷）	495.6	3731.0	406.2	-43.5	-202.0	-23.2
高温合金	1Cr12Ni3MoVN	7579.6	11804.8	6300.5	98.2	290.9	149.4
	GH4169	2299.8	1360.1	32.8	46.3	23.6	0.8
钛合金	TC4	1869.8	915.4	780.6	41.0	77.5	58.9
	ZTC4/42C	2200.9	286.7	287.6	111.4	289.6	132.1

注：MQL——微量润滑

参考文献

[1] Sabberwaal A J. Chip section and cutting force during the milling operation [C]. Annals of the CIRP, 1961, 10 (3): 197-203.

[2] Kline W A, DeVor R E, Lindberg J R. The predication of cutting forces in end milling with application to cornering cut [J]. International Journal of Machine Tool Design and Research, 1982, 22 (1): 7-22.

[3] Kline W A, DeVor R E. The effect of Cutting Geometry and Forces in Milling [J]. International Journal of Machine Tool Design and Research, 1983, 2 (1): 123-140.

[4] Sutherland J W, DeVor R E. An improved method for cutting force and surface error predication in flexible end milling systems [J]. Journal of Engineering for Industry, 1986, 108 (4): 269-79.

[5] Armarego E J A, Deshpande N P. Computerized end-milling force predications with cutting models allowing for eccentricity and cutter deflections [J]. Annals of the CIRP, 1991, 40 (1): 25-29.

[6] Budak E, Altintas Y. Armarego E J A. Prediction of milling force coefficients from orthogonal cutting

data [J]. Transactions of the ASME Journal of Manufacturing Science and Engineering, 1996, 118 (2): 216 - 224.

[7] Armarego E J A Whitfield R C. Computer based modeling of popular machining operations for force and power predictions [C], Annals of the CIRP, 1985, 34 (1): 65 - 69.

[8] Feng H Y, Menq C H. The prediction of cutting forces in the ball - end milling process - I. Model formulation and model building procedure [J]. International Journal of Machine Tools and Manufacture, 1994, 34 (5): 697 - 710.

[9] Yucesan G, Altintas Y. Prediction of ball end milling forces [J]. Journal of Engineering for Industry, 1996, 118 (1): 95 - 103.

[10] Childs J J. Numerical Control Part Programming [M], Industrial Press, 1973.

[11] Ramaraj T C, Eleftheriou E. Analysis of the mechanics of machining with tapered end milling cutters [J], Transactions of the ASME 1994, 116 : 398 - 404.

[12] Y. Altintas. Manufacturing Automation - Metal Cutting Mechanics, Machines Tool Vibration and CNC Design [M], Cambridge University Press, 2001.

[13] 冯之敬. 机械制造工程原理 [M]. 北京：清华大学出版社，2008.

[14] 李忠群. 复杂切削条件高速铣削加工动力学建模、仿真与切削参数优化研究 [D]. 北京：北京航空航天大学，2008.

[15] 尹力，刘强. 基于偏最小二乘回归（PLSR）方法的铣削力模型系数辨识研究 [J]. 机械科学与技术，2005，24 (3)：269 - 272.

[16] Li Z Q, Liu Q. Predication of Cutting Force for Circular Corner Milling [C]. Proceedings of the International Conference on Mechanical Engineering and Mechanics, 2007, (1): 1283 - 1289.

[17] 李忠群，刘强. R 刀切削力系数辨识及动态切削力建模 [J]. 农业机械学报. 2008，(2)：207 - 211.

第3章　数控铣削过程动力学建模

数控铣削过程中，机床、刀具、工件（包括夹具）共同组成一个切削过程动力学系统，切削力、加工变形、振动和颤振等动力学现象已成为决定数控铣削加工质量与加工效率的关键因素。基于机床－刀具－工件系统试验模态测试分析和切削过程动力学计算仿真，可以研究分析数控铣削加工过程的力学特性和影响因素，揭示切削过程变形、振动等现象的产生机理和内在规律，对切削稳定性、加工效率和加工质量进行计算和预测，为进一步优化切削参数提供依据。

3.1　金属切削过程中的颤振

3.1.1　切削加工过程振动分类

在切削加工中，一般来说应当避免出现机床或工件的振动（Vibration），因为切削过程的振动会带来三方面的不良后果。一是会刺激操作工人引起疲劳，降低工作效率；二是会易使机床零件过早出现疲劳破坏；三是会导致被加工工件的精度和表面质量降低，加剧刀具磨损或破损，并且影响切削效率。

切削过程中的主要振动可分为以下几类：

（1）自由振动（Free Vibration）

加工系统在外部干扰力或冲击等扰动作用下发生的振动现象，这种振动在扰动过后会因加工系统本身的阻尼作用很快衰减下来。

（2）强迫振动（Forced Vibration）

在周期性外力激励下所引起的振动，其来源是多方面的，如由基础传递过来的强迫振动，由机床运动部件引入切削过程的强迫振动，由切削本身的断续性或切屑形成的不连续性所激起的强迫振动等。

（3）自激振动（Self－excited Vibration）

切削加工过程中，在无周期性外力作用下由于加工系统本身特性所激起的一种剧烈振动。通常将切削过程的这种自激振动称之为切削颤振（Chatter）。

（4）混合型振动（Hybrid Vibration）

既包含强迫振动，又包含自激振动，是两者综合作用的结果。这类振动在切削加工中较为常见。

以上4种切削过程中的振动对加工质量、刀具磨损的影响较大，其中自激振动（颤振）对加工系统影响最大。

3.1.2 切削颤振现象及其类型

（1）实际切削加工中的颤振现象

若以一定的转速车削圆锥体或铣削楔形块（如图3－1所示），当切削宽度 b 较小时，切削过程是平稳的，不会出现颤振；当 b 增加到等于或大于一定值 b_{lim} 时，切削过程会变得不稳定，振动加剧，振幅显著增加，即出现切削颤振。开始出现颤振时的切削宽度 b_{lim} 就是机床在该切削条件下的稳定性极限，称为极限切削宽度。

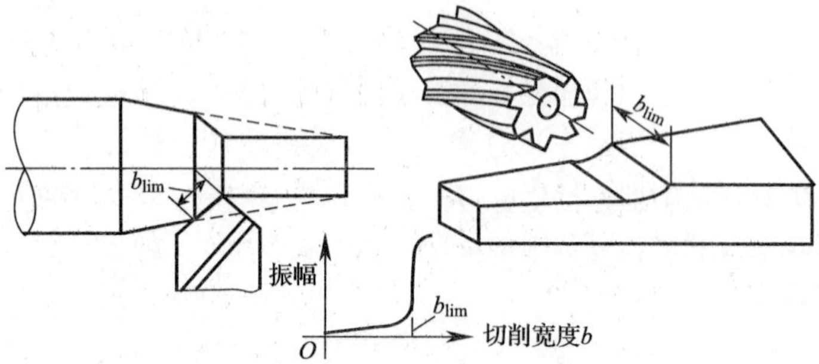

图3－1 颤振产生示意图

当机床－刀具－工件系统满足发生颤振的条件时，切削过程失去稳定性，产生比较剧烈的振动，尤其是在高速切削过程中，机床主轴、刀具以及零件都可能由于严重颤振导致损坏，如图3－2所示为切削颤振在工作表面留下的明显振纹和严重颤振导致的刀具破损后情况。

(a) 颤振引起的表面振纹　　(b) 剧烈颤振导致的刀具破损

图3－2 切削颤振的危害

（2）切削颤振的类型

切削颤振形成的原因比较复杂，自20世纪50年代后期Tlusty、Tobias等开创性地进行机床颤振研究工作以来，众多学者对切削颤振机理、数学模型、稳定性求解、颤振抑制等问题开展了持续深入的研究，提出了多种切削颤振理论。根据颤振发生的机理，一般将切削颤振类型分为：再生型颤振、振型耦合型颤振和摩擦型颤振，其中再生型颤振在实际工程中最为常见。

①再生型颤振（Regenerative Chatter）：

再生型颤振是由于上一次切削所形成的振纹与本次切削的振动位移之间的相位差异导致刀具切削厚度的不同而引起的颤振。其机理模型如图3－3所示。在线性理论范围内，一般可采用控制理论中的传递函数方块图方法求出系统的稳定性条件，或直接由系统微分方程导出特征方程，进而求出系统的稳定性条件。再生颤振的非线性理论则考虑了切削过程的非线性因素（如后角限制、刀具因振动而脱离工件表面等）、机床结构的非线性因素（如机床结构的非线性刚度等），以及材料切削力系数的非线性因素等建立非线性模型。非线性模型及其研究方法无疑是再生颤振研究领域的重大进展，它使再生颤振在理论与研究方法上更加完备，在应用中更接近于实际情况。

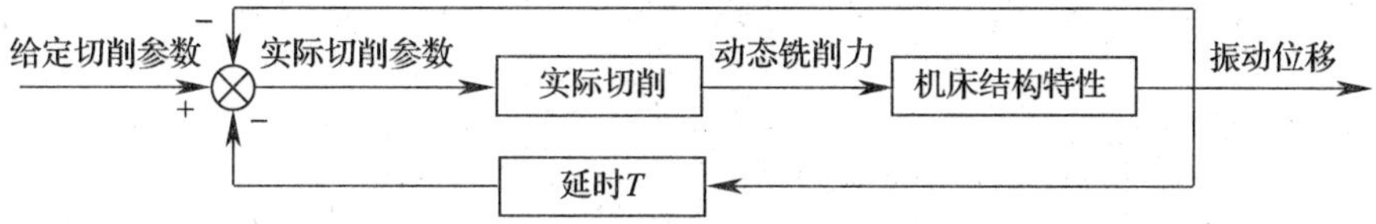

图 3－3　自激振动机理模型

②振型耦合型颤振（Mode－coupled Chatter）：

在某些不存在再生颤振和其他颤振条件的切削状态下（如在切削螺纹时），由于机床结构各主振型相互影响发生的颤振。常见的一种情况是当系统在两个方向上的刚度 K_1、K_2 相近时，两个固有振型相耦合，因而引起颤振。因此在机床结构设计时应考虑匹配机床在不同方向的刚度，避免产生振型耦合型颤振。

③摩擦型颤振（Frictional Chatter）：

摩擦型颤振是指在切削速度方向上刀具后刀面（或前刀面）与工件之间的摩擦作用所引起的颤振。产生摩擦型颤振的条件是，随着刀具与工件相对运动速度的增加摩擦因数呈现下降的特性，这种颤振现象一般发生在低速区域。

④混合型颤振（Hybrid Chatter）：

除上述公认的 3 种典型的切削颤振外，有学者还提出了一种混合型颤振，称为“位移干扰强迫振动”，它是由强迫振动频率与机床切削系统的颤振频率相重合时所引起的一种振动。在此基础上，有人提出了强迫再生振动的概念，并进行了深入研究。

3.1.3　车削加工颤振模型

如图 3－4 所示，直角切削时圆柱形工件安装在卡盘和中心尾座之间，假定平面直角切槽刀沿垂直于工件轴线的方向进给。被加工轴在进给方向上刚性较弱，在切削力的作用下该方向即会产生振动响应，假定加工前轴的表面是光滑的，一旦加工开始，沿进给方向（径向力 F_f 方向）产生的振动会在工件表面上留下振纹。从第二圈开始，加工表面的内外表面均存在振纹，内表面的振纹是由当前切削留下的，被称为内调制（Inner Modulation）$y(t)$，外表面的振纹是前一转切削留下的，被称为外调制（Outer Modulation）$y(t-T)$。因此，实际的切削厚度不再是常数，它是振动频率和工件转速的函数。动态切削厚度可以表示为：

$$h(t) = h_0 - [y(t) - y(t-T)] \tag{3-1}$$

式中：h_0——理论切削厚度，数值上等于工件每转对应的车刀沿径向的进给量；

$y(t)$，$y(t-T)$——分别是当前时刻 t 时的刀具振动位移和超前一个旋转周期对应时刻（$t-T$）时的刀具振动位移。

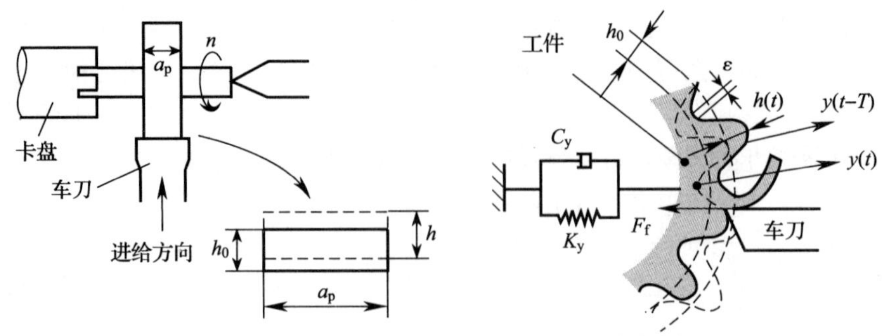

图 3-4　车削颤振发生机理示意图

$[y(t)-y(t-T)]$ 为当前时刻振动和前一个主轴旋转周期振动所产生的动态切削厚度。当工件系统被视作单自由度系统时，加工系统的运动方程可表示为：

$$
\begin{aligned}
& m_y\ddot{y}(t)+c_y\dot{y}(t)+k_y y(t)=F_f(t) \\
& F_f(t)=K_f a_p h(t)=K_f a_p[h_0+y(t-T)-y(t)]
\end{aligned}
\tag{3-2}
$$

式中，进给方向的切削力 F_f 与该方向上的切削力系数 K_f、背吃刀量 a_p 和动态厚度 $h(t)$ 成正比。鉴于式（3-2）力函数的解取决于方程左边当前和过去的振动量 $[y(t)-y(t-T)]$，故颤振表达式是一个延时微分方程。而且，当振动量足够大时，亦即 $y(t)-y(t-T)>h_0$ 时，刀具会跳离切削区，从而产生零切削厚度和零切削力。刀具跳离切削区，使得振痕对当前切削厚度计算的影响变得更为复杂，而这一振痕是前一转时刀具在工件表面留下的，这一过程被称为多重再生效应（Multi-regenerative Effect）。切削力系数 K_f 可能因为瞬时切削的厚度和刀具或工件振动方向而变化，这将使动态切削过程更为复杂。当刀具后刀面与工件上刀具留下的波纹面摩擦时，还将增加切削过程阻尼，并起到衰减减振作用。由于整个切削过程过于复杂与非线性化，要建立准确的解析建模非常困难。因此，时域数值方法被广泛应用于加工过程颤振的仿真。另一方面，线性稳定性理论则有助于对颤振稳定性的明确理解。在忽略诸如刀具跳出切削、多重再生效应、过程阻尼和非线性切削力系数等非线性因素条件下，Tobias，Tlusty 和 Merrit 等先后提出了一系列有关直角切削的线性颤振稳定性模型。

车削加工颤振系统可用图 3-5 所示的框图来表示，图中动态切削过程参数在拉氏域中表示。系统的输入为理论切削厚度 h_0，反馈系统输出为留在内表面的当前振动 $y(t)$。在拉氏域中，$Y(s)=L[y(t)]$，前一转留在外表面的振动痕迹为 $e^{-sT}Y(s)=L[y(t-T)]$，其中 T 为主轴旋转周期。在拉氏域中动态切削厚度可表示为：

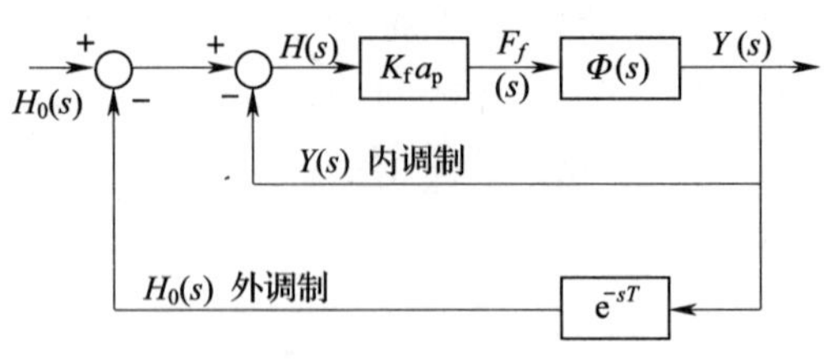

图 3-5　直角切削中的再生颤振模型

$$
H(s)=h_0-Y(s)+e^{-sT}Y(s)=h_0+(e^{-sT}+1)Y(s) \tag{3-3}
$$

它所产生的动态切削力为：

$$F_f(s) = K_f a_p H(s) \tag{3-4}$$

该切削力激励机床结构所产生的当前振动为：

$$Y(s) = F_f(s)\Phi(s) = K_f a_p H(s)\Phi(s) \tag{3-5}$$

式中单自由度结构的传递函数为：

$$\Phi(s) = \frac{Y(s)}{F_f(s)} = \frac{\omega_n^2}{k_y(s^2 + 2\zeta\omega_n s + \omega_n^2)} \tag{3-6}$$

将式（3-5）代入到式（3-3）有：

$$H(s) = h_0 + (e^{-sT} + 1)K_f a_p \Phi(s)H(s) \tag{3-7}$$

动态切削厚度与理论切削厚度之间的传递函数为：

$$\frac{H(s)}{h_0} = \frac{1}{1 + (1 - e^{-sT})K_f a_p \Phi(s)} \tag{3-8}$$

该闭环传递函数的稳定性取决于特征方程的根，亦即：

$$1 + (1 - e^{-sT})K_f a_p \Phi(s) = 0 \tag{3-9}$$

令特征方程的特征根为 $s=\sigma+j\omega_c$。若根的实部为正（即 $\sigma>0$），那么时域就有正指数的指数项，颤振无限增长，系统将不稳定；若根的实部为负（即 $\sigma<0$），那么时域就有负指数项，颤振就会被抑制，系统将为稳定切削；当根的实部为 0（$s=j\omega_c$）时，系统处于临界稳定状态，工件将以颤振频率 ω_c 和恒定的振幅振荡。值得注意的是，颤振频率在结构固有频率附近，但不等于结构的固有频率。用临界稳定性边界线进行分析，特征函数为：

$$1 + (1 - e^{-j\omega_c T})K_f a_{plim}\Phi(s) = 0 \tag{3-10}$$

式中，a_{plim} 为临界轴向切削深度，将传递函数分解为实部和虚部 $\Phi(j\omega_c) = G + jH$，将特征方程分实部和虚部重新排列得到：

$$\{1 + K_f a_{plim}[G(1 - \cos\omega_c T) - H\sin\omega_c T]\} + j\{K_f a_{plim}[G\sin\omega_c T + H(1 - \cos\omega_c T)]\} = 0 \tag{3-11}$$

令特征方程的虚部为零，有：

$$\begin{gathered} G\sin\omega_c T + H(1 - \cos\omega_c T) = 0 \\ \tan\Psi = \frac{H(\omega_c)}{G(\omega_c)} = \frac{\sin\omega_c T}{\cos\omega_c T - 1} \end{gathered} \tag{3-12}$$

式中，Ψ 为结构传递函数的相移。利用三角恒等式有：

$$\begin{gathered} \tan\Psi = \frac{\cos\dfrac{\omega_c T}{2}}{-\sin\dfrac{\omega_c T}{2}} = \tan\left[\frac{\omega_c T}{2} - \frac{3\pi}{2}\right] \\ \omega_c T = 3\pi + 2\Psi \rightarrow \Psi = \arctan\frac{H}{G} \end{gathered} \tag{3-13}$$

注意应参照图 3-6 并按下式计算相位角 Ψ：

$$\left.\begin{array}{ll}\Psi=-\arctan|H/G| & G>0,H<0\\ \Psi=-\pi+\arctan|H/G| & G<0,H<0\\ \Psi=-\pi-\arctan|H/G| & G<0,H>0\\ \Psi=-2\pi+\arctan|H/G| & G>0,H>0\end{array}\right\}\qquad(3-14)$$

主轴转速 n 与颤振频率 ω_c 的关系对动态切削厚度有影响。假定颤振频率 ω_c（rad/s）或 f_c（Hz），留在工件表面的振动波纹数为：

$$f_cT=\frac{f_c}{n}=k+\frac{\varepsilon}{2\pi}\qquad(3-15)$$

式中，k 为产生波纹的整数个数；$\varepsilon/2\pi$ 为产生波纹的小数，角度 ε 表示内调制与外调制之间的相位差。值得注意的是，如果主轴转速与颤振频率的比值为整数，切削表面内外波纹的相位差是0或 2π。因此不管是否存在振动，切削厚度值为常数。此时，内波纹 $y(t)$ 和外波纹 $y(t-T)$ 互相“平行”。如果内外波纹的相位差不为0，切削厚度将连续变化。考虑 k 个完全振动循环，相移为：

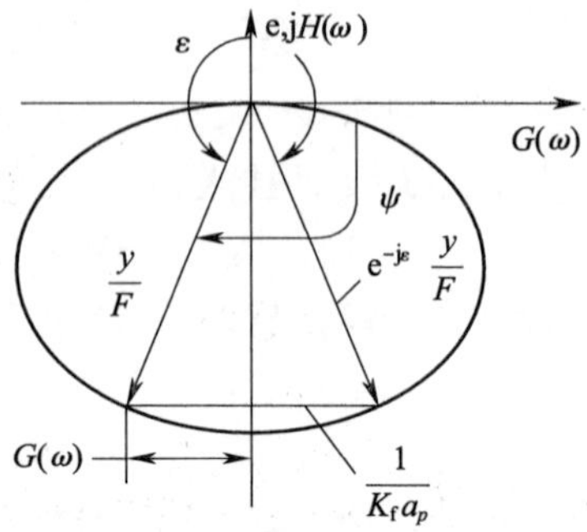

图3-6　根据极坐标图计算相位角 Ψ

$$2\pi f_cT=2k\pi+\varepsilon\qquad(3-16)$$

式中，内外波纹的相移为 $\varepsilon=3\pi+2\Psi$。可以求出相应的主轴周期 T(s) 与主轴转速 n(r/s)：

$$T=\frac{2k\pi+\varepsilon}{2\pi f_c}\rightarrow n=\frac{60}{T}\qquad(3-17)$$

令特征方程的实部为0，可求得临界轴向切削深度为：

$$1+K_fa_{plim}[G(1-\cos\omega_cT)-H\sin\omega_cT]=0$$

$$a_{plim}=\frac{-1}{K_fG(1-\cos\omega_cT)-(H/G)\sin\omega_cT}=\frac{-1}{2K_fG(\omega_c)}\qquad(3-18)$$

考虑到切削深度为物理量，因此其解只有在传递函数的实部 $G(\omega_c)$ 为负值时才有效，颤振可能发生在 $G(\omega_c)$ 为负的任何频率。如果利用 $G(\omega_c)$ 的最小值选择 a_{plim}，则可以保证在任何主轴转速下都能避免颤振。式（3-18）表明临界轴向切削深度与结构的柔度及工件材料的切削力系数成反比，工件材料越硬，切削力系数越大，因此临界轴向切削深度值将降低。同理，工艺系统的刚性越弱，临界轴向切削深度也越低。

上述有关车削加工稳定性的表达式最先由 Tlusty 提出，Tobias 和 Merrit 也获得了一致的结果。Tobias 提出了可以用稳定性叶瓣图（Stability Lobes Diagram，SLD）来描述无颤振主轴转速与临界轴向切削深度之间的关系。假定切削系统在切削点的传递函数 Φ 和切削力系数 K_f 已知或已经测得，可采用如下步骤来绘制车削颤振稳定性叶瓣图。

①在传递函数的实部为负值处选择颤振频率 ω_c；

②根据式（3-12）计算结构的相位角；

③根据式（3-18）计算临界切削深度；

④对于每个稳定的叶瓣 $k=0$，1，2，…，按式（3-17）计算主轴转速；

⑤在结构的固有频率附件对颤振频率进行扫描，重复上述步骤获得车削颤振稳定性叶瓣图。

车削颤振稳定性仿真实例：

机床：SB－CNC 型精密数控车床；

刀具几何参数：前角 $\gamma=0°$，后角 $\alpha=7°$，主偏角 $\kappa_r=45°$，副偏角 $\kappa'_r=45°$，刃倾角 $\lambda=0°$，刀尖圆弧半径 $r_z=0.8\text{mm}$；

工件材料：YL12CZ，进给方向上的切削力系数 $K_f=1642.3\text{N/mm}^2$；

通过锤击试验获得的机床切削系统（车刀刀杆）的动力学参数值为固有频率 $\omega_n=502.5\text{Hz}$，阻尼比 $\zeta=0.036$，刚度 $K=3.163$（$\text{N}\cdot\mu\text{m}^{-1}$），通过按上述方法仿真得到的车削颤振稳定性叶瓣图如图 3－7 所示。

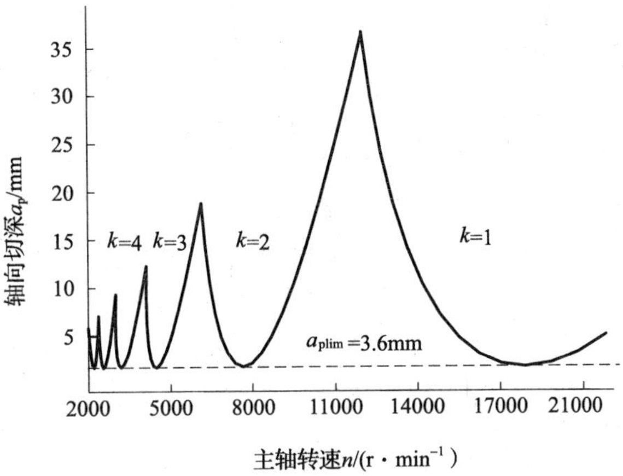

图 3－7　车削稳定性叶瓣图

3.2　铣削过程的动力学建模

铣削加工时，切削力及切削厚度的方向随刀具的旋转而发生改变。呈周期性变化的断续切削使得由直角切削推导出的颤振理论直接应用于铣削（斜角切削）变得复杂。下面的颤振解析预测方法是由 Altintas 和 Budak 提出的，这一颤振稳定性解析方法不仅得到了切削试验和数值仿真结果的广泛验证，而且已经被拓展应用到球头刀铣削和三维铣削的稳定性分析中，可为数控加工工艺人员和操作人员进行切削参数优化提供实践性的指导。

3.2.1 动态切削厚度与动态铣削力模型

尽管第 2 章已对圆柱螺旋铣刀的力学建模技术进行了较为详细的阐述，但由于在其建模过程中忽视了因加工系统动态特性引起的变形对切削力的影响，因此静态切削力模型具有一定局限性。如果极端的切削条件导致刀具或工件变形（振动）剧烈，静态切削力模型就很难对真实的切削情况做出准确的预测。因此，有必要对铣削加工过程进行动态切削力建模与仿真。

如图 3－8 所示，机床－刀具系统可简化为 X、Y 相互垂直方向上的二自由度振动系统，以微分方程表示的铣削动力学方程为：

$$\begin{cases} m_x\ddot{x} + c_x\dot{x} + k_x x = \sum_{j=1}^{N} F_{xj} = F_x(t) \\ m_y\ddot{y} + c_y\dot{y} + k_y y = \sum_{j=1}^{N} F_{yj} = F_y(t) \end{cases} \quad (3-19)$$

式中：m_x，m_y——分别为 X、Y 方向上机床－刀具系统的质量；

c_x，c_y——分别为 X、Y 方向上机床－刀具系统的阻尼；

k_x，k_y——分别为 X、Y 方向上机床－刀具系统的刚度；

F_{xj}，F_{yj}——分别为 X、Y 方向上作用在刀齿 j 上切削力分力。

铣削时，切削力在进给（X）和法向（Y）两个方向上对加工系统进行激励，分别引起相应的动态位移 x 和 y。动态位移经过坐标变换 $v_j = -x\sin\phi_j - y\cos\phi_j$ 作用在刀齿 j 的切削厚度方向上，其中 $\phi_j = (j-1)\phi_p + \phi$ 是刀齿 j 的瞬时径向接触角，对刀齿均布的铣刀来说，$\phi_p = 2\pi/N$，ϕ 从法向（Y）轴顺时针测量，如果主轴以角速度 Ω(rad/s）旋转，径向接触角随时间变换为 $\phi_j = \Omega t$。最终的切削厚度由两部分构成，一部分是刀具作为刚体运动的静态切削厚度部分（$f_t\sin\phi_j$），另一部分是当前刀齿与前一个刀齿振动引起的动态切削厚度变化部分，动态切削厚度的变化如图 3－9 所示。由于切削厚度是在径向上进行度量的，因此总的切削厚度可以表示为：

$$h(\phi_j) = [f_t\sin\phi_j + (v_{j,0} - v_j)]g(\phi_j) \quad (3-20)$$

式中，f_t——每齿进给量；

$v_{j,0}$，v_j——分别为刀具在前一个刀齿周期和当前刀齿的动态位移；

$g(\phi_j)$——单位阶跃函数，用于确定刀齿是否处于切削状态。

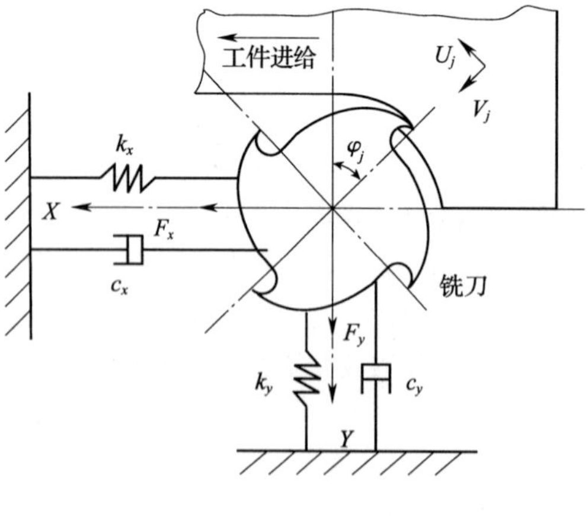

图 3－8　铣削系统动力学模型

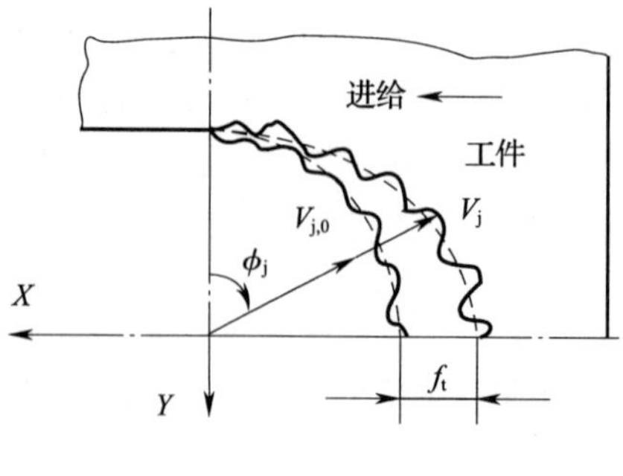

图 3－9　动态切削厚度变化

尽管切削厚度的静态部分也随铣刀的旋转而发生改变，但由于它与再生作用无关，故该项在颤振稳定性分析中可以被省略，于是动态切削厚度可表示为：

$$h_j(\phi) = \Delta x\sin\phi_j + \Delta y\cos\phi_j \quad (3-21)$$

式中，$\Delta = x - x_0$，$\Delta = y - y_0$，(x, y) 和 (x_0, y_0) 分别表示刀具结构当前刀齿与前一个刀齿周期的动态位移。作用在刀齿 j 上切向和径向动态切削力可表示为：

$$\begin{aligned} F_{tj} &= K_{tc} a_p h(\phi_j) \\ F_{rj} &= K_r F_{tj} \end{aligned} \tag{3-22}$$

式中，K_r 为径向力系数 K_{rc} 与切向力系数 K_{tc} 之比。将切削力在 x 和 y 方向上分解得到：

$$\begin{aligned} F_{xj} &= -F_{tj}\cos\phi_j - F_{rj}\sin\phi_j \\ F_{yj} &= +F_{tj}\sin\phi_j - F_{rj}\cos\phi_j \end{aligned} \tag{3-23}$$

将作用在刀齿上的切削力相加，得到作用在刀具上的总切削力为：

$$\begin{aligned} F_x &= \sum_{j=0}^{N-1} F_{xj}(\phi_j) \\ F_y &= \sum_{j=0}^{N-1} F_{yj}(\phi_j) \end{aligned} \tag{3-24}$$

将式（3－21）、式（3－22）及式（3－23）代入到式（3－24），并将其表示为矩阵形式可得：

$$\begin{Bmatrix} F_x \\ F_y \end{Bmatrix} = \frac{1}{2} a_p K_{tc} \begin{bmatrix} \alpha_{xx} & \alpha_{xy} \\ \alpha_{yx} & \alpha_{yy} \end{bmatrix} \begin{Bmatrix} \Delta x \\ \Delta y \end{Bmatrix} \tag{3-25}$$

式中，随时间变化的方向系数（Directional Coefficients）为：

$$\begin{aligned} a_{xx} &= \sum_{j=0}^{N-1} -g_j[\sin2\phi_j + K_r(1 - \cos2\phi_j)] \\ a_{xy} &= \sum_{j=0}^{N-1} -g_j[(1 + \cos2\phi_j) + K_r\sin2\phi_j] \\ a_{yx} &= \sum_{j=0}^{N-1} g_j[(1 - \cos2\phi_j) + K_r\sin2\phi_j] \\ a_{yy} &= \sum_{j=0}^{N-1} g_j[\sin2\phi_j - K_r(1 + \cos2\phi_j)] \end{aligned} \tag{3-26}$$

考虑到这些参数随时间和角速度变化，将式（3－25）在时域内用矩阵形式表示为：

$$\{F(t)\} = \frac{1}{2} a_p K_{tc}[A(t)]\{\Delta(t)\} \tag{3-27}$$

随着铣刀的旋转，方向系数随时间而变化，这是铣削与其他类似于车削加工切削力方向恒定的加工方式的最根本区别。然而，对于铣削力，$A(t)$ 为角频率为 $\omega = N\Omega$、周期为 $T = 2\pi/\omega$ 的周期函数。因此，可以将其展开为傅里叶级数：

$$\begin{aligned} [A(t)] &= \sum_{r=-\infty}^{\infty} [A_r] e^{\mathrm{i}r\omega t} \\ [A_r] &= \frac{1}{T}\int_0^T [A(t)] e^{-\mathrm{i}r\omega t} \mathrm{d}t \end{aligned} \tag{3-28}$$

通常采用周期函数的傅里叶级数来对周期系统进行求解，Budak 和 Altintas 已经证明周期函数的高次谐波不影响预测精度，因此可将其进行傅里叶级数展开并保留直流分量有：

$$[A(0)] = \frac{1}{T}\int_0^T [A(t)]\mathrm{d}t \tag{3-29}$$

由于 $[A_0]$ 只有在刀具切入角 ϕ_{st} 与切出角 ϕ_{ex} 之间时才有效，即 $g(\phi_j)=1$，故上式可表示为：

$$[A(0)] = \frac{1}{\phi_p}\int_{\phi_{st}}^{\phi_{ex}} [A(\phi)]\mathrm{d}\phi = \frac{N}{2\pi}\begin{bmatrix}\alpha_{xx} & \alpha_{xy}\\ \alpha_{yx} & \alpha_{yy}\end{bmatrix} \tag{3-30}$$

式中，平均方向系数（Average Directional Coefficients）可表示为：

$$\begin{aligned}
\alpha_{xx} &= \frac{1}{2}\left[\cos 2\phi - 2K_r\phi + K_r\sin 2\phi\right]_{\phi_{st}}^{\phi_{ex}}\\
\alpha_{xy} &= \frac{1}{2}\left[-\sin 2\phi - 2\phi + K_r\cos 2\phi\right]_{\phi_{st}}^{\phi_{ex}}\\
\alpha_{yx} &= \frac{1}{2}\left[-\sin 2\phi + 2\phi + K_r\cos 2\phi\right]_{\phi_{st}}^{\phi_{ex}}\\
\alpha_{yy} &= \frac{1}{2}\left[-\cos 2\phi - 2K_r\phi - K_r\sin 2\phi\right]_{\phi_{st}}^{\phi_{ex}}
\end{aligned} \tag{3-31}$$

如图 3－10 所示，平均方向系数取决于径向切削力系数与切向切削力系数之比 K_r 及以切入角（ϕ_{st}）和切出角（ϕ_{ex}）为边界的切削宽度。动态铣削力系数表达式可简化为：

$$\{F(t)\} = \frac{1}{2}a_p K_{tc}[A_0]\{\Delta(t)\} \tag{3-32}$$

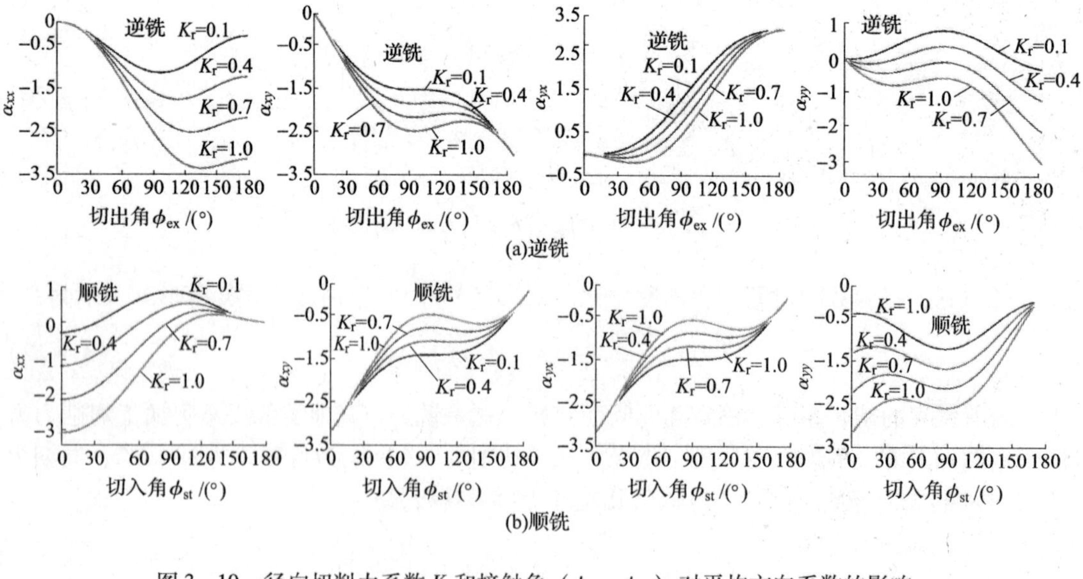

图 3－10　径向切削力系数 K_r 和接触角（ϕ_{st}，ϕ_{ex}）对平均方向系数的影响

3.2.2　颤振稳定性叶瓣图（解析法）

设刀具/工件接触区的频响函数 $\Phi(\mathrm{i}\omega)$ 为：

$$[\Phi(\mathrm{i}\omega)]=\begin{bmatrix}\Phi_{xx}(\mathrm{i}\omega) & \Phi_{xy}(\mathrm{i}\omega)\\ \Phi_{yx}(\mathrm{i}\omega) & \Phi_{yy}(\mathrm{i}\omega)\end{bmatrix} \tag{3-33}$$

式中：$\Phi_{xx}(\mathrm{i}\omega)$ 和 $\Phi_{yy}(\mathrm{i}\omega)$ ——分别为 x 和 y 方向上的直接传递函数；

$\Phi_{xy}(\mathrm{i}\omega)$ 和 $\Phi_{yx}(\mathrm{i}\omega)$ ——分别为 x 和 y 方向上的交叉传递函数。

当前时刻（t）和前一个刀齿切削周期（$t-T$）的振动矢量分别为：

$$\begin{aligned}\{r\}&=\{x(t)y(t)\}^{\mathrm{T}};\\ \{r_0\}&=\{x(t-T)y(t-T)\}^{\mathrm{T}}\end{aligned} \tag{3-34}$$

在颤振频率 ω_c 处振动函数的频域描述方程为：

$$\begin{aligned}\{r(\mathrm{i}\omega_c)\}&=[\Phi(\mathrm{i}\omega_c)]\{F\}\mathrm{e}^{\mathrm{i}\omega_c t}\\ \{r_0(\mathrm{i}\omega_c)\}&=\mathrm{e}^{\mathrm{i}\omega_c t}\{r(\mathrm{i}\omega_c)\}\end{aligned} \tag{3-35}$$

再生位移为：

$$\{\Delta(\mathrm{i}\omega_c)\}=\{r(\mathrm{i}\omega_c)\}-\{r_0(\mathrm{i}\omega_c)\}=[1-\mathrm{e}^{-\mathrm{i}\omega_c T}]\mathrm{e}^{\mathrm{i}\omega_c t}[\Phi(\mathrm{i}\omega_c)]\{F\} \tag{3-36}$$

式中 $\omega_c T$ 是振动在后续的刀齿周期 T 之间的相位滞后。将 $\{\Delta(i\omega_c)\}$ 代入式（3-32）得到：

$$\{F\}\mathrm{e}^{\mathrm{i}\omega_c t}=\frac{1}{2}aK_{\mathrm{tc}}(1-\mathrm{e}^{\mathrm{i}\omega_c t})[A_0][\Phi(\mathrm{i}\omega_c)]\{\Delta(t)\}\{F\}\mathrm{e}^{\mathrm{i}\omega_c t} \tag{3-37}$$

令其行列式为 0，可以得到其特解：

$$\det\{[\boldsymbol{I}]-\frac{1}{2}a_{\mathrm{p}}K_{\mathrm{tc}}(1-\mathrm{e}^{-\mathrm{i}\omega_c T})[A_0][\Phi_0(\mathrm{i}\omega_c)]\}=0 \tag{3-38}$$

上式为闭环动态铣削系统的特征方程，式中［$\boldsymbol{I}$］为单位矩阵，定义有向传递函数矩阵可对其作进一步简化：

$$[\Phi_0(\mathrm{i}\omega_c)]=\begin{bmatrix}\alpha_{xx}\Phi_{xx}(\mathrm{i}\omega_c)+\alpha_{xy}\Phi_{yx}(\mathrm{i}\omega_c) & \alpha_{xx}\Phi_{xx}(\mathrm{i}\omega_c)+\alpha_{xy}\Phi_{yy}(\mathrm{i}\omega_c)\\ \alpha_{yx}\Phi_{yx}(\mathrm{i}\omega_c)+\alpha_{yy}\Phi_{yx}(\mathrm{i}\omega_c) & \alpha_{yx}\Phi_{xy}(\mathrm{i}\omega_c)+\alpha_{yy}\Phi_{yy}(\mathrm{i}\omega_c)\end{bmatrix} \tag{3-39}$$

该特征方程的特征值为：

$$\Lambda=-\frac{N}{4\pi}K_{\mathrm{tc}}a_{\mathrm{p}}(1-\mathrm{e}^{\mathrm{i}\omega_c t}) \tag{3-40}$$

最终的特征方程为：

$$\det\{[\boldsymbol{I}]+\Lambda[\Phi_0(\mathrm{i}\omega_c)]\}=0 \tag{3-41}$$

对于给定的颤振频率，若已知工件材料切削力系数 K_{tc}、K_{rc}、径向接触角（ϕ_{st}，ϕ_{ex}）和加工系统的传递函数，可求取式（3-41）的特征值。如果忽略交叉传函 Φ_{xy} 和 Φ_{yx}，特征方程就简化为一个二次函数：

$$\begin{aligned}&a_0\Lambda^2+a_1\Lambda+1=0\\ &a_0=\Phi_{xx}(\mathrm{i}\omega_c)\Phi_{yy}(\mathrm{i}\omega_c)(\alpha_{xx}\alpha_{yy}-\alpha_{xy}\alpha_{yx})\\ &a_1=\alpha_{xx}\Phi_{xx}(\mathrm{i}\omega_c)+\alpha_{yy}\Phi_{yy}(\mathrm{i}\omega_c)\end{aligned} \tag{3-42}$$

那么，可以得到特征值 Λ 为：

$$\Lambda=-\frac{1}{2a_0}\left(a_1\pm\sqrt{a_1^{\,2}-4a_0}\right) \tag{3-43}$$

在考虑切削平面（x，y）时，无论所考虑的加工系统的模态数是多少，其特征方程仍是简单的二次函数。因为传递函数为复数，故其特征值包含实部和虚部，而轴向切深为实数，将 $\Lambda=\Lambda_R+i\Lambda_I$ 及 $e^{-i\omega cT}=\cos(\omega_c T)-i\sin(\omega_c T)$ 代入式（3－40），可以得到在颤振频率处的临界轴向切削深度：

$$a_{plim}=-\frac{2\pi}{NK_{tc}}\left[\frac{\Lambda_R(1-\cos\omega_c T)+\Lambda_I\sin\omega_c T}{1-\cos\omega_c T}+i\frac{\Lambda_I(1-\cos\omega_c T)-\Lambda_R\sin\omega_c T}{1-\cos\omega_c T}\right] \tag{3-44}$$

考虑到 a_{plim} 为实数，故式（3－44）的虚数部分必为零，即：

$$\Lambda_I(1-\cos\omega_c T)-\Lambda_R\sin\omega_c T=0 \tag{3-45}$$

将下式

$$\kappa=\frac{\Lambda_I}{\Lambda_R}=\frac{\sin\omega_c T}{1-\cos\omega_c T} \tag{3-46}$$

代入式（3－44）的实部，可以得到临界轴向切削深度的最终表达式为：

$$a_{plim}=-\frac{2\pi\Lambda_R(1+\kappa^2)}{NK_{tc}} \tag{3-47}$$

由此可见，只要给定颤振频率 ω_c，就可以直接根据式（3－47）得到临界极限切削深度。由式（3－46）可得：

$$\kappa=\tan\Psi=\frac{\cos\frac{\omega_c T}{2}}{\sin\frac{\omega_c T}{2}}=\tan\left[\frac{\pi}{2}-\frac{\omega_c T}{2}\right] \tag{3-48}$$

特征值的相移为 $\Psi=\arctan\kappa$，$\varepsilon=\pi-2\Psi$ 是内调制和外调制之间的相移。因此，如果 k 是在切削圆弧留下的振动波纹的整数，那么有：

$$\omega_c T=\varepsilon+2k\pi \tag{3-49}$$

主轴转速可以通过求得刀齿切削周期（T）得到：

$$n=\frac{60}{N((2k+1)\pi-2\tan^{-1}(\Lambda_I/\Lambda_R))} \tag{3-50}$$

综上所述，通过试验模态方法或其他途径获取加工系统的传递函数，对特定的刀具、工件材料和径向接触角，可根据式（3－30）、式（3－31）求得平均方向系数。然后，按如下步骤获取颤振稳定性叶瓣图。

①在主模态附近选择颤振频率 ω_c；

②求解特征方程式（3－42）；

③根据式（3－47）计算临界轴向切削深度；

④对每个稳定性叶瓣 $k=0,1,2,\cdots$ 根据式（3－50）计算主轴转速；

⑤扫描所有模态附近的颤振频率，重复上述步骤。

3.2.3 颤振稳定性仿真实现

（1）颤振稳定性仿真系统

基于前一节介绍的颤振稳定性解析算法，一些切削动力学仿真软件（如 CutPro、

ShopPro、SimuCut 和 e – Cutting 等）可以方便地实现颤振稳定性的仿真，如图 3 – 11 所示为北京航空航天大学开发的 e – Cutting 进行圆柱螺旋铣刀颤振稳定性仿真界面。该仿真系统的输入由以下几部分组成。

图 3 – 11　颤振稳定性仿真界面（解析算法）

①铣削加工工艺系统动态特性参数：

该部分输入用于确定机床刀具系统和机床工件系统的动态特性参数。当工件的刚性较好时，一般只需要选择"刀具动态特性"，输入（读入）相关的参数。若工件的刚性较差时，可选择"刀具动态特性"和"工件动态特性"，分别输入（读入）相关的参数。"刀具动态特性"和"工件动态特性"的数据可由数控机床加工动力学特性测试分析系统（DynaCut）或其他动态参数测试系统进行现场测试和辨识获得。

该颤振稳定性仿真系统提供两种方式来输入工艺系统的动态特性参数：方式一，采用 FRF 文件，数据文件格式如表 3 – 1 所示，共分 3 列，第一列为固有频率，第二、三列分别为对应于频响函数的实部和虚部，FRF 文件数据由模态冲击试验测得；方式二，采用模态参数文件，其数据文件格式如表 3 – 2 所示，共分 3 列，分别对应固有频率、阻尼比和模态刚度，每一行代表一阶模态，模态参数可由 FRF 文件经模态参数估计获得。

表 3－1　位移频响函数（Frequency Response Function，FRF）文件格式

固有频率/Hz	实部/（m/N）	虚部/（m/N）
327.0	1.16×10^{-7}	-5.49×10^{-7}
328.0	1.16×10^{-7}	-5.21×10^{-7}
329.0	1.16×10^{-7}	-4.30×10^{-7}
……	……	……

表 3－2　模态参数文件格式

固有频率/Hz	阻尼比	刚度/（N/m）
300.0	0.019	6.0×10^{6}
560.0	0.034	1.2×10^{7}
1202.0	0.020	9.1×10^{6}
……	……	……

②刀具属性：

刀具属性设置界面如图 3－12 所示，它用于选择和输入仿真用铣刀的类型及相关参数，包括刀具类型的选择（圆柱螺旋铣刀、通用螺旋铣刀、镶齿铣刀等），刀具材料的选择（高速钢或硬质合金），刀具牌号的选择，包括铣刀半径、刃长、全长、悬伸长度、刀齿数、刀具前后角、后刀面磨损量、弹性模量等。如果需在仿真中考虑刀具装卡的偏心和刀具制造误差的影响，还需加载刀齿径向跳动数据文件。刀齿径向跳动数据文件由实测获得，文件的一行对应于某个轴向位置下各刀齿相对于其理论位置的径向偏移值（大为正，小为负）；第一列为刀具的轴向位置值，从第二列开始依次为该轴向位置下各刀齿的径向偏移值，每列对应一个刀齿，刀齿数决定数据文件中的列数。刀齿径向跳动数据文件与刀具几何参数的关系如图 3－14 所示。

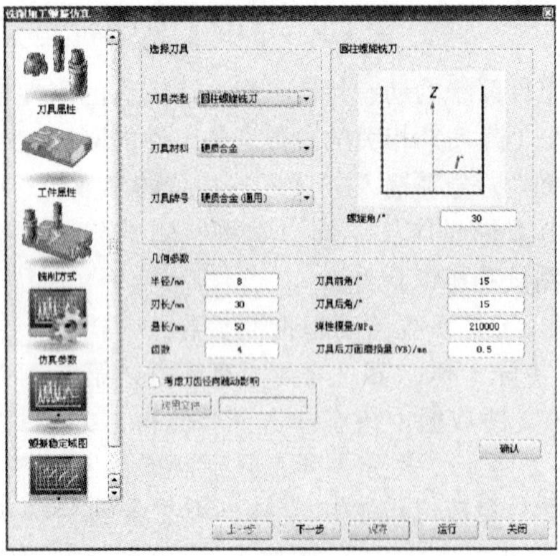

图 3－12　刀具属性设计界面

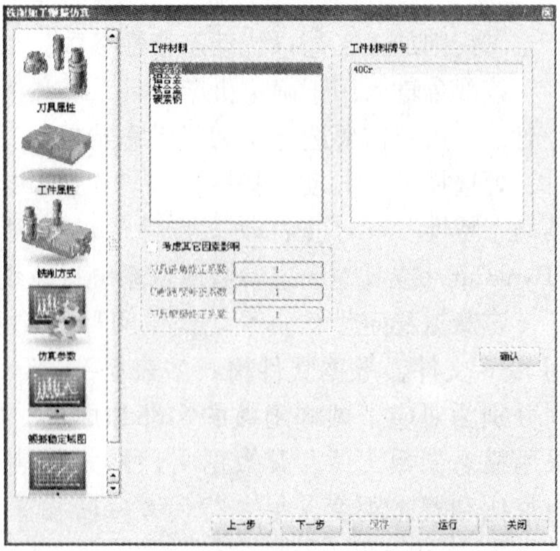

图 3－13　工件属性设计界面

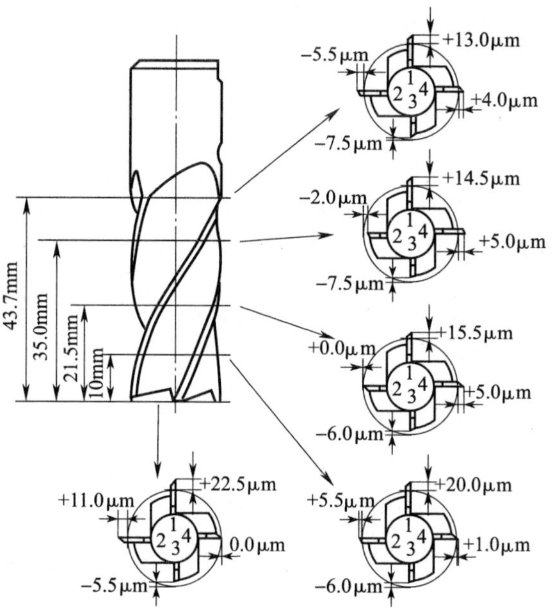

刀齿径向跳动文件

0	0	22.5	11.0	-5.5
10	10	20.0	5.5	-6.0
21.5	5.0	15.5	0	-6.0
35.0	5.0	14.5	-2.0	7.5
43.7	4.0	13.0	-5.5	-7.5

图 3－14　刀齿径向跳动文件与刀具几何参数

③工件属性：

用于确定工件的材料、牌号和需考虑的影响因素（见图 3－13）。

④加工条件：

用于确定铣削方式（顺铣、逆铣和面铣）、切削宽度（切入角、切出角）。

⑤仿真条件：

用于指定用户所关注的主轴转速上限、下限、步距、仿真叶瓣数等。

⑥操作：

供用户选择进行仿真、仿真数据保存和仿真颤振稳定性图形保存等操作。

（2）颤振稳定性叶瓣图

颤振稳定性仿真结果的输出有数据表、叶瓣图和颤振频率图等 3 种形式。

数据表输出形式是一个以主轴转速和对应临界轴向切深构成的离散数值表格（如表 3－3所示）。

表 3－3　颤振稳定性数据文件格式

主轴转速 n/（r/min）	轴向切深 a_p/（mm）	主轴转速 n/（r/min）	轴向切深 a_p/（mm）
3100	1. 62	3400	1. 09
3200	1. 13	3500	1. 36
3300	0. 97	…	…

在给定径向切深 a_e不变的条件下，做出主轴转速 n 与对应临界轴向切深 a_p的曲线就得到 n—a_p颤振稳定性曲线（如图 3－15 所示），因其图形像一瓣瓣的树叶，故也称其为稳定性叶瓣图（Stability Lobes）。

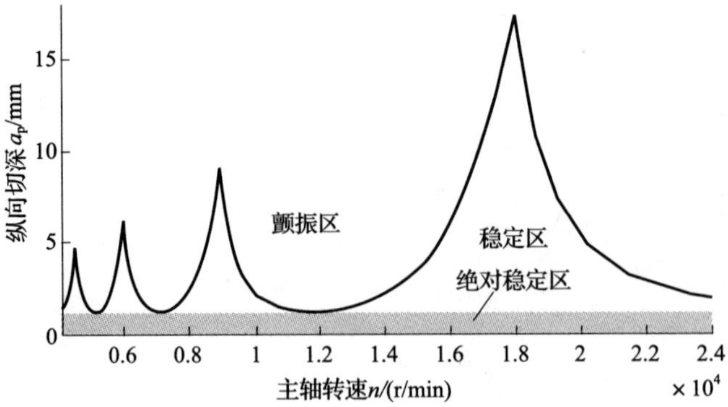

图 3－15　单模态颤振稳定性叶瓣图

同样，在给定轴向切深 a_p 不变的条件下，做出主轴转速 n 和对应临界径向切深 a_e 的曲线就得到 $n—a_e$ 颤振稳定性曲线（如图 3－16 所示）。对于诸如应用 T 形槽铣刀进行开槽加工等操作时，需要以整个切削刃高度进行铣削，此时需根据“$n—a_e$”稳定性叶瓣图来选择主轴转速和径向切深以实现无颤振高效切削。

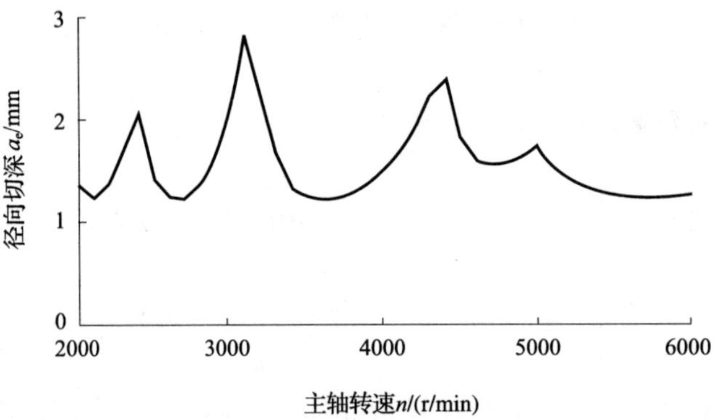

图 3－16　$n—a_e$ 颤振稳定性叶瓣图

颤振频率图用于描述颤振发生的频率与主轴转速的关系（如图 3－17 所示）。

颤振稳定性叶瓣图对于选择切削参数非常重要。数控加工尤其是高速数控铣削加工时，根据颤振稳定性叶瓣图选取优化的切削参数，可在确保无切削颤振的条件下实现高效切削。如果颤振稳定性叶瓣图中存在较大的稳定性叶瓣（如图 3－15 中最右边的叶瓣），应在较大的稳定性叶瓣内选取对应的切削参数。由于通过试验模态方法获取的刀尖点频响函数是在静止状态下进行，测得的工艺系统动态特性参数与实际切削时的频响函数之间存在一定的误差，所以为提高可靠性，建议尽量不要在靠近稳定曲线处选择切削参数，而是在曲线下方留出一定裕量后选参数；如果稳定性叶瓣图中不存在较大的稳定性叶瓣，则应在绝对稳定区内选取切削参数，这样可以避免在铣削过程中发生颤振。

应该注意的是，上述根据颤振稳定性叶瓣图选取切削参数的方法仅适用于高速切削，在中低速切削时，由于过程阻尼的存在，导致低速段实际稳定性叶瓣上翘，会出现预测结果与实际情况不相符，此时，在确定切削参数时可不考虑颤振稳定性约束条件。

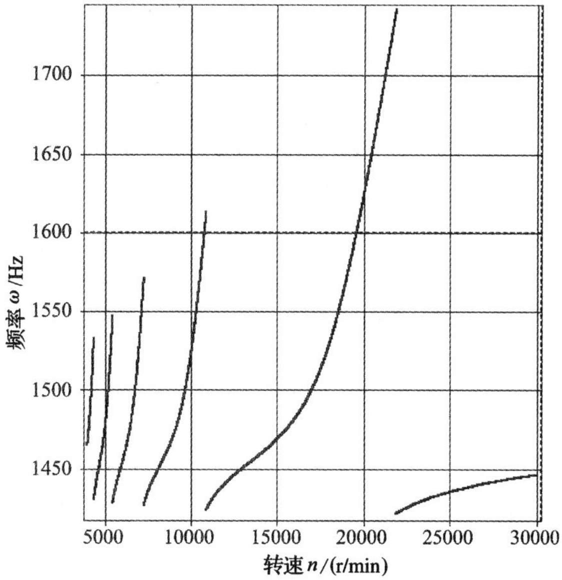

图 3－17　颤振频率图

（3）颤振稳定性仿真实例

机床型号：FIDIA K197，最高主轴转速 24000r/min。

刀具参数：ϕ20. 0mm 硬质合金整体铣刀，刀齿数为 2，螺旋角 $\beta = 30°$。

工件材料：铝合金 Al7075－T6（铣削力系数：$K_{tc} = 796.1\text{N/mm}^2$；$K_{rc} = 168.8\text{N/mm}^2$）。

工艺系统动态特性参数：按两种仿真条件进行仿真，一种情况是假定工件系统为刚性，只考虑机床－刀具系统的动态特性；另一种情况是同时考虑机床－刀具系统和工件系统动态特性。采用数控机床加工动力学特性测试分析系统（DynaCut）测得相应的模态参数如表 3－4 所示。

表 3－4　仿真用刀具和工件模态参数

模态类型	X 方向			Y 方向		
	固有频率 ω_n/Hz	阻尼比 ζ	刚度 K/（N/μm）	固有频率 ω_n/Hz	阻尼比 ζ	刚度 K/（N/μm）
刀具	600. 0	0. 02	10. 0	600. 0	0. 02	10. 0
工件	800. 0	0. 015	6. 3	800. 0	0. 015	6. 3

两种情形下的颤振稳定性仿真结果如图 3－18 所示。图 3－18（a）显示只考虑主轴－刀具系统的动态特性（即假定其为弱刚性）单模态工艺系统的颤振稳定性叶瓣图比较规则，小径向切深下的稳定性曲线（实线）要高于大切深下的稳定性曲线（虚线），也就是说，如果要确保切削过程不发生颤振，如果选择了大的径向切深 a_e，那么就只能选择相对较小的轴向切深 a_p。图 3－18（b）显示，当工件的刚性也较弱时，同时考虑了主轴－刀具系统和工件的动态特性（即假定两均为弱刚性），它们的共同作用使得结果颤振稳定性叶瓣图变得极不规则，与图 3－18（a）相比，当工件部分刚性不足时导致此时的稳定切削区范围大为减少。在一些薄壁类、高长筋、悬伸量大的零件切削加工应用中，需要同时考虑主轴—刀具系统和工件的动态特性，才能获得与实际情况的稳定性曲线。

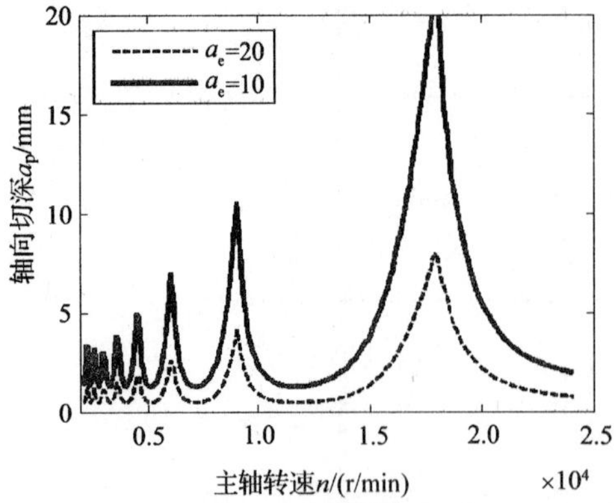

(a) 只考虑主轴-刀具系统动态特性

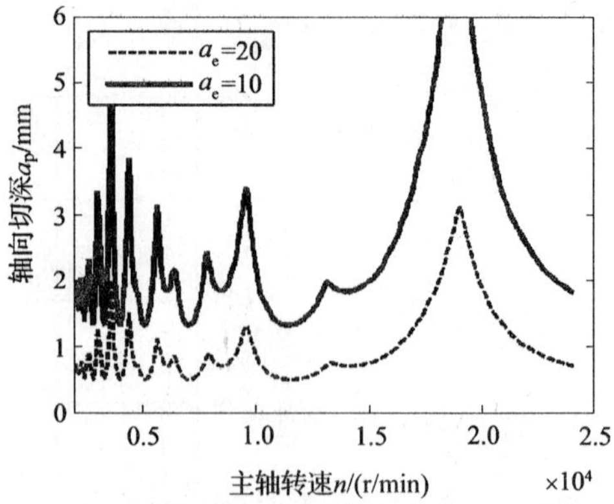

(b) 同时虑主轴-刀具系统和工件动态特性

图 3-18　颤振稳定性仿真结果

3.2.4　三维稳定性叶瓣图

前面已对圆柱螺旋铣刀立铣颤振稳定性解析算法及颤振稳定性叶瓣图的构建和仿真实现等进行了详细叙述。采用上述方法，可以获得给定径向切削深度下用于描述主轴转速和轴向切削深度关系的颤振稳定性叶瓣图（n—a_p稳定性叶瓣图）；通过改变径向切削深度进行仿真可以获得一系列 n—a_p稳定性叶瓣图，这一系列稳定性叶瓣图共同构成了三维颤振稳定性叶瓣图（3D SLD），它反映了切削稳定性与主轴转速、径向切深及轴向切深之间的关系，典型三维颤振稳定性叶瓣图如图 3-19 所示。

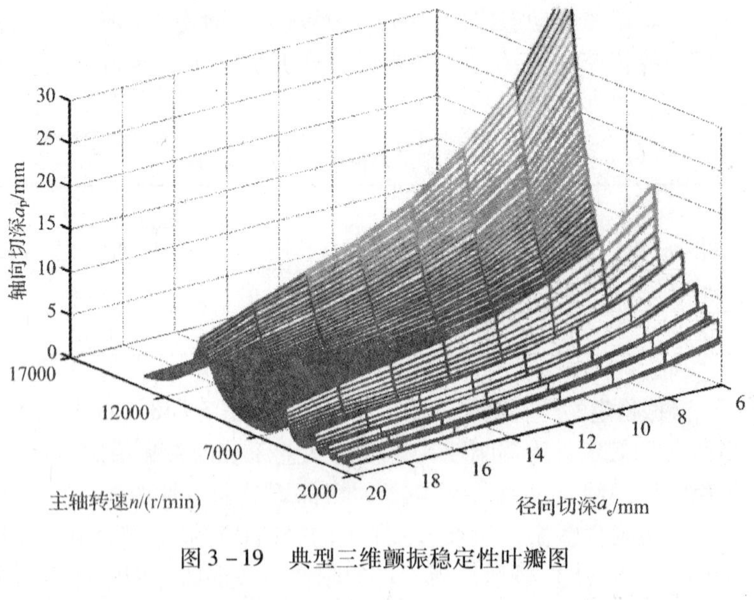

图 3-19　典型三维颤振稳定性叶瓣图

3.3　颤振稳定性影响因素分析

从对圆柱螺旋立铣刀颤振稳定性解析算法可知，铣刀几何参数（如齿数和半径）、工件材料特性（由切削力系数给定）和工艺系统动态特性参数（由主轴—刀具系统和工件的模态参数或频响函数给出）等均会对工艺系统的颤振稳定性仿真结果产生影响。系统分析颤振稳定性的影响因素，有助于了解数控切削加工过程中，机床、刀具、工件及装夹等对切削动态过程的作用特点和规律，并在机床和工件已确定的情况下，通过选择合适的铣刀直径、安装长度、装夹方式和优化切削参数等措施来获取更大的稳定区域，以达到提高切削效率的目的。实际应用中，很难从颤振稳定性解析算法中找出颤振稳定性与机床、刀具、工件动态特性各影响因素之间的显式关系，但借助于对切削过程的动力学仿真，可以揭示它们之间的内在联系。

3.3.1　切削力系数对颤振稳定性的影响

由式（3－47）可知，临界轴向切削深度与切向切削力系数 K_{tc} 成反比；径向切削力系数 K_{rc} 对颤振稳定性的影响主要通过对影响平均方向系数（见式（3－31））来间接影响颤振稳定性。通过改变 K_{tc}、K_{rc} 进行颤振稳定性仿真来分析切削力系数对颤振稳定性的影响，仿真参数为：铣刀直径为 20.0mm，刀齿数为 4，螺旋角 $\beta = 30°$，槽铣。为简化起见，假设工艺系统在 X、Y 方向上模态参数一致且均为单模态，模态参数如表 3－5 所示。

表 3－5　颤振稳定性仿真用工艺系统模态参数

模态阶数	X 方向			Y 方向		
	固有频率 ω_n/Hz	阻尼比 ζ	刚度 k/（N/μm）	固有频率 ω_n/Hz	阻尼比 ζ	刚度 k/（N/μm）
1	600.0	0.02	10.0	600.0	0.02	10.0

如图 3－20（a）所示为 K_{rc} 不变时 K_{tc} 对颤振稳定性的影响，该图显示临界轴向切深 a_{plim} 与 K_{tc} 成反比。图 3－20（b）所示为 K_{tc} 不变时 K_{rc} 对颤振稳定性的影响，该图显示 a_{plim} 随 K_{rc} 的降低而升高，但升高幅度不明显，并未呈现反比关系。可以看出：临界轴向切深随切削力系数的增加而降低，也就是说，切削力系数越大，材料越难加工，其加工时发生颤振的倾向性也越大。

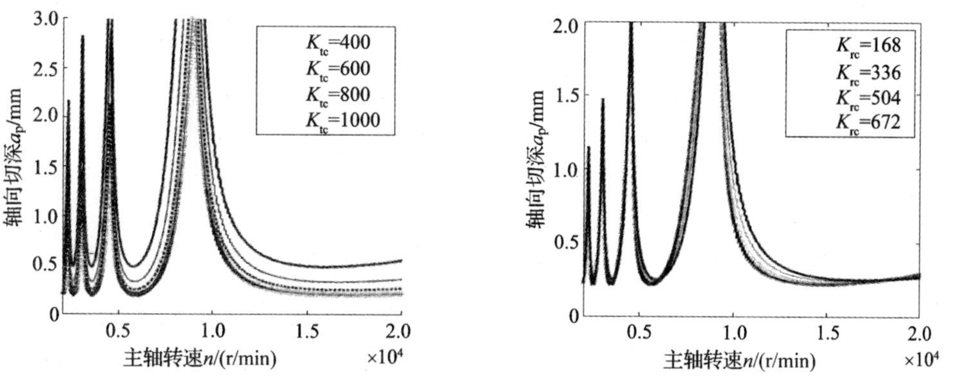

(a) 切向力系数 K_{tc} 的影响 (K_{rc}=168N/mm)　　(b) 切向力系数 K_{rc} 的影响 (K_{tc}=800N/mm)

图 3－20　切削力系数对颤振稳定性仿真结果的影响

3.3.2 铣刀几何参数对颤振稳定性的影响

可能对颤振稳定性影响的铣刀几何参数主要包括铣刀直径、悬伸长度、刀齿数、螺旋角、铣刀几何角度及后刀面磨损 VB 等，现将它们对颤振稳定性的影响作逐一分析。

（1）铣刀安装悬伸长度对颤振稳定性的影响

尽管在颤振稳定性解析模型中未涉及到铣刀安装悬伸长度因素，但很明显，随着铣刀悬伸长度的增加，刀尖处的动刚度将显著下降，对应的颤振稳定性叶瓣图中的稳定切削区域将显著减少。图 3－21（a）为利用铣刀与主轴（刀柄）响应耦合建模仿真得到的铣刀悬伸长度改变对刀尖点位移频响函数的影响，图 3－22（b）所示为铣刀悬伸长度改变对相应的颤振稳定性叶瓣图的影响。该图显示悬伸长度的增加，刀尖点位移频响函数值将显著增加，位置左移，对应的颤振稳定性叶瓣图位置向下、向左移动，稳定切削区域减少。由此可见，在条件许可情况下，应可能选择较小的安装悬伸长度，以提高无颤振切削的加工效率。

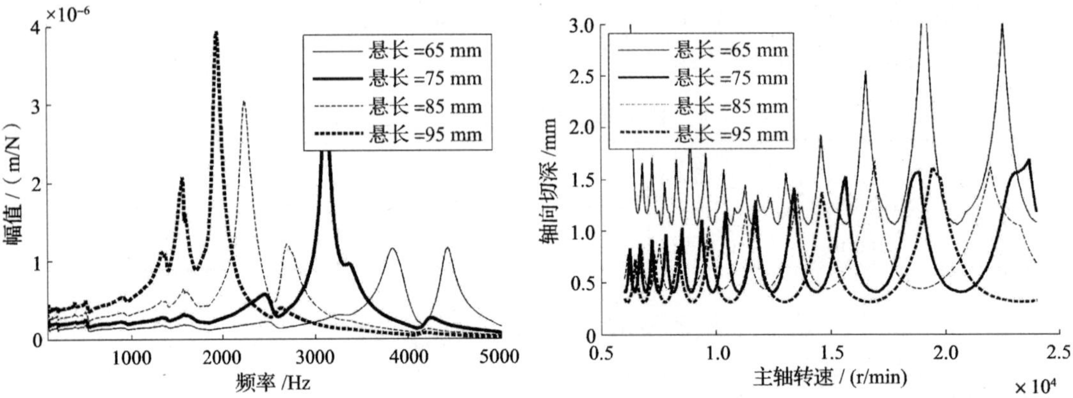

(a) (b)

图 3－21　铣刀安装悬伸长度对刀尖点频响函数及颤振稳定性的影响

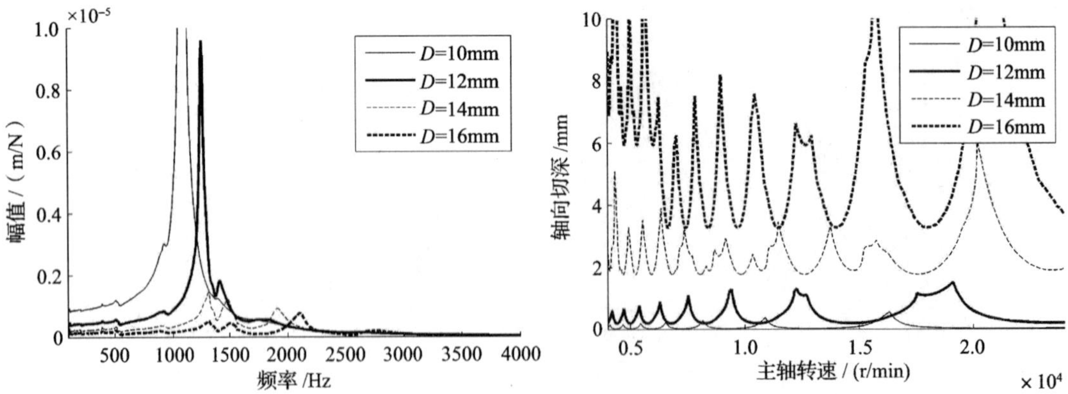

(a) (b)

图 3－22　铣刀直径对刀尖点频响函数及颤振稳定性的影响

（2）铣刀直径对颤振稳定性的影响

与铣刀悬伸长度对颤振稳定性的影响类似，铣刀直径对颤振稳定性的影响主要通过改变刀尖频响函数（模态参数）来影响颤振稳定性。图 3－22（a）所示为利用铣刀与主轴（刀柄）响应耦合建模仿真得到的铣刀直径改变对刀尖点位移频响函数的影响，图 3－22（b）所示为铣刀直径改变对相应的颤振稳定性叶瓣图的影响。该图显示，随着铣刀直径的增大，刀尖点位移频响函数值大幅降低，对应的颤振稳定性叶瓣图显著上升，可见如果条件许可，选择大直径刀具可以有效避免颤振。

（3）铣刀齿数对颤振稳定性的影响

由式 3－47 可知，临界轴向切削深度 a_p 与刀齿数 N 成反比。铣刀齿数对颤振稳定性的影响如图 3－23 所示，随着刀齿数的增加，临界轴向切深降低，颤振稳定性图形左移。由此可见，多齿铣削比少齿铣削更易发生颤振。

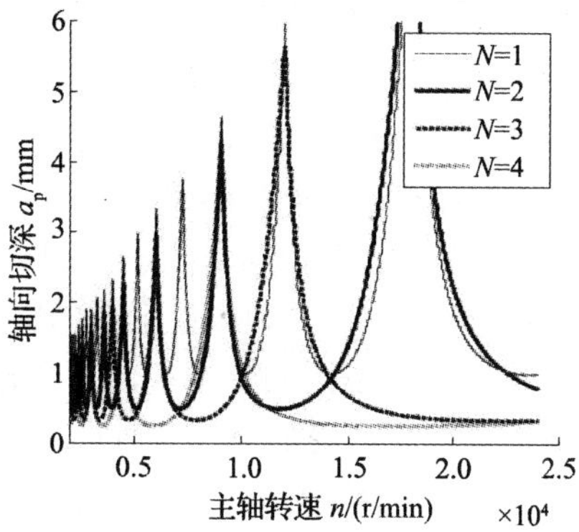

图 3－23　铣刀齿数对颤振稳定性的影响

（4）螺旋角对颤振稳定性的影响

从前面的分析可知，颤振稳定性解析模型并未考虑螺旋角的因素，也就是说在解析模型中螺旋角对颤振稳定性无影响。Budak 和 Altintas 提出的颤振稳定性多频率求解模型，不仅考虑了多次谐波对颤振稳定性的影响，而且还考虑了螺旋角的影响。由于考虑了一些非线性因素，模型预测精度更高。根据该模型，螺旋角对颤振稳定性的影响主要表现在它可以减少高次谐波的影响，利用该方法得到的螺旋角对颤振稳定性的影响如图 3－24 所示。对于螺旋铣刀来说，在其叶瓣图的翻转叶瓣（Flip Lobes）区域存在几个非稳定切削孤岛（Unstable Islands），但当轴向切深为铣刀螺距的整数倍时，这些孤岛又消失了。除翻转叶瓣之外，直铣刀与螺旋铣刀的稳定性叶瓣区域基本重合；在翻转叶瓣区，对于最低的主轴转速，孤岛与直铣刀叶瓣曲线重合，但随着转速的升高，螺旋铣刀的极限切深要高于直铣刀。

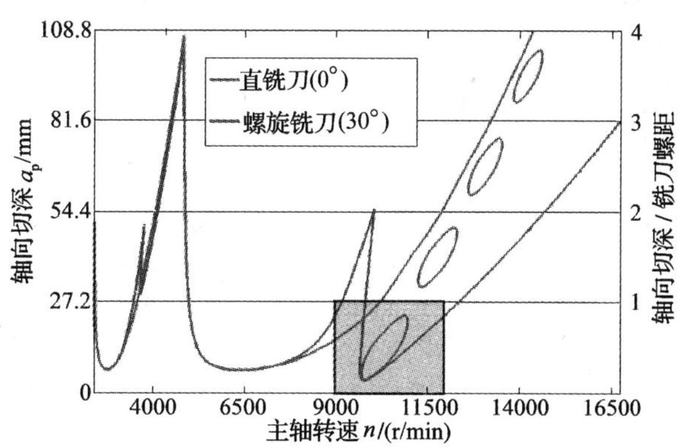

图 3－24　螺旋角对颤振稳定性的影响

（5）铣刀几何角度及后刀面磨损 VB 对颤振稳定性的影响

在所有刀具几何角度中，对颤振稳定性影响最为显著的是刀具前角，由第 2 章可知，切削力随着刀具前角的增加而减少（见表 2－2），亦即切削力系数相应减少，从前面的分析可知，对应的稳定性叶瓣图将上移，稳定区域将增大。后刀面磨损对颤振稳定性的影响刚好与刀具前角的影响相反，随着后刀面磨损 VB 的增加，切削力随之增加（见图 2 - 10），对应的切削力系数增加，从而导致稳定性叶瓣图整体下移，稳定切削区域减少。

3.3.3 模态参数对颤振稳定性的影响

工艺系统的模态参数主要包括固有频率 ω_n、阻尼比 ζ 和模态刚度 k 等 3 个参数。虽然工艺系统可能存在多阶模态，为简化起见，下面的分析中只考虑颤振主导模态（Chatter Dominant Modal）的影响。所谓颤振主导模态，这里指的在所关注的频率范围内，动刚度（Dynamic Stiffness）最小的模态。根据动力学有关定义，动刚度指的是机械系统的位移阻抗。由于很难从颤振稳定域解析算法中找出颤振稳定性叶瓣图与工艺系统模态参数之间的显式关系，因此只能借助于仿真手段来揭示模态参数与稳定性叶瓣图之间的内在联系。

（1）固有频率对颤振稳定性的影响

假定 X、Y 方向的模态参数完全相等，保持刚度和阻尼比不变（$k = 1 \times 10^7$N/m、ζ = 0.02），分别取不同的 ω_n 值（ω_{n1} = 400.0Hz、ω_{n2} = 600.0Hz、ω_{n3} = 800.0Hz）进行仿真，固有频率 ω_n 对颤振稳定性的影响如图 3 - 25 所示。随着 ω_n 增加，颤振稳定性叶瓣图位置右移，但临界轴向切削深度值保持不变。

（2）阻尼比对颤振稳定性的影响

假定 X、Y 方向模态参数完全相等，保持固有频率和刚度不变（ω_n = 600.0Hz、k = 1.0×10^7N/m），分别取不同的 ζ 值（ζ_1 = 0.02、ζ_2 = 0.04、ζ_3 = 0.06、ζ_4 = 0.08）进行仿真，阻尼比 ζ 对颤振稳定域的影响如图 3 - 26 所示。随着阻尼比 ζ 增加，颤振稳定域图形的波谷和波峰均有一定程度的提升，且波谷向上提升的幅度比波峰的提升幅度大得多，也就是绝对稳定区的上界有较大上升；阻尼比对波峰、波谷横向位置没有影响。

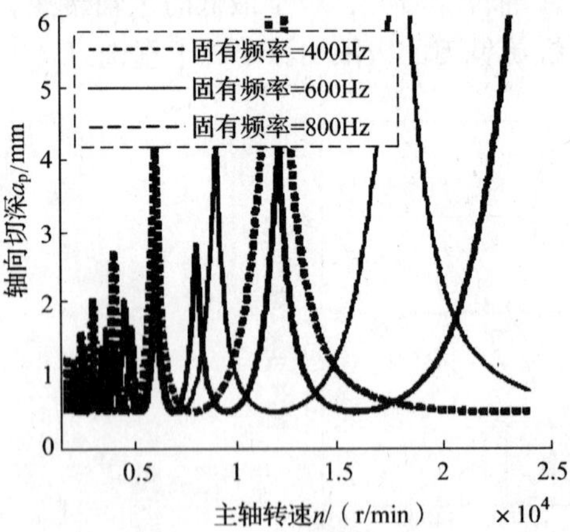

图 3 - 25 固有频率 ω_n 对颤振稳定性的影响图

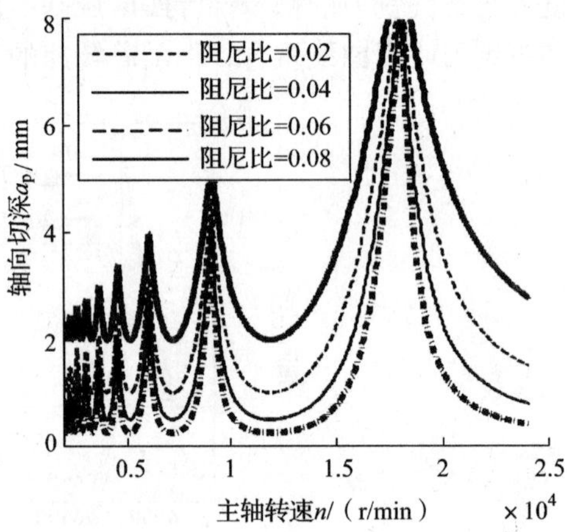

图 3 - 26 阻尼比 ζ 对颤振稳定性的影响

（3）刚度对颤振稳定性的影响

同样假定工艺系统 X、Y 方向具有相同模态参数，保持固有频率和阻尼比不变（ω_n = 600Hz、ζ = 0.02），改变刚度 k 值（k_1 = 5N/μm，k_2 = 10N/μm，k_2 = 15N/μm）进行仿真（其他仿真参数为 K_{tc} = 796.0N/mm²、K_{rc} = 168.0N/mm²、ϕ_{st} = 0 °、ϕ_{ex} = 180 °、D =

20mm、$N=2$）。刚度对颤振稳定性仿真结果的影响如图 3－27 所示。随着模态刚度的提高，临界轴向切深随之提高，稳定性曲线整体上移，横向位置无改变。模态刚度提高一倍，临界轴向切削深度提高一倍。

（4）最小动刚度对颤振稳定性的影响

对于小阻尼单模态系统，系统的最小动刚度可表示为 $2k\zeta$。为分析最小动刚度对颤振稳定性的影响，在保持工艺系统颤振主导模态最小动刚度和其他仿真参数不变的前提下，同时改变 k 和 ζ 进行仿真（参数见表 3－4），仿真结果如图 3－28 所示。该图显示，在动刚度保持不变时，颤振稳定性的波谷值保持不变，峰值则随刚度的增加略有增加，说明 k 和 ζ 对波谷的影响强度一致，但 k 对波峰的影响比 ζ 对波峰的影响稍大。

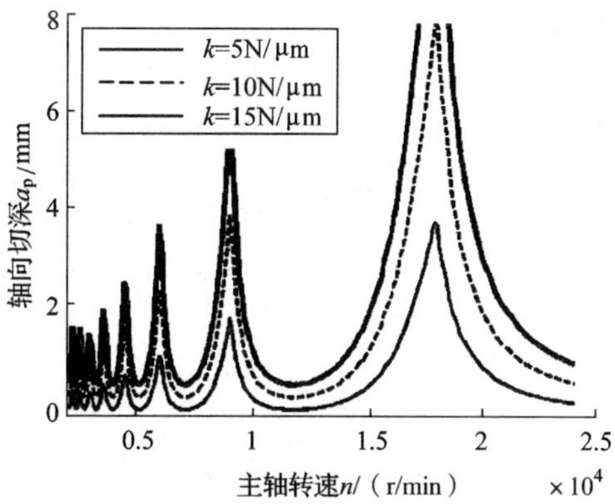

图 3－27　刚度对颤振稳定性的影响

表 3－5　动刚度对颤振稳定性影响仿真用参数

仿真序号	固有频率 ω_n/Hz	阻尼比 ζ	刚度 k/（N/μm）	最小动刚度 $2k\zeta$/（N/μm）
仿真 1	600.0	0.02	10.0	0.4
仿真 2	600.0	0.04	5.0	0.4
仿真 3	600.0	0.08	2.5	0.4

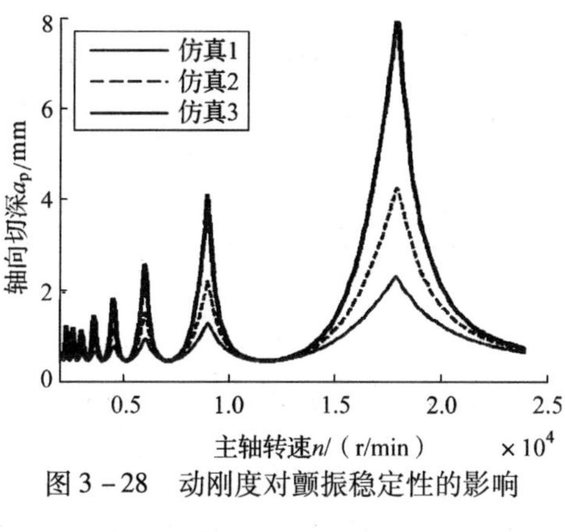

图 3－28　动刚度对颤振稳定性的影响

3.4　颤振稳定性时域数值方法求解

3.4.1　铣削过程时域数值仿真

在式（3－19）的铣削动力学方程中，由于无法用简单的解析表达式来表示激励力，故不能对该方程进行直接积分。此外，实际切削加工过程中的振动可能导致某个刀齿的切削刃未能参与切削，该刀齿上的切削载荷为零，系统将呈现非线性特性。此时，可采用时域中的数值方法求解铣削过程稳定性。

在求解微分方程的数值方法中，连续时间变量 t 由离散变量 t_j代替，根据已知初始条件以时间增量 $dt=\Delta t$ 来对微分方程进行求解。虽然求解方法是近似的，但只要时间增量足够小，就可获得较满意的求解精度。

采用 Euler 法来求解微分方程，可得到一阶计算精度；采用 Rung－Kutta 法求解微分方程则可得到四阶计算精度。考察式（3－19）中 X 方向微分方程，通过变形有：

$$\ddot{x}=\frac{1}{m_x}(F_x(t)-k_x x-c_x\dot{x}) \tag{3-51}$$

其初始条件 x_0 和 $\dot{x}_0$ 已知，可表示为：

$$\begin{cases}x_0=x(0)=0\\ \dot{x}_0=\dot{x}(0)=0\end{cases} \tag{3-52}$$

令 $\dot{x}=q$，式（3－51）可简化为一阶微分方程组：

$$\begin{cases}\dot{x}=q\\ \dot{q}=f(x,q,t)\end{cases} \tag{3-53}$$

令时间增量 $dt=\Delta t$，把当前状态（x_{i+1}，y_{i+1}）泰勒展开成前 i 步状态并忽略高阶项，可得到以下迭代公式：

$$\begin{cases}x_{i+1}=x_i+\dfrac{dt}{6}(K_1+2K_2+2K_3+K_4)\\ q_{i+1}=q_i+\dfrac{dt}{6}(L_1+2L_2+2L_3+L_4)\end{cases} \tag{3-54}$$

式中，$t_i=idt$ 且有：

$$\begin{cases}K_1=q_i\\ L_1=f(t_i,x_i,q_i)\\ K_2=q_i+\dfrac{dt}{2}L_1\\ L_2=f\left(t_i+\dfrac{dt}{2},x_i+\dfrac{dt}{2}K_1,q_i+\dfrac{dt}{2}L_1\right)\\ K_2=q_i+\dfrac{dt}{2}L_2\\ L_3=f\left(t_i+\dfrac{dt}{2},x_i+\dfrac{dt}{2}K_2,q_i+\dfrac{dt}{2}L_2\right)\\ K_4=q_i+dtL_3\\ L_4=f(t_i+dt,x_i+dtK_3,q_i+dtL_3)\end{cases} \tag{3-55}$$

同理，可对 Y 方向微分方程进行求解。通常，选取较小 dt 值可获得较高的求解精度，但同时会增加运算量和运算时间，可行的方法是选取 $dt\leqslant 2\pi/(10\omega_{nmax})$，$\omega_{nmax}$ 为工艺系统的最高固有频率。

铣削过程时域数值仿真输入参数为刀具几何参数、切削条件、刀齿偏心、刀尖点模态参数等，其仿真流程如图 3－29 所示。具体仿真步骤为：

①计算当前时间步下的动态切削力；

②将仿真得到的切削力施加到工艺系统上，通过求解铣削动力学微分方程计算下一时间步刀尖点动态位移；

③对动态切削厚度进行修正；

④判断仿真是否结束，若未结束跳转到步骤①。

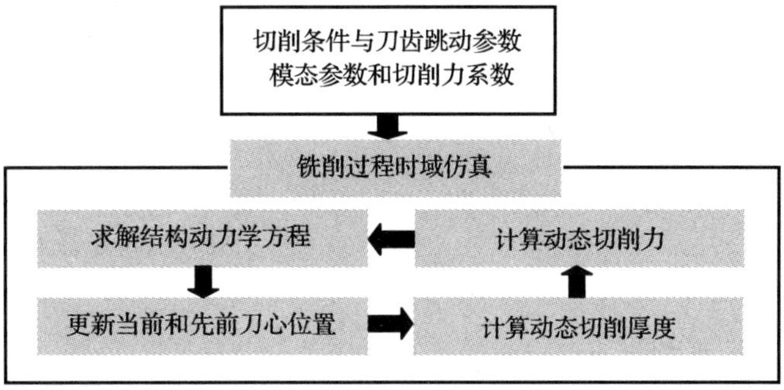

图 3－29　铣削过程时域仿真流程

3.4.2　时域颤振稳定性仿真判据

通过时域数值方法求解，可获得给定切削条件下的切削力、刀尖位移等时域数据；选择合适的时域稳定性判据，可判定给定切削条件的切削过程是否稳定；保持其他切削条件不变，单独改变轴向切深重复上述过程可获得该主轴转速下的临界轴向切深；按一定主轴转速步距仿真可获得每个主轴转速下的临界轴向切深，以主轴转速为自变量、临界轴向切深为因变量作图得到颤振稳定性叶瓣图。由此可见，确定面向时域仿真数据的稳定性判据是获取特定工艺系统的时域颤振稳定性叶瓣图的关键所在。

目前，有关时域颤振稳定性的判定标准主要有以下几种：①FFT（Fast Fourier Transform）法——对时域仿真数据作 FFT 变换，根据切削频率及其谐振频率下的幅值在所有频率范围的幅值之和中所占比例 η_p 作为颤振发生的标准，当 $\eta_p<0.8$ 时可认为存在颤振。②峰值力—峰值力（Peak－To－Peak，PTP）法——该方法由 Smith 等人提出，研究发现当切削条件接近稳定边界时，切削力峰值会急剧增长。③动态力/静态力法——由 Li 等人提出，使用柔性系统最大切削力与刚性系统最大切削力之比 η_F 作为判定标准，当 $\eta_F>1.3$ 时认为存在颤振。④刀尖位移统计方法——该方法由 Schmitz 提出，铣刀每旋转一周采集一次刀尖位移数据，然后使用其样本统计方差作为颤振判定标准。样本标准方差表示为：

$$\sigma^2=\frac{\sum_{i=1}^{N_1}(x_i-\bar{x})^2}{N_1-1} \tag{3-56}$$

式中，$\bar{x}$ 为样本平均值，$\bar{x}=\sum_{i=1}^{N_1}x_i/N_1$，$N_1$ 为样本数。

当 $\sigma^2>1.0\mu m^2$ 时，可认为存在颤振。

3.4.3　时域颤振稳定性仿真试验验证与分析

颤振稳定性时域仿真试验验证在 5 坐标立式加工中心 HERMLE C404 上进行，该机床最高转速为 18000r/min；试验用刀具为 ϕ12 硬质合金整体铣刀、2 齿、螺旋角 $\beta = 30°$，安装悬伸长度 70.0mm；工件材料为铝合金 Al7075－T6，由切削力系数辨识试验获得切削力系数为：$K_{tc} = 796.0\text{N/mm}^2$，$K_{rc} = 168.0\text{N/mm}^2$，$K_{ac} = 222.0\text{N/mm}^2$，$K_{te} = 27.7\text{N/mm}$，$K_{te} = 30.8\text{N/mm}$，$K_{ae} = 1.5\text{N/mm}$。

借助于数控机床动力学特性参数测试与分析系统，通过锤击试验获得的机床－刀具系统的频响函数图形如图 3－30 所示，对应的机床－刀具系统模态参数如表 3－6 所示。

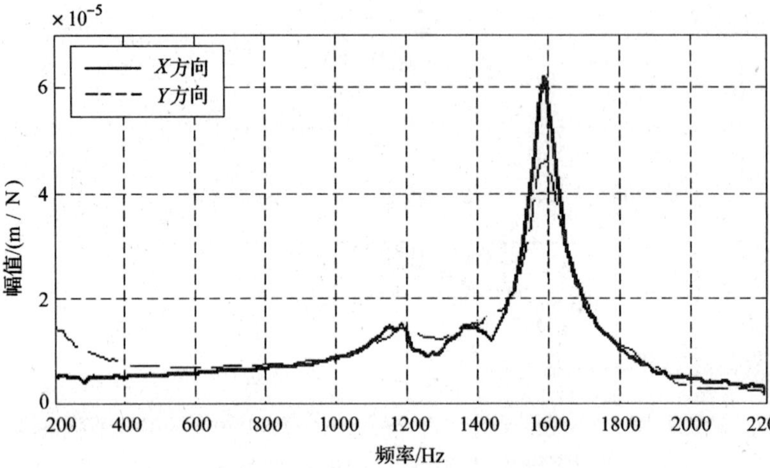

图 3－30　机床－刀具系统的频响函数曲线

表 3－6　工艺系统模态参数

方向	阶数	固有频率 ω_n/Hz	阻尼比 ζ	刚度 k/（N/m）
X	1	1198	0.041	1.20×10^7
	2	1389	0.048	1.30×10^7
	3	1586	0.027	3.70×10^6
Y	1	1214	0.071	1.24×10^7
	2	1428	0.049	1.52×10^7
	3	1591	0.031	3.56×10^6

对槽铣条件下（$\phi_{st} = 0$，$\phi_{ex} = \pi$）的颤振稳定性进行仿真，得到的颤振稳定性时域解、分析解和试验结果对比如图 3－31 所示。该图显示颤振稳定性时域解、分析解与试验结果均非常一致。

为进一步揭示稳定性叶瓣图中不同部位的时域特性，在图 3－31 中选取 A、B 两个点所对应的切削条件进行时域仿真，A 点位于颤振区，B 点位于稳定区。为便于后续分析，将 A 点对应的切削条件简称为条件 A（$n = 13500\text{r/min}$，$a_e = 12.0\text{mm}$，$a_p = 0.3\text{mm}$），将 B 点对应的切削条件简称为条件 B（$n = 15900\text{r/min}$，$a_e = 12.0\text{mm}$，$a_p = 0.9\text{mm}$），仿真得到的刀尖点 Y 方向动态位移见图 3－32，刀尖点 Y 方向位移 FFT 分析见图 3－33，刀尖点运动轨迹见图 3－34。

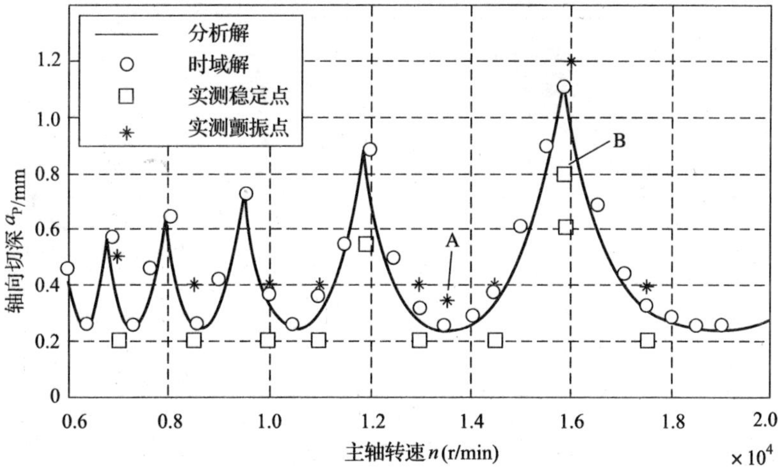

图 3－31　颤振稳定性时域解与分析解、试验结果对比

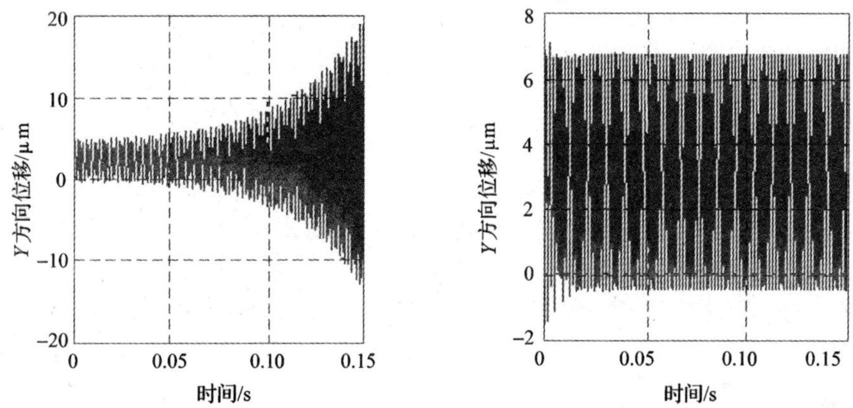

(a) 条件A　　(b)条件B

图 3－32　刀尖点 Y 方向动态位移

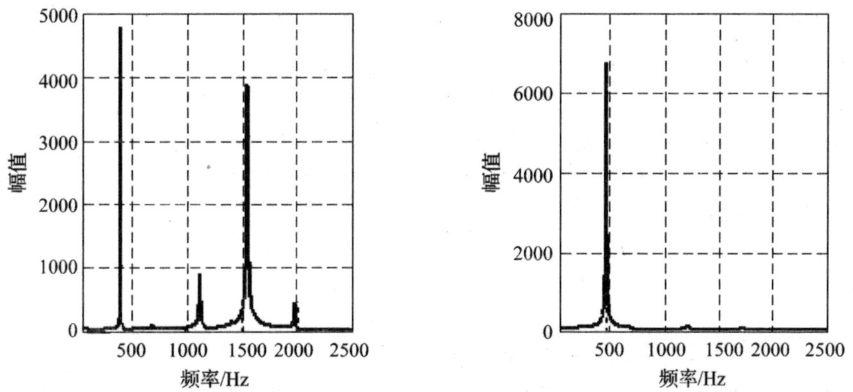

（a）条件 A　　（a）条件 B

图 3－33　刀尖点 Y 方向位移 FFT 分析

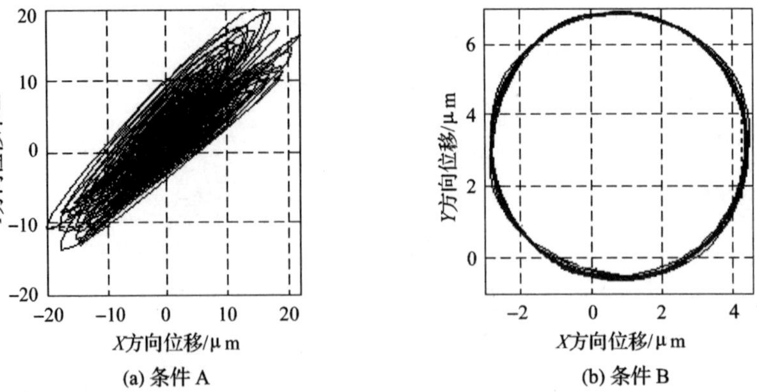

图 3-34　刀尖点运动轨迹

刀尖点 Y 方向动态位移信号显示条件 B 为稳定切削、条件 A 发生了颤振。动态力/静态力分析结果也予以佐证（$\eta_{FA}=2.34$，$\eta_{FB}=1.007$）。FFT 分析结果显示，使用条件 B 切削时，能量几乎集中在切削频率（530Hz）处，而使用条件 A 切削时，能量并未完全集中在切削频率（450Hz）处。刀尖运动轨迹也显示，使用条件 B 切削时，主轴每转一周，刀尖都能回到原始位置附近；而使用条件 A 切削时，刀尖运动轨迹杂乱无章，统计分析结果也相同（$\sigma_A{}^2=11.4\ \mu m^2$，$\sigma_B{}^2=1.85\times10^{-5}\mu m^2$）。

尽管条件 B 的轴向切深要高于条件 A，但条件 B 为稳定切削而条件 A 却发生了颤振。导致该现象发生的原因如下：弱刚性工艺系统导致刀齿每次切削时都会在切削表面留下波纹，使用条件 B 切削时，其切削频率与工艺系统的固有频率之间存在谐振关系，它使得内、外表面之间的振动相位同步，切屑厚度能保持均匀，故不易发生颤振；而使用条件 A 切削时，内、外表面之间的振动相位不同步，切屑厚度无法保持均匀，故容易发生颤振。

3.5　颤振稳定性其他求解方法简介

前面已对颤振稳定性解析算法和时域数值仿真方法进行了介绍。颤振稳定性解析算法（Zero－Order Analytical，ZOA）是迄今为止最为快捷、有效且应用最为广泛颤振稳定性求解方法，但该方法也存在显著的不足之处，它无法对小径向切深下的附加稳定区域和双周期分叉进行预测。颤振稳定性时域数值仿真方法，由于可以考虑各种非线性因素，所以其仿真精度最高，但计算速度成为主要的制约因素。为此，一些其他颤振稳定性求解方法相继被提出，其中较有影响力的主要有多频率求解方法、半离散时域求解方法和全离散时域求解方法等几种，下面将对这些方法作简要介绍。

3.5.1　多频率求解方法

多频率求解方法是 Merdol 等人提出的，下面将介绍该方法实现原理。对于小径向切深铣削，其高度断续特性使得其切削力中含有高频成分。此时，采用平均方向系数［A_0］来预测小径向切深高转速时的稳定性精度略显不足。鉴于方向矩阵［$A(t)$］的周期性，Floquet 理论宣称周期力在稳定性边界具有如下解，此时刀具以附加振动频率 ω_c 振动：

$$\{F(t)\} = \mathrm{e}^{\mathrm{i}\omega_{\mathrm{c}}}\{P(t)\}$$
$$\{P(t)\} = \sum_{r=-\infty}^{\infty}\{P_r\}\mathrm{e}^{\mathrm{i}r\omega_{\mathrm{T}}t} \tag{3-57}$$

式中，$\{P(t)\}$ 为周期函数，其频率为刀齿通过频率 ω_{T}。根据调制定理，该力可表示为：

$$\{F(\omega)\} = \sum_{r=-\infty}^{\infty}\{P_r\}\delta(\omega-(\omega_{\mathrm{c}}+r\omega_{\mathrm{T}})) \tag{3-58}$$

将式（3－58）代入（3－37）有：

$$\{F(\omega)\} = \frac{1}{2}a_{\mathrm{p}}K_{\mathrm{tc}}[A(\omega)]\left((1-\mathrm{e}^{-\mathrm{i}\omega T})[\Phi(\omega)]\sum_{r=-\infty}^{\infty}\{P_r\}\delta(\omega-(\omega_{\mathrm{c}}+r\omega_{\mathrm{T}}))\right) \tag{3-59}$$

根据 Dirac delta 函数的定义，频域形式的动态切削力变为：

$$\{F(\omega)\} = \frac{1}{2}a_{\mathrm{p}}K_{\mathrm{tc}}[A(\omega)]\left(\sum_{r=-\infty}^{\infty}(1-\mathrm{e}^{-\mathrm{i}(\omega_{\mathrm{c}}+r\omega_{\mathrm{T}})T})[\Phi(\omega_{\mathrm{c}}+r\omega_{\mathrm{T}})]\{P_r\}\delta(\omega-(\omega_{\mathrm{c}}+r\omega_{\mathrm{T}}))\right) \tag{3-60}$$

由于 $r\omega_{\mathrm{T}}T=r2\pi$，故延迟项与 r 无关，上式可变为：

$$\{F(\omega)\} = \frac{1}{2}a_{\mathrm{p}}K_{\mathrm{tc}}(1-\mathrm{e}^{-\mathrm{i}\omega_{\mathrm{c}}T})[A(\omega)]\left(\sum_{r=-\infty}^{\infty}[\Phi(\omega_{\mathrm{c}}+r\omega_{\mathrm{T}})]\{P_r\}\delta(\omega-(\omega_{\mathrm{c}}+r\omega_{\mathrm{T}}))\right) \tag{3-61}$$

包含更高次谐波项的频率求解方法可表示为：

$$[A(\omega)] = \cdots+\begin{bmatrix}\alpha_{xx}^{(-1)} & \alpha_{xy}^{(-1)}\\ \alpha_{yx}^{(-1)} & \alpha_{yy}^{(-1)}\end{bmatrix}\delta(\omega+\omega_{\mathrm{T}})+\begin{bmatrix}\alpha_{xx}^{(0)} & \alpha_{xy}^{(0)}\\ \alpha_{yx}^{(0)} & \alpha_{yy}^{(0)}\end{bmatrix}\delta(\omega)+\begin{bmatrix}\alpha_{xx}^{(+1)} & \alpha_{xy}^{(+1)}\\ \alpha_{yx}^{(+1)} & \alpha_{yy}^{(+1)}\end{bmatrix}\delta(\omega-\omega_{\mathrm{T}})+\cdots \tag{3-62}$$

方向矩阵 $[A(t)]$ 为周期函数，其频率与刀齿通过频率 ω_{T} 相等，将其代入式（3－61）有：

$$\{F(\omega)\} = \frac{1}{2}a_{\mathrm{p}}K_{\mathrm{tc}}(1-\mathrm{e}^{-\mathrm{i}\omega_{\mathrm{c}}T})\left(\sum_{r=-\infty}^{\infty}[A_r]\delta(\omega-r\omega_{\mathrm{T}})\right)$$
$$\left(\sum_{l=-\infty}^{\infty}[\Phi(\omega_c+l\omega_T)]\{P_l\}\delta(\omega-(\omega_{\mathrm{c}}+l\omega_{\mathrm{T}}))\right) \tag{3-63}$$

根据 Cauchy 积有：

$$\{F(\omega)\} = \frac{1}{2}a_{\mathrm{p}}K_{\mathrm{tc}}(1-\mathrm{e}^{-\mathrm{i}\omega_{\mathrm{c}}T})\sum_{r=-\infty}^{\infty}\left(\sum_{l=-\infty}^{\infty}[A_r][\Phi(\omega_c+l\omega_{\mathrm{T}})]\{P_l\}\times\right.$$
$$\left.\delta(\omega-(r-l)\omega_{\mathrm{T}}\right)\times\delta(\omega-(\omega_c+l\omega_{\mathrm{T}})) \tag{3-64}$$

使用移位定理，动态切削力可表示为：

$$\{F(\omega)\} = \sum_{r=-\infty}^{\infty}\left(\frac{1}{2}a_{\mathrm{p}}K_{\mathrm{tc}}(1-\mathrm{e}^{-\mathrm{i}\omega_{\mathrm{c}}T})\left(\sum_{l=-\infty}^{\infty}[A_{r-l}][\Phi(\omega_{\mathrm{c}}+l\omega_{\mathrm{T}})]\{P_l\}\right)\times\delta(\omega-(\omega_{\mathrm{c}}+r\omega_{\mathrm{T}}))\right) \tag{3-65}$$

根据式（3－58），力的傅里叶因子可表示为：

$$\{P_r\} = \frac{1}{2}a_p K_{tc}(1-\mathrm{e}^{-\mathrm{i}\omega_c T})\left(\sum_{l=-\infty}^{\infty}[A_{r-l}][\Phi(\omega_c + l\omega_T)]\{P_l\}\right) \tag{3-66}$$

式中，r 为整数，其范围从 $-\infty$ 到 $+\infty$。系统的稳定性变成如下特征值问题：

$$\det([\boldsymbol{I}] - \Lambda[G(\omega_c,\omega_T)]) = 0 \tag{3-67}$$

式中，特征值 Λ、特征矢量 $\{P\}$ 和带周期性方向系数 $[A_{r-l}]$ 的有向频响函数 $[G(\omega_c,\omega_T)]$ 为：

$$\Lambda = \frac{1}{2}a_p K_{tc}(1-\mathrm{e}^{-\mathrm{i}\omega_c T})$$

$$\{P\} = (\{P_0\},\{P_{-1}\},\{P_1\},\cdots)^{\mathrm{T}}$$

$$[G(\omega_c,\omega_T)] = \begin{bmatrix} [A_0][\Phi(\omega_c)] & [A_1][\Phi(\omega_c-\omega_T)] & [A_{-1}][\Phi(\omega_c+\omega_T)] & \cdots \\ [A_{-1}][\Phi(\omega_c)] & [A_0][\Phi(\omega_c-\omega_T)] & [A_{-2}][\Phi(\omega_c+\omega_T)] & \cdots \\ [A_1][\Phi(\omega_c)] & [A_2][\Phi(\omega_c-\omega_T)] & [A_0][\Phi(\omega_c+\omega_T)] & \cdots \\ \vdots & \vdots & \vdots & \vdots \end{bmatrix} \tag{3-68}$$

如果考虑刀齿通过频率的 r 次谐波，那么特征矩阵的维数为 $M=n_{\mathrm{dof}}(2r+1)$，n_{dof} 为颤振分析中需考虑的弱刚性方向数。例如，当 $r=1$ 时，若考虑两个方向（x，y）上的弱刚性，则矩阵的维数为 $M=6$，特征值解数等于矩阵维数。考虑到 $\exp(-\mathrm{i}\omega_c T) = \cos\omega_c T - \mathrm{i}\sin\omega_c T$，第 q 号特征值可表示为：

$$\Lambda_q = \Lambda_{\mathrm{R},q} + \mathrm{i}\Lambda_{\mathrm{I},q} = \frac{1}{2}a_p K_{tc}(1-\mathrm{e}^{-\mathrm{i}\omega_c T}) = \frac{1}{2}a_p K_{tc}[1-\cos\omega_c T + \mathrm{i}\sin\omega_c T]$$

$$a_{p,q} = \frac{[\Lambda_{\mathrm{R},q}(1-\cos\omega_c T) + \Lambda_{\mathrm{I},q}\sin\omega_c T]}{K_{tc}(1-\cos\omega_c T)} + \mathrm{i}\frac{[\Lambda_{\mathrm{I},q}(1-\cos\omega_c T) - \Lambda_{\mathrm{I},q}\sin\omega_c T]}{K_{tc}(1-\cos\omega_c T)} \tag{3-69}$$

考虑到切削深度为物理量，故轴向切深的虚部必须为零，于是有：

$$\begin{aligned} &\Lambda_{\mathrm{I},q} = (1-\cos\omega_c T) = \Lambda_{\mathrm{R},q} \rightarrow \frac{\Lambda_{\mathrm{I},q}}{\Lambda_{\mathrm{R},q}} = \frac{\sin\omega_c T}{1-\cos\omega_c T} \\ &\omega_c T = \varepsilon + 2k\pi, \varepsilon = \pi - 2\Psi, \Psi = \tan^{-1}\frac{\Lambda_{\mathrm{I},q}}{\Lambda_{\mathrm{R},q}} \\ &a_{p,q} = \frac{[\Lambda_{\mathrm{R},q}(1-\cos\omega_c T) + \Lambda_{\mathrm{I},q}\sin\omega_c T]}{K_{tc}(1-\cos\omega_c T)} \end{aligned} \tag{3-70}$$

主轴转速为：

$$\begin{aligned} &n = \frac{60}{NT} = \frac{60\omega_c}{N(\varepsilon + 2k_l\pi)} \quad (k_l = 1,2,\cdots) \\ &a_{p,q} = \frac{\Lambda_{\mathrm{R},q}}{K_{tc}}\left[1 + \left(\frac{\Lambda_{\mathrm{I},q}}{\Lambda_{\mathrm{R},q}}\right)^2\right] \end{aligned} \tag{3-71}$$

要计算内外调制之间的相位差 ε 需先对特征值 Λ_q 进行求解，而特征值由刀齿通过频率谐振频率处的频响函数值 $\Phi(\omega_c \pm l\omega_T)$ 确定。因此无法像零阶频率求解法那样可以直接求得轴向切削深度值，只能针对每个颤振频率对主轴转速进行扫描来寻找特征值。对于某个给定的主轴转速，可采用式（3－69）来计算特征值及其相应的轴向切削深度。零阶频率求解方法由于只考虑了平均方向系数［A_0］，可以在几秒钟内就能直接得到稳定性叶瓣图。与零阶频率方法相比，多频率求解方法由于具有 M 个特征值，且每次迭代时均需把获得的最小轴向切深当作最终解，因此计算量和计算时间将大大增加。

3.5.2　半离散时域求解方法

半离散时域求解方法是由 Insperger 和 Stepan 提出的。由耦合、延迟微分方程表示铣削动力学方程为：

$$\begin{Bmatrix} \ddot{x}(t)+2\zeta\omega_{nx}\dot{x}(t)+\omega_{nx}^2 x(t) \\ \ddot{y}(t)+2\zeta\omega_{ny}\dot{y}(t)+\omega_{ny}^2 y(t) \end{Bmatrix} = \frac{1}{2}a_p K_{tc} \begin{bmatrix} \frac{\omega_{nx}^2}{k_x} & 0 \\ 0 & \frac{\omega_{ny}^2}{k_y} \end{bmatrix} \begin{bmatrix} a_{xx}(t) & a_{xy}(t) \\ a_{yx}(t) & a_{yy}(t) \end{bmatrix} \begin{Bmatrix} x(t)-x(t-T) \\ y(t)-y(t-T) \end{Bmatrix} \tag{3-72}$$

将上式该写成一阶形式有：

$$(\dot{q}(t)) = [L(t)](q(t)) + [R(t)]\{q(t-T)\} \tag{3-73}$$

式中：

$$[L(t)] = \begin{bmatrix} [0] & [I] \\ \delta[M]^{-1}[A(t)]-[\omega_n^2] & -[2\zeta\omega_n] \end{bmatrix},$$

$$[R(t)] = \begin{bmatrix} [0] & [0] \\ \delta[M]^{-1}[A(t)] & [0] \end{bmatrix},$$

$$\{q(t)\} = \{x(t),y(t),\dot{x}(t),\dot{y}(t)\}^{\mathrm{T}},\quad [A(t)] = \begin{bmatrix} a_{xx}(t) & a_{xy}(t) \\ a_{yx}(t) & a_{yy}(t) \end{bmatrix},\quad \delta = \frac{1}{2}a_p K_{tc},$$

$$[M]^{-1} = \begin{bmatrix} \frac{\omega_{nx}^2}{k_x} & 0 \\ 0 & \frac{\omega_{ny}^2}{k_y} \end{bmatrix},\quad [2\zeta\omega_n] = \begin{bmatrix} 2\zeta_x\omega_{nx} & 0 \\ 0 & 2\zeta_y\omega_{ny} \end{bmatrix},\quad [\omega_n^2] = \begin{bmatrix} \omega_{nx}^2 & 0 \\ 0 & \omega_{ny}^2 \end{bmatrix}\cdot[J_1]$$

如图 3－33 所示，将延迟时间周期 T 分割成 m 个离散时间间隔 Δt，亦即 $T=m\Delta t$。如果用｛q_i｝表示当前 t_i时刻的｛$q(t_i)$｝值，那么 $\{q(t_i-T)\}=\{q[(i-m)\Delta t]\}=\{q_{i-m}\}$。当采样间隔 Δt 相当小时，$\{q(t_i-T)\}$ 可近似用两个相邻采用点的平均值表示为：

$$\begin{aligned}(q(t-T)) &\approx \left\{q\left(t_i+\frac{\Delta t}{2}-T\right)\right\} \approx \frac{\{q(t_i-T+\Delta t)\}+\{q(t_i-T)\}}{2} \\ &= \frac{\{q_{i-m+1}\}+\{q_{i-m}\}}{2} \to t\in[t_i,t_{i+1}]\end{aligned} \tag{3-74}$$

由式（3－73）表示的铣削动力学方程可改写为：

$$(\dot{q}(t)) = [L_i](q_i(t)) + \frac{1}{2}[R_i](\{q_{i-m+1}\}+\{q_{i-m}\}) \tag{3-75}$$

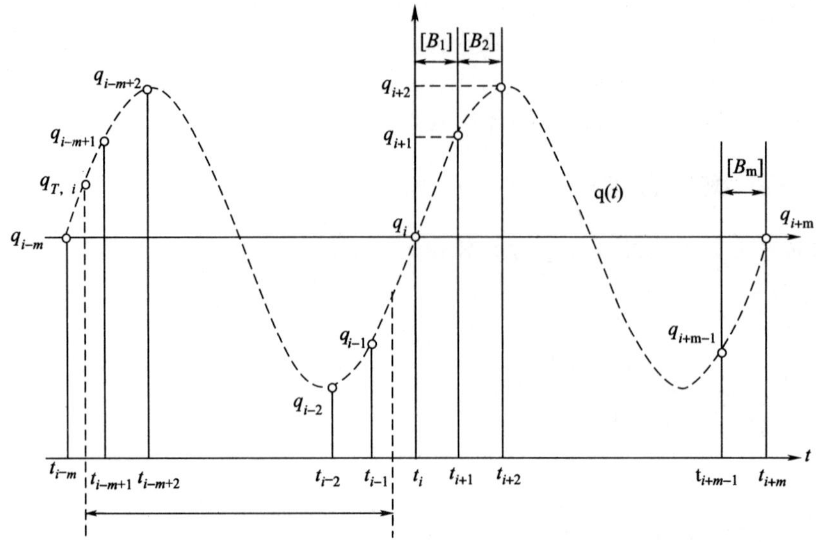

图 3-35　周期信号的离散化

Δt 时，微分方程 $\{\dot{q}(t)\}$ 的解由通解 $\{q_{\mathrm{H}i}(t)\}$ 和特解 $\{q_{\mathrm{P}i}(t)\}$ 构成：

$$(q_i(t)) = \{q_{\mathrm{H}i}(t)\} + \{q_{\mathrm{P}i}(t)\} \tag{3-76}$$

通解可表示为：

$$(\dot{q}_{\mathrm{H}i}(t)) = [L_i]\{q_{\mathrm{H}i}(t)\} \rightarrow \{q_{\mathrm{H}i}(t)\} = \exp([L_i](t-t_i))\{C_0\} \tag{3-77}$$

式中，$\{C_0\}$ 由初始条件确定。特解可表示为：

$$\{\dot{q}_{\mathrm{P}i}(t)\} = [L_i]\{q_{\mathrm{P}i}(t)\} + \frac{1}{2}[R_i](\{q_{i-m+1}\} + \{q_{i-m}\})$$

$$\{q_{\mathrm{P}i}(t)\} = \exp([L_i](t-t_i))\{u(t)\} = -\frac{1}{2}[L_i]^{-1}[R_i](\{q_{i-m+1}\} + \{q_{i-m}\}) \tag{3-78}$$

系统的完整解为：

$$\{q_i(t)\} = \{q_{\mathrm{H}\,i}(t)\} + \{q_{\mathrm{P}\,i}(t)\} = \exp([L_i](t-t_i))\{C_0\} - \frac{1}{2}[L_i]^{-1}[R_i](\{q_{i-m+1}\} + \{q_{i-m}\}) \tag{3-79}$$

当 $t = t_i$，有：

$$\{q_i\} = \{C_0\} - \frac{1}{2}[L_i]^{-1}[R_i](\{q_{i-m+1}\} + \{q_{i-m}\}) \rightarrow \{C_0\} = \{q_i\} + \frac{1}{2}[L_i]^{-1}[R_i](\{q_{i-m+1}\} + \{q_{i-m}\}) \tag{3-80}$$

由于上述解在离散时间间隔 $\Delta t = t_{i+1} - t_i$ 内有效，故当 $t = t_{i+1}$ 时存在如下关系：

$$\{q_{i+1}\} = \exp([L_i]\Delta t)\{q_i\} + \frac{1}{2}(\exp([L_i]\Delta t) - [I])[L_i]^{-1}[R_i](\{q_{i-m+1}\} + \{q_{i-m}\}) \tag{3-81}$$

方程求解需要当前值 $\{q_i\}$ 和一个延迟前的值（$\{q_{i-m}\}$，$\{q_{i-m+1}\}$）。方程的解可表示为：

$$\{z_{i+1}\} = \{B_i\}\{z_i\} \tag{3-82}$$

式中：

$$\{z_i\} = \begin{Bmatrix} \{q_i\} \\ \{q_{i-1}\} \\ \{q_{i-2}\} \\ \vdots \\ \{q_{i-m+1}\} \\ q_{i-m} \end{Bmatrix}_{2(m+1)\times 1}$$

$$[B_i] = \begin{bmatrix} e^{[L_i]\Delta t} & [0] & \cdots & [0] & \frac{1}{2}(e^{[L_i]\Delta t}-[I])[L_i]^{-1} & \frac{1}{2}(e^{[L_i]\Delta t}-[I])[L_i]^{-1}[R_i] \\ [I] & [0] & & [0] & [0] & [0] \\ [0] & [I] & & [0] & [0] & [0] \\ \vdots & & & & & \vdots \\ [0] & [0] & & [I] & [0] & [0] \\ [0] & [0] & \cdots & [0] & [I] & [0] \end{bmatrix}$$

应注意方向矩阵 $[A(t)]$ 在每个采样时刻都不同，由于状态矩阵 $[L(t)]$ 和 $[R(t)]$ 依赖于 $[A(t)]$，通过以 Δt 时间间隔对迭代方程（3－25）进行求解就可以对时变的铣削过程进行仿真。由于铣削过程以刀齿通过间隔 T 呈周期性变化，故只需在 m 个离散点处对方程进行求解即可。

在刀齿通过周期 T 内，按式（3－82）求取 m 个离散时间间隔处的表达式就可以确定系统的稳定性：

$$\{z_{i+m}\} = \{\Phi\}\{z_i\} = [B_m]\cdots[B_2][B_1]\{z_i\} \tag{3-83}$$

根据 Floquet 理论，如果传递矩阵有一个特征值的模大于 1，线性周期系统将不稳定；如果其模等于 1，系统临界稳定；如果所有特征值的模均小于 1，系统稳定。采用零阶频域求解方法可直接得到临界稳定边界——稳定性叶瓣。相反，使用半离散时域求解方法时，则需要对一定主轴转速和轴向切深范围进行扫描来获得。半离散时域方法由于在离散时间间隔 Δt 考虑了时变、周期因子 $[A(t)]$，故其稳定性预测精度更高，尤其是小径向切深铣削时。

3.5.3 全离散时域求解方法

全离散时域求解方法是上海交大丁汉等人提出的。X、Y 方向具有对称模态的二自由度铣削系统的动力学方程可表示为：

$$\begin{aligned} &\begin{bmatrix} m_t & 0 \\ 0 & m_t \end{bmatrix}\begin{bmatrix} \ddot{x}(t) \\ \ddot{y}(t) \end{bmatrix} + \begin{bmatrix} 2m_t\zeta\omega_n & 0 \\ 0 & 2m_t\zeta\omega_n \end{bmatrix}\begin{bmatrix} \dot{x}(t) \\ \dot{y}(t) \end{bmatrix} + \begin{bmatrix} m_t\omega_n^2 & 0 \\ 0 & m_t\omega_n^2 \end{bmatrix}\begin{bmatrix} x(t) \\ y(t) \end{bmatrix} \\ &= \begin{bmatrix} -wh_{xx}(t) & -wh_{xy}(t) \\ -wh_{yx}(t) & -wh_{yy}(t) \end{bmatrix}\begin{bmatrix} x(t) \\ y(t) \end{bmatrix} + \begin{bmatrix} wh_{xx}(t) & wh_{xy}(t) \\ wh_{yx}(t) & wh_{yy}(t) \end{bmatrix}\begin{bmatrix} x(t-T) \\ y(t-T) \end{bmatrix} \end{aligned} \tag{3-84}$$

式中：ζ——阻尼比；

ω_n——固有频率；

m_t——刀具的模态质量。

切削力系数 $h_{xx}(t)$、$h_{xy}(t)$、$h_{yx}(t)$ 和 $h_{yy}(t)$ 定义为：

$$
\begin{aligned}
h_{xx}(t) &= \sum_{j=1}^{N} g(\phi_j(t))\sin(\phi_j(t))[K_{tc}\cos(\phi_j(t)) + K_{rc}\sin(\phi_j(t))] \\
h_{xy}(t) &= \sum_{j=1}^{N} g(\phi_j(t))\cos(\phi_j(t))[K_{tc}\cos(\phi_j(t)) + K_{rc}\sin(\phi_j(t))] \\
h_{yx}(t) &= \sum_{j=1}^{N} g(\phi_j(t))\sin(\phi_j(t))[-K_{tc}\sin(\phi_j(t)) + K_{rc}\cos(\phi_j(t))] \\
h_{yy}(t) &= \sum_{j=1}^{N} g(\phi_j(t))\cos(\phi_j(t))[-K_{tc}\sin(\phi_j(t)) + K_{rc}\cos(\phi_j(t))]
\end{aligned}
\tag{3-85}
$$

将式（3-84）所示的铣削动力学方程改写成状态空间形式有：

$$\dot{\boldsymbol{x}}(t) = \boldsymbol{A}_0 x(t) + \boldsymbol{A}(t)\boldsymbol{x}(t) - \boldsymbol{A}(t)\boldsymbol{x}(t-T) \tag{3-86}$$

式中：$\boldsymbol{A}_0$——常数矩阵，表示铣削系统中的时不变成分；

$\boldsymbol{A}(t)$——周期系数矩阵且满足 $\boldsymbol{A}(t)=\boldsymbol{A}(t+T)$；

T——时间周期，等于延时量。

$\boldsymbol{A}_0$、$\boldsymbol{A}(t)$、$\boldsymbol{x}(t)$ 可表示为：

$$
\boldsymbol{A}_0 = \begin{bmatrix} -\boldsymbol{M}^{-1}\boldsymbol{C}/2 & \boldsymbol{M}^{-1} \\ \boldsymbol{C}\boldsymbol{M}^{-1}\boldsymbol{C}/4-\boldsymbol{K} & -\boldsymbol{C}\boldsymbol{M}^{-1}/2 \end{bmatrix} \quad \boldsymbol{A}(t) = \begin{bmatrix} 0 & 0 & 0 & 0 \\ 0 & 0 & 0 & 0 \\ -wh_{xx}(t) & -wh_{xy}(t) & 0 & 0 \\ -wh_{yx}(t) & -wh_{yy}(t) & 0 & 0 \end{bmatrix}
$$

$$\boldsymbol{x}(t) = [\boldsymbol{q}(t)\ \boldsymbol{M}\dot{\boldsymbol{q}} + \boldsymbol{C}\boldsymbol{q}/2]^{\mathrm{T}} \tag{3-87}$$

式中：

$$
\boldsymbol{M} = \begin{bmatrix} m_t & 0 \\ 0 & m_t \end{bmatrix} \boldsymbol{C} = \begin{bmatrix} 2m_t\zeta\omega_n & 0 \\ 0 & 2m_t\zeta\omega_n \end{bmatrix} \boldsymbol{K} = \begin{bmatrix} m_t\omega_n^2 & 0 \\ 0 & m_t\omega_n^2 \end{bmatrix} \boldsymbol{q}(t) = \begin{bmatrix} x(t) \\ y(t) \end{bmatrix} \tag{3-88}
$$

在直接积分基础上，将 T 等分成 m 个时间间隔，$T=m\tau$。在每个时间间隔内 $k\tau \leqslant t \leqslant (k+1)\tau$，$(k=0, \ldots, m)$，通过直接积分方法得到式（3-86）的解为：

$$x(t) = \mathrm{e}^{A_0(t-k\tau)}x(k\tau) + \int_{k\tau}^{t}\{\mathrm{e}^{A_0(t-\xi)}[\boldsymbol{A}(\xi)\boldsymbol{x}(\xi) - \boldsymbol{A}(\xi)\boldsymbol{x}(\xi-T)]\}\mathrm{d}\xi \tag{3-89}$$

上式等价于：

$$
\begin{aligned}
x(k\tau+\tau) &= \mathrm{e}^{A_0\tau}\boldsymbol{x}(k\tau) + \\
&\int_0^{\tau}\{\mathrm{e}^{A_0\xi}[\boldsymbol{A}(k\tau+\tau-\xi)\boldsymbol{x}(k\tau+\tau-\xi) - \boldsymbol{A}(k\tau+\tau-\xi)\boldsymbol{x}(k\tau+\tau-\xi-T)]\}\mathrm{d}\xi
\end{aligned}
\tag{3-90}
$$

式中，$0 \leqslant t \leqslant \tau$。$x_{k+1}$亦即 $\boldsymbol{x}(k\tau+\tau)$ 可表示为：

$$x_{k+1} = e^{A_0\tau}x(k\tau) + \int_0^\tau \{e^{A_0\xi}[\boldsymbol{A}(k\tau+\tau-\xi)\boldsymbol{x}(k\tau+\tau-\xi) - \boldsymbol{A}(k\tau+\tau-\xi)\boldsymbol{x}(k\tau+\tau-\xi-T)]\}d\xi \tag{3-91}$$

下一步将对上式中的积分项进行处理。首先使用区间 $[(k-m)\tau, (k+1-m)\tau]$ 的两个边界值 $\boldsymbol{x}_{k+1-m}$ 和 $\boldsymbol{x}_{k-m}$ 对延时项 $\boldsymbol{x}(k\tau+\tau-\xi-T)$ 作线性近似，可得：

$$\boldsymbol{x}(k\tau+\tau-\xi-T) \doteq \boldsymbol{x}_{k+1-m} + \xi(\boldsymbol{x}_{k-m} - \boldsymbol{x}_{k+1-m})/\tau \tag{3-92}$$

然后使用区间 $[k\tau, (k+1)\tau]$ 的两个边界值 $\boldsymbol{x}_k$ 和 $\boldsymbol{x}_{k-m}$ 对状态项 $\boldsymbol{x}(k\tau+\tau-\xi)$ 作线性近似，可得：

$$\boldsymbol{x}(k\tau+\tau-\xi) \doteq \boldsymbol{x}_{k+1} + \xi(\boldsymbol{x}_k - \boldsymbol{x}_{k+1})/\tau \tag{3-93}$$

同理，通过对区间 $[k\tau, (k+1)\tau]$ 的两个边界值进行线性插值可得到周期项 $\boldsymbol{A}(k\tau+\tau-\xi)$ 的近似表达式为：

$$\boldsymbol{A}(k\tau+\tau-\xi) \doteq \boldsymbol{A}_{k,0} + \boldsymbol{A}_{k,1}\xi \tag{3-94}$$

式中，$\boldsymbol{A}_{k,0}=\boldsymbol{A}_{k+1}$，$\boldsymbol{A}_{k,1}=(\boldsymbol{A}_k-\boldsymbol{A}_{k+1})/\tau$，$\boldsymbol{A}_k$ 为 $t_k=k\tau$ 时 $\boldsymbol{A}(t)$ 值。

将式（3-93）、式（3-94）代入式（3-91）有：

$$\boldsymbol{x}_{k+1} = (\boldsymbol{F}_0 + \boldsymbol{F}_{0,1})\boldsymbol{x}_k + \boldsymbol{F}_{k+1}\boldsymbol{x}_{k+1} - \boldsymbol{F}_{m-1}\boldsymbol{x}_{k+1-m} - \boldsymbol{F}_m\boldsymbol{x}_{k-m} \tag{3-95}$$

式中：

$$\begin{aligned}
\boldsymbol{F}_0 &= \boldsymbol{\Phi}_0 \\
\boldsymbol{F}_{0,1} &= (\boldsymbol{\Phi}_2/\tau)\boldsymbol{A}_{k,0} + (\boldsymbol{\Phi}_3/\tau)\boldsymbol{A}_{k,1} \\
\boldsymbol{F}_{k+1} &= (\boldsymbol{\Phi}_1 - \boldsymbol{\Phi}_2/\tau)\boldsymbol{A}_{k,0} + (\boldsymbol{\Phi}_2 - \boldsymbol{\Phi}_3/\tau)\boldsymbol{A}_{k,1} \\
\boldsymbol{F}_{m-1} &= (\boldsymbol{\Phi}_1 - \boldsymbol{\Phi}_2/\tau)\boldsymbol{A}_{k,0} + (\boldsymbol{\Phi}_2 - \boldsymbol{\Phi}_3/\tau)\boldsymbol{A}_{k,1} \\
\boldsymbol{F}_m &= (\boldsymbol{\Phi}_2/\tau)\boldsymbol{A}_{k,0} + (\boldsymbol{\Phi}_3/\tau)\boldsymbol{A}_{k,1}
\end{aligned} \tag{3-96}$$

$$\boldsymbol{\Phi}_0 = e^{A_0\tau},\quad \boldsymbol{\Phi}_1 = \int_0^\tau e^{A_0\xi}d\xi,\quad \boldsymbol{\Phi}_2 = \int_0^\tau \xi e^{A_0\xi}d\xi,\quad \boldsymbol{\Phi}_3 = \int_0^\tau \xi^2 e^{A_0\xi}d\xi$$

显然，$\boldsymbol{\Phi}_1$、$\boldsymbol{\Phi}_2$、$\boldsymbol{\Phi}_3$ 可以显示表示为：

$$\begin{aligned}
\boldsymbol{\Phi}_1 &= \boldsymbol{A}_0^{-1}(\boldsymbol{\Phi}_0 - \boldsymbol{I}) \\
\boldsymbol{\Phi}_2 &= \boldsymbol{A}_0^{-1}(\tau\boldsymbol{\Phi}_0 - \boldsymbol{\Phi}_1) \\
\boldsymbol{\Phi}_3 &= \boldsymbol{A}_0^{-1}(\tau^2\boldsymbol{\Phi}_0 - 2\boldsymbol{\Phi}_2)
\end{aligned} \tag{3-97}$$

除此之外，还可以采用数值时间积分法计算矩阵 $\boldsymbol{\Phi}_0 \sim \boldsymbol{\Phi}_3$。此时，无需计算逆矩阵 $\boldsymbol{A}_0^{-1}$。由式（3-95）可知，若矩阵 $[\boldsymbol{I}-\boldsymbol{F}_{k+1}]$ 可逆，$\boldsymbol{x}_{k+1}$ 可显式表示为：

$$\boldsymbol{x}_{k+1} = [\boldsymbol{I} - \boldsymbol{F}_{k+1}]^{-1}(\boldsymbol{F}_0 + \boldsymbol{F}_{0,1})\boldsymbol{x}_k - [\boldsymbol{I} - \boldsymbol{F}_{k+1}]^{-1}\boldsymbol{F}_{m-1}\boldsymbol{x}_{k+1-m} - [\boldsymbol{I} - \boldsymbol{F}_{k+1}]^{-1}\boldsymbol{F}_m\boldsymbol{x}_{k-m} \tag{3-98}$$

若 $[\boldsymbol{I}-\boldsymbol{F}_{k+1}]$ 不可逆，式（3-90）中的状态项 $\boldsymbol{x}(k\tau+\tau-\xi)$ 可由零次项表示为：

$$\boldsymbol{x}(k\tau+\tau-\xi) = \boldsymbol{x}_k \tag{3-99}$$

于是有：

$$\boldsymbol{x}_{k+1} = (\boldsymbol{F}_0 + \boldsymbol{\Phi}_1\boldsymbol{A}_{k,0} + \boldsymbol{\Phi}_2\boldsymbol{A}_{k,1})\boldsymbol{x}_k - \boldsymbol{F}_{m-1}\boldsymbol{x}_{k+1-m} - \boldsymbol{F}_m\boldsymbol{x}_{k-m} \tag{3-100}$$

由式（3-98）可知，离散图可定义为：

$$\boldsymbol{y}_{k+1} = \boldsymbol{D}_k \boldsymbol{y}_k \tag{3-101}$$

式中，$n(m+1)$ 维矢量 $\boldsymbol{y}_k$ 可表示为：

$$\boldsymbol{y}_k = \mathrm{col}(\boldsymbol{x}_k \ \boldsymbol{x}_{k-1} \cdots \boldsymbol{x}_{k+1-m} \ \boldsymbol{x}_{k-m}) \tag{3-102}$$

$\boldsymbol{D}_k$ 可定义为：

$$\boldsymbol{D}_k = \begin{bmatrix} [\boldsymbol{I}-\boldsymbol{F}_{k+1}]^{-1}(\boldsymbol{F}_0+\boldsymbol{F}_{0,1}) & 0 & 0 & \cdots & 0 & -[\boldsymbol{I}-\boldsymbol{F}_{k+1}]^{-1}\boldsymbol{F}_{m-1} & -[\boldsymbol{I}-\boldsymbol{F}_{k+1}]^{-1}\boldsymbol{F}_m \\ \boldsymbol{I} & 0 & 0 & & 0 & 0 & 0 \\ 0 & \boldsymbol{I} & 0 & & 0 & 0 & 0 \\ \vdots & & & & & & \vdots \\ 0 & 0 & 0 & & 0 & 0 & 0 \\ 0 & 0 & 0 & & \boldsymbol{I} & 0 & 0 \\ 0 & 0 & 0 & \cdots & 0 & \boldsymbol{I} & 0 \end{bmatrix} \tag{3-103}$$

通过使用一系列离散图 $\boldsymbol{D}_k$（$k=0$，…，$m-1$），可构建出单个时间周期内的过渡矩阵 $\boldsymbol{\Phi}$，亦即：

$$\boldsymbol{y}_m = \boldsymbol{\Phi} \boldsymbol{y}_0 \tag{3-104}$$

式中，$\boldsymbol{\Phi}$ 可定义为：

$$\boldsymbol{\Phi} = \boldsymbol{D}_{m-1} \boldsymbol{D}_{m-2} \cdots \boldsymbol{D}_1 \boldsymbol{D}_0 \tag{3-105}$$

铣削系统的稳定性可根据 Floquet 理论来判定，当传递矩阵 $\boldsymbol{\Phi}$ 所有特征值的模均小于 1 时，系统稳定；否则系统不稳定。

3.5.4 几种颤振稳定性求解方法对比

几种颤振稳定性求解方法性能对比如下：

①ZOA 方法采用解析法对颤振稳定性进行求解，是迄今为止仿真速度最快且应用最广的获取颤振稳定性叶瓣图的方法。但由于其求解过程中既未考虑周期函数的高次谐波也未考虑铣刀可能会因振动过大而脱离切削区等非线性因素，其存在的缺陷也是明显的。其预测精度不够高，尤其是在径向切深时，它无法对附加稳定区和双周期分叉等现象进行预测。

②SDM（Semi－discretization Method）和 MFM（Multi－frequency Method）由于在颤振稳定性求解过程中考虑了高次谐波的影响，故其预测精度较高。当径向切深小于 10% 铣刀直径时，多模态激励与严重的断续切削会引发高次谐波。这两种方法的计算效率相对较低。

③时域数值方法功能最为强大。由于它可以建立相对真实的切削运动学和动力学模型，考虑内外调制、切削刀具几何和刀齿偏心等因素及刀齿因振动脱离切削区及材料切削力系数等非线性因素的影响，故其得到的稳定性叶瓣图精度最高。但由于它需要针对不同主轴转速、轴向切深进行时域仿真，在时域仿真中需求解微分方程，故其计算量大，计算时间长。

④全离散方法与半离散方法之间存在三大显著差别：①半离散方法仅对延迟项进行离散化处理，而全离散方法则通过线性插值方法来对状态项和延迟项进行离散化处理；②半

离散方法的周期方向系数是通过对很小时间段求平均值获得，而全离散法的周期方向系数则通过对时间段的边界值进行插补得到。③获取颤振稳定性叶瓣图时，半离散化方法需要针对主轴转速和切削深度进行二重循环来计算传递矩阵，而全离散方法则只需要针对主轴转速进行单重循环来计算传递矩阵。因此，全离散方法可获得与半离散方法相同的计算精度，但计算效率要高很多。

⑤采用切削试验方法获取颤振稳定性叶瓣图，不仅需要昂贵的仪器设备，而且非常费时，获取的颤振稳定性图形适应性也较差，一旦工艺系统发生改变，就需要重新进行试验。

参 考 文 献

[1] Colding B N. Intelligent Selection of Machine Parameters for Metal Cutting Operations [J]. Roboties & CIM, 1992, 9 (4): 407 - 412.

[2] 师汉民. 金属切削理论及其应用新探 [M]. 武汉：华中科技大学出版社，2003

[3] Arnold R N. The mechanism of Tool Vibration in Cutting of Steel [J]. Proc. Inst Mach. Eng. 2000, 36 (4): 81 - 85

[4] 杨道斌. 电流变材料在切削颤振抑制中的应用及理论研究 [D]. 北京：北京工业大学，2003.

[5] Tlusty J, Ismail F. Basic nonlinearity in machining chatter. Annals of the CIRP, 1981, 30: 21 - 25.

[6] Tobias S A. Machine tool vibration. London: Blackie, 1965.

[7] Tlusty J, Polacek M. The stability of machine tools against self - exited vibrations in machining. International Research in Production Engineering, ASME, 1963, 465 - 474.

[8] Merrit H E. Theory of self - excited machine tool chatter. Trans. ASME Journal of Engineering for Industry, 1965, 87: 447 - 454.

[9] Budak E. The mechanics and dynamics of milling thin - walled structures [D], Vancouver: University of British Columbia, 1994.

[10] Altintas Y, Budak E. Analytical prediction of stability lobes in milling [C], Annals of the CIRP, 1995, 44 (1): 357 - 362.

[11] Budak E, Altintas Y. Analytical prediction of chatter stability in milling—part I: general formulation; part II: application to common milling systems [J]. Transactions of ASME, Journal of Dynamic Systems, Measurement, and Control, 1998, 120: 22 - 36.

[12] Altintas Y, Shamoto E, Lee P, et. al. Analytical prediction of stability lobes in ball - end - milling [J]. Transactions of ASME, Journal of Manufacturing Science and Engineering, 1999, 121: 586 - 592.

[13] ALTINTAS Y. Analytical prediction of three dimensional chatter stability in milling [J]. Japan Society of Mechanical Engineers, International Journal Series: Mechanical Systems, Machine Elements and Manufacturing, 2001, 44 (3): 717 - 723.

[14] Budak E, Altintas Y. Analytical prediction of chatter stability in milling. Part 1: General formulation [J]. Proceedings of the ASME, Dynamic Systems and Control Division, 1995, 57 (1): 545 - 556.

[15] Li Z Q, Liu Q. Solution and Analysis of Chatter Stability for End milling in the Time - domain [J]. Chinese Journal of Aeronautics, 2008, 21 (4): 169 - 178.

[16] Li H Z, Li X P. Modeling and simulation of chatter in milling using a predictive force model [J]. In-

ternational Journal of Machine Tools & Manufacture, 2000, 40: 2047 – 2071.

[17] Smith S, Tlusty. J. Update on High – Speed Milling Dynamics [J]. J. Eng. Ind., 1990, 112 (1): 142 – 149.

[18] Schmitz T L. Chatter recognition by a statistical evaluation of the synchronously sampled audio signal [J]. Journal of Sound and Vibration, 2003, 262 (3): 721 – 730.

[19] Merdol D, Altintas Y. Multi frequency solution of chatter stability for low immersion milling [J]. Transactions of ASME Journal of Manufacturing Science and Engineering, 2004, 126 (3): 459 - 466.

[20] Gradisek J, Kalveram M, Insperger T, et al. On stability prediction for milling [J]. International Journal of Machine Tools and Manufacture, 2005, 45 (7 – 8): 769 – 781.

[21] Insperger T, Stepan G. Updated Semi – discretization Method for Periodic Delay – Differential Equations with Discrete Delay, International Journal for Numerical Methods in Engineering, 2004, 61: 117 – 141.

[22] 李忠群. 复杂切削条件高速铣削动力学建模、仿真与切削参数优化研究 [D]. 北京: 北京航空航天大学, 2008.

[23] Ding Y, Zhu L M, Zhang X J, Ding H. Second – order full – discretization method for milling stability prediction [J]. International Journal of Machine Tools & Manufacture 2010, 50: 658 – 662.

[24] Ding Y, Zhu L M, Zhang X J, Ding H. A full – discretization method for prediction of milling stability [J], International Journal of Machine Tools and Manufacture, 2010, 50 (5): 502 – 509.

[25] Merdol D S. Virtual three – axis milling process simulation and optimization [D]. Vancouver: University of British Columbia, 2008.

[26] Zatarain M, Muñoa, Peignéand G, Insperger T. Analysis of the Influence of Mill Helix Angle on Chatter Stability [J]. Annals of the CIRP, 2006, 55 (1): 365 – 368.

[27] Li Z Q, Liu Q. Impact of modal parameters on milling process chatter stability lobes [J]. Journal of Wuhan University of Technology, 2006, 28 (s1): 190 – 195.

[28] Liu Q, Huang K S. Research on a generalized simulation algorithm of cutting forces prediction for inserted cutters and its implementation [J]. Proceedings – 2010 International Conference on Digital Manufacturing and Automation, ICDMA 2010, 2010, 2: 182 – 185.

[29] Xu D, Kang R, Liu Q. Research on NC machine tool dynamic characteristic considering processing dynamics [C]. Proceedings – 2010 International Conference on Intelligent System Design and Engineering Application, ISDEA 2010, 2010, 2: 227 – 231.

[30] Li Z Q, Liu Q. Modeling and analytical solution of chatter stability for T – slot milling [J]. Chinese Journal of Mechanical Engineering (English Edition), 2010, 23 (1): 88 – 93.

[31] 许丹, 刘强, 袁松梅. 一种龙门式加工中心横梁的动力学仿真研究 [J]. 振动与冲击, 2008, 27 (2): 168 – 171.

[32] Yang Y Q, Liu Q, Wang M. Optimization of the tuned mass damper for chatter suppression in turning [J]. Chinese Journal of Mechanical Engineering (English Edition), 2010, 23 (6): 717 – 724.

[33] 隋慧敏, 刘强, 彭翀等. 基于 VC + + 和 MATLAB 混合编程的数控软件开发 [J]. 机械工程师, 2006, (1): 49 – 51.

[34] 彭翀, 刘强, 李忠群等. 基于 Web 的铣削过程颤振稳定域远程仿真系统研究 [J]. 计算机工程与应用, 2006, 42 (20): 213 – 216.

[35] 李峥, 刘强. 基于切削噪声测试的数控加工颤振识别系统 [J]. 制造技术与机床, 2009, (2): 16 – 18.

[36] 杨毅青, 刘强, 王民等. 面向车削颤振抑制的多重阻尼器优化设计 [J]. 振动工程学报, 2010,

23 (4): 468 – 474.

[37] 李忠群，刘强. 基于 MATLAB 的铣削加工颤振稳定域仿真算法及实现 [J]. 机械设计与制造. 2007, (7): 109 – 112.

[38] Li Z Q. Chatter Stability Limits Simulation and Experimental Research on Medium and Low Speed Peripheral Milling [C]. Proceedings of the 2009 IEEE International Conference on Measuring Technology and Mechatronics Automation, 2009, (2): 204 – 207.

[39] LI Z Q, Zhang S X. Dynamic Cutting Force Modeling and Simulation of Tee Slot Milling [C]. Proceedings of the 2009 International Conference on Mechatronics and Automation, 2009, (2): 1438 – 1443.

第4章　数控机床动态特性参数测试与分析

模态分析是研究结构动力特性一种近代方法，是系统辨识方法在工程振动领域中的应用。模态分析主要由模态分析理论和模态分析实践两部分构成，前者将线性定常系统振动微分方程组中的物理坐标变换为模态坐标，使方程组解耦，成为一组以模态坐标及模态参数描述的独立方程，以便求出系统的模态参数；后者则通过试验将采集的系统输入与输出信号经过参数识别获得模态参数，又可称为试验模态分析（Experimental Modal Analysis, EMA）。对机床-刀具-工件工艺系统进行动力学测试和分析亦即模态分析，是进行高速切削过程动力学仿真和稳定性分析的前提条件。

4.1　模态分析基本理论简介

从基本振动理论发展而来的模态分析理论，是试验模态分析与解析模态分析的理论基础。单自由度系统理论定义了诸如：系统极点、共振频率、阻尼比等概念。将这些概念推广到多自由度系统便产生了模态振型、模态质量等概念。这些概念适用于一般黏性阻尼系统、比例阻尼和无阻尼系统。本节将对这些相关的基本概念和基本理论进行简要介绍，目的旨在为理解后续知识打下基础。

4.1.1　单自由度系统振动

单自由度系统是最简单的离散振动系统。现实世界中的多自由度线性系统常常可以看成为许多单自由度系统特性的线性叠加。研究单自由度系统振动的意义在于它不仅能给出最基本的概念，而且其有关理论可直接应用在单模态系统的参数识别。

（1）黏性阻尼（Viscous Damping）系统

所谓黏性阻尼是指阻尼力与质点速度成正比且反向的阻尼模型。如图4-1所示的单自由度黏性阻尼系统的振动微分方程可表示为：

$$m\ddot{x} + c\dot{x} + kx = f(t) \qquad (4-1)$$

式中：m，c，k——分别系统的质量、黏性阻尼和刚度；

$x,\dot{x},\ddot{x}$——分别为位移、速度和加速度；

t——时间；

f——激振力。

①自由振动：

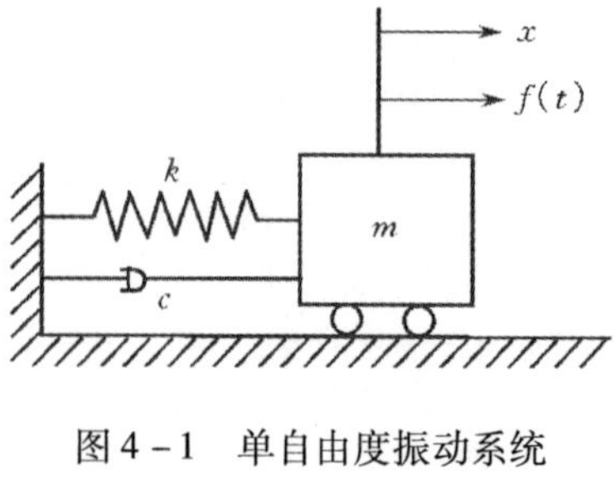

图4-1　单自由度振动系统

令 $f(t)=0$，式（4－1）变为：

$$m\ddot{x}+c\dot{x}+kx=0 \tag{4-2}$$

写出正则形式有：

$$\ddot{x}+2\zeta\omega_n\dot{x}+\omega_n^2x=0 \tag{4-3}$$

式中：ω_n——无阻尼固有频率，$\omega_n=\sqrt{k/m}$；

ζ——阻尼比，$\zeta=c/(\sqrt{mk})$。

设式（4－2）的特解为：

$$x=\varphi e^{\lambda_0 t} \tag{4-4}$$

式中：λ——系统的特征值。

将式（4－4）代入式（4－2）有：

$$(m\lambda_0^2+c\lambda_0+k)\varphi=0 \tag{4-5}$$

为使系统有非零解，应有：

$$m\lambda_0^2+c\lambda_0+k=0 \tag{4-6}$$

称为系统的特征方程，其解为：

$$\lambda_{01,02}=-\sigma\pm j\omega_d \tag{4-7}$$

式中，ω_d——有阻尼固有频率，$\omega_d=\omega_n\sqrt{1-\zeta^2}$。

根据阻尼比的大小，系统的运动分为以下 3 种情况：

a. $\zeta>1$，过阻尼，系统不产生振动；

b. $\zeta=1$，临界阻尼，系统不产生振动；

c. $\zeta<1$，欠阻尼，系统产生振动。

式（4－2）的通解为：

$$x(t)=Ae^{-\sigma t}\sin(\omega_d+\theta) \tag{4-8}$$

式中：A——幅值，$A=\sqrt{x_0^2+\left(\frac{\dot{x}_0+\sigma x_0}{\omega_d}\right)^2}$；

θ——相位，$\theta=\arcsin\frac{x_0\omega_d}{\dot{x}_0+\sigma x_0}$。

②频响函数：

设系统承受的简谐激励为：

$$f(t)=Fe^{j\omega t} \tag{4-9}$$

式中：F——激励幅值；

ω——激励频率。

此时系统稳态位移响应为：

$$x(t)=Xe^{j\omega t} \tag{4-10}$$

式中：X——稳态位移响应幅值；

ω——稳态响应频率。

系统的位移频响函数被定义为简谐激励下稳态位移响应与激励力幅值之比：

$$H_d(\omega)=\frac{X}{F}=\frac{1}{-\omega^2m+j\omega c+k} \tag{4-11}$$

同理，可以也可将速度频响函数 $H_v(\omega)$ 和加速度频响函数 $H_a(\omega)$ 为：

$$
\begin{aligned}
H_v(\omega) &= \frac{V}{F} = \frac{j\omega}{-\omega^2 m + j\omega c + k} \\
H_a(\omega) &= \frac{A}{F} = \frac{-\omega^2}{-\omega^2 m + j\omega c + k}
\end{aligned}
\tag{4-12}
$$

频响函数在某些时候又称为机械导纳（Mechanical Mobility），频响函数的倒数被称为机械阻抗（Mechanical Impedance），位移阻抗 $Z(\omega)$、速度阻抗 $Z_V(\omega)$ 和加速度阻抗 $Z_A(\omega)$ 可表示为：

$$
\begin{aligned}
Z_d(\omega) &= \frac{F}{D} = -\omega^2 m + j\omega c + kj\omega \\
Z_v(\omega) &= \frac{F}{V} = \frac{-\omega^2 m + j\omega c + k}{j\omega} \\
Z_a(\omega) &= \frac{F}{A} = -\frac{-\omega^2 m + j\omega c + k}{\omega^2}
\end{aligned}
\tag{4-13}
$$

表 4-1 机械阻抗及机械导纳的符号、表达式、名称及单位

符号	表达式	英文名称	中文名称	单位
H_d	X/F	Dynamic compliance, Receptance	动柔度，位移导纳	m/N，s^2/kg
H_v	V/F	Mobility, Mechanical Admittance	导纳，速度导纳	$m\cdot s^{-1}/N$，s/kg
H_a	A/F	Accelerance	加速度导纳	1/kg
Z_d	F/X	Dynamic Stiffness	动刚度，位移阻抗	N/m，kg/s^2
Z_v	F/V	Mechanical Admittance	机械阻抗，速度阻抗	$N/(m\cdot s^{-1})$ kg/s
Z_a	F/A	Dynamic Mass, Apparent Mass, Inertance	动质量，视在质量，加速度阻抗	$N/(m\cdot s^{-2})$ kg

（2）结构阻尼系统

很多结构的衰减特性很难完全采用黏性阻尼来描述。其阻尼主要来源于金属材料本身的内部摩擦（内耗）及各部件连接界面之间的相对滑移。因此结构阻尼主要由材料内阻尼与滑移阻尼两部分构成。

结构阻尼力是大小与位移成正比、方向与速度相反的一种阻尼力，它可表示为：

$$R = -jhx = -jgkx \tag{4-14}$$

具有结构阻尼力的单自由度振动微分方程表示为：

$$m\ddot{x} + (1 + jg)kx = f \tag{4-15}$$

式中，$(1 + j\eta)k$ 被称为复刚度（Complex Stiffness）。

设作用在结构阻尼上的简谐力 $f(t)=Fe^{j\omega t}$，简谐响应为 $Xe^{j\omega t}$，由式（4－15）可得结构阻尼单自由度系统的频响函数为：

$$H_d(\omega)=\frac{1}{k-\omega^2 m+jgk} \tag{4-16}$$

（3）单自由度系统频响函数的各种表达形式及其特征

为深入理解频响函数的物理意义，本节进一步讨论频响函数的各种表达形式及其数字与图形特征，它是进行单模态参数识别的理论基础。由于结构阻尼系统位移频响函数的特征较有规律，故先介绍结构阻尼系统，再介绍黏性阻尼系统。

①结构阻尼系统：

式（4－16）可进一步改写为：

$$H(\omega)=\frac{1}{k-\omega^2 m+jgk}=\frac{1}{k(1-\lambda^2+jg)} \tag{4-17}$$

式中：λ——频率比，$\lambda=\omega/\omega_0$。写成复指数形式为：

$$\begin{aligned}H(\omega)&=|H(\omega)|e^{j\varphi}\\ |H(\omega)|&=\frac{1}{k\sqrt{(1-\lambda^2)^2+g^2}}\\ \varphi&=\tan^{-1}\left(\frac{-g}{1-\lambda^2}\right)\end{aligned} \tag{4-18}$$

式中：$H(\omega)$，φ——分别为结构阻尼系统频响函数的幅频特性和相频特性。写成实部和虚部形式为：

$$\begin{aligned}H(\omega)&=R(\omega)+jI(\omega)\\ R(\omega)&=\frac{1-\lambda^2}{k((1-\lambda^2)^2+g^2)}\\ I(\omega)&=\frac{-g}{k((1-\lambda^2)^2+g^2)}\end{aligned} \tag{4-19}$$

根据式（4－18）和式（4－19）绘制出频响函数的幅频图、相频图、虚频图、实频图及导纳圆图，如图 4－2、图 4－3 及图 4－4 所示。图中标出了曲线峰值。a、b 点在幅频曲线上对应于半功率点，频率值为 $\omega_a=\omega_n\sqrt{1-g}$，$\omega_b=\omega_n\sqrt{1+g}$；$a$、$b$ 在实频曲线上为极值点，在虚频曲线上为半峰点；在相频曲线上则对应于 $-45°$ 及 $-135°$。

导纳的矢端轨迹图是一个圆。该圆的方程为：

$$R_D^2+\left(I_D^2+\frac{1}{2gk}\right)^2=\left(\frac{1}{2gk}\right)^2 \tag{4-20}$$

由于该圆的半径是一个常数，因而其图形是一个标准的圆。当 $\omega=0$ 时，该圆的起点的坐标为 $[1/[k(1+g^2)], -g/[k(1+g^2)]]$。

②黏性阻尼系统：

同理，式（4－11）可进一步改写为：

$$H(\omega)=\frac{1}{-\omega^2 m+j\omega c+k}=\frac{1}{k(1-\lambda^2+2j\zeta\lambda)} \tag{4-21}$$

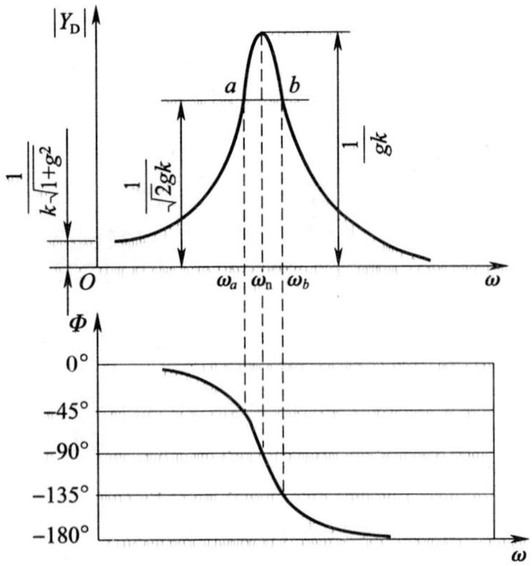

图 4－2　位移导纳的幅频图和相频图

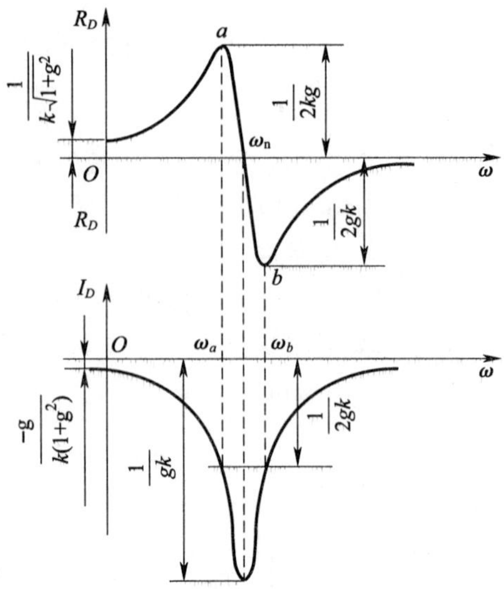

图 4－3　位移导纳的实频图与虚频图

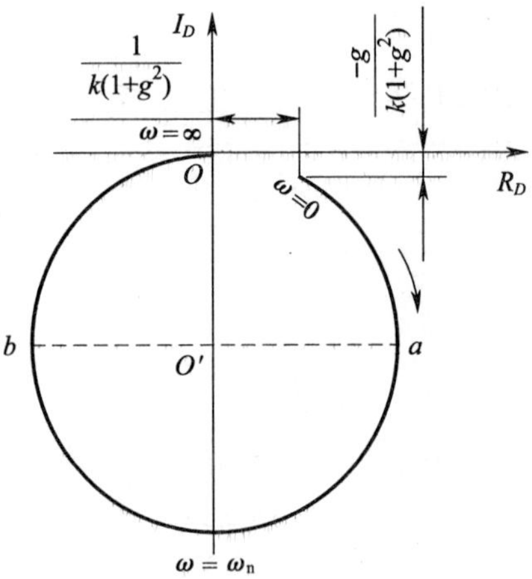

图 4－4　位移导纳的导纳圆图

写成复指数形式为：

$$
\begin{aligned}
H(\omega) &= |H(\omega)|\mathrm{e}^{\mathrm{j}\varphi} \\
|H(\omega)| &= \frac{1}{k\sqrt{(1-\lambda^2)^2+4\zeta^2\lambda^2}} \\
\varphi &= \tan^{-1}\left(\frac{-2\zeta\lambda}{1-\lambda^2}\right)
\end{aligned}
\tag{4-22}
$$

式中：$H(\omega)$，φ——分别为黏性阻尼系统频响函数的幅频特性和相频特性。

写成实部和虚部形式为：

$$
\begin{aligned}
H(\omega) &= R(\omega) + \mathrm{j}I(\omega) \\
R(\omega) &= \frac{1-\lambda^2}{k((1-\lambda^2)^2+4\zeta^2\lambda^2)} \\
I(\omega) &= \frac{-2\zeta\lambda}{k((1-\lambda^2)^2+4\zeta^2\lambda^2)}
\end{aligned}
\tag{4-23}
$$

③幅频曲线与相频曲线：

图 4－5 中的（a）和（b）分别为频响函数的幅频特性曲线和相频特性曲线。在这些曲线上存在若干特殊点，现分别做出说明：

a. c 点：该点对应于 $\omega_c=\omega_n$。在小阻尼情况下，该点可认为是峰值点，其值为 $|H|_c=1/(2\zeta k)$。

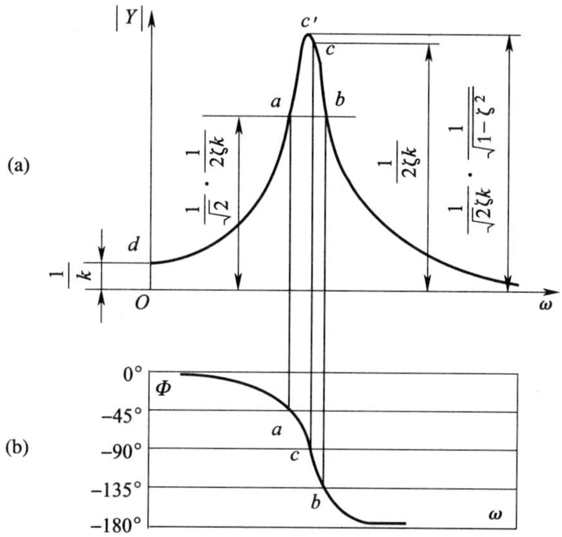

图 4－5 频响函数幅频图和相频图

b. c' 点：为共振幅值点，$|H|_{c'}=\dfrac{1}{2\zeta k}\dfrac{1}{\sqrt{1-\zeta^2}}$，该点所对应的频率为 $\omega_{c'}=\omega_n\sqrt{1-\zeta^2}$，当 ζ 很小时，$\omega_{c'}=\omega_n=\omega_c$。

c. a、b 两点：这两点称为半功率点，定义如下：

$$
|H|_a=|H|_b=\frac{1}{\sqrt{2}}|H|_c=\frac{1}{\sqrt{2}}\frac{1}{2\zeta k}
$$

对应的频率分别为

$$
\omega_a=\omega_n\sqrt{1-2\zeta},\omega_b=\omega_n\sqrt{1+2\zeta}
$$

d. d 点：$\omega_d=0$，$|H|_d=1/k$，该点反映静态变形。在相频曲线上，a，b，c 点对于的相位分别为：

$$
\varphi_a=-45^\circ,\varphi_c=-135^\circ,\varphi_b=-90^\circ
$$

④实频曲线与虚频曲线：

图 4－6 的（a）及（b）为实频曲线及虚频曲线。采用同样的方法来研究曲线上 a、

b、c、d 各特殊点。首先考察实频曲线上的正、负峰点 a、b 所对应的频率及其幅值。将式（4－22）中实部表达式对 λ^2 求导，整理后得：

$$\frac{\mathrm{d}R}{\mathrm{d}(\lambda^2)} = \frac{(1-\lambda^2)^2 - 4\zeta^2}{k\left[(1-\lambda^2)+4\zeta^2\lambda^2\right]^2}$$

为求极值，令上式为零，可得：

$$1-\lambda^2 = \pm 2\zeta$$

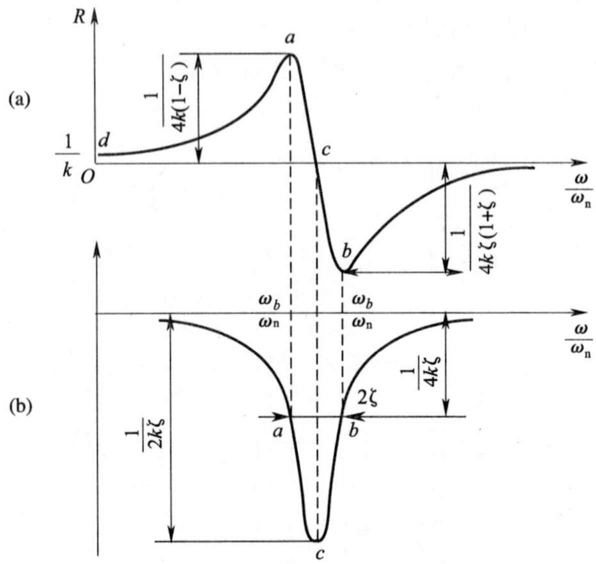

图 4－6　频响函数实频图和虚频图

进一步转化有：

$$\left(\frac{\omega_a}{\omega_n}\right)^2 = 1-2\zeta$$
$$\left(\frac{\omega_b}{\omega_n}\right)^2 = 1+2\zeta \qquad (4-24)$$

将上式代入式（4－22）有

$$R_a = \frac{1}{4\zeta k(1-\zeta)}$$
$$R_b = \frac{-1}{4\zeta k(1+\zeta)} \qquad (4-25)$$

可见，实频曲线的正高峰大于负高峰，正负峰之间的距离为

$$R_a - R_b = \frac{1}{(1-\zeta^2)} \approx \frac{1}{2\zeta k} \qquad (4-26)$$

也不难证明，实频曲线与频率轴的交点处频率为 ω_n。

同理，可以证明在小阻尼情况下，虚频曲线的峰值频率对应于 ω_n，峰值为 $1/(2\zeta k)$。

虚频曲线的半峰值处所对应的频率则为 ω_a 及 ω_b。

（4）导纳曲线分析法原理

下面介绍如何根据导纳函数曲线来计算系统的固有频率、阻尼、刚度以及质量的方法。以约束系统为研究对象，并假定为黏性阻尼。

导纳曲线分析法的一般过程为：先确定固有频率 ω_n，然后确定 ζ，最后确定 k 或 m 中的任意一个。由于 k、m 二者存在 $\omega_n = \sqrt{k/m}$ 关系，故 m 与 k 中只存在一个独立变量。

①幅频曲线与相频曲线法：

根据实测数据画出幅频、相频特性曲线，如图 4－7 所示，按如下步骤分析参数。

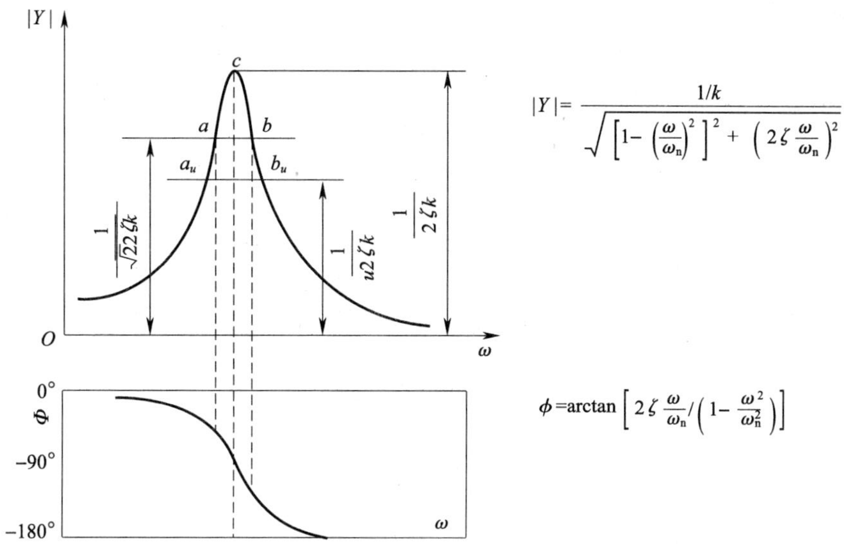

图 4－7　幅频及相频曲线分析

a. 求固有频率 ω_n：

当阻尼 ζ 较小时，通常将幅值共振所对应的频率作为无阻尼自由振动频率 ω_n，即认为幅值曲线的峰值处所对应的频率为 ω_n。如参考相频特性曲线，$\varphi = -90°$时的 ω 为 ω_n。

b. 求阻尼比 ζ：

采用半功率点法计算阻尼比。如前所述 a、b 两点称为半功率点，这两点对应的频率为（见图 4－7）：

$$\omega_a = \omega_n \sqrt{1 - 2\zeta}, \omega_b = \omega_n \sqrt{1 + 2\zeta}$$

变形有：

$$(\omega_a/\omega_n)^2 = 1 - 2\zeta, (\omega_b/\omega_n)^2 = 1 + 2\zeta$$

进而得到：

$$4\zeta = \left(\frac{\omega_b}{\omega_n}\right)^2 - \left(\frac{\omega_a}{\omega_n}\right)^2 = \frac{(\omega_b + \omega_a)(\omega_b - \omega_a)}{\omega_n^2}$$

考虑到小阻尼时 $\omega_b = \omega_n = \omega_a$，故有 $\omega_b + \omega_a \approx 2\omega_n$，于是

$$\zeta = \frac{(\omega_b - \omega_a)}{2\omega_n} \tag{4-27}$$

c. 求刚度 k：

考虑到 $\omega=\omega_n$ 时，$|Y|=|Y|_{max}=1/2k\zeta$，对于测定的频响函数曲线，其 $|Y|_{max}$ 为已知，于是有：

$$k=\frac{1}{2\zeta|Y|_{max}} \tag{4-28}$$

d. 求质量 m：

可按下式计算质量：

$$m=\frac{k}{\omega_n^2} \tag{4-29}$$

②实频曲线与虚频曲线法

根据实测数据画出的实频、虚频曲线如图 4-8 所示。根据曲线的特殊点，按以下步骤求取各参数。

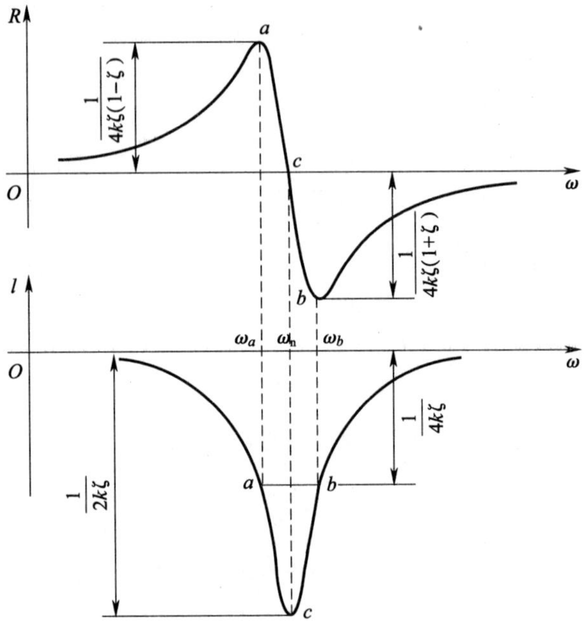

图 4-8 实频与虚频曲线分析

a. 求固有频率 ω_n

对单自由度系统来说，实频曲线与频率轴交点处的频率即为固有频率 ω_n；对于多自由度系统，由于邻近模态的影响，将造成该交点位移移动，因此用虚部峰值所对应的频率作为固有频率较为可靠。

b. 求阻尼比 ζ

利用实频曲线正、负峰所对应的频率来计算 ζ；也可用虚频曲线的半峰点求取 ω_a 及 ω_b，按下式来确定 ζ：

$$\zeta=\frac{\omega_b-\omega_a}{2\omega_n} \tag{4-30}$$

c. 求刚度 k

求取 ω_n、ζ 后，可根据下式计算 k

$$k = \frac{1}{2\zeta \mid I \mid_{\max}} = \frac{1}{2\zeta \mid I_c \mid} = \frac{1}{2\zeta (R_a - R_b)} \tag{4-31}$$

式中，I_c为虚频曲线的峰值；R_a及 R_b分别为实频曲线之正峰值和负峰值。在求解 k 之后利用式（4-29）可计算出 m。

4.1.2　多自由度系统实模态分析

一个 n 自由度振动系统，需要使用 n 个独立的物理坐标来描述。在线性范围内，物理坐标系中的自由振动响应为 n 个主振动的线性叠加。每个主振动都是一种特定形态的自由振动，由其固有频率、模态阻尼和模态刚度等模态参数表示，n 自由度系统对应 n 组模态参数。对无阻尼和比例阻尼系统，表示系统主振型的模态矢量是实数矢量，故称实模态系统，相应的模态分析过程称为实模态分析。

（1）黏性阻尼系统

具有 n 自由度的黏性阻尼振动系统的振动微分方程描述为：

$$\boldsymbol{M}\ddot{x} + \boldsymbol{C}\dot{x} + \boldsymbol{K}x = \boldsymbol{f}(t) \tag{4-32}$$

式中：$\boldsymbol{M}$，$\boldsymbol{C}$，$\boldsymbol{K}$——分别为质量、黏性阻尼和刚度矩阵，$n \times n$ 阶正定或半正定对称矩阵；

$\boldsymbol{x}, \dot{\boldsymbol{x}}, \ddot{\boldsymbol{x}}$——分别为 $1 \times n$ 阶位移、速度和加速度列阵；

$\boldsymbol{f}(t)$——$1 \times n$ 阶外部激励列阵；

设黏性阻尼振动系统受简谐激励：

$$\boldsymbol{f}(t) = \boldsymbol{F}\mathrm{e}^{\mathrm{j}\omega t} \tag{4-33}$$

式中：$\boldsymbol{F}$——n 阶激励幅值列阵。

系统稳态位移响应为：

$$\boldsymbol{x}(t) = \boldsymbol{X}\mathrm{e}^{\mathrm{j}\omega t} \tag{4-34}$$

将式（4-33）、式（4-34）代入式（4-32），有：

$$(\boldsymbol{K} - \omega^2\boldsymbol{M} + \mathrm{j}\omega\boldsymbol{C})\boldsymbol{X} = \boldsymbol{F} \tag{4-35}$$

记 $\boldsymbol{H} = \boldsymbol{X}/\boldsymbol{F}$ 为频响函数矩阵，有：

$$\boldsymbol{H}(\omega) = (\boldsymbol{K} - \omega^2\boldsymbol{M} + \mathrm{j}\omega\boldsymbol{C})^{-1} \tag{4-36}$$

通过一系列变换可得到频响函数的模态展式为：

$$\boldsymbol{H}(\omega) = \sum_{i=1}^{n} \frac{\varphi_i \varphi_i^{\mathrm{T}}}{k_i - \omega^2 m_i + \mathrm{j}\omega c_i} \tag{4-37}$$

式中：φ——响应幅值列阵。

（2）结构阻尼系统

具有 n 自由度的结构阻尼振动系统的振动微分方程为：

$$\boldsymbol{M}\ddot{\boldsymbol{x}} + (\boldsymbol{K} + \mathrm{j}\boldsymbol{G})x = \boldsymbol{F}\mathrm{e}^{\mathrm{j}\omega t} \tag{4-38}$$

式中，$\boldsymbol{G}$——结构阻尼矩阵，$n \times n$ 阶正定或半正定对称矩阵；

$\boldsymbol{K} + \mathrm{j}\boldsymbol{G}$——$n \times n$ 阶复刚度对称矩阵。若存在：

$$G = \alpha M + \beta K \tag{4-39}$$

则称之为结构比例阻尼。与黏性阻尼系统类似，可得到结构比例阻尼系统的频响函数模态展式为：

$$H(\omega) = \sum_{i=1}^{n} \frac{\varphi_i \varphi_i^{\mathrm{T}}}{k_i - \omega^2 m_i + \mathrm{j}\eta_i k_i} \tag{4-40}$$

式中：η_i——无量纲模态阻尼比，可表示为：

$$\eta_i = \frac{\alpha}{\omega_{0i}^2} + \beta \tag{4-41}$$

式中，ω_{0i}——无阻尼固有频率，$\omega_{0i} = k_i / m_i$。

4.2 试验模态分析基础

通常，通过对机床-刀具系统或机床-工件系统进行冲击试验，采集冲击与响应信号并进行 FFT 分析，可获得加工系统的频响函数。在此基础上，还可以利用正交多项式模态参数整体拟合法获得工艺系统的模态参数。这些频响函数或模态参数是进行铣削加工时域仿真和颤振稳定性仿真所必需的。

4.2.1 引言

试验模态分析又称模态分析的试验过程，是理论模态分析的逆过程，具体包括以下几个步骤：首先，用试验方法测得激励和响应的时间历程，运用数字信号处理技术求得频响函数（传递函数的频率表示）；其次，运用参数识别方法求得系统模态参数；最后，如果有必要，进一步确定系统的物理参数。因此，试验模态分析是综合运用线性振动理论、动态测试技术、数字信号处理和参数识别等手段，进行系统识别的过程。

振动测试系统是试验模态分析的核心，主要包括激振、拾振和分析等 3 个子系统。对于一个确定的试验对象，试验模态分析主要步骤有：

①将试验结构以适当方式支撑起来；

②选择适当方式激励试验结构，通过拾振系统测量并记录激励、响应的时间历程；

③将记录到的激励和响应时域信号送入 A/D 转换器，将连续的模拟信号转换为离散的数字信号；

④如果采用频域法进行参数识别，需把上述时域数字信号进行快速傅氏变换（FFT）转换傅氏谱，通过一定的数字信号处理方法获得系统的离散频响函数；

⑤根据离散频响函数或时间历程信号进行参数识别，估算出系统的模态参数或物理参数；

⑥模态试验结果的显示与打印。

4.2.2 试验结构的支撑

在模态试验中，对系统固有特性影响最大的是几何边界条件，也即试验结构的支撑条件，主要支撑条件有：

①自由支撑：鉴于很难达到完全自由的约束状态，因此，应采用尽可能柔软的支撑。所谓自由支撑，指的是具有较低支撑刚度和阻尼的支撑。自由支撑的方式主要有橡皮绳悬挂、弹簧悬挂、气垫支撑、空气弹簧支撑、螺旋弹簧支撑等多种形式。

②固定支撑：又被称为刚性支撑，是指结构承受刚性约束的情形。固定支撑要求支撑具有较大的刚度和质量。如高层建筑、大坝的模型试验需采用固定支撑，许多具有刚性基础的机械结构也应采用刚性支撑。

③原装支撑：应用最为广泛的一种支撑方式。在现场模态试验中，实际安装中的结构原型便具有最优原装支撑，无需做任何变动。在实验室试验中，则要尽量模拟现场的安装条件。事实上，自由支撑和固定支撑也是原装支撑的特殊情况。

对数控机床试验模态分析而言，应采用原装支撑进行测试。

4.2.3 激励方式

在模态试验中，不同的参数识别方法对频响函数测试的要求不同，因而所选激励方式也不同。一般来讲，激励方式有单点激励、多点激励和单点分区激励等几种形式。

①单点激励：是指每次只在测试结构的一个测点的一个方向上进行激励。单点激励是 SISO（Single Input Single Output）参数识别所要求的激励方式，也是最简单、最常用的激励方式。单点激励以振动系统的可控性和可观性假设为基础。所谓振动系统的可控性，是指对选点施加激励，能激发出系统的各阶模态。理论上讲，只要激励点不在各阶模态振型的节点上，且具备足够的能量，就可以激发出系统的各阶模态。所谓振动系统的可观性，是指测量出的各响应点的输出信号中包含各阶模态的信息。对线性时不变系统，可观性总是满足的。具备了可控性和可观性，系统才可辨识。

②多点激励：是指对多个点同时施加激振力的激励方式。显然，输入系统的激励能量会成倍增加，同时，也增加了激振的复杂性。多点激励方式是与相应的 MIMO（Multiple Input Multiple Output）参数识别技术共同发展的。其思想是基于相位共振原理，合适调节各同频率稳态正弦激振力的幅值、相位（同相或反相）和频率，并使这些激振力正好抵消该阶模态阻尼力，达到相位共振状态，从而激发出该阶模态的无阻尼振型，通过实测而不是分析得到该阶模态的各种模态参数。该方法要求激振力的个数等于系统的自由度数。

③单点分区：该方法认为，单点激励能激发出系统的各阶模态，但只在激振点附近的响应较大，远离激振点的响应可以较小。其基本思想是，将被测结构分成几个区，在每个区域内实施单点激励并测出该区内各点之间的频响函数；最后，再测出各区域激励点之间的频响函数，将各区频响函数联系起来。各区频响函数组成整体结构的频响函数，以此识别整体模态振型。

4.2.4 激振装置

激励有人工激励和自然激励两种。人工激励即通常所说的激励，根据需要通过一定的激励装置施加于被测结构上，是模态试验时常用的方法。大部分人工激励可以控制和测量，典型的激励装置有激振器系统、冲击锤、阶跃激励装置等。

①激振器系统：振动测试中所用激振器种类很多。按工作原理来分，有机械式、电动力式、电动液压式、电磁式、涡流式和压电式等；按接触形式分，有接触式和非接触式。电磁式和电涡流式激振器属于非接触式激振器，其余属接触式激振器。不同激振器的用途不同，在模态试验中，常用电动力式激振器和电动液压式激振器。这两种激振器均需信号发生器和功率放大器提供激励信号。激振器一般必须与信号发生器、功率放大器一起组成激励系统才可使用。

②冲击锤：又称力锤，是模态试验中另一种常用的激励装置。目前冲击锤多用于 SISO 参数识别方法中。锤击激励提供的是一种瞬态激励，这种激励只需一把冲击锤即可，比激振器系统要简单得多。冲击锤的锤帽可更换，以得到不同的冲击力谱。冲击锤的锤头可有不同的重量，以得到不同能量的激励信号。对普通结构，用 SISO 频域法做参数识别时，使用冲击锤就能得到相当满意的结果，加之激励设备简单、价格低廉，使用方便，对工作环境适应性较强，特别适于现场测试，故一般工程测试单位中均将锤击激励作为优先考虑的激励方式之一。

③阶跃激励装置：阶跃激励是模态试验中特有的一种激励方式，它是通过突加或突卸力载荷（或位移）实现对系统的瞬态激励。其特点是能给结构输入很大的能量，适于大型、重型结构的模态分析，但激励中高频成分少，一般只能激励出系统的较低几阶主振动。

4.2.5 激励信号

模态试验中常用的激励信号分为稳态正弦信号、纯随机信号、周期信号和瞬态信号。

①稳态正弦信号：通过缓慢改变正弦信号的频率，可激发出系统的各阶主振动。频率改变方式有两种：慢扫频正弦信号和分段扫频正弦信号或步进扫频正弦信号。

②纯随机信号：又称白噪声信号，在整个时间历程上都是随机的，不具有周期性。频域上是一条平直的直线，包含 $0\sim\infty$ 的频率成分，且任何频率成分所包含的能量相等。使用纯随机激励信号进行模态试验有特殊优越之处，如可以经过多次平均消除噪声干扰和非线性因素的影响，得到线性估算较好的频响函数；测量速度快，能在线识别。其缺点易产生泄漏误差且激励力谱难以控制。

③周期信号：模态试验中常用的周期信号有快速扫频正弦信号、伪随机信号和周期随机信号等 3 种。其中，周期随机信号综合了纯随机信号和伪随机信号的优点，既具周期性，又具随机性。利用周期性，可以消除泄漏误差；利用随机性，可以采用总体平均的方法减少噪声干扰和非线性因素的影响。

④瞬态信号：由于瞬态信号包含较宽的激励力频率成分，且频率成分比较容易控制，故瞬态信号是模态试验中采用的主要激励方式之一。瞬态信号的形式和产生方式有多种，下面主要介绍测试机床模态常用的冲击信号。冲击信号又称脉冲信号，通常由冲击锤（力锤）产生，其冲击信号的时间历程和自谱（力谱）如图 4－9 所示。冲击信号具有频率成分和能量可大致控制，试验周期短，无泄漏等优点；但信噪比差，不适合大型结构的测试。

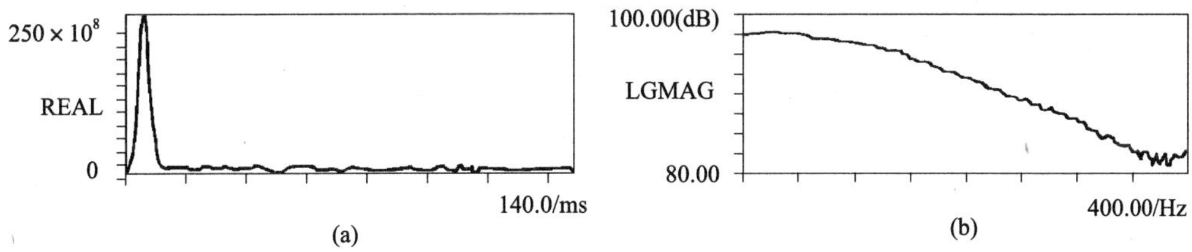

图 4－9　冲击信号

4.2.6　测量系统

测量系统负责采集被测机械量，将其转换成某种电信号，经前置放大和微积分变换，变成可供分析仪器使用的关于机械量的电压信号。它是整个动态测试系统的基本环节之一，直接关系到试验的成败和精度。选择测量系统要考虑试验要求的频率范围、幅值量级、测量参数及试验环境、测试条件等多种因素。振动测试中所使用测试仪器种类繁多，下面将介绍常用的压电式加速度计和压电式力传感器。

（1）压电式加速度传感器

①结构与工作原理：

压电式加速度计采用压电晶体的压电效应来实现信号转换。其结构形式如图 4－10 所示。剪切型结构采用 3 片压电晶体元件，带有各自的质量块贴在一个三角形的中心柱子上，外围用一个预压环箍住。当有沿加速度计轴向的加速度时，压电材料因受剪切变形而产生电荷。受压型结构用一个预压弹簧讲一个质量块紧压在两片（或多片）压电晶体片上，主要由预压弹簧机晶体片本身的刚度一起实现弹性元件的作用，与质量块组成一个质量弹簧系统。

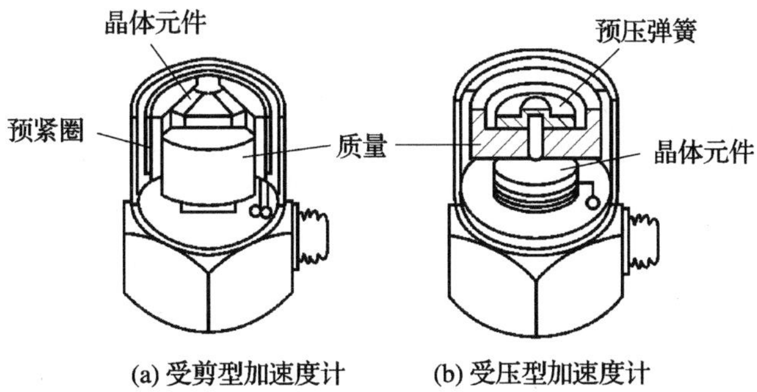

(a) 受剪型加速度计　　(b) 受压型加速度计

图 4－10　压电式加速度计结构

下面仅以受压型压电加速度计为例说明其工作原理。其力学模型可用如图 4－11 所示系统表示，图中 k_1 为预压弹簧的刚度，k_2 为晶体片的弹簧刚度。k_1 和 k_2 组成并联弹簧。因此，加速度计的固有频率可由下式确定，即：

$$\Omega = \sqrt{(k_1 + k_2)/m} \tag{4-42}$$

根据构成加速度计条件的要求，这一固有频率应远大于被测振动频率的上限。

下面将介绍加速度计是如何通过压电晶体来实现信号转换的。压电晶体片通常用钛酸钡、锆钛酸铅等材料制成，此类晶片受到压力 $F=\sigma A$ 作用时，晶体片的两表面上就会产生电荷 q_a。如图 4－12 所示，电荷量与压力成正比，即

$$q_a = RF \tag{4-43}$$

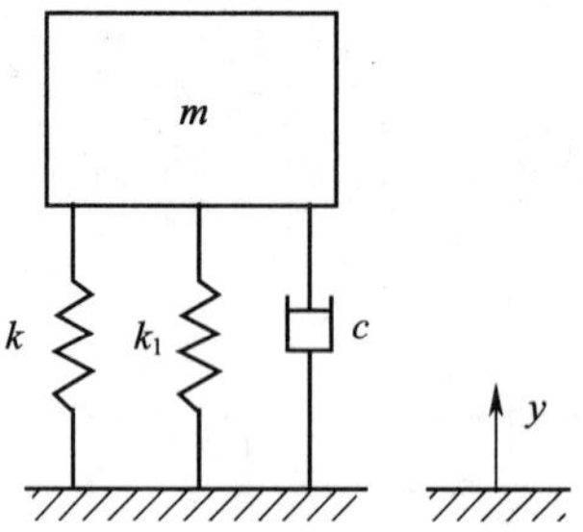

图 4－11　加速度计的力学模型

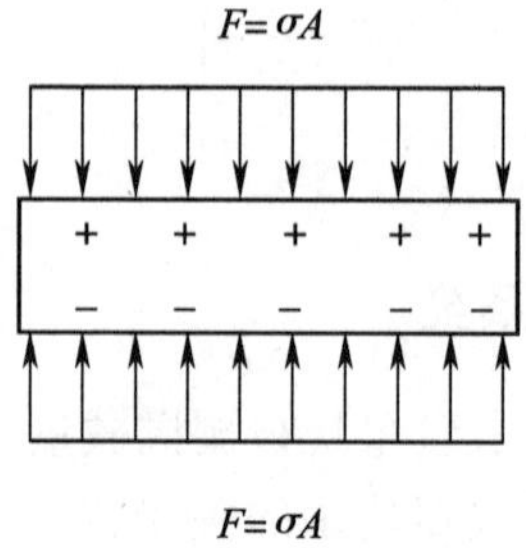

图 4－12　压电效应

式中：R——压电常数。

若两晶体片两表面之间的电容为 C_a，则两表面间的电压将为：

$$u_a = \frac{q_a}{C_a} = \frac{R}{C_a}F \tag{4-44}$$

在图 4－9 所示的受压结构中，由于晶体片的刚度 k_1，因此当质量块产生的位移为 x 时，晶体片所受到的压力降为

$$F = k_1 x \tag{4-45}$$

将式（4－44）代入式（4－41）及式（4－42）有：

$$\begin{aligned} q_a &= Rk_1 \frac{1}{\Omega^2}(\omega^2 Y_m)\sin(\omega t-\varepsilon) = S_q \sin(\omega t-\varepsilon) = Q_{am}\sin(\omega t-\varepsilon) \\ u_a &= \frac{Rk_1}{C_a}\frac{1}{\Omega^2}(\omega^2 Y_m)\sin(\omega t-\varepsilon) = S_u \sin(\omega t-\varepsilon) = U_{am}\sin(\omega t-\varepsilon) \end{aligned} \tag{4-46}$$

②灵敏度与频响特性：

压电式加速度计的灵敏度可分为电荷灵敏度和电压灵敏度两种。根据电荷信号表达式（4－45）有：

$$S_q = \frac{Q_{am}}{\omega^2 Y_m} \tag{4-47}$$

式中，S_q——电荷灵敏度，其单位为 pC/ms^{-2}。习惯上用重力加速度 g 为加速度单位，$g=9.80\text{m/s}^2$，因此，实用上的电荷灵敏度单位常用 pC/g。

通常加速度计的灵敏度越高越好，但高的加速度计必然做得大而重，其固有频率必然较低，从而限制了其使用频率范围。表 4－2 列出了几种加速度计的自重、电荷灵敏度及标定共振频率颤振参数以供参考。

加速度计的频率特性曲线的性质如图 4－13 所示。实际制造过程中，加速度计本身的阻尼难以精确估计，曲线上给出的固有频率与标定时的固定方式有关，并非加速度计本身的固有频率。就实际情况而言，标定曲线上所示的共振频率仍是安装共振频率。

表 4 - 2　几种加速度计的主要特性参数

型号	自重/g	电荷灵敏度/（pC/g）	标定共振频率/kHz
BK4381	43	100	16
BK4375	2.4	3.4	55
BK4370	54	100	16
BK8340	775	10000	7

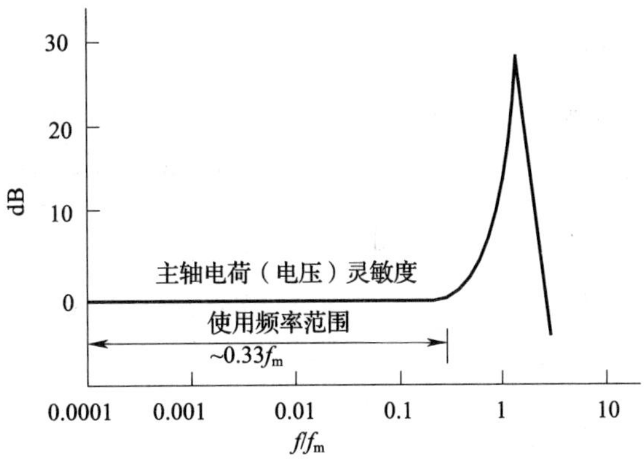

图 4 - 13　压电式加速度计的频率特性曲线

根据实际经验，图 4 - 13 标定曲线的共振频率的 1/3 可视为该加速度的频率实用上限。此时误差不会超过 ±12%。微型小加速度的共振频率可达 130kHz。但常用的较为灵敏的加速度计其共振频率通常在 30 kHz 附近，其使用频率上限约为 10 kHz。

③压电式加速度计的质量影响与动态范围

如前所述，加速度计的灵敏度与其频率范围相互矛盾。因此必须加以折中处理，做到二者兼顾。一般说来，除非用于测量特别小的加速度，需要灵敏度特别高的加速度计外，通常条件下由于已经有了很好的电荷放大器，灵敏度的高低已经不是十分重要的问题。由于一般的加速度计的灵敏度并不是十分高，所以此类加速度计的质量并不大（约 10 ~ 50g）。因此，在一般大机件的振动测量中，可不考虑加速度计的附加质量对被测振动量的影响。

在用于较轻结构的振动测量时，可用下式来估计加速度计的附加质量对测加速度和被测结构的共振频率的影响，即：

$$a_s = \frac{a_m(m_s + m_a)}{m_s},\ f_s = f_m\sqrt{\frac{m_s + m_a}{m_s}} \tag{4-48}$$

式中：a_m——装上加速度计后测得的加速度；

a_s——装加速度计时的实际加速度；

f_m——装上加速度计测得的结构共振频率；

f_s——未装加速度计时的实际共振频率；

m_a——加速度计的质量；

m_s——加速度计安装部位的结构的有效质量。

作为一般规律，m_a应小于m_s的1/10。从理论上讲，加速度计的最低可测加速度为零，而实际上其最低动态限制取决于连接电缆的电器噪声及放大器的电路特性。一般情况下，最低动态限制应低于0.01m/s^2，最高动态限制则取决于加速度计的结构强度。一般加速度计的最高可测加速度约为50～500km/s^2。

④加速度计的选择与安装：

尽管目前加速度计做得很小，但对轻型结构，仍需注意加速度计的附加质量影响。可用如下方法鉴别加速度计质量载荷效应对试验结构动力特性的影响程度。首先将加速度计固连在试验结构上，测量该测点与激励点之间的频响函数；其次，在此加速度计上再安装一个同样的加速度计，再次测量同一频响函数。比较两次测量频响函数曲线的差异，如果固有频率和幅值相差较大，说明此种加速度计对结构的附加质量有明显影响。此时，应更换一质量更小的加速度计。然而，质量小的加速度计的灵敏度也小，所测信号信噪比会降低，必须考虑这一矛盾。

加速度计属接触型传感器，应尽量与试验结构固连好。固连的方式有钢螺栓连接、绝缘螺栓连接、蜂蜡黏合、磁座吸合以及手持等。固连方式直接影响加速度计的谐振频率，因而也影响其频响曲线的线性范围。表4－3给出各种连接方式下加速度计的动力特性。

表4－3　B&K4367加速度计不同连接方式下的动态特性

固定方法	许用最高温度/℃	频率范围/kHz
钢螺栓连接	>250	10
绝缘螺栓连接	250	8
蜂蜡黏合	40	7
磁座吸合	150	1.5
手持触杆	—	0.4

（2）压电式力传感器

主要有压力型、拉力型、冲击型和组合型几种类型。B&K8200压电式力传感器的基本构造如图4－14所示。它由基座1、压电元件2和顶盖3组成，用中心螺栓4将其连在一起，并给以一定预压力。在外力作用下，压电元件产生正比于外部作用力的电荷量，经导线5引至输出插座6，再接至电荷放大器归一、放大，变为可供分析的模拟电压信号。该力传感器在制造时给压电元件施加了预压力，既可测压力又可测拉力和冲击力，是一种组合型力传感器。

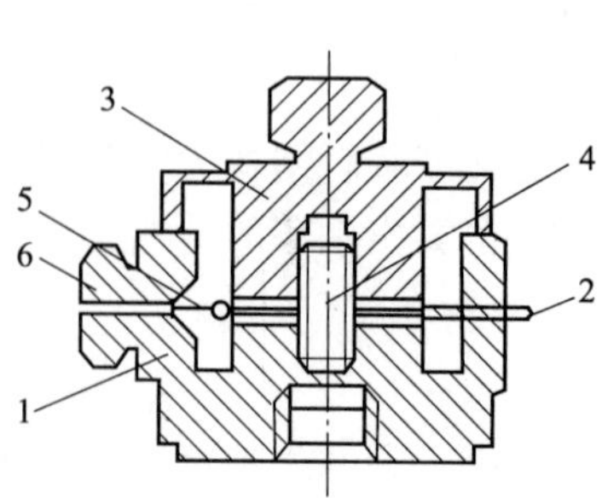

图4－14　压电式力传感器

1—基座；2—压电元件；3—顶盖

4—螺栓；5—导线；6—插座

压电式力传感器最主要的技术参数是电荷灵敏度

(单位力作用下产生的电荷量，单位为pC/N)。选择力传感器应注意：①应根据所选激励方式确定力传感器的类型（如用激振器，宜选用组合型力传感器；如用冲击锤激励，宜选用冲击型力传感器)；②应配合好力传感器的电荷灵敏度与电荷放大器的量程，使在测试过程中能产生一个既不过载，又不太弱的可供分析的电压信号；③在选用力传感器时，应使模态试验要求的工作频率处在力传感器频响函数的线性段范围内。

(3) 使用测量系统时应注意事项

构建测量系统时应注意：

①由于相对运动会引起电缆线的动力弯曲、压缩、拉伸等变形，使电容或电荷发生变化，从而产生干扰噪声和低频晃动尽量避免电缆线与试验结构之间的相对运动。因此，应用胶带或蜡黏结将传感器到电荷放大器的电缆线与试验结构固定好，如图4-15所示。电缆线离开试验结构的部位应尽量选择振动小的部位并保证留在地面上的电缆线不被脚踩或重压。

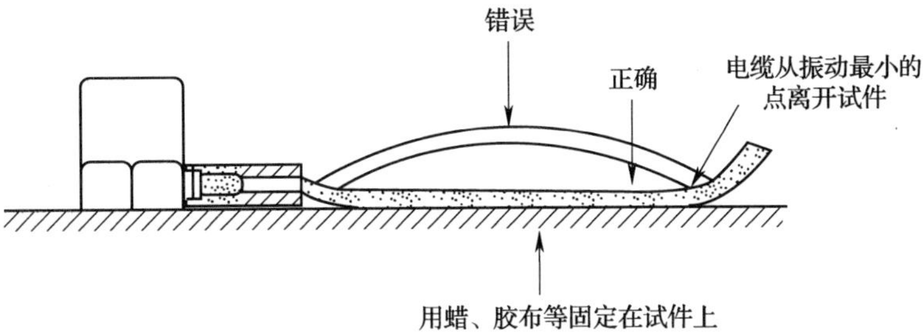

图4-15　传感器电缆的固定

②确定传感器的有效工作范围时应考虑电荷放大器对其有效工作频率范围的影响（见图4-2)。

③通过如下措施来抑制噪声干扰：

a. 使用稳压电源，以可减小或消除电压波动引起的噪声；

b. 各测试仪器电源都要尽量从总电源的输出端或靠近总电源的输出端接出，以减少共电源仪器之间由于电流波动造成的相互影响；

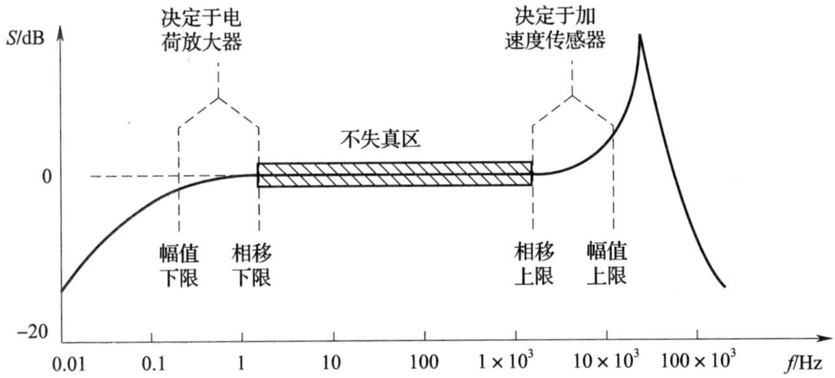

图4-16　测量系统的有效工作频率范围

c. 应良好接地；

d. 所有电源线与信号线均应采用屏蔽线，且避免电源线和信号线并行；

e. 注意各仪器之间阻抗匹配；

f. 测试过程中不要拨动仪器开关，以免产生高频噪声和出现瞬时过载现象。

4.2.7 冲击试验

冲击试验（Impact Test/Hammer test）是单输入单输出模态试验的主要方法之一。其突出优点是激振设备简单，不需要支撑装置，对激振点的选择可以更加随意，特别适合于现场测试。冲击试验的激振装置是冲击锤（力锤）。冲击锤一般带力传感器，用以测量冲击激励信号，如图 4－17 所示。除锤体和锤柄为一体外，其余部件均可更换。

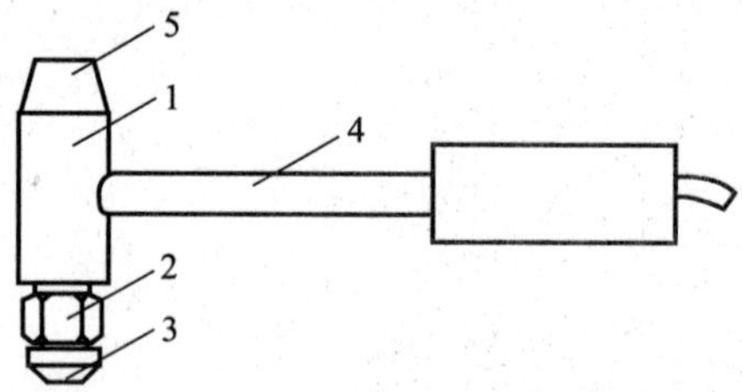

图 4－17　带力传感器的冲击锤

1—锤体；2—力传感器；3—锤帽；4—锤柄；5—附加质量

4.3 振动信号的处理与分析

4.3.1 采样定理和混频现象

所谓采样（Sampling）就是对连续模拟信号的离散化处理，离散化本身一般会带来频率混叠误差。对无限长连续信号 $x(t)$ 进行离散化处理后得到无限长离散信号 $\tilde{x}(t_k)$。这一过程的数学描述为：

$$\tilde{x}(t_k) = x(t)\tilde{\delta}(t_k) = \sum_{k=-\infty}^{\infty} x(t)\delta(t_k - k\Delta t) \tag{4-49}$$

式中：

$$\tilde{\delta}(t_k) = \sum_{k=-\infty}^{\infty} \delta(t_k - k\Delta t) \tag{4-50}$$

为单位脉冲序列，单位脉冲序列 $\tilde{\delta}(t_k)$ 的傅氏谱 $\tilde{\Delta}(\omega_n)$ 仍为脉冲序列，但其谱值为 ω_s，谱线间隔为 ω_n。单位脉冲序列 $\tilde{\delta}(t_k)$ 的傅氏谱可以写成：

$$\tilde{\Delta}(\omega_n) = \omega_s \sum_{n=-\infty}^{\infty} \delta(\omega - n\omega_s) \tag{4-51}$$

设无限长连续信号 $x(t)$ 的傅氏谱 $X(\omega)$。由卷积定理可得 $\tilde{x}(t_k)$ 的傅氏谱 $\tilde{X}(\omega)$

应为：

$$\tilde{X}(\omega)=f_s\sum_{n=-\infty}^{\infty}X(\omega-n\omega_s) \tag{4-52}$$

可见，无限长离散信号 $\tilde{x}(t_k)$ 的傅氏谱为原信号 $x(t)$ 傅氏谱 f_s 倍的周期延拓，延拓周期为 ω_s。如果原信号 $x(t)$ 包含的最高频率成分 $\omega_m>\omega_s/2$，则在离散信号谱 $\tilde{X}(\omega)$ 中相应周期的谱会出现重叠。这种现象称为频率混叠或混频（Mixing）。反之，如果 $\omega_m\leqslant\omega_s/2$，或

$$\omega_s\geqslant 2\omega_m \tag{4-53}$$

即采样频率大于或等于分析信号中最高频率成分的两倍，或在分析信号最高频率成分一个周期内至少采样两点，则采样后离散信号频谱中不会出现频率混叠，这就是采样定理或称均匀采样定理。

由采样定义可知，消除频率混叠的途径有两种：①提高采样频率 ω_s；②采用抗混滤波器过滤掉高于 $\omega_n=\omega_s/2$ 高频信号成分。

4.3.2　泄漏和窗函数

在对无限长连续信号截断得到有限长信号过程中，一般会带来截断误差。具体地说，会增加新的频率成分，并且使谱值大小发生变化，这种现象称为频率泄漏。从能量角度来讲，这种现象相当于原信号各种频率成分处的能量渗透到其他频率成分上，所以又称为功率泄漏。

对于这种由突然截断造成的频率泄漏，可通过选择异于矩形窗的适当窗函数，对所取样本函数作不等权处理。为确保加窗后信号的能量不会改变，要求窗函数与时间轴所围面积与矩形窗面积 T 相等。即对任意窗函数 $w(t)$ 要求：

$$\int_0^T w(t)\,\mathrm{d}t=T \tag{4-54}$$

对于不同类型的信号，在截断处理时所采用的窗函数亦不同。对于稳态信号，常用的窗函数有汉宁窗（Hanning Window）、凯塞－贝塞尔窗（Kaiser－bessel Window）以及平顶窗（Flat Top Window），对于瞬态响应信号有指数窗，对于瞬态激励信号有力窗。由于冲击试验涉及到的是瞬态信号，故下面将对指数窗和力窗加以介绍。

①指数窗：对于瞬态响应信号，如果阻尼较小，自由衰减时间较长，一次采样时间内信号不能衰减至零，截断信号仍会带来泄漏。为此，在截断时人为地给信号附加一个指数函数 $w(t)=\mathrm{e}^{-\omega t}$（$\omega$ 被称为衰减指数），使截断信号在末尾近乎衰减至零，这一过程叫加指数窗，其效果如图 4－18 所示。

②力窗：对于瞬态激励信号，主要信号为作用时间很短的猝发信号，之后一般总伴随均值不为零的噪声信号。采用加力窗的方法，可消除这些噪声的影响。力窗的窗函数可表示为：

$$w(t)=\begin{cases}1 & 0\leqslant t\leqslant T_1\\ 0 & T_1<t\leqslant T\end{cases} \tag{4-55}$$

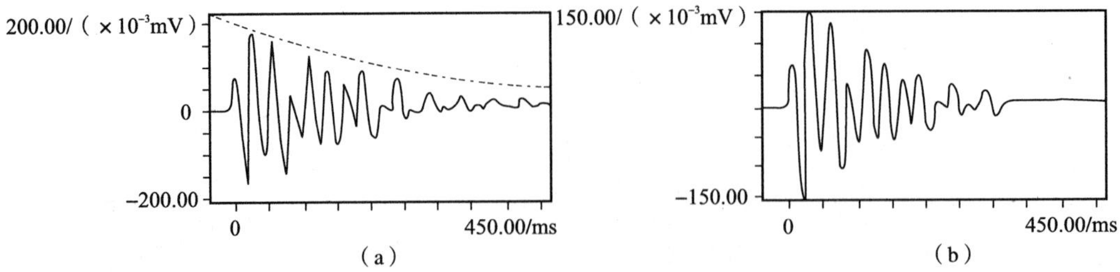

图 4－18　加指数窗的效果

式中，矩形窗的宽度 T_1 为包含力脉冲宽度 τ 的作用时间。

4.3.3　平均技术

在模态试验中，无论激励信号还是响应信号，都存在不同程度的噪声污染问题。通常在信号测试阶段就已经通过采用良好接地技术等措施去设法减少噪声污染，但测试信号中仍然会存在噪声。在信号处理阶段，通过平均技术可降低噪声的影响，其前提是噪声应为随机信号。平均技术分时域平均和频域平均两大类，但频率平均技术应用更为广泛。下面将讨论频域内的平均技术。按照样本截取的方式不同，平均技术分为顺序平均和叠盖平均；按照平均时样本权重不同，平均技术分为线性平均和指数平均。

①顺序平均：依次截取时域信号的若干样本，经 FFT 和其他运算，得到所需频域信号后做平均，称为顺序平均。顺序平均所用时域样本互不重叠，如图 4－19 所示。

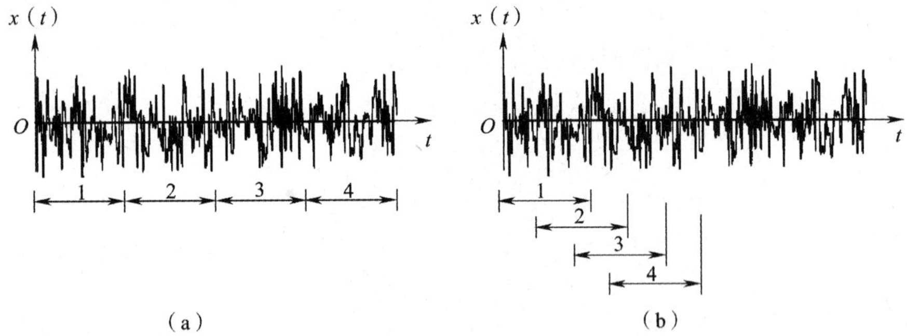

图 4－19　顺序平均与叠盖平均

②叠盖平均：简言之，做 FFT 及各种谱运算的时域样本是重叠的，以此为基础进行的平均称为叠盖平均，见图 4－19。与顺序平均相比，叠盖平均不仅速度快，而且所得谱特性好。

③线性平均：在做多个样本的谱平均时，各样本所占权重相等，这种平均称为线性平均。线性平均适于稳态信号，因此又称为稳态平均。

④指数平均：指数平均的含义是，使当前及邻近样本所占权重较大，而远离当前样本所占权重较小，因此，指数平均结果反映了最新样本的频谱信息；指数平均权因子序列的无限和为 1。指数平均又叫动态平均。

4.3.4 噪声对频响函数估计的影响

在通过 FFT 及平均技术求得激励和响应的自谱和互谱后，进一步可估算被测结构的频响函数和相干函数。根据具体噪声情况，选择适当的频响函数估算形式，以使估计效果最佳。频响函数的 3 种估算形式为：

第一估算式：
$$H_1(\omega) = \frac{G_{fx}(\omega)}{G_{fx}(\omega)} \tag{4-56}$$

第二估算式：
$$H_1(\omega) = \frac{G_{xx}(\omega)}{G_{xf}(\omega)} \tag{4-57}$$

第三估算式：
$$|H_a(\omega)|^2 = \frac{G_{xx}(\omega)}{G_{ff}(\omega)} \tag{4-58}$$

式中，G_{ff}——自功率普；

G_{xf}，G_{fx}——互功率普；

G_{xx}——响应自功率普。

如果没有噪声污染，上述 3 种估算形式等价。实际由于噪声影响，3 种估算形式有所差异。下面将根据具体噪声污染情况讨论这 3 种估算形式与真值的差别。按具体噪声污染情况对 3 种估算形式与真值的差别进行了详细分析，并得出了如下结论：

①频响函数的第一估算式和第二估算式给出实际频响函数的范围存在如下关系：

$$|H_1(\omega)| \leqslant |H(\omega)| \leqslant |H_2(\omega)| \tag{4-59}$$

②相干函数（Coherence Function）$\gamma^2(\omega)$ 的表达式为：

$$\gamma^2(\omega) = \frac{|G_{fx}(\omega)|^2}{G_{ff}(\omega)G_{xx}(\omega)} = \frac{H_1(\omega)}{H_2(\omega)} \tag{4-60}$$

显然 $0 \leqslant \gamma^2(\omega) \leqslant 1$ 。若测试信号不受噪声污染，则有 $H_1(\omega) = H_2(\omega)$，$\gamma^2(\omega) = 1$；若测试信号完成被噪声淹没，则有 $\gamma^2(\omega) = 0$。因此，相干函数反映了测试信号受噪声污染的情况，相干函数越大，说明测试信号受污染程度越小。

③相干函数更重要的意义在于，它不仅反映激励和响应两信号的相干关系，而且还可以表示任意两个信号的相关程度。相干函数除与噪声有关外，还与信号本身的强弱或信噪比有关。当使用随机激励时，即使噪声水平一定，在共振区和反共振区信号的强度相差悬殊，因而导致相干函数的值也相差许多。在共振区，激励信号弱，响应信号强，相当于只有激励信号受到噪声污染的情形，$H_1(\omega)$ 偏小，$H_2(\omega)$ 较接近 $H(\omega)$，导致相干函数较小；在反共振区，激励信号强，响应信号弱，相当于只有响应信号受到噪声污染的情形，$H_1(\omega)$ 接近 $H(\omega)$，$H_2(\omega)$ 偏大，也导致相干函数小。因此，在共振区和反共振区，即使噪声水平较低，也会导致相干函数下降较多，如图 4－20 所示。

④在测量频响函数时需要同时测得相干函数，只要在非共振区或非反共振区的相干函数 $\gamma^2(\omega) \geqslant 0.8$，就说明频响函数质量可靠。

4.3.5 试验模态分析频响函数处理

图 4－21 给出了试验模态分析中频响函数处理原理图。图中模拟信号的输入为双通

道，一通道是激励信号（力信号），另一通道是响应信号（加速度信号）。

单点激励频响函数测试应注意的事项：

①选择合适量程：在动态测试及后处理中，测试、分析仪器宜处于半量程工作状态。若量程设置过大，测试、分析信号的电平明显低于设置量程，信噪比将降低；反之，若量程设置过小，在测试、分析过程中容易过载，产生信号削波，导致测量误差。

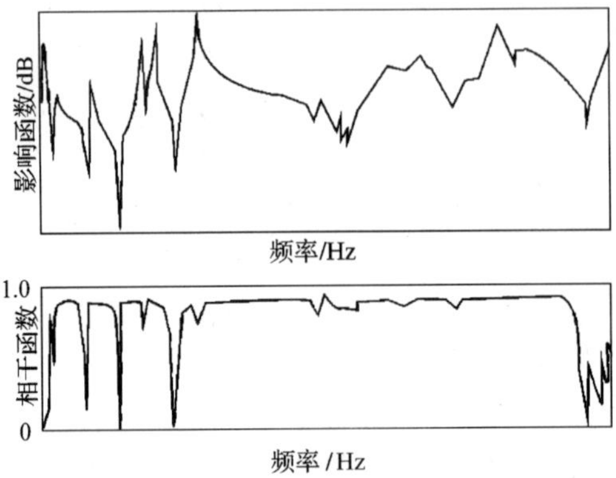

图 4－20　随机激励时共振区与反共振区信号相干性较差

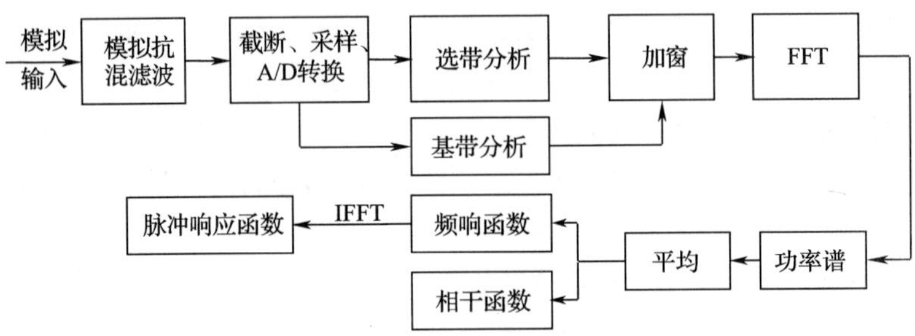

图 4－21　频响函数分析原理图

②宜多测一些频响函数数据：理论上讲，识别一组完整模态参数，只需测得频响函数矩阵的一列或一行元素。不过，为增加测试的可靠度，可适当地多增加一些测量数据。原点响应宜多测 1 ~ 2 个，选取其中较理想的频响函数。

③频响函数检查：影响频响函数测试质量的因素很多，如测量信号中噪声影响、激励点选择不当、结构非线性因素、激振力过大或过小等。除使用相干函数判别频响函数质量外，还可直接根据原点和跨点频响函数的特征去判别。

4.4　模态参数辨识

如上节所述，通过冲击试验和试验模态分析可以获得被测系统的频响函数。而要进行铣削加工动力学分析，有时需事先得到加工系统中包含固有频率、阻尼比和模态刚度等在内动态特性参数亦即模态参数。为此，需要借助于合适的模态参数识别技术，从实测的加工系统频响函数中提取所需的模态参数。

4.4.1　模态参数识别方法的确定

目前，模态参数识别方法主要有频域法、时域法、时频法及基于模拟进化方法等四大类，它们各有其特点。由于本书主要涉及切削加工动力学，其前提是已经通过试验模态方法获得了加工系统的频响函数，因此选择频域法。频域法又可细分为单模态识别法、多模态识别法、分区模态综合法和频域整体识别法等四类方法。对于小阻尼且各模态耦合较小的系统，使用单模态识别法就能获得较满意的识别精度；而对于模态耦合较大的系统，则必须使用多模态识别法。

单模态识别法只需使用单个频响函数就能获得主模态（Dominant Mode）的模态参数，将所有要关注模态分别作为主模态进行单模态识别，就可得到系统的所有模态参数。单模态识别法主要有峰值法和导纳圆拟合法两种。前者认为系统的观测数据是准确的，没有噪声和误差，直接由频响函数求取系统的数学模型。后者属于曲线拟合法，其基本思想是根据实测频响函数数据，用理想导纳圆去拟合实测的导纳圆，并按最小二乘原理使其误差最小。两种方法精度均不高。

多模态识别方法以频响函数的理论模型为基础，将耦合较重的待识别模态考虑进去，并用适当的参数识别方法去估算。它适用于模态较为密集、阻尼较大、各模态间互有重叠的情况。多模态识别方法主要有以下三类：①以频响函数模态展开式为数学模型的非线性加权最小二乘法、直接偏导数法等；②以频响函数有理分式为数学模型的 Levy 法、正交多项式拟合法等；③将非线性函数在初值附近作泰勒展开，通过迭代来改善初值，达到识别参数的优化识别方法，包括误差函数展开法、高斯－牛顿法、牛顿－拉普森法等。

考虑到实际机床－刀具系统和机床－工件系统中，模态分布存在一定程度耦合，所以拟采用正交多项式整体拟合方法来进行模态参数辨识。

4.4.2　单模态参数识别

在测得结构的频响函数曲线之后，根据频响函数的表达式，可由测量曲线求取结构的模态参数。从一条频响函数曲线可以识别各阶固有频率和阻尼比；而要识别各阶振型，则必须应用频率函数矩阵的一行（或一列）的 N 条曲线。这正是多自由度系统与单自由度系统参数识别的不同之处。

单模态识别法适用于各阶模态频率较为分散的情况，如图 4－22 所示。这样在 ω 接近 Ω_r 的频段内可认为

$$H_{ij}(\omega) = \sum {}_rH_{ij}(\omega) \approx {}_rH_{ij}(\omega)$$

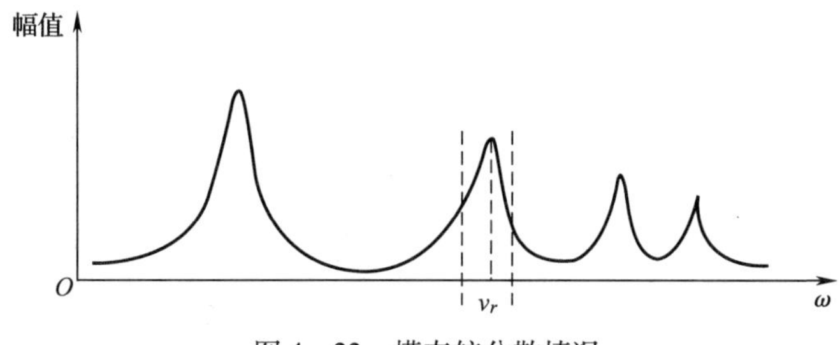

图 4－22　模态较分散情况

式中，${}_rH$——第 r 阶模态对频响函数的贡献。因此，可用单自由度系统的导纳来处理该频率段内的频响函数。可写成：

$$ {}_rH_{ij}(\omega) = \frac{\varphi_{ir}\varphi_{jr}}{mr(\Omega_r^2 - \omega^2 + j2\sigma_r\omega)} $$

若考虑复模态情况，${}_rH_{ij}$（ω）可表示为：

$$ {}_rH_{ij}(\omega) = \frac{{}_rR_{ij}}{2j(j\omega - s_r)} - \frac{{}_rR_{ij}^*}{2j(j\omega - s_r^*)} = \frac{{}_rU_{ij} + j{}_rV_{ij}}{2j(\sigma_r + j(w - v_r))} - \frac{{}_rU_{ij} + j{}_rV_{ij}}{2j(\sigma_r + j(w + v_r))} $$

可以证明在实模态下存在：

$$ {}_rR_{ij} = {}_rR_{ij}^* = \frac{\varphi_{ir}\varphi_{jr}}{m_r v_r} $$

于是，便可以得到实模态的频响函数表达式为：

$$ {}_rH_{ij}(\omega) = \frac{\varphi_{ir}\varphi_{jr}}{2j(\sigma_r + j(\omega - v_r))m_r v_r} - \frac{\varphi_{ir}\varphi_{jr}}{2j(\sigma_r + j(\omega + v_r))m_r v_r} \tag{4-61} $$

从数学观点来看，上式的模态质量可以认为是振型模态标准化所采用的一个比例因子。

实模态情况以（4－61）为根据：

$$ {}_rH_{ij}(\omega) = \frac{{}_rR_{ij}}{2j(\sigma_r + j(\omega - v_r))} - \frac{{}_rR_{ij}}{2j(\sigma_r + j(\omega + v_r))} \tag{4-62} $$

此处将${}_rR_{ij}$称为留数，作为识别过程中的一个参数。为确定全部模态参数，将要利用频响函数矩阵中的一行或一列留数，然后按照规定的振型规格化原则，从留数中确定模态质量，并进而确定振型。

由式（4－62）可画出${}_rH_{ij}(\omega)$的幅频图，如图 4－23 所示。该图表明，在 $-v_r$及 $+v_r$处均存在一个共振峰。由于在求取模态参数时，仅以 $+v_r$处的曲线为依据。$-v_r$处的共振峰由表达式的第二项确定，它对 $+v_r$处的曲线几乎不存任何影响。

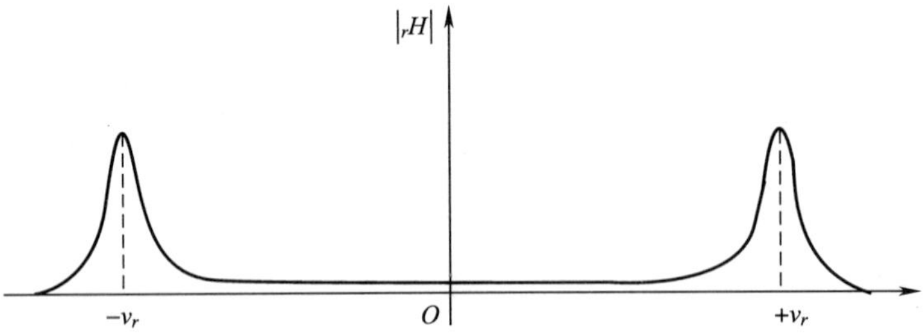

图 4－23　${}_rH$ 的幅频图

这样就可以仅取${}_rH$ 表达式中的前一项作为曲线拟合的根据：

$$ {}_rH_{ij}(\omega) = \frac{{}_rR_{ij}}{2j(\sigma_r + j(\omega - v_r))} \tag{4-63} $$

略去下标 ij，上式可进一步表示为：

$$
{}_rH = \frac{{}_rR}{2}\frac{1}{\sqrt{\sigma_r^2 + (v_r - \omega)^2}}e^{j\alpha_r} = \mathrm{Re}({}_rH) + j\mathrm{Im}({}_rH)
$$

$$
= \frac{{}_rR(v_r - \omega)}{2[\sigma_r^2 + (v_r - \omega)^2]} - j\frac{{}_rR\sigma_r}{2[\sigma_r^2 + (v_r - \omega)^2]} \qquad (4-64)
$$

$$
\alpha_r = -\arctan^{-1}\left(\frac{\sigma_r}{v_r - \omega}\right)
$$

①确定 v_r和 σ_r：

根据式（4－64）可画出实频和虚频曲线，如图 4－24 所示。可以证明，虚频曲线的峰值对应的频率即为 v_r；σ_r则可根据实频曲线的正、负峰值所对应的频率 ω_1，ω_2按下式计算：

$$
\sigma_r = \frac{\omega_2 - \omega_1}{2} \qquad (4-65)
$$

而且可以证明 ω_1，ω_2对应于虚频曲线的半峰点。

②确定留数：

在实模态条件下，当 $\omega = v_r$时，${}_rH$ 的实频曲线经过实轴，即 $\mathrm{Re}({}_rH) = 0$；而其虚频曲线对应于峰值：

$$
\mathrm{Im}({}_rH)\big|_{\omega = v_r} = -\frac{{}_rR}{2\sigma_r} \qquad (4-66)
$$

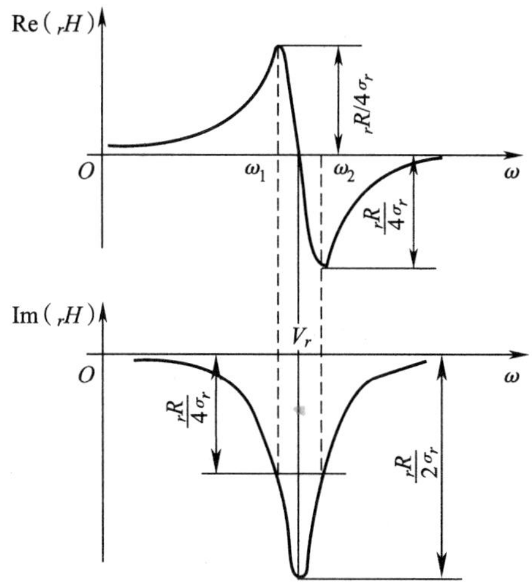

图 4－24　${}_rH$ 的实频与虚频图

因此测量虚频曲线的峰值，根据式（4－66）即可求得留数值。

当阻尼并非十分小，而曲线的频率分辨率好时，用虚频曲线的峰值定留数是较为方便的。为提高曲线的频率分辨率，可在频响函数的测量中采用选带傅里叶分析的局部放大法，即用所谓 BSFA－ZOOM 技术。正常情况下，实频曲线的正、负峰之间的垂直距离与虚频曲线的高度相等。如发现严重不等，则有理由怀疑是由于分辨率不足而引起的。

4.4.3　多模态参数识别

（1）多模态拟合法原则

多模态拟合法，是指对某一频段多个模态同时拟合。它适用于那些模态较为密集，或阻尼较大，各模态间互有重叠的情况。如图 4－25 所示的情况，大致可以分 3 个频段：第一频段的两个模态靠得太近，第二频段的两个模态阻尼较大，它们都不宜于采用单模态拟合法；第三频段只有一个模态，并且离开前一个较远，只有它可以采用单模态拟合法。前两个频段可以分段采用多模态拟合法，而将频段以外的模态作为残余影响加以考虑。一般说来，可以分段的，宁可分段进行拟合，也不主张全体一起。

多模态拟合法常采用最小二乘原理。但由于模态频率和阻尼比在频响函数表达式的分母部分，运用最小二乘法不能直接化为线性代数方程组来求取所有的参数，因而通常要求助于迭代法。其过程是先选定Ω_r和σ_r（或ζ_r）的初始值，用最小二乘法求其他参数，然后再逐步改进Ω_r及σ_r值。反复应用最小二乘法，直到满意为止。多模态拟合的方法很多，本书只介绍其中一种方法。

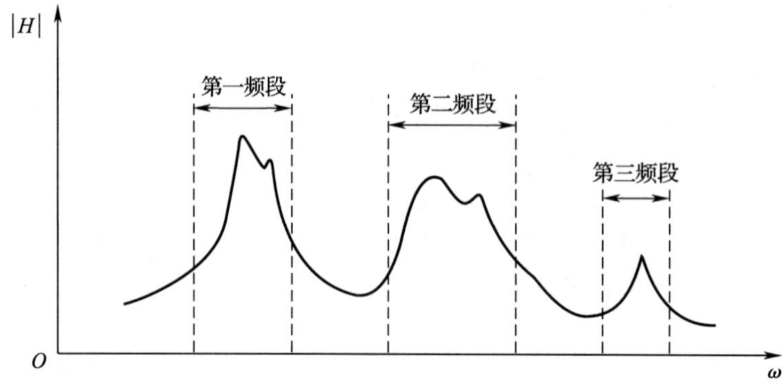

图4－25　各模态互相重叠情况

（2）正交多项式多模态拟合原理

以普通指数多项式有理分式形式表示的N_0自由度弹簧阻尼系统的频响函数为：

$$h(\omega)=\frac{\beta_0+\beta_1(\mathrm{j}\omega)+\cdots+\beta_{2N_0-2}(\mathrm{j}\omega)^{2N_0-2}}{\alpha_0+\alpha_1(\mathrm{j}\omega)+\cdots+\alpha_{2N_0}(\mathrm{j}\omega)^{2N_0}}=\frac{\sum_0^{2N_0-2}\beta_k(\mathrm{j}\omega)^k}{\sum_0^{2N_0}\alpha_k(\mathrm{j}\omega)^k} \tag{4-67}$$

式中：h——系统频响函数矩阵的元素；

ω——频率变量；

j——表示虚数；

α_k，β_k——常系数（$\alpha_{2N}=1$））。

当用正交多项式代替上述的幂多项式时，可得到：

$$h(\omega)=\frac{b_0p_0(\mathrm{j}\omega)+b_1p_1(\mathrm{j}\omega)+\cdots+b_{2N_0-2}p_{2N-2}(\mathrm{j}\omega)}{c_0q_0(\mathrm{j}\omega)+c_1q_1(\mathrm{j}\omega)+\cdots+c_{2N_0}q_{2N_0}(\mathrm{j}\omega)}=\frac{\sum_0^{2N_0-2}b_kp_k(\mathrm{j}\omega)}{\sum_0^{2N_0}c_kq_k(\mathrm{j}\omega)} \tag{4-68}$$

式中：p_k，q_k——分别为分子、分母正交多项式（Forsythe 多项式）

b_k，c_k——待求系数（$c_{2N_0}=1$）

将频响函数的测试值以$\hat{h}(\mathrm{j}\omega)$表示，数学模型计算值与测量值之间的误差$\varepsilon_s$：

$$\varepsilon_s=h(\mathrm{j}\omega_s)-\hat{h}(\mathrm{j}\omega_s)=\frac{\sum_0^{2N_0-2}b_kp_k(\mathrm{j}\omega)}{\sum_0^{2N_0}c_kq_k(\mathrm{j}\omega)}-\hat{h}(\mathrm{j}\omega_s) \tag{4-69}$$

式中：s——被拟合频率点，$s=1$，2…，L，L为测量频率总点数。

为使误差对b_k和c_k线性化，引入加权误差e_s：

$$\mathrm{e}_s=\sum_0^{2N_0-2}b_kp_k(\mathrm{j}\omega)-\hat{h}(\mathrm{j}\omega_s)\left\{\sum_0^{2N_0-1}c_kq_k(\mathrm{j}\omega)+q_{2N_0}(\mathrm{j}\omega)\right\} \tag{4-70}$$

写成矢量形式为：

$$\boldsymbol{e}=(e(\omega_1),e(\omega_2),\cdots,e(\omega_L))'=\boldsymbol{P}\boldsymbol{b}-\boldsymbol{Q}\boldsymbol{c}-\boldsymbol{d} \tag{4-71}$$

$$
\mathrm{P} = \begin{bmatrix} \mathrm{p}_0(j\omega_1) & \mathrm{p}_1(j\omega_1) & \cdots & \mathrm{p}_{2\mathrm{N}_0-2}(j\omega_1) \\ \mathrm{p}_0(j\omega_2) & \mathrm{p}_1(j\omega_2) & & \mathrm{p}_{2\mathrm{N}_0-2}(j\omega_2) \\ \vdots & & & \vdots \\ \mathrm{p}_0(j\omega_\mathrm{L}) & \mathrm{p}_1(j\omega_\mathrm{L}) & \cdots & \mathrm{p}_{2\mathrm{N}_0-2}(j\omega_\mathrm{L}) \end{bmatrix} \tag{4-72}
$$

$$
\mathrm{Q} = \begin{bmatrix} \hat{\mathrm{h}}(j\omega_1)\mathrm{q}_0(j\omega_1) & \hat{\mathrm{h}}(j\omega_1)\mathrm{q}_1(j\omega_1) & \cdots & \hat{\mathrm{h}}(j\omega_1)\mathrm{q}_{2\mathrm{N}_0-1}(j\omega_1) \\ \hat{\mathrm{h}}(j\omega_2)\mathrm{q}_0(j\omega_2) & \hat{\mathrm{h}}(j\omega_2)\mathrm{q}_1(j\omega_2) & & \hat{\mathrm{h}}(j\omega_2)\mathrm{q}_{2\mathrm{N}_0-1}(j\omega_2) \\ \vdots & & & \vdots \\ \hat{\mathrm{h}}(j\omega_\mathrm{L})\mathrm{q}_0(j\omega_\mathrm{L}) & \hat{\mathrm{h}}(j\omega_\mathrm{L})\mathrm{q}_1(j\omega_\mathrm{L}) & & \hat{\mathrm{h}}(j\omega_\mathrm{L})\mathrm{q}_{2\mathrm{N}_0-1}(j\omega_\mathrm{L}) \end{bmatrix} \tag{4-73}
$$

$$
\mathrm{d} = \left(\hat{\mathrm{h}}(j\omega_1)\mathrm{q}_{2\mathrm{N}_0}(j\omega_1) \quad \hat{\mathrm{h}}(j\omega_2)\mathrm{q}_{2\mathrm{N}_0}(j\omega_2) \quad \cdots \quad \hat{\mathrm{h}}(j\omega_\mathrm{L})\mathrm{q}_{2\mathrm{N}_0}(j\omega_\mathrm{L})\right)' \tag{4-74}
$$

令：$\boldsymbol{E} = e^{\mathrm{H}}e$ 使用最小二乘法有：

$$
\frac{\partial \boldsymbol{E}}{\partial \boldsymbol{b}} = 0 \qquad \frac{\partial \boldsymbol{E}}{\partial \boldsymbol{c}} = 0 \tag{4-75}
$$

上式可写成：

$$
\begin{bmatrix} \boldsymbol{E}_1 & \boldsymbol{E}_2 \\ \boldsymbol{E}_2^T & \boldsymbol{E}_3 \end{bmatrix} \begin{Bmatrix} \boldsymbol{b} \\ \boldsymbol{c} \end{Bmatrix} = \begin{Bmatrix} \boldsymbol{g}_1 \\ \boldsymbol{g}_2 \end{Bmatrix} \tag{4-76}
$$

式中：$\boldsymbol{E}_1 = \mathrm{real}(\boldsymbol{P}^{\mathrm{H}}\boldsymbol{P})$、$\boldsymbol{E}_3 = \mathrm{real}(\boldsymbol{Q}^{\mathrm{H}}\boldsymbol{Q})$、$\boldsymbol{E}_2 = -\mathrm{real}(\boldsymbol{P}^{\mathrm{H}}\boldsymbol{Q})$、$g_1 = \mathrm{real}(\boldsymbol{P}^{\mathrm{H}}\boldsymbol{d})$、$\boldsymbol{g}_2 = -\mathrm{real}(\boldsymbol{Q}^{\mathrm{H}}\boldsymbol{d})$、符号 H 表示共轭转置。当 p_k 和 q_k 均为 Forsythe 多项式时，上述方程变为：

$$
\begin{bmatrix} \boldsymbol{I}_P & \boldsymbol{E}_2 \\ \boldsymbol{E}_2^{\mathrm{T}} & \boldsymbol{I}_Q \end{bmatrix} \begin{Bmatrix} \boldsymbol{b} \\ \boldsymbol{c} \end{Bmatrix} = \begin{Bmatrix} \boldsymbol{g}_1 \\ \boldsymbol{g}_2 \end{Bmatrix} \tag{4-77}
$$

式中 $\boldsymbol{I}_P$ 和 $\boldsymbol{I}_Q$ 为单位矩阵，上述方程可进一步简化为：

$$
\begin{aligned} (\boldsymbol{I}_P - \boldsymbol{E}_2\boldsymbol{E}_2^{\mathrm{T}})\boldsymbol{b} &= (\boldsymbol{g}_1 - \boldsymbol{E}_2\boldsymbol{g}_2) \\ \boldsymbol{c} &= \boldsymbol{g}_2 - \boldsymbol{E}_2^{\mathrm{T}}\boldsymbol{b} \end{aligned} \tag{4-78}
$$

通过求解上述方程就可以获得系数矢量 $\boldsymbol{b}$ 和 $\boldsymbol{c}$。

(3) Forsythe 复正交多项式的产生

Forsythe 复正交多项式产生的递推关系如下：

$$
p_i(\omega_\mathrm{s}) = \mathrm{j}^i S_i(\omega_\mathrm{s}) \tag{4-79}
$$

式中：

$$
R_0(\omega_\mathrm{s}) = 1
$$

$$
R_1(\omega_\mathrm{s}) = \omega_\mathrm{s}
$$

$$
V_{i-1} = \sum_{i=1}^{L} \omega_\mathrm{s} S_{i-1}(\omega_\mathrm{s}) S_{i-2}(\omega_\mathrm{s}) \rho_\mathrm{s}^2
$$

$$
D_i = \sum_{s=1}^{L} R_i(\omega_s)^2 \rho_s^2
$$

$$S_i(\omega_s) = R_i(\omega_s)/D_i^{1/2}$$
$$R_i(\omega_s) = \omega_i S_{i-1}(\omega_s) - V_{i-1}S_{i-2}(\omega_s)$$

对于分子多项式，令 $\rho_s^2 = 1$；对于分母多项式则令 $\rho_s^2 = |\hat{h}(\mathrm{j}\omega_s)|^2$。

（4）模态参数的确定

频响函数被拟合成由正交多项式表示的有理分式之后，为求取极点和留数，需进行系数转换，得到分子分母均用幂多项式表达的有理分式频响函数。

主要有两种方法实现上述转换，第一种直接利用 Forsythe 正交多项式产生的递推关系推导出来，另一种则再一次使用最小二乘法分别拟合出分子分母系数。前一种方法由公式直接推导出，精度高；后一种方法需要求解线性方程，计算量较大，而且当拟合的模态阶数较高时（N_0大于 6），因计算误差会使方程求解不可靠。故采用直接推导的方法。

根据 Forsythe 正交多项式定义，正交多项式与幂多项式之间存在以下转换关系：

$$\begin{Bmatrix} p_0(\mathrm{j}\omega) \\ p_1(\mathrm{j}\omega) \\ p_2(\mathrm{j}\omega) \\ \vdots \end{Bmatrix} = \begin{bmatrix} A_{11} & 0 & \cdots & 0 \\ A_{21} & A_{22} & & \cdots \\ A_{31} & A_{32} & A_{33} & \\ \vdots & & & \vdots \end{bmatrix} \begin{Bmatrix} (\mathrm{j}\omega)^0 \\ (\mathrm{j}\omega)^1 \\ (\mathrm{j}\omega)^2 \\ \vdots \end{Bmatrix} = A \begin{Bmatrix} (\mathrm{j}\omega)^0 \\ (\mathrm{j}\omega)^1 \\ (\mathrm{j}\omega)^2 \\ \vdots \end{Bmatrix} \tag{4-80}$$

式中：

$$\boldsymbol{A}_{11} = \frac{1}{D_0}$$
$$\boldsymbol{A}_{21} = 0$$
$$\boldsymbol{A}_{22} = \frac{1}{D_0 D_1}$$
$$\boldsymbol{A}_{ik} = (A_{i-1,k-1} + V_i \boldsymbol{A}_{i-2,k})/D(i = 3,4,\cdots;k = 1,2,\cdots,i)$$

因此相应的分子或分母幂多项式的系数 $\boldsymbol{\gamma}$ 可由下式求得：

$$\boldsymbol{\gamma} = \boldsymbol{c}\boldsymbol{A} \tag{4-81}$$

式中，$\boldsymbol{c}$——原正交多项式系数；

$\boldsymbol{A}$——转换矩阵。

在得到分子分母均为幂多项式的有理分式后，使用 MATLAB 中的 Residue 函数获得极点和留数，利用极点值便可求出对应的固有频率 ω_n和阻尼比 ζ，计算公式如下：

$$\begin{aligned} \omega_\mathrm{n} &= |s_r| \\ \zeta &= -\mathrm{real}(s_r/\omega_\mathrm{n}) \end{aligned} \tag{4-82}$$

式中，s_r——系统的第 r 个极点。

选用适当的振型归一方法，求出标准化振型 $\{\psi_r\}$ 及相应的模态质量，并由 $k_r = \omega_\mathrm{n}^2 m_r$ 求出模态刚度。

（5）拟合实现与拟合实例

如图 4－26 所示为正交多项式模态参数整体拟合流程图。由于锤击试验所得为加速度频响 $H_\mathrm{a}(\omega)$，因此有必要将其转换为位移频响 $H(\omega)$，转换公式为 $H(\omega) = -H_\mathrm{a}(\omega)/\omega^2$。在模态参数辨识过程中用户需要交互地输入关注频率范围及要拟合的模态阶数。拟合后还可以对模态参数进行优化，优化流程图见图 4－27

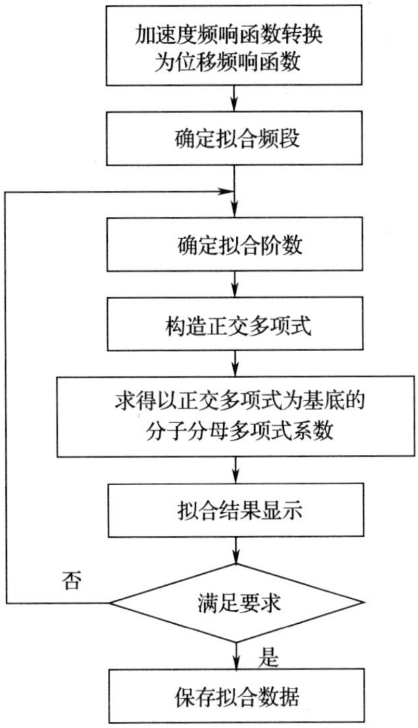

图 4-26　模态拟合流程图

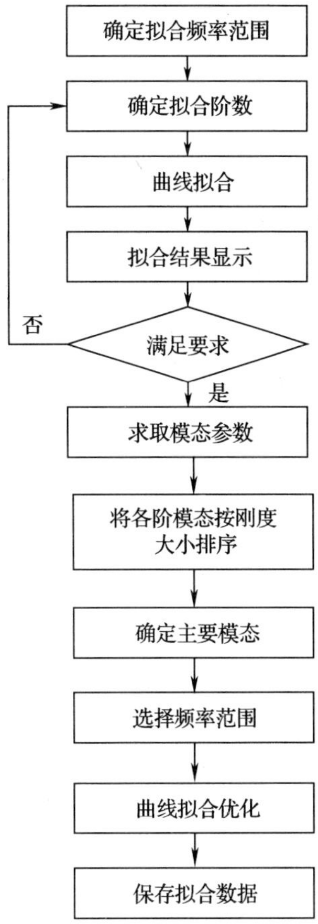

图 4-27　模态拟合优化流程

①Hardinge 车床频响函数拟合：

采用上述辨识算法拟合后生成 FRF 与实测 FRF 对比如图 4-28 所示，图中显示二者吻合良好。表 4-4 为正交多项式算法与 ME'scopeVES 软件拟合结果对比。

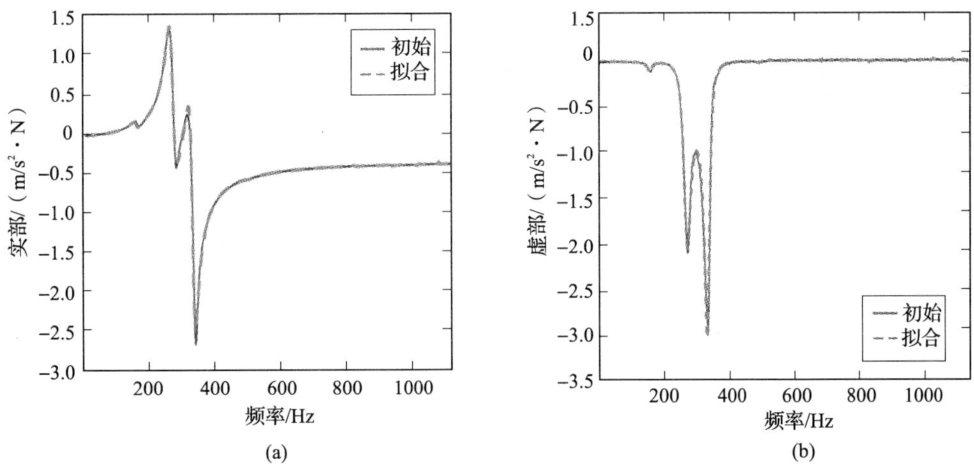

图 4-28　Hardinge 车床实测频响与拟合频响对比

表 4-4　不同算法对 Hardinge 车床频响函数拟合结果对比

模态阶次	正交多项式			ME'scopeVES		
	f/Hz	ζ	留数	f/Hz	ζ	留数
1	274.2	0.040	16.7 - 147.1i	267.6	0.037	30.6 - 115.1i
2	330.3	0.030	-29.5 - 181.8i	329.3	0.038	53.4 - 210.2i

②SAJO 铣床原点频响拟合：

采用上述辨识算法拟合后生成 FRF 与实测 FRF 对比如图 4-29 所示，图中显示二者吻合良好。表 4-5 为正交多项式算法与 ME'scopeVES 软件拟合结果对比。

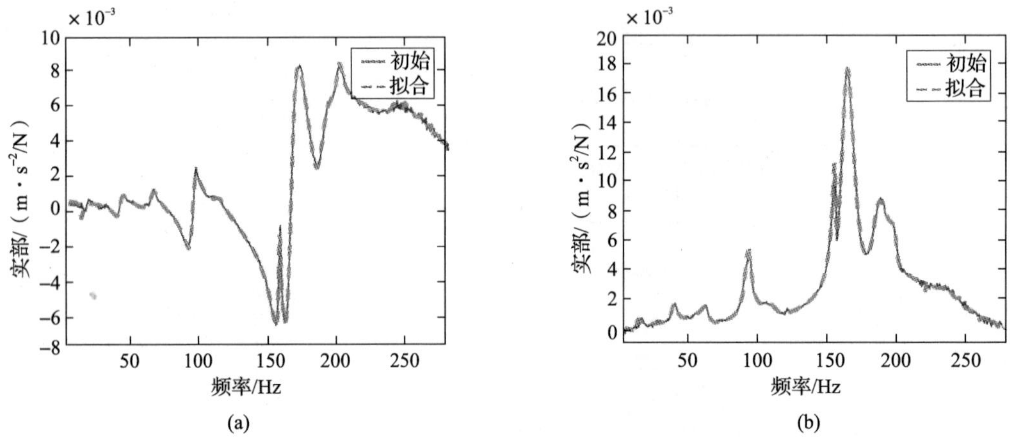

图 4-29　SAJO 铣床原点频响与拟合频响对比

表 4-5　不同算法对 SAJO 铣床频响函数局部拟合后的部分模态参数结果对比

模态阶次	正交多项式			ME'scopeVES		
	f/Hz	ζ	留数	f/Hz	ζ	留数
1	9.0	0.051	-0.007 +0.001i	9.5	0.060	-0.006 +0.008i
2	43.2	0.060	-0.003 +0.018i	45.6	0.064	-0.005 +0.008i
3	59.9	0.024	-0.114 +0.018i	60.9	0.046	-0.077 +0.027i
4	65.3	0.038	-0.006 +0.020i	92.3	0.017	-0.051 +0.071i

4.5　数控机床加工动力学特性测试分析系统 DynaCut

4.5.1　测试系统结构设计

DynaCut 系统是笔者所在课题组根据以上原理开发的面向数控机床动态特性测试与分析系统，由硬件和测试分析软件两部分构成，其中硬件包冲击锤、加速度计、数据采集卡和便携式计算机等，系统结构图如图 4-30 所示，硬件连线示意图如图 4-31 所示。

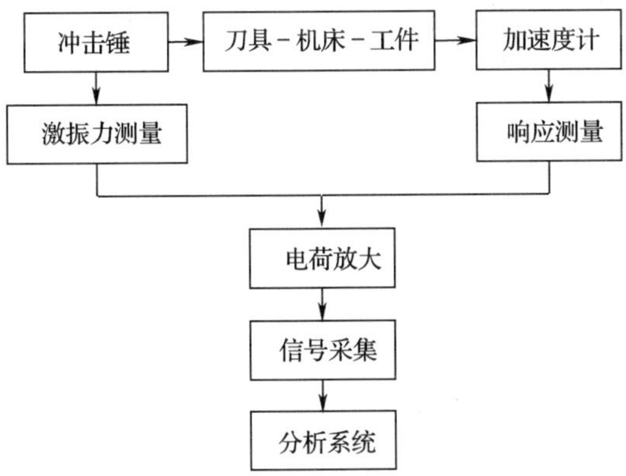

图 4－30　系统结构图

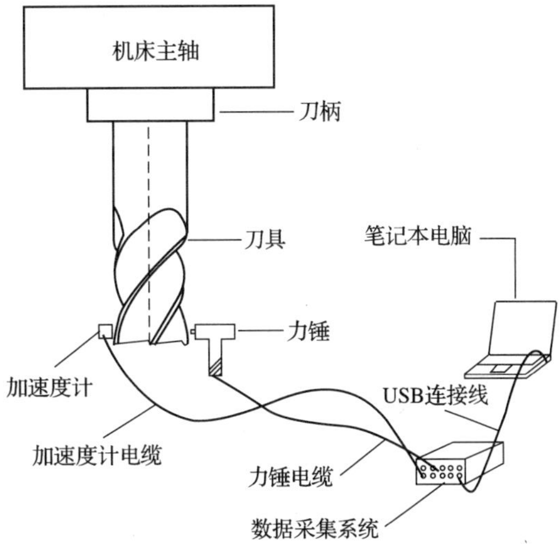

图 4－31　系统硬件连线示意图

通过使用力锤给系统施加激励，力传感器测量输入的激振力，压电式加速度计测量刀尖的振动响应；集成于数据采集盒内的电荷放大器将两路传感器输入的电荷信号进行放大、转换和滤波以提高信噪比；数据采集卡完成对信号数据的放大、A/D 转换并通过 USB 总线把测量数据传递给计算机；计算机是分析处理数据的核心，以计算机为平台运行 Labview 软件，完成数据的分析处理工作。

DynaCut 系统包括铣削力测试、数据回放、冲击试验、传函分析、模态辨识、噪声测试等 6 个功能模块，其功能框图如图 4－32 所示。冲击试验模块主要通过触发采样的方式采集并显示试验过程中力与加速度响应的时域信号，对其作 FFT 分析与功率谱分析，得到

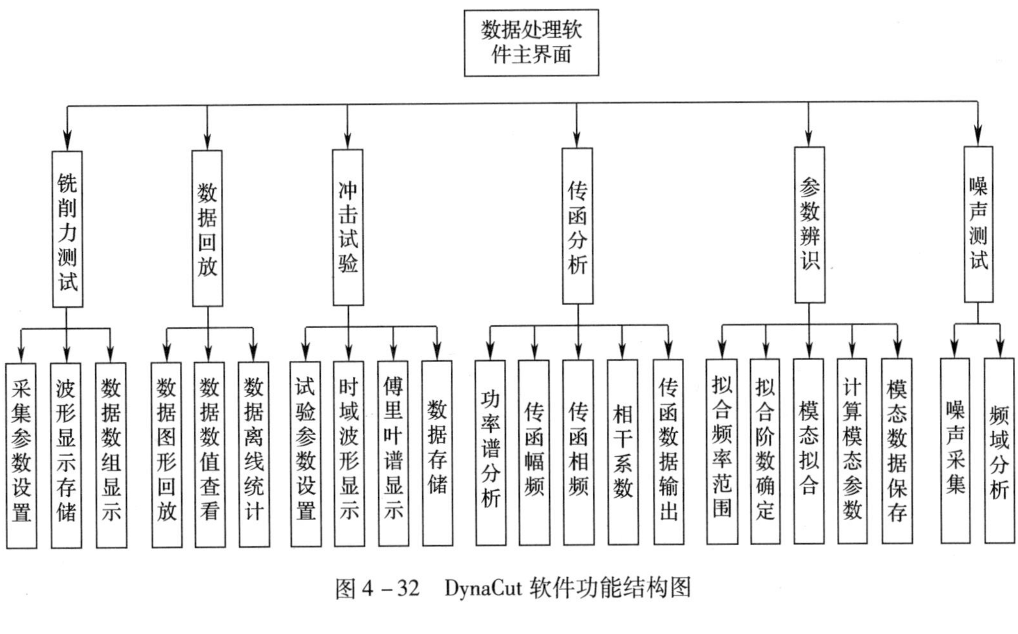

图 4－32　DynaCut 软件功能结构图

信号的频域特性。传函分析模块通过对被测系统的输入信号与输出信号作频率响应分析，以获得系统对信号的传递特性，包括幅频特性和相频特性等，其分析原理如图 4 - 33 所示。模态分析模态则采用正交多项模态参数整体拟合方法获得被测对象的模态参数，这是一种频域分析方法。

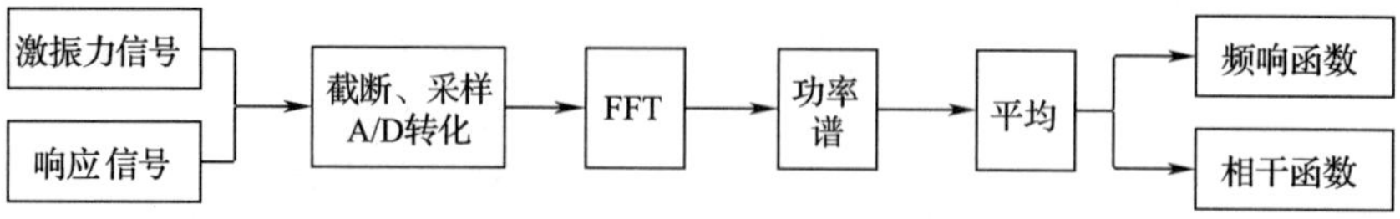

图 4 - 33　传函分析原理图

4.5.2　DynaCut 系统应用

（1）软件系统安装与启动

DynaCut 软件系统的安装非常简单，只需按使用说明进行操作便可。待软件安装完毕之后，将加密狗插入到笔记本电脑中的 USB 接口中并双击桌面上的 DynaCut 图标，就可以启动该软件，待软件启动后便进入图 4 - 34 所示的主功能界面。

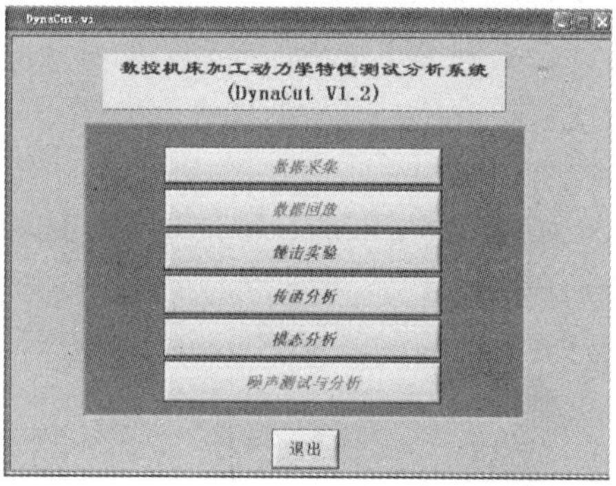

图 4 - 34　DynaCut 软件系统主功能界面

（2）硬件系统搭建

测试系统硬件接线示意图如图 4 - 31 所示，其实物连线图如图 4 - 35 所示。搭建及配置具体步骤如下：

①把力锤信号连接线和加速度传感器的信号连接线与双通道数据采集盒连接，力锤电缆连接到带“圆点”标识的接线端上（即左边的接线柱），加速度计电缆连接另一接线端，需拧紧，不得松动。

②用胶泥把加速度计牢固地粘在刀尖上，加速度计底座轴线需与数控机床 X 或 Y 轴平行，加速度计底座粘在刀尖接近平面处。

③把软件加密锁接到便携式计算机 USB 接口上。

④将数据采集盒放稳，用所带的 USB 连接线将数据采集盒与便携式计算机连好。

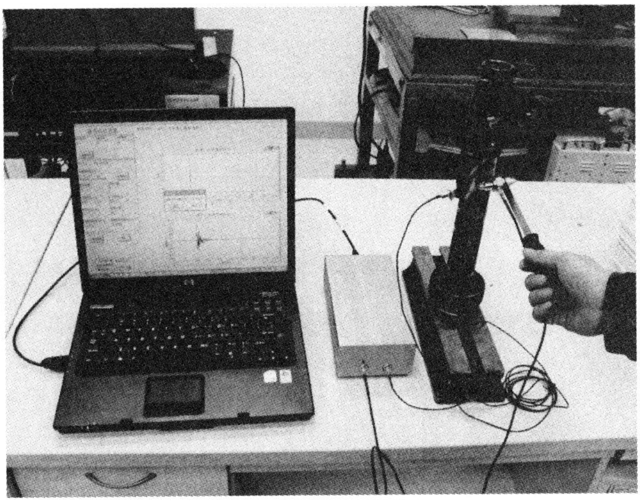

图 4 – 35　DynaCut 硬件系统连接实物图

（3）锤击试验

在进行锤击试验之前应进行必要的准备工作，包括建立用于保存试验数据的文件夹、设置试验相关信息（见图 4 – 36）和采样参数（见图 4 – 37）后，就可以进行锤击试验。在每次敲击时，应波形显示界面中显示的力和响应波形来确定敲击的有效性（如果如测试效果较好就确认，否则应取消重敲）。力和响应时域波形效果好坏判断方法一致，波形分为触发部分和非触发部分，触发应只有一个瞬态脉冲信号并伴有短暂衰减，非触发部分应为一条横线，且与 0 轴重合（见图 4 – 38）。如出现非触发部分毛刺较严重（见图 4 – 39）或出现较大波纹（见图 4 – 40），或时域波形在两个位置处出现脉冲（连击）（见图 4 – 41），或采集到的响应信号不完整（见图 4 – 42）则认为测试效果不好，需要重敲。

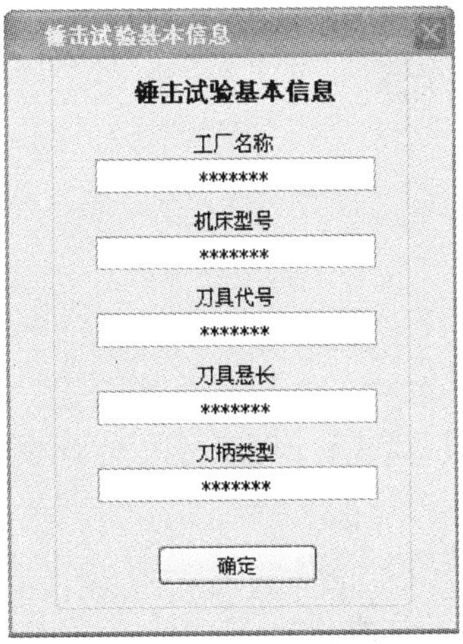

图 4 – 36　锤击试验基本信息

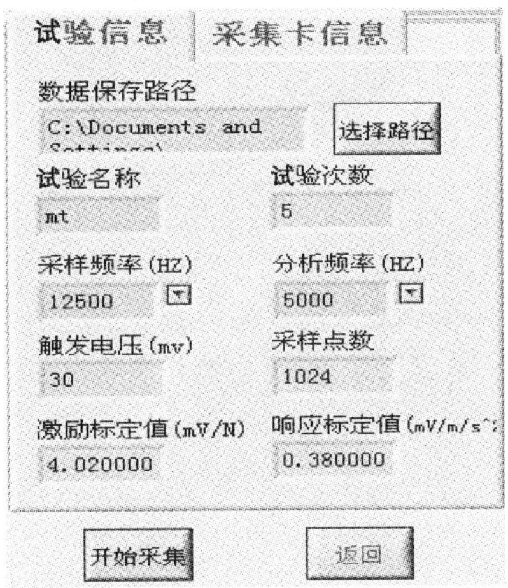

图 4 – 37　锤击试验采样参数设计

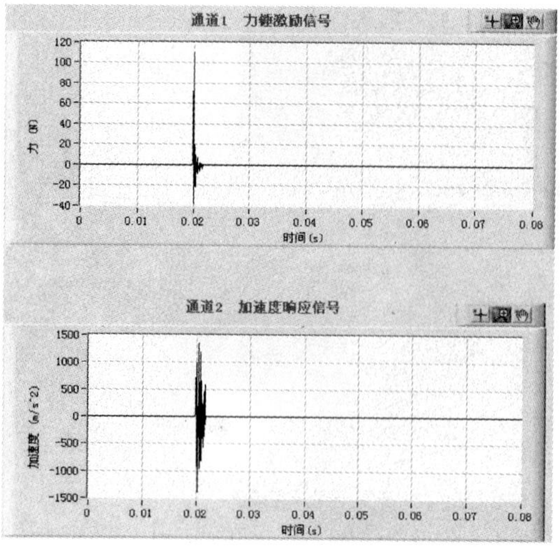

图 4－38　有效的锤击信号

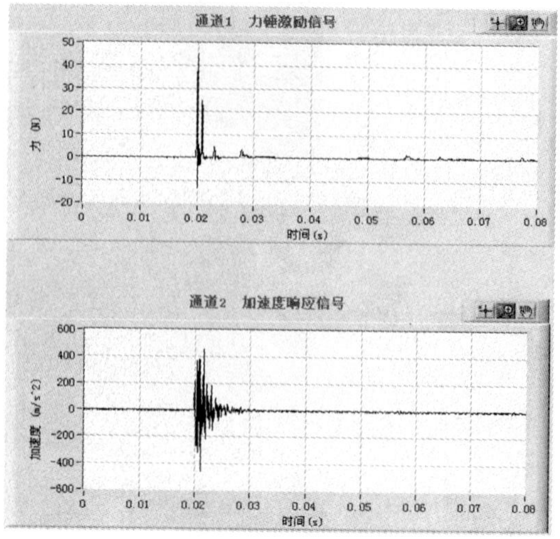

图 4－39　波形带有毛刺锤击信号

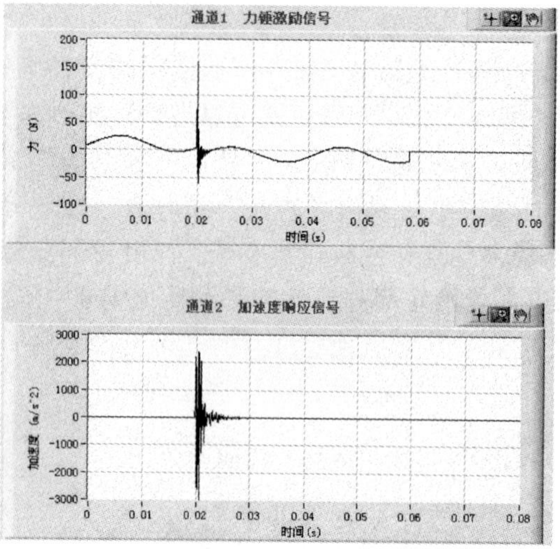

图 4－40　激励信号带有波纹

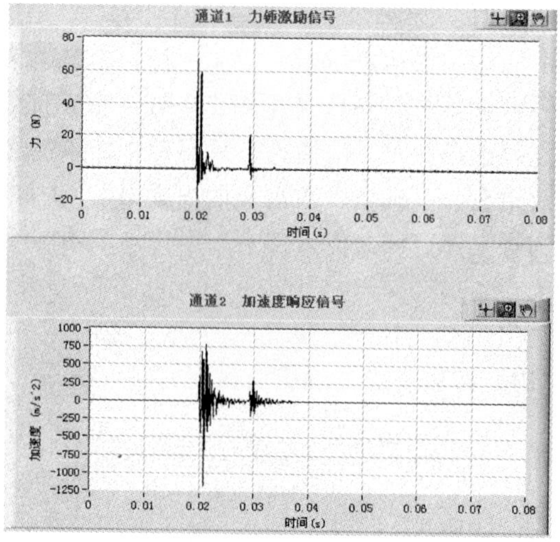

图 4－41　连击现象

（4）传函分析

传函分析功能完成对采样数据进行处理以获得被测系统的传递函数文件。传函分析界面如图 4－43 所示，界面左侧显示进行锤击试验时所设置的采样参数设置信息，包括试验次数、采样频率、分析频率、采样点数、时间间隔、频率间隔。界面右侧上半部分显示加速度传函，速度传函，位移传函的幅频曲线和相频曲线；下半部分显示激励信号与响应之间的相干系数，如相干系数在加速度传函幅频曲线顶点处对应的值大于 0.8，则表示得到的传递函数是可信的，否则说明有噪声干扰，需重新进行锤击试验。点击“传函数据保存”按扭进行数据保存，同时保存加速度传函、速度传函以及位移传函 3 个文件。系统所保存的传函文件包括频率、传函实部和传函虚部等内容。

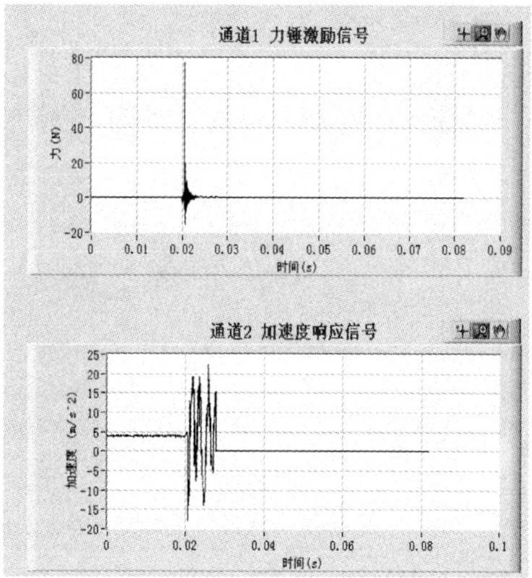

图 4－42　采样信息不完整

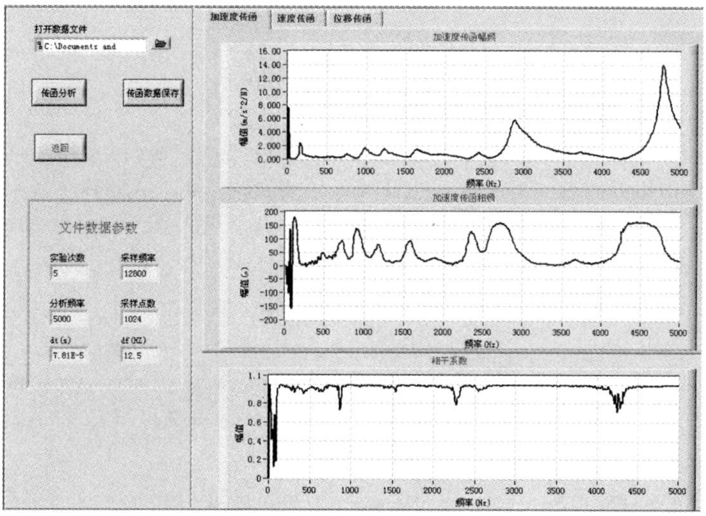

图 4－43　传函分析界面

（5）模态参数拟合

利用锤击试验得到的频响函数可以拟合出被测系统的模态参数，拟合界面如图 4－44 所示。模态参数拟合主要包括频响函数文件条用、频率范围设定、拟合阶数及优化拟合阶数设置和具体拟合，拟合后还可以对已拟合的阶数进行优化。最后拟合的模态参数以数据文件形式保存，可供动力学仿真时使用。

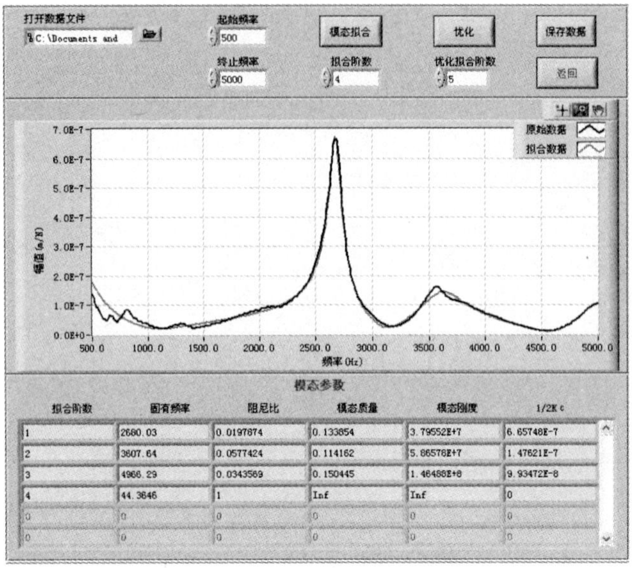

图 4－44　模态参数拟合界面

参 考 文 献

［1］傅志方，华宏星．模态分析理论与应用［M］．上海：上海交通大学出版社，2000.

［2］Kelly L G. Handbook of numerical methods and application［M］. Addison－Wesley Publishing Company，1967.

［3］李德葆，陆秋海．工程振动试验分析［M］．北京：清华大学出版社，2004.

［4］曹树谦，张文德，萧龙翔．振动结构模态分析：理论、试验与应用［M］．天津：天津大学出版社，2001.

［5］Liu Q，Liu X H，Lu M B，Wu W j. Dynamic analysis on linear motor drive unit based on multi－modes motion［C］. 2010 International Conference on Computer，Mechatronics，Control and Electronic Engineering，CMCE 2010，2010，4：460－463.

［6］Liu Q，Qi C，Yuan S M，Ou G. Modeling and control of hi－performance motion system［C］. Proceedings of the World Congress on Intelligent Control and Automation（WCICA），2008，388－393.

［7］王延忠，周元子，刘强等．直线电机驱动的加工中心导轨副动力学特性分析［J］．中国机械工程，2008，19（13）：1574－576.

［8］许丹，刘强．基于结合面建模的数控机床动力学联合仿真研究［J］．机械设计与制造，2008，（3）：9－11.

［9］金晓亮，刘强，袁松梅等．基于虚拟仪器的数控机床动态特性测试与分析系统研究［J］．制造技术与机床，2007，（6）：77－80.

［10］张明华，刘强，袁松梅等．主轴单元参数化建模、分析与优化设计［J］．机械科学与技术，2008，27（2）：225－229.

［11］姚延风，刘强，吴文镜等．基于刚柔－机电耦合的机床直线电机进给系统动态性能仿真研究［J］．振动与冲击，2011，30（1）：191－196.

［12］杨毅青，刘强等. 基于正交多项式和稳定图的密集模态参数辨识［J］. 振动、测试与诊断，2010，30（4）：429－433.

［13］杨毅青，刘强等. 基于实验模态分析的集中参数法建模［J］. 振动、测试与诊断，2010，30（6）：621－625.

［14］LI Z Q，LI S，Chen Y Z. Receptance Coupling for End Mill Using 2－section Step Beam Vibration Model［C］. Proceedings of the IEEE 2009 Second International Conference on Intelligent Computation Technology and Automation，2009，（2）：160－163.

第 5 章　数控铣削加工切削参数优化

数控切削加工过程优化主要包括数控编程优化、切削刀具优化和切削参数优化等几个方面。其中，切削参数的优化对切削效率、加工质量和制造成本具有重要的影响。通常，数控加工工艺人员采用经验方法选择切削参数，即根据机床和刀具厂商推荐，结合已有经验或试切方法，确定实际应用的切削参数。这种经验方法简便易用，能快速得到可用的切削参数，满足正常进行数控加工的需要。但是由于缺乏理论指导和优化工具，难以充分考虑数控加工过程中机床、刀具和零件等多方面的约束，获得合理的、优化的切削参数，从而影响了数控机床（特别是高性能数控机床）性能、效率的充分发挥。此外，经验方法难以预知和避免切削颤振的发生（尤其是在高速切削加工时），加工中易出现颤振现象导致零件表面切削振纹严重，损坏刀具甚至机床主轴。因此，切削参数的合理选择与优化，直接关系到能否安全和有效地使用刀具与机床，对提高加工效率、零件加工精度及表面质量、降低生产成本具有重要的作用。

5.1　切削参数优化技术概述

5.1.1　数控切削加工过程优化

由于机床、刀具、夹具、切削液、切削工艺和切削用量等众多因素均会对切削质量和加工效率产生影响，数控切削加工过程优化问题本质上是一个多因素影响问题。通常意义的数控切削加工过程优化主要涉及数控编程、刀具和切削用量等方面。数控编程优化主要是指走刀路径策略的优化，例如，在高速切削加工编程中，应采用合适的走刀路径和方法尽可能保持恒定的切削负载、高的切削线速度和高的进给速度，从而实现高的材料去除速率和加工精度。实际应用策略如螺旋下（走）刀、摆线下（走）刀、赛车道方式走刀、拐角处先插铣等，如图 5 - 1 所示为 Delcam 公司的 PowerMill 给出的一些高速加工策略。切削刀具优化则包括刀具材料优选、表面涂层应用和刀具结构及几何参数优化等，以提高刀具的切削性能。例如，通过对刀具长径比、铣刀上齿间角等参数进行优化来提高切削过程中刀具系统的动刚度，避免产生颤振；通过刀具材料和表面涂层与被切削材料的适配，提高刀具寿命。切削用量（即切削参数）优化则是通过对切削三要素（切削速度、进给量和背吃刀量）为设计变量来建立优化模型，在机床、刀具、工件材料及加工要求等约束条件下，按给定的优化目标，求解出优化的切削用量（参数）。

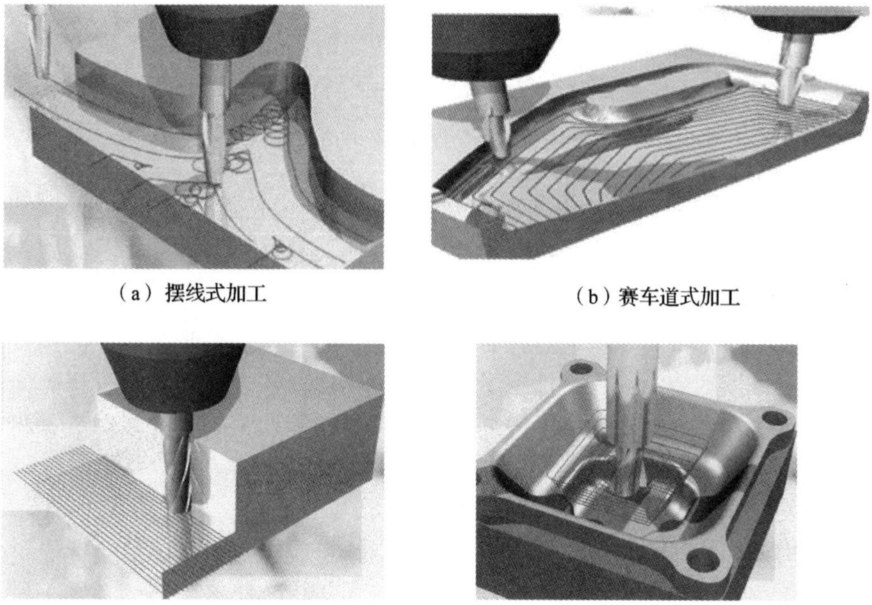

（a）摆线式加工　（b）赛车道式加工

（c）全侧刃铣削　（d）三维偏置精加工

图 5－1　几种典型的高速切削走刀轨迹优化策略

5.1.2　数控加工切削参数优化技术

通常，数控加工切削参数来源主要有以下 3 个渠道：切削手册、生产实践资料和切削试验。切削手册提供的数据来源相对广泛、条理性较强，但针对性和准确性不强、信息量小且更新慢、检索查阅不便。生产实践资料针对性较强，但数据分散，缺乏规律性。切削试验数据具有很强的针对性，易获取给定条件下的可用切削参数，但试验易受客观条件限制，数据量有限，不易获得优化参数。为提高加工质量和效率、降低生产成本，相继提出面向数控切削加工过程的各种切削参数优化技术。

目前的切削参数优化主要分为定参数优化和变参数优化两种形式。所谓定参数优化是指设计参数在一道工序中保持不变，反之称为变参数优化。定参数优化研究内容主要是利用已有的经验数据，以加工效率、加工成本和加工质量中的一个或多个为目标，建立数学模型，然后选用合适的寻优算法为特定零件的某一道工序选择一组固定的最佳参数，主要包括进给量、主轴转速等，它主要适用于零件在该工序中切削条件变化不大的情况。变参数优化则是通过仿真等手段对切削加工过程中的切削力、变形、振动、加工稳定性等物理量和物理现象等进行预测，并以此为依据在约束范围内寻找特定目标的最优化加工参数。对铣削加工来说，要进行切削参数优化，建立有关铣削过程的动力学模型是基础和前提条件（有关这一部分的内容在第 2 章和第 3 章已进行了详细叙述，请参见有关章节），而建立合适的优化模型并解算则是问题的关键所在。

随着新材料、新工艺的不断涌现，切削加工尤其是高速切削加工的切削参数优化研究在优化目标、优化模型和优化方法等 3 方面分别朝着以下 3 个方向发展。

（1）由高速切削向高性能切削方向发展

众所周知，高速切削机床只是提供了一个高转速的工作平台，而实现大切深高效铣削和超精密镜面铣削则在一定程度上标志着高速切削两个重要的发展方向。实现高性能切削不仅可以体现加工效率、质量和成本3者之间的完美组合，而且也有利于充分利用现有的加工资源并保护加工环境。

（2）通过构建更为通用的优化模型来提高模型的适应性

目前，有关数控切削加工的优化模型基本上以切削参数为设计变量，但研究对象大多是要针对特定的机床、工件材料和工件特征，本质上只能算是一种工序优化，优化模型的通用性不够，实用性有限。未来的研究需要在优化空间上作进一步拓展，优化目标由单目标、少目标向多目标延伸；优化设计变量由工序优化向工艺过程和生产过程延伸；优化设计的约束由机床单约束向包括机床、刀具、工件、冷却等相关因素的多约束方向延伸；优化设计的信息流由单机向基于Web的切削加工参数优化系统延伸。

（3）优化方法向智能优化方向发展

随着优化模型考虑的约束越来越复杂，从连续变量到离散变量，从线性优化到非线性优化，从静态优化到动态优化，使优化计算工作量和优化全局最优解的矛盾更加突出。近年来在广泛应用遗传算法和一些改进遗传算法的基础上，着眼于群体智能优化的研究越来越多，以蚁群算法和粒子群算法为代表的智能优化方法，通过个体之间的互动协作搜寻全局最优解，不仅鲁棒性能好，而且适于解决动态优化问题，使优化方法在智能化方面迈出了一大步，有力地推动了切削加工工艺优化研究的进一步发展。

5.2 切削参数优化模型

5.2.1 目标函数及优化问题分类

每个优化问题，都有一个或多个设计目标。在优化问题中，可以用设计变量的函数来描述的设计目标称为目标函数（Objective Function）。当给定一组设计变量值时，就可计算出相应的目标函数值。因此，在优化设计中，可以用目标函数值的大小来衡量设计方案的优劣。优化设计的目的就是要求所选择的设计变量使目标函数值达到最佳值。

实际工程应用中，优化设计所追求的目标不尽相同，可能是各式各样的。当目标函数只包含一项设计指标的极小（大）化时，称之为单目标优化问题（Single - objective Optimization Problem，SOP）。当目标函数包含多项设计指标的极小（大）化时，称之为多目标优化问题（Multi - objective Optimization Problem，MOP）。单目标优化设计问题的，由于指标单一，易于衡量设计方案的优劣，求解过程比较简单明确。而多目标问题则比较复杂，而且多个指标常常相互制约甚至相互往往构成矛盾，很难或者不可能同时达到极大极小值。

实际工程优化问题大多数属于多目标优化范畴，目标之间一般是互相冲突的。多目标优化问题又称多准则优化问题（Multi - criteria Optimization Problem），多性能优化问题（Multi - performance Optimization Problem）或矢量优化问题（Vector Optimization Problem）。

多目标优化问题可描述为求：的数学表达式为：

$$\begin{aligned}&\boldsymbol{x} = [x_1, x_2, x_3, \cdots, x_n]^{\mathrm{T}}\\&\min f(\boldsymbol{x}) = \{f_1(\boldsymbol{x}), f_2(\boldsymbol{x}), \cdots, f_m(\boldsymbol{x})\}\\&\mathrm{s.t}\cdot \boldsymbol{x} \in S = \{x \mid g_j(\boldsymbol{x}) \leqslant 0, j = 1,2,\cdots,p\}\end{aligned} \tag{5-1}$$

式中：$\boldsymbol{x}$——设计变量；

n——设计变量个数；

$f(\boldsymbol{x})$ ——目标函数；

m——目标函数个数；

$g(\boldsymbol{x})$ ——约束条件函数；

p——约束条件个数。

建立评价指标与设计变量之间的数学关系亦即确定目标函数，是优化设计的前提和关键，所确定的目标函数应能较为准确地反映客观问题的本质。

下面以数控铣削加工为例进行讨论。对铣削加工而言，切削参数优化的目标函数可选择为最大生产率、最低加工成本、最大经济利润及可变综合目标函数等几方面。

（1）最大生产率

最大生产率指单位时间内生产尽可能多的工件，或生产单个工件花费尽可能少的时间。单个零件的生产时间可表示为：

$$T_{\mathrm{u}} = T_{\mathrm{p}} + T_{\mathrm{L}} + T_{\mathrm{a}} + T_{\mathrm{m}} + T_{\mathrm{c}} \tag{5-2}$$

式中：T_{p}——准备时间，$T_{\mathrm{p}} = T_{\mathrm{s}}/N_{\mathrm{b}}$，$T_{\mathrm{s}}$为一批零件的总准备时间，$N_{\mathrm{b}}$为批量数；

T_{L}——装卸时间；

T_{a}——调节时间；

T_{m}——加工时间；

T_{c}——换刀时间。

如果铣削整个切削深度需要N_{p}层加工，那么单件产品的总生产时间可表示为：

$$T_{\mathrm{u}} = \frac{T_{\mathrm{s}}}{N_{\mathrm{b}}} + T_{\mathrm{L}} + \sum_{i=1}^{N_{\mathrm{p}}} \left(T_{\mathrm{a}i} + T_{\mathrm{m}i} + T_{\mathrm{d}} \frac{T_{\mathrm{m}i}}{T_{\mathrm{life}}} \right) \tag{5-2}$$

式中，T_{d}为换刀时间；T_{life}为刀具寿命。在某些条件下，T_{s}、T_{L}、$T_{\mathrm{a}i}$和 T_{d}为常数。因此，T_{u}可表示为加工层数 N_{p}、每层切削深度 $a_{\mathrm{p}i}$、材料去除速率和刀具寿命 T_{life}的函数。

对铣削而言，材料去除速率 MRR 可表示为轴向切削深度 a_{p}、径向切削深度 a_{e}、主轴转速 n、每齿进给量f_{t}及铣刀齿数 N 的函数：

$$\mathrm{MRR} = nNa_{\mathrm{p}}a_{\mathrm{e}}f_{\mathrm{t}} \tag{5-3}$$

刀具寿命 T_{life}定义为刀具的平均更换时间，根据著名的泰勒公式，刀具寿命可表示为：

$$T_{\mathrm{life}} = \frac{K_{\mathrm{tool}}}{V_{\mathrm{c}}^{\sigma 1} f_{\mathrm{t}}^{\sigma 2} a_{\mathrm{p}}^{\sigma 3}} \tag{5-4}$$

式中：K_{tool}，$\sigma 1$，$\sigma 2$，$\sigma 3$——分别为正常数，通常采用统计方法确定。

（2）最低加工成本

最低加工成本指以最低的生产成本来加工工件。单件生产成本可表示为：

$$C_{\mathrm{u}} = C_{\mathrm{mat}} + C_{\mathrm{m}} + C_{\mathrm{f}} + C_{\mathrm{c}} + C_{\mathrm{t}} \tag{5-5}$$

式中：C_{mat}——单件材料成本；

C_m——单件制造成本；

C_f——机床空闲成本；

C_c——换刀成本；

C_t——单件刀具成本。

当整个铣削加工被分成 N_p 层粗加工和一层精加工时，单件制造成本可表示为：

$$C_m = (C_{mt} + C_h)\left[\frac{L_{ts}}{n_s N f_{ts}} + \sum_{i=1}^{N_p-1}\frac{L_{tr}}{n_{ri} N f_{tri}}\right] \tag{5-6}$$

式中：C_{mt}——单位时间机床使用费用；

C_h——单位时间人工成本；

n_s——精加工主轴转速；

n_{ri}——第 i 层粗加工主轴转速；

f_{ts}——精加工每齿进给量；

f_{tri}——第 i 层粗加工每齿进给量；

L_{ts}——精加工层的刀具路径长度；

L_{tri}——粗加工层的刀具路径长度。

（3）最大利润

最大利润是指单位时间获得的最大利润值，可表示为产品的销售价格与成本之差与生产时间的比值：

$$P_r = \frac{S_u - C_u}{T_u} \tag{5-7}$$

式中：S_u——单个零件销售价格；

C_u——单件生产成本；

T_u——单件生产时间。

（4）多目标优化

多目标优化设计问题理论上要求各分目标都能达到最优，但实际应用中常常存在各个分目标相互制约或对立，难以兼顾的问题。为此，需对各个分目标进行协调，做出必要的“让步”，以得到对各自分目标要求都比较接近的、比较好的最优方案。

实现多目标优化的方法很多。传统的多目标优化方法是将各个子目标函数 $f_1(x)$，$f_2(x)$，…，$f_m(x)$ 聚合成一个带正系数的单个函数 $F(x)$，系数由决策者决定，或者由优化方法自适应调整。该单个函数可表示为：

$$F(x) = f(f_1(x), f_2(x), \cdots, f_m(x)) \tag{5-8}$$

该方法是把多目标函数的优化问题转变为单目标函数的最优化问题来求解。为使各个分目标函数能均匀一致趋向各自的最优解，采用线性加权组合法，即引入加权因子，用加权因子乘以各分目标函数，以综合考虑各分目标函数在相对重要程度方面的差异和量纲上的差异。因此，统一目标函数可表示为：

$$F(x) = \sum_{i=1}^{m} w_i f_i(x) \tag{5-9}$$

式中：w_i——第 i 项目标的加权因子，其值由目标函数的数量级和重要程度决定。

对于加权因子 w_i的选取，要求比较准确地反映各个分目标对整个多目标问题的重要程度和对各自不同的估价和折中。因此加权因子 w_i的作用体现在两个方面：一方面可以通过选取适当的 w_i，使各分目标函数值在数量级上大体相当，以获得较好的优化效果；另一方向通过选取适当的 w_i，以体现各分目标函数在设计准则上的重要程度，突出主要的设计目标。

事实上，目标函数的确定非常复杂，需要根据制造企业的实际情况来确定。不同企业或同一企业的不同生产阶段，切削参数优化的目标函数应有所区别。通常，对于战争时期或重要型号攻关时期的军工企业，加工效率成为首要优化目标，而加工成本则不是主要考虑的问题；对于和平时期市场经济下的民用制造企业来说，则需要兼顾效率和效益，应采用综合目标函数。

对于数控铣削加工而言，若采用多目标线性加权方式进行切削参数优化，得到的综合优化模型如下：

$$F(x) = w_1 \frac{\mathrm{MRR}_0}{\mathrm{MRR}(x)} + w_2 \frac{C_\mathrm{u}(x)}{C_{\mathrm{u}0}},\ w_1 + w_2 = 1 \tag{5-10}$$

式中：w_1，w_2——分别为加工效率与加工成本的权值；

MRR_0，$C_{\mathrm{u}0}$——分别为优化前的材料去除速率和加工成本。

5.2.2　设计变量

在建立优化模型时，目标函数是由一组参数来表达的。这些参数中，有些是给定的，称为已知量。另一些是要在优化过程中确定的，也就是说要设计的，称为设计变量（Design Variable）。通常，一组设计变量对应着一组设计方案。

（1）设计变量的表达方式

设计变量通常用 x_1，x_2，…，x_n表示，它们构成一个 n 维的列矢量 x，即：

$$x = \{x_1, x_2, \cdots, x_n\}^\mathrm{T} \tag{5-11}$$

设计变量 x 从数学意义上讲代表的是一个 n 维空间 E^n，每个分量 x_i分别代表 n 维空间的一维。而 x 的任一取值 x' 代表该空间中的一个点。

（2）设计变量的选取

设计变量的选取一般应遵循以下原则：

①应选取与目标函数有直接或间接联系的，且对目标函数有较大影响的变量作为设计变量。

②设计变量应该是相互独立的。如果选取不独立的变量作为设计变量，实际上是令其独立，而丢掉了它们之间的相互关系，优化结果将不符合实际。

③应尽量选取有实际意义的无量纲量作为设计变量。

④在足以描述设计问题的前提下，应充分分析各设计变量的主次，减少设计变量的数目，使优化设计问题简化。

对铣削过程优化而言，切削用量主要包括：主轴转速 n（r/min）、切削速度 V_c（m/min）、每齿进给量f_t（mm/z）、每转进给量f_r（mm/r）、进给速度 V_f（mm/min）、轴

向切深 a_p（mm）和径向切深 a_e（mm）。其中，当铣刀直径为 D 时，切削速度 V_c 与主轴转速 n 之间存在如下关系：

$$V_c = \frac{n\pi D}{1000} \tag{5-12}$$

每齿进给量 f_t、每转进给量 f_r、进给速度 V_f 之间存在如下关系：

$$\begin{cases} f_r = Nf_t \\ V_f = nf_r = nNf_t \end{cases} \tag{5-13}$$

由式（5-12）、式（5-13）可知，对第 i 层铣削而言，相互独立的设计变量共有 4 个，它们分别为：n_i，f_{ti}，a_{pi}，a_{ei}；对于整个型腔铣削而言，设计变量为：n_i，f_{ti}，a_{pi}，a_{ei}（$i=1, 2, \cdots, N_p$）

（3）设计变量处理

从理论上讲，在无约束优化设计问题中，设计变量的变化是连续的，变化区间可以从负无穷到正无穷。但是在工程实际中，设计变量的变化区间是有限制的，即有：$x_{min} \leqslant x_i \leqslant x_{max}$（$i = 1, 2, \ldots, n$）。在由设计变量构成的正交轴系中，以各个设计变量的变化区间所界定的空间称为探索空间，或称为变量空间。

在同一优化问题中，同时参与优选的各设计变量的数值在量级上可能相差悬殊。如果在寻优过程直接使用这些设计变量的真实值，计算误差会严重影响数量级小的变量，从而造成失真。为避免发生这种情况，有必要通常将设计变量进行变换，即将设计变量的真实值转换为变量区间的相对值，使各个设计变量的变化范围均在 0 ~ 1 区间内。这一过程被称为设计变量的标准化。

设变量 x_i 的变化区间为［A，B］，则在优化设计问题中，可以用 x_{ri} 来取代 x_i，而 x_{ri} 的变化区间为［0，1］。即有：

$$x_{ri} = \frac{1}{B-A}x_i - \frac{A}{B-A} \tag{5-14}$$

因此，在实际的优化模型求解时，采用设计变量 $\bar{X}_r$：

$$\bar{X}_r = \{x_{r1}, x_{r2}, \cdots, x_{rn}\}^T \quad (i = 1,2,\cdots,n) \tag{5-15}$$

5.2.3 约束条件

从纯数学的角度讲，无约束优化问题不仅存在，而且还是约束优化问题的基础。但是，在工程实际中，任何优化设计都是有限制条件的。这些限制条件在优化设计中被称为约束条件（Constraint Conditions）。只有满足所有约束条件的优化设计方案才是可行方案。

约束条件一般分为两类，一类是等式约束，另一类为不等式约束。即：

$$\begin{cases} g_i(x) \leqslant 0 \text{ 或 } g_i(x) \geqslant 0 \quad (i = 1,2,\cdots,r) \\ h_j(x) = 0 \quad (j = 1,2,\cdots,t) \end{cases} \tag{5-16}$$

式中：r 为不等式约束的数目，t 为等式约束的数目。

将等式约束转换成不等式约束，可得到约束条件的一般性表达式为：

$$g_i(X) \leqslant 0 \quad (i = 1,2,\cdots,p) \tag{5-17}$$

所有约束条件将设计空间分为满足约束条件和不满足约束条件两部分，$g_i(x) = 0$ 为其边界。而满足约束条件的设计空间（可行设计空间）是一个闭集，记作 $R=\{X \mid g_i(x) \leqslant 0,\ i=1, 2, \dots, m\}$，优化设计将在 R 内进行。在优化设计中，如果漏掉一个或几个约束条件，也就是说人为地将设计中的某个或几个限制条件去掉，实际上是将可行设计空间扩大了，则优化设计所得出的最佳设计方案可能是一个不可行设计方案。

如图 5－2 所示，铣削加工过程中切削参数优化的约束条件包括机床约束、刀具约束、工件约束等几大类约束条件。

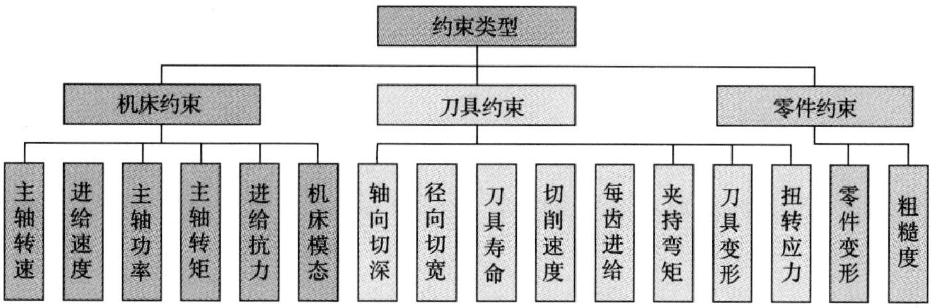

图 5－2　切削优化的约束条件

（1）切削力约束

对由机床、刀具、夹具等所组成的铣削工艺系统来说，加工所产生的切削力都不能超过其许用值。否则，过大的切削力轻则引起零件因加工变形而超差，重则导致刀齿脱落、刀具折断、机床主轴轴承被烧坏等一系列危害。切削力约束条件可表示为：

$$F \leqslant F_{\max} \tag{5-18}$$

式中，F 为瞬时切削力，$F_{\max}$ 为最大允许切削力。对于圆柱螺旋铣刀立铣加工而言，其 3 向瞬时切削力如式（5－19）所示。其他形式的铣刀或铣削方式的瞬时切削力则可通过铣削过程动力学仿真获得。

$$\begin{cases} F_x(\phi) = \sum\limits_{j=1}^{N} \dfrac{f_t R}{4\tan\beta}\left[-K_{tc}\cos 2\phi_j(z) + K_{rc}\left(2\phi_j(z) - \sin 2\phi_j(z)\right)\right]_{z_{jl}(\phi)}^{z_{ju}(\phi)} \\ F_y(\phi) = \sum\limits_{j=1}^{N} -\dfrac{f_t R}{4\tan\beta}\left[K_{tc}\left(2\phi_j(z) - \sin 2\phi_j(z)\right) + K_{rc}\cos 2\phi_j(z)\right]_{z_{jl}(\phi)}^{z_{ju}(\phi)} \\ F_z(\phi) = \sum\limits_{j=1}^{N} -\dfrac{K_{ac} f_t R}{\tan\beta}\left[\cos 2\phi_j(z)\right]_{z_{jl}(\phi)}^{z_{ju}(\phi)} \end{cases} \tag{5-19}$$

式中：$z_{ju}(\phi)$，$z_{jl}(\phi)$ ——刀齿 j 切削部分轴向接触部分的上限和下限。

（2）加工稳定性约束

数控铣削加工过程中（尤其是高速铣削时），当工艺系统的刚性较弱时，如果所使用的切削参数不合理，极易引发切削颤振。颤振是发生在切削加工过程中的一种自激振动，轻则在加工表面留下振纹，使工件尺寸超差，重则对刀具、机床等造成损害。在机床、刀具和装夹方式已经确定的情况下，工艺系统的加工稳定性约束条件可表示为轴向切深、径向切深和主轴转速的函数，亦即可用颤振稳定性叶瓣图表示。由于加工系统的稳定性与切削参数之间的关系很难显式表示，所以只能通过颤振稳定性仿真来获取稳定性叶瓣图，而稳定切削所使用的切削参数只能在由轴向切削深度、径向切削深度、主轴转速组成的曲面下方（稳定切削区）选择。有关三维颤振稳定域图形构成方法与步骤，请参见第3章有关章节。

（3）切削功率约束

作用在主轴上的瞬时铣削功率 P_c 需要通过切削力 F_t 由下式计算，其取值必须小于机床能提供的功率。切削功率约束条件可表示为：

$$P_c = \frac{\pi}{60000}DnF_t \leqslant P_e\eta_s \tag{5-20}$$

式中：P_e——机床主轴电机能提供的功率；

η_s——机床效率。

机床主轴电机能提供的功率可查阅机床的功率扭矩图（见图5-3）。在切削力仿真过程中，通过计算出的瞬时切向切削力和瞬时切削线速度可得到瞬时切削功率和累积平均功率。

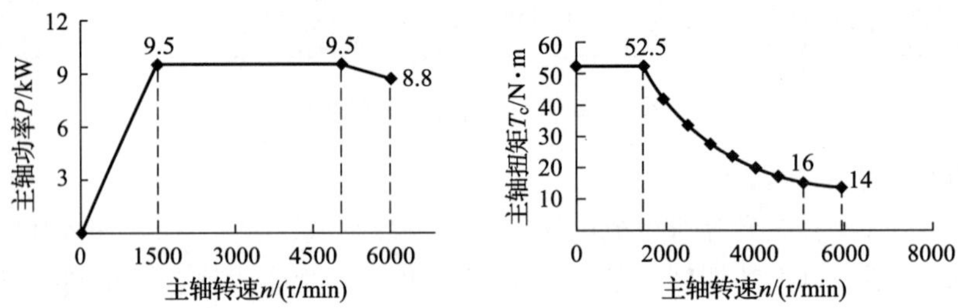

图5-3　某机床的功率扭矩曲线图

（4）主轴扭矩约束

作用在主轴上的瞬时铣削扭矩 T_c 可通过切向力 F_t 由下式计算得到，主轴扭矩约束条件可表示为：

$$T_c = \frac{DF_t}{2000} \leqslant T_t \tag{5-21}$$

式中，T_t 为机床能提供的扭矩（可查阅机床的功率扭矩图）；D 为铣刀直径。在切削力仿真时，通过铣刀半径和计算出的瞬时切向切削力可得到瞬时切削扭矩和平均累积扭矩。

（5）表面粗糙度约束

铣削尤其是精铣时零件的表面粗糙度直接决定其加工质量。根据经验公式，立铣时零件的表面粗糙度约束条件可表示为：

$$f_t \leqslant \sqrt{\frac{4DR_{amax}}{318}} \tag{5-22}$$

式中：f_t——每齿进给量值，mm；

R_{amax}——最大许用粗糙度值，μm；

D——铣刀直径，mm。

面铣时零件的表面粗糙度约束条件可表示为：

$$f_t \leqslant \frac{1}{318}(\tan(l_a) + \cot(c_a))R_{a\max} \tag{5-23}$$

式中：l_a——铣刀的导程角；

c_a——刀具的后角。

此外，也可以在优化模型采用表面粗糙度仿真程序计算给定切削参数下的表面粗糙度值。

（6）刀具变形量约束

在切削力作用下，刀具和工具都会发生变形，加工变形直接影响零件的加工质量。立铣加工中铣刀产生的变形主要取决于垂直于加工表面的径向力 F_r，立铣刀的变形将在工件表面产生形状误差，加工变形约束条件可表示为：

$$\delta = \frac{F_r l^3}{3EI} \leqslant \delta_{max} \tag{5-24}$$

式中：l——刀具悬伸长度；

E——刀具材料的弹性模量；

I——刀具的惯性矩；

δ——瞬时变形量；

δ_{max}——最大允许变形量。

当工件为薄壁零件时，则必须考虑工件在切削力作用下的变形量（可通过仿真获得）。

（7）切削速度约束

切削速度受机床和刀具与工件材料限制，其约束条件可表示为：

$$\max\left\{\frac{\pi D n_{min}}{1000}, V_{t\,min}\right\} \leqslant V_c \leqslant \min\left\{\frac{\pi D n_{max}}{1000}, V_{t\,max}\right\} \tag{5-25}$$

式中：n_{min}，n_{max}——分别为机床最低、最高允许主轴转速；

$V_{t\,max}$，$V_{t\,min}$——分别为特定刀具切削特定工件材料时的最大和最小允许切削速度，该数值可由刀具厂商推荐，下表所示为常见工件材料切削速度推荐值。

表 5-1　常见工件材料铣削速度

工件材料	硬度/HBS	铣削速度 V_c/（m/min）		工件材料	硬度/HBS	铣削速度 V_c/（m/min）	
		硬质合金铣刀	高速钢铣刀			硬质合金铣刀	高速钢铣刀
低、中碳钢	<220	80 ~ 150	21 ~ 40	工具钢	200 ~ 250	45 ~ 83	12 ~ 23
	225 ~ 290	60 ~ 115	15 ~ 36	灰铸铁	100 ~ 140	110 ~ 115	24 ~ 36
	300 ~ 425	40 ~ 75	9 ~ 20		150 ~ 225	60 ~ 110	15 ~ 21
高碳钢	<220	60 ~ 130	18 ~ 36		230 ~ 290	45 ~ 90	9 ~ 18
	225 ~ 325	53 ~ 105	14 ~ 24		300 ~ 320	21 ~ 30	5 ~ 10
	325 ~ 375	36 ~ 48	9 ~ 12	可锻铸铁	110 ~ 160	100 ~ 200	42 ~ 50
	375 ~ 425	35 ~ 45	6 ~ 10		160 ~ 200	83 ~ 120	24 ~ 36
合金钢	<220	55 ~ 120	15 ~ 35		200 ~ 240	72 ~ 110	15 ~ 24
	225 ~ 325	40 ~ 80	10 ~ 24		240 ~ 280	40 ~ 60	9 ~ 21
	325 ~ 425	30 ~ 60	5 ~ 9	铝合金	95 ~ 100	360 ~ 600	180 ~ 300

（8）每齿进给量约束

每齿进给量需要满足机床最大、最小进给速度要求，其约束条件为：

$$\frac{V_{\mathrm{f\,min}}}{Nn_{\max}} \leqslant f_{\mathrm{t}} \leqslant \frac{V_{\mathrm{fmax}}}{Nn_{\min}} \tag{5-26}$$

式中：$V_{\mathrm{f\,min}}$，$V_{\mathrm{f\,max}}$——分别为机床最低、最高允许进给速度；

$n_{\min}$，$n_{\max}$——分别为机床最低、最高允许主轴转速。

（9）轴向切削深度约束

轴向切深约束条件可表示为：

$$a_{\mathrm{pmin}} \leqslant a_{\mathrm{p}} \leqslant a_{\mathrm{pmax}} \tag{5-27}$$

式中：a_{pmin}，a_{pmax}——分别为最小、最大许用轴向切削深度，该值可由铣刀切削刃长度和待加工工件特征共同确定。

（10）径向切削深度约束

径向切削深度约束条件可表示为：

$$a_{\mathrm{emin}} \leqslant a_{\mathrm{e}} \leqslant a_{\mathrm{emax}} \tag{5-28}$$

式中：$a_{\mathrm{e\,min}}$，$a_{\mathrm{e\,max}}$——分别为最小、最大许用径向切深，可由铣刀直径和待加工工件特征共同确定。

（11）刀具耐用度约束

铣削加工刀具耐用度约束条件可表示为：

$$T_1 = \sqrt[m_0]{\left(\frac{C_v K_v D^{m_5}}{V f_{\mathrm{t}}^{\ m_1} a_{\mathrm{p}}^{m_2} a_e^{m_3} N^{m_4}}\right)} \leqslant T_{\mathrm{life}} \tag{5-29}$$

式中：C_{v}，K_{v}——常系数；

m_0，m_1，m_2，m_3，m_4，m_5——分别为与 f_{t}，a_{p}，a_{e}，N，D 有关的指数常数；

T_{life}——刀具许用耐用度。

（12）切削温度约束

切削温度直接影响刀具磨损和工件表面质量且制约加工效率。在加工钛合金、镍基合金等高级合金时，由于材料的热导率低，绝大部分切削热流向刀具，会造成严重的热应力。热应力会加速刀具的疲劳破坏和磨损过程，而一旦切削温度超过晶体的黏结极限，刀具会因晶体间黏结物的加速损失而迅速磨损。Lazoglu 等人使用有限差方法对铣削加工中刀具与切屑接触区的稳态温度场及瞬态温度变化进行了预测，并建议为保证刀具的使用寿命，硬质合金刀具的最高切削温度应低于 900℃，CBN 刀具的最高切削温度应低于 1200℃。切削温度与切削参数之间同样存在复杂的指数关系，切削温度约束条件可表示为：

$$T_{\mathrm{w}} = K_{\mathrm{w}} a_{\mathrm{p}}^{d_1} f_{\mathrm{t}}^{d_2} V^{d_3} \leqslant T_{\mathrm{w\ max}} \tag{5-30}$$

式中：K_{w}——温度修正系数；

d_1，d_2，d_3——分别表示 a_{p}，f_{t}，V 对切削温度影响程度的指数常数；

$T_{\mathrm{w\,max}}$——最大允许切削温度。

5.3 切削参数优化实现

建立优化模型后，选择优化方法就变得非常重要。目前，用于求解多目标（含单目标）优化模型最流行的方法主要有遗传算法（Genetic Algorithm）、粒子群算法（Particle Swarm Optimization）、蚁群算法（Ant Colony Optimization）、免疫算法（Immune Algorithm）、模拟退火（Simulated Annealing）和禁忌搜索（Taboo Search）等多种智能优化算法或其综合算法，具体算法请参见有关参考资料。此外，还有很多传统的优化算法如几何规划（Geometrical Programming），动态规划（Dynamic Programming），整数规划（Integer Programming）和图形技术（Graphical Technology）等可以使用。但随着约束条件的增多，切削参数优化问题就变得非常复杂。由于这些传统优化算法基本上是针对特定问题提出的，优化时容易陷于局部优化，难以满足实际工程的需要。下面将介绍两种分别针对高速加工和中低速加工较为实用的切削参数优化策略和实现方法。

5.3.1　高速铣削切削参数优化实现

对于前文所提到的多层铣削切削参数优化问题，鉴于铣削过程中的切削力、切削功率、扭矩、刀具寿命、颤振稳定性和切削温度等多个非线性约束条件的计算过程较为复杂、计算时间长，不适合在优化过程中进行迭代运算。因此，本书提出了一种基于优化思想，结合动力学仿真结果，相对简便的获取优化切削参数的方法。

（1）实现策略与方法

①径向切削深度 a_e确定：

径向切削深度 a_e由加工工艺确定，粗加工时可取 a_e为铣刀直径的 50% ~ 90%；精加工时可取 a_e为粗加工余量。

②主轴转速 n 确定：

根据颤振稳定域仿真结果确定主轴转速 n，并尽量在较大的稳定叶瓣中选取转速高、轴向切深大的点。若颤振稳定域图形中不存在较大的稳定性叶瓣，则应在稳定叶瓣下方选取。选择的主轴转速 n 必须同时满足主轴转速约束条件和切削速度约束要求。

③轴向切深 a_p初定：

选定 n 后，根据颤振稳定域图形和所已选定的 n 来确定 a_p，考虑到颤振稳定域仿真结果的相对准确性，从确保不发生颤振这一目的出发，所选取的 a_p不应太靠近稳定域边界线并应同时满足铣刀切削刃长度约束条件。

④加工层数 N_p确定：

根据总切削深度和初定的 a_p 计算出 N_p。分层时，在不增加切削层数的前提下，尽可能将切削用量均匀分配到每一层。假设某型腔铣要切除的余量深度为 3.6mm，为满足颤振稳定域约束条件需分 3 层加工（$N_p=3$），则每层 $a_p=1.2$mm。

⑤进给速度 V_f确定：

根据已确定的切削参数（a_e，n，a_p，N_p）并结合动力学仿真结果确定 V_f，V_f应满足切削力、切削功率、主轴转矩、表面粗糙度和切削温度等约束条件。

（2）具体实例

①基本信息：

在某三坐标立式加工中心（最高转速为 7500r/min，最大功率为 15.0kW，最大转矩为 100.0N · m）上粗铣如图 5 - 4 所示的航空整体件，所用刀具为直径 40mm、刀齿数为 4 的硬质合金整体铣刀，工件材料为 AL7075/T6，待加工零件型腔深度为 15.0mm，其切削力系数见表 5－2。粗铣时侧壁留 1.0mm 余量，底板不留余量，优化前所用参数见表 5－3。

图 5－4　使用优化切削参数加工出的航空结构件

表 5－2　AL7075/T6 切削力系数值（硬质合金铣刀）

K_{tc}/MPa	K_{rc}/MPa	K_{ac}/MPa	K_{te}/（N/mm）	K_{re}/（N/mm）	K_{ae}/（N/mm）
796.0	168.0	222.1	27.7	30.8	1.5

表 5－3　型腔铣优化前后切削参数对比

	主轴转速 n/（r/min）	进给速度 V_f/（mm/min）	径向切深 a_e/mm	轴向切深 a_p/mm	材料去除率 MRR/（cm^3/min）
优化前	2500	2000	36.0	2.0	144.0
优化后	6000	2678	36.0	3.8	373.7

如图 5－4 所示为采用上述策略和方法加工出的某航空结构件，如表 5－3 所示为其优化前后的切削参数对比。

②优化的切削参数确定：

如前文所示，采用硬质合金刀具加工铝合金材料基本上可不考虑刀具耐用度问题，因此粗加工的切削参数优化问题就变成了纯粹的以最大生产率为优化目标的单目标优化问题。下面将给出通过交互方式获得优化的切削参数详细步骤。

a. 通过仿真分析发现，通常情况下如果考虑加工稳定性约束条件，选择大的径向切削深度会获得较低的临界轴向切削深度，反之亦然，亦即以材料去除速率表示的切削效率对径向切削深度不敏感。因此，按常规工艺要求，将粗加工时径向切深设定为 90% 的铣刀直径，亦即 a_e = 36.0mm。

b. 对机床刀具系统进行动态特性参数测试，测得的 X、Y 方向的频响函数如图 5－5 所示，在此基础上进行颤振稳定域仿真，得到的颤振稳定性图形如图 5－6 所示。

c. 鉴于机床主轴的最高转速为 7500r/min，根据图 5－6 可将主轴转速选定为 n = 6000r/min，对应的轴向切深初定为 a_p = 4.0mm。考虑到整个型腔的深度为 15.0mm，故必须分 4 层加工（N_p = 4），将待加工深度均匀分配到每层，则对应的每层切削深度为确定为 a_p = 3.75mm。

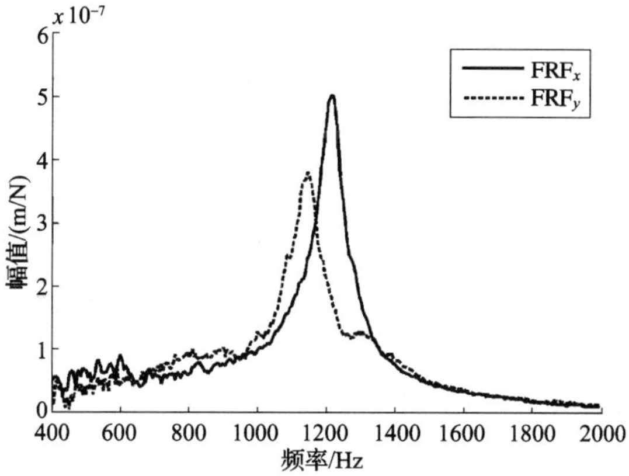

图 5－5　机床－刀具系统实测频响函数

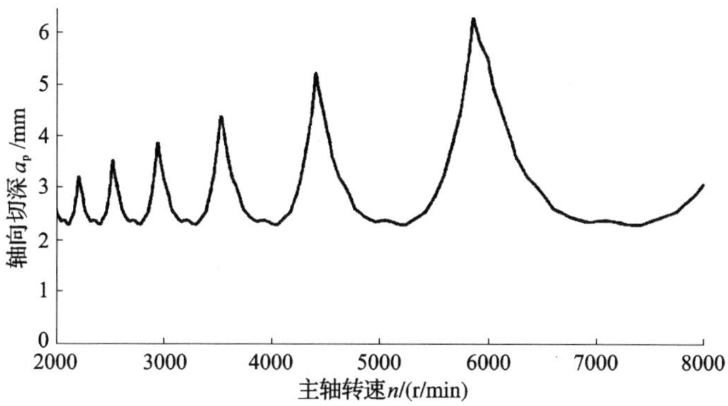

图 5－6　预测的颤振稳定性叶瓣图

d. 根据先前加工经验和粗加工所用刀具直径，将许用切削力设定为 500N，进而根据 $F_x \leqslant 500.0$ N，$F_y \leqslant 500.0$ N，$P_t \leqslant 15.0$ kW，$T_c \leqslant 100.0$ Nm 和底面粗糙度 $R_a \leqslant 12.8\mu m$ 等约束条件，由优化程序得到最高进给速度 $V_f = 2678$mm/min。

③优化结果对比：

优化前后切削参数对比如表 5－4 所示，采用优化后的参数进行切削未出现颤振和其他加工质量问题，加工出的零件如图 5－4 所示。表 5－4 显示，通过切削参数优化，粗加工时的材料去除率提高了 1.6 倍。

5.3.2　中低速铣削切削参数实现

（1）OptiCut 介绍

中低速铣削时，由于无需考虑切削稳定性（颤振稳定性叶瓣图）约束条件，因而其切削参数优化模型的求解要变得相对简单。根据前面介绍的有关铣削加工切削参数优化方面的相关理论，北京航空航天大学开发了中低速数控铣削加工切削参数优化系统 OptiCut，该软件的入口界面如图 5－7 所示。

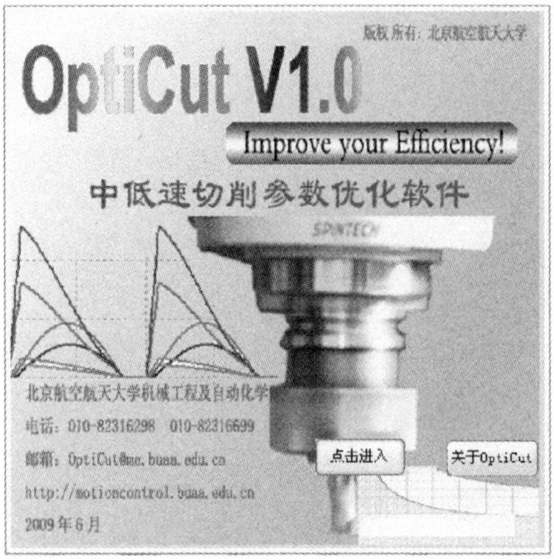

图 5－7　OptiCut 入口界面

图 5－8　OptiCut 切削参数优化界面

OptiCut 通过设定优化目标（材料去除速率、单位时间生产成本、综合优化）、设计变量（主轴转速、进给速度、轴向切削深度、径向切削深度）和约束条件（机床、刀具和工件等 3 大类约束），限定优化区间（主轴转速范围、进给速度范围、轴向切削深度范围、径向切切削深度范围）后，通过仿真计算获得满足约束条件下的最佳切削参数，见图 5－8。通过该系统，用户可以查看优化前后切削参数和切削效果对比（数据或时域图形）。图5－9 所示为刀具约束条件设置界面，图 5－10 所示为优化前后切削参数与切削效果对比。

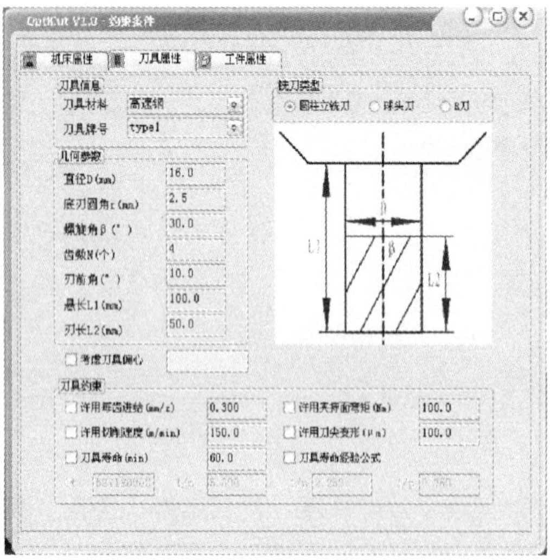

图 5－9　刀具约束条件设置界面

图 5－10　优化前后切削效果对比

（2） e－Cutting 介绍

北京航空航天大学开发了的数控切削加工动力学仿真与优化系统 e－Cutting 具有与 OptiCut 极为类似的功能，通过设定优化目标（材料去除速率、加工成本、综合优化）、约束条件（刀具属性、工件属性和约束设置），优化区间（主轴转速、进给速度、轴向切深围、径向切深），待优化参数（主轴转速、进给速度、轴向切深、径向切深）后，仿真计算获得满足约束条件下的最佳切削参数。其仿真主界面见图 5－11，刀具参数设置界面见图 5－12，约束条件设置界面见图 5－13，优化前后数据对比界面见图 5－14。

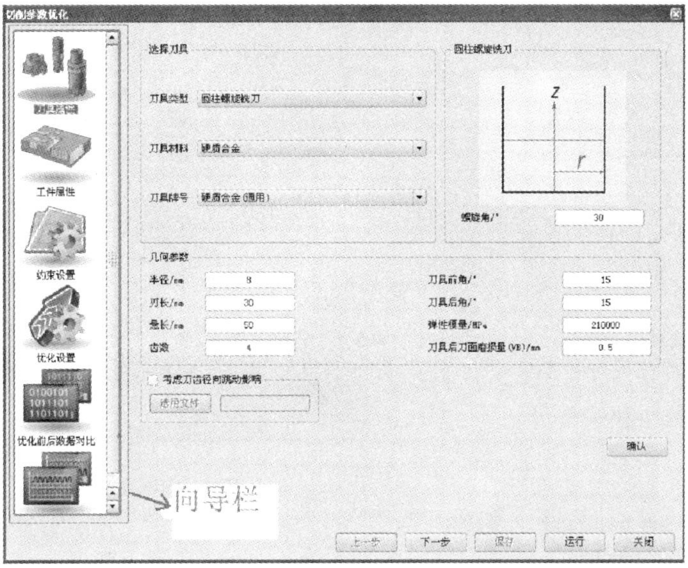

图 5－11　e－Cutting 仿真主界面

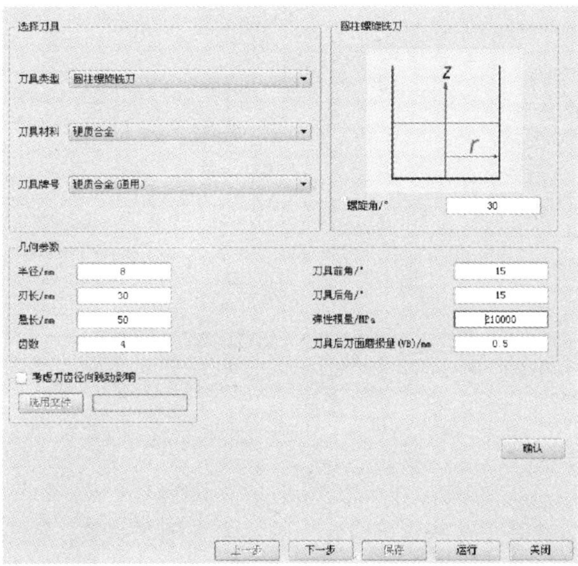

图 5－12　e－Cutting 中刀具参数设置界面

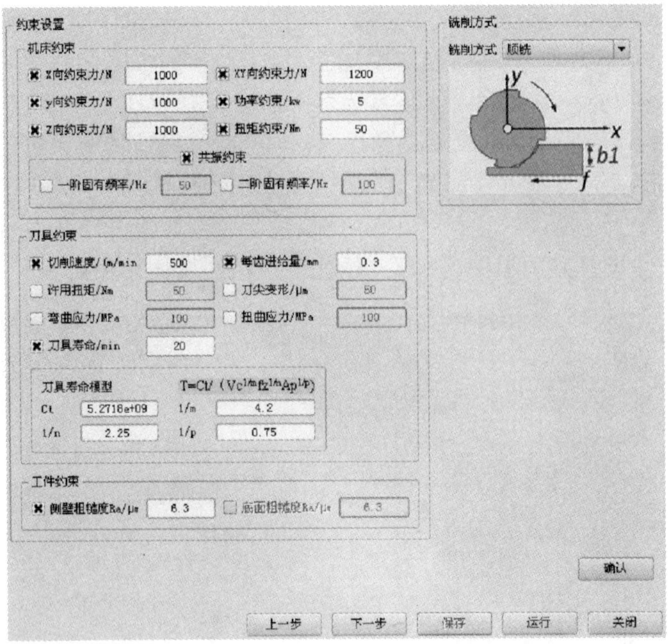

图 5 - 13　e - Cutting 中约束条件设置界面

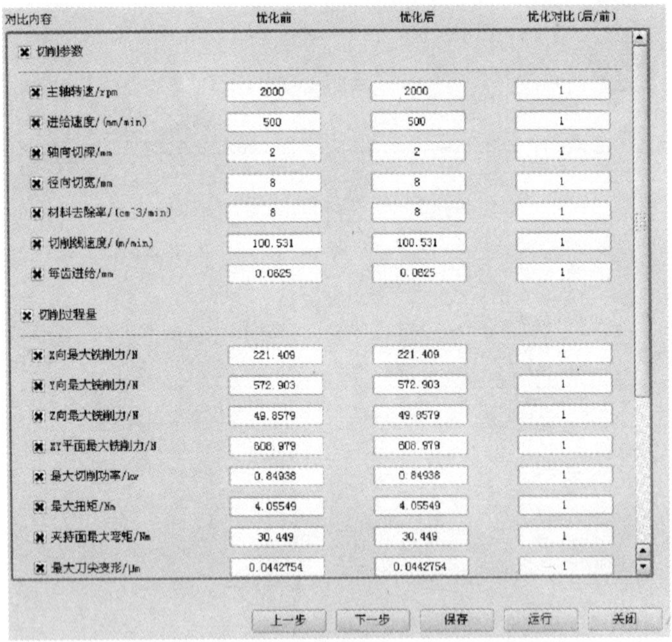

图 5 - 14　e - Cutting 中优化前后数据对比界面

（3）优化实例

为验证前面的算法及基于这些算法所开发的优化系统的功效，特别设计了一个具有多个典型加工特征的试件（试件模型如图 5 - 15 所示），分别使用 OptiCut 软件仿真获取的参数与著名刀具厂商山特维克推荐的切削参数在上海山特维克效率中心进行了对比切削试验。

①基本加工条件：

a. 机床：

德马吉 5 轴加工中心 DMU 80T，机床转速范围 20 ~ 18000r/min，最大进给速度 30000 mm/min；2200r/min 之前为恒扭矩 82 N · m，2200 ~ 15000r/min 之间为恒功率值为 19kW，15000 ~ 18000r/min 之间功率呈现线性衰减。

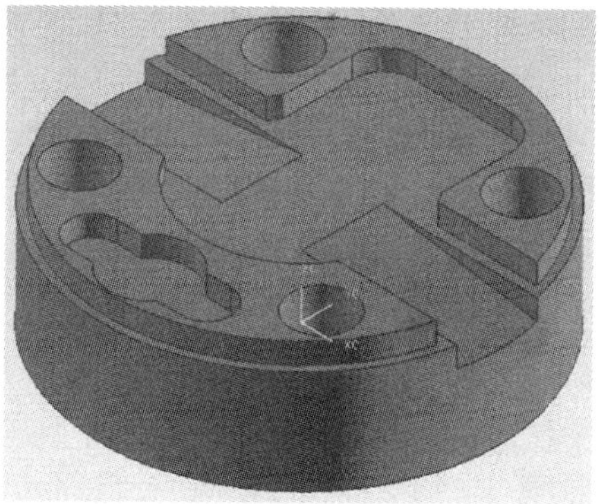

图 5 – 15　切削参数优化用零件三维模型

b. 刀具：

直径分别为 25.0mm、20.0mm、16.0mm 和 12.0mm 的山特维克镶片铣刀，刀片为 TiAlN 超多涂层刀片 1030。山特维克推荐的切削参数为：铣削 GH4169 时，切削线速度不超过 30 m，槽铣时每齿进给不超过 0.08mm，非槽铣时每齿进给不超过 0.12mm。

c. 工件材料：

镍基高温合金 GH4169（Inconel718）；硬度 43 ~ 44HRC；抗拉强度 1370 ~ 1380MPa；屈服强度 1160 ~ 1170MPa。

②加工方案：

加工方案如表 5 – 4 所示。

表 5 – 4　切削参数优化实例用加工方案

工步	加工区域	切削用刀具	加工内容
1	A	ϕ20 两齿镶片铣刀	铣外圆至 ϕ96
2	B	ϕ12 单齿镶片铣刀	铣圆槽
3	C	ϕ12 单齿镶片铣刀	铣圆形凸台
4	D	ϕ16 两齿镶片铣刀	扩外圆
5	E	ϕ16 两齿镶片铣刀	摆线铣槽
6	F	ϕ20 两齿镶片铣刀	等高槽铣及扩边
7	G	ϕ25 镶片插铣刀	插铣
8	H	ϕ20 两齿镶片铣刀	清侧壁
9	I	ϕ12 单齿镶片铣刀	轮廓铣削
10	J	ϕ20 两齿镶片铣刀	斜坡铣削
11	K	ϕ12 单齿镶片铣刀	铣圆孔
12	L	ϕ16 两齿镶片铣刀	槽铣

③优化效果对比：

仿真优化前，零件材料去除速率 MRR 在 0.19 ~ 4.30cm^3/min 之间，利用 OptiCut 进行切削参数优化后，最高材料去除速率提高到 6.0cm^3/min，提高幅度为 12% ~ 378%，仿真优化前后各工序切削效率如下表所示，优化前后加工出的样件以及加工典型特征时的切削力对比分别如图 5 – 16 和图 5 – 17 所示。结果显示，通过采用切削参数优化技术，在确保零件加工质量的前提下，无论是理论上的材料切除率（MRR）还是实际切削效率（切削时间）都得到了显著提高（见表 5 -5）。

表 5 -5 优化前后切削参数及切削效果对比

工序名称	主轴转速 /(r/min)	切削速度 /(m/min)	进给速度 /(mm/min)	每齿进给量/mm	切深 /mm	切宽 /mm	MRR /(cm^3/min)	效率提高	加工时间/s	时间缩短/s
铣外圆	480	30	96	0.1	5	3	1.44	12%	285	32
铣圆槽	780	29	55	0.07	2	12	1.32	339%	1123	107
铣内台	780	29	60	0.08	5	3	0.9	259%	353	287
扩内圆	600	30	120	0.1	5	2	1.2	219%	273	290
摆线铣槽	600	30	120	0.1	5	1.5	0.9	378%	1215	710
槽铣扩边	480	30	50	0.05	5	20	5	16%	165	9
插铣	380	30	40	0.05	5	5	1	16%	187	27
铣斜坡	480	30	60	0.06	5	20	6	40%	219	62
螺旋铣孔	780	29	60	0.08	5	10	3	30%	38	13
等高槽	600	30	70	0.06	5	16	5.6	30%	285	20

（a）优化前

（b）优化后

图 5 -16 优化前后加工零件实物对比

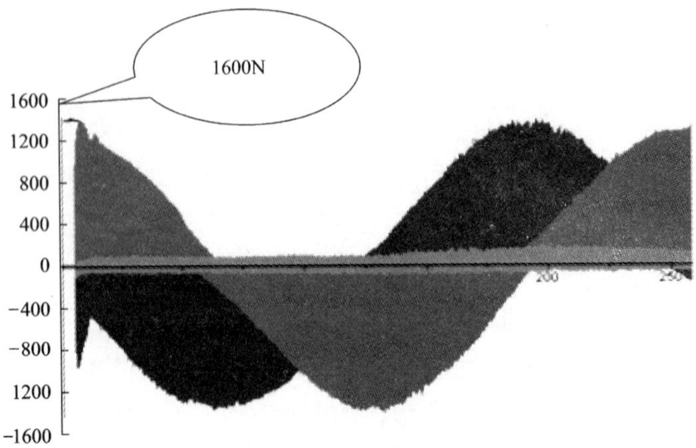

(a)优化前外圆铣削力

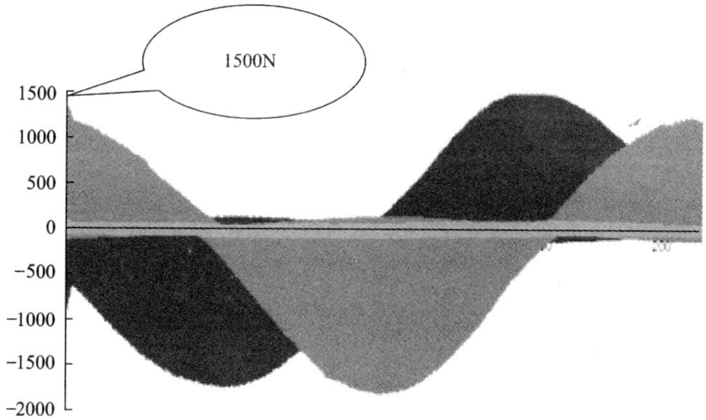

(b)优化后外圆铣削力

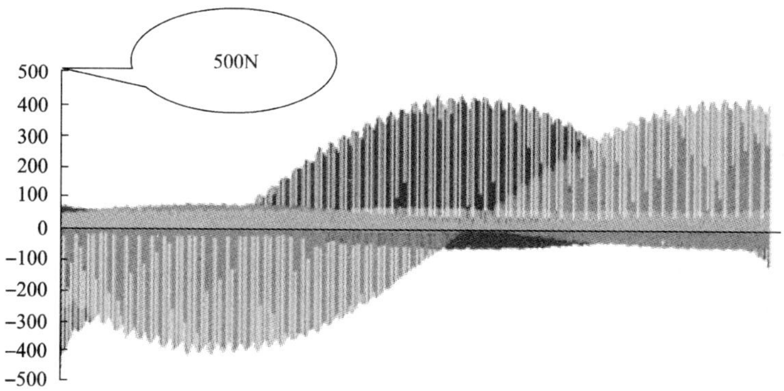

(c)优化前内圆铣削力

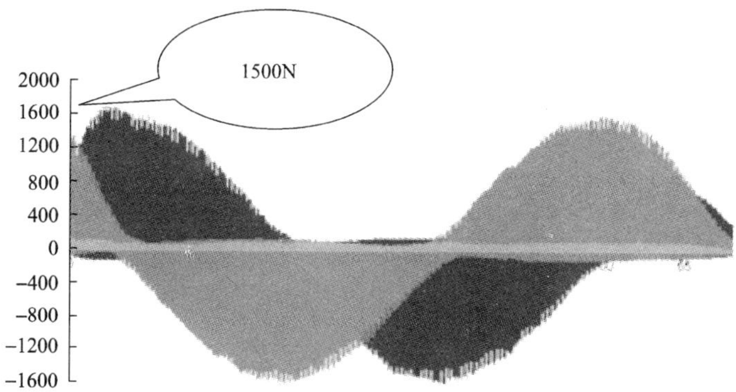

(d)优化后内圆角铣削力

图 5－17　优化前后切削力对比

参考文献

[1] 李绍明．机械加工工艺基础［M］．北京：北京理工大学出版社，1993.

[2] 许祖德．国外金属切削数据库概况［J］．工具技术，1986，20（1）：1－3.

[3] 张幼祯．金属切削理［M］．北京：航空工业出版社，1988.

[4] PowerMill Machining Features http：//www. delcam. com. cn.

[5] 卢金火．模具数控加工中的走刀方式和切削方向的选择［J］．汽车工艺与材料，1998，（10）：13－15.

[6] 孙全平，廖文和．基于摆线的高速铣削刀轨生成算法研究［J］．机械制造，2003，41（5）：12－14.

[7] Franci C，Uros Z. Approach to optimization of cutting conditions by using artificial neural networks［J］. Journal of Materials Processing Technology，173（3）：281－290.

[8] Franci C，Joze B. Optimization of cutting process by GA approach［J］. Robotics and Computer Integrated Manufacturing，2003，19（1－2）：113－121.

[9] Suresh P V S，Rao P V，Deshmukh S G. A genetic algorithmic approach for optimization of surface roughness prediction model［J］. International Journal of Machine Tools & Manufacture，2002，42（6）：675－680.

[10] Juan H，Yu S F，Lee B Y. The optimal cutting parameter selection of production cost in HSM for SKD61 tool steels［J］. International Journal of Machine tools & Manufacture，2003，43（7）：679－686.

[11] Choudhury S K，Appa Rao I V K. Optimization of cutting parameters for maximizing tool life International［J］. Journal of Machine Tools & Manufacture，1999，39（2）：343－353.

[12] Henriques，Elsa. Towards the integration of process and production planning：An optimization model for cutting parameters［J］. International Journal of Advanced Manufacturing Technology，2008，28（1－2）：117－128.

[13] Palanisamy P，Rajendran I，Shanmugasundaram S. Optimization of machining parameters using genetic algorithm and experimental validation for end－milling operations［J］. International Journal of Advanced Manufacturing Technology，2007，32（7－8）：644－655.

[14] 刘海江，黄炜．基于粒子群算法的数控加工切削参数优化［J］．同济大学学报：自然科学版，2008，36（6）：803－806.

[15] 张青，陈志同，张平．基于粒子群算法的切削参数优化及其约束处理［J］．航空精密制造技术．2010，46（1）：32－36.

[16] 周汝忠．端面参数的切削参数优化［J］．水力电力机械，1994，（4）：47－49.

[17] Dae K B，Tae J K，Hee S K. Optimization of feed rate in a face milling operation using a surface roughness model［J］. International Journal of Machine Tools and Manufacture，2001，41（3）：451－462.

[18] 李兆前，邓建新，田志仁，等．基于刀具可靠性的切削参数优化［J］．机械工程学报，1995，31（6）：6－10.

[19] 姜彬，郑敏利，李振加．数控车削的切削参数多目标优化［J］．哈尔滨理工大学学报，2001，6（2）：43－46.

[20] Toh C K. Comparison of chip surface temperature between up and down milling orientations in high speed rough milling of hardened steel［J］. Journal of Materials Processing Technology，2005，167（1）：110－118.

[21] Cheng M N, Cheung C F, et al. Theoretical and experimental analysis of nano - surface generation in ultra precision raster milling [J]. International Journal of Machine Tools & Manufacture, 2008 (48): 1090 - 1102.

[22] Azlan M Z, Habibollah H, Safian S. Application of GA to optimize cutting conditions for minimizing surface roughness in end milling machining process Expert Systems with Applications [J], 2010, 37 (6): 4650 -4659.

[23] Shunmugam M S, Bhaskara Reddy S V, Narendran T T. Selection of optimal conditions in multi - pass face - milling using a genetic algorithm [J]. International Journal of Machine Tools and Manufacture, 2000, 40 (3): 401 -414.

[24] Ramón Q S, Marcelino R S, Eleno A B. Genetic algorithm - based multi - objective optimization of cutting parameters in turning processes [J]. Engineering Applications of Artificial Intelligence, 2006, 19 (2): 127 - 133.

[25] Kennedy J, Eberhart R. Particle swarm optimization [C]. Proceedings of the 4th IEEE International Conference on Neural Networks, Piscataway: IEEE Service Center, 1995, pp. 1942 - 1948.

[26] Wang Z H, Yin X G, Zhang Z, et al. Pseudo - parallel genetic algorithm for reactive power optimization [J], Power Engineering Society General Meeting, IEEE, 2003, 2: 903 -907.

[27] 高鹰，谢胜利. 混沌粒子群优化算法 [J]. 计算机科学，2004，31 (8): 13 - 15.

[28] 高鹰，谢胜利. 免疫粒子群优化算法 [J]. 计算机工程与应用，2004，40 (6): 4 -6.

[29] Sun J, Feng B, Xu W B. Particle Swarm Optimization with Particles Having Quantum Behavior [C]. Proceedings of the 2004 Congress on Evolutionary Computation, 2004, 1: 325 -331.

[30] Zhao H, Li J G, Yao Y X. Cutting parameters optimization for constant cutting force in milling [J]. Applied Mechanics and Materials, 2008, 10 - 12: 483 -487.

[31] Rao R, Pawar P J, Davim J P. Parameter optimization of ultrasonic machining process using nontraditional optimization algorithms [J]. Materials and Manufacturing Processes, 2010, 25 (10): 1120 - 1130.

[32] Yang, W A, Guo Y, Liao W H. Optimization of multi - pass face milling using a fuzzy particle swarm optimization algorithm [J]. International Journal of Advanced Manufacturing Technology, 2010, 1 - 13.

[33] Ceollo Ceollo C A, Cortes N C. Solving Multi - objective Optimization Problems Using an Artificial Immune System [J]. Genetic Programming and Evolvable Machines, 2005, 6: 163 - 190.

[34] Zuperl U, CušF. Machining process optimization by colony based cooperative search technique [J]. Journal of Mechanical Engineering, 2008, 54 (11): 751 -758.

[35] Saravanan R, Siva Sankar R. et al. Optimization of cutting conditions during continuous finished profile machining using non - traditional techniques, International Journal of Advanced Manufacturing Technology, 2005, 26 (1 -2): 30 -40.

[36] Gallego R A, Monticelli A, Romero R. Transmission system expansion planning by anextended genetic algorithm [J], IEEE Proc. Generator Transmission Distribution, 1998, 145 (3): 329: 335.

[37] Marler R T, Arora J S. Survey of multi - objective optimization methods for engineering [J]. Structural and Multi - disciplinary Optimization, 2004, 26 (6): 369 -395.

[38] Budak E. Analytical models for high performance milling. Part I: Cutting forces, structural deformations and tolerance integrity [J]. International Journal of Machine Tools & Manufacture, 2006, 46 (12 - 13): 1478 - 1488.

[39] Boothroyd G. Fundamentals of Metal Machining and Machining Tools [M]. New Delhi: McGraw - Hill, 1985.

[40] Nefedov N, Osipov K. Typical Examples and Problems in Metal Cutting and Tool Design [M]. Moscow: Mir Publishers, 1987.

[41] Lazoglu I, Altintas Y. Prediction of tool and chip temperature in continuous and interrupted machining [J]. International Journal of Machine Tools & Manufacture, 2002, 42 (9): 1011 - 1022.

[42] 李峥, 刘强. 中低速数控铣削参数优化技术研究及应用 [J]. 航空制造技术, 2011, (5): 64 - 68.

[43] 魏建中, 袁松梅, 刘强等. 基于蚁群算法的拐角插铣路径优化技术 [J]. 机械工程师, 2008, (9): 83 - 84.

[44] 李广旭, 刘强, 张志刚等. 纳米 TiAlN 涂层硬质合金刀具高速铣削 AerMet100 钢刀具寿命研究 [J]. 航空制造技术, 2010, (2): 90 - 91, 94.

[45] 李广旭, 刘强. 航空薄壁件铣削加工中保持工艺系统高刚性方法 [J]. 航空制造技术, 2009, (3): 89 - 93.

[46] 尹力, 刘强. 基于加工过程动力学仿真的 CNC 机床工艺参数选择与应用研究 [J]. 制造技术与机床, 2004, (6): 87 - 90.

[47] 李忠群, 刘强. 基于动力学仿真技术的 TC4 整体叶轮铣削参数优化 [J]. 航空制造技术, 2008, (24): 80 - 85.

[48] 胡兴中, 刘强, 袁松梅等. 基于数控铣削加工时域仿真的工艺参数优化 [J]. 机械工程师, 2008, (7): 111 - 113.

[49] 叶艳, 刘强, 袁松梅等. 龙门加工中心主轴系统热特性的有限元分析 [J]. 制造技术与机床, 2007, (2): 32 - 35.

[50] Li Z Q. Dynamic Simulation and Cutting Conditions Optimization of Tee slot Milling Based on CutPro Software [J]. Key Engineering Materials, 2009, 407 - 408: 589 - 593.

第 6 章 基于动力学仿真技术的铣削加工切削参数数据库

6.1 切削数据库国内外研究现状

6.1.1 切削数据库国外研究现状

切削参数是衡量切削加工技术水平高低的一个重要标志，合理的切削参数是发挥现有机床和刀具效能的根本保证。传统的获取切削参数方法是查询切削手册或进行试切，但实际应用中存在数据针对性不强、数据量有限或试验受客观条件影响大等局限。建立切削参数数据库，对于解决切削参数缺乏问题具有重要作用。

切削数据库因数据库技术的诞生和迅猛发展幸运而生。迄今，德、美、瑞典、英、日等国先后建立了 30 多个金属切削数据库，其数据大多来源于试验室、生产车间及文献，主要应用领域是车削、铣削、钻削及磨削等机械加工。

目前，在国际上较有影响力的切削数据库主要有：CUTDATA（美国）、INFOS（德国）、CERATIZIT 数据库（奥地利）和 Sandvik 数据库（瑞典）。CUTDATA 由美国空军加工数据中心（AFMDC）开发，涵盖 3750 种工件材料、22 种加工方式和 12 种刀具材料的切削参数，目前仍被广泛使用。不足之处表现在交互性差，未考虑加工系统动力学因素的影响。其网络版界面如图 6－1 所示。

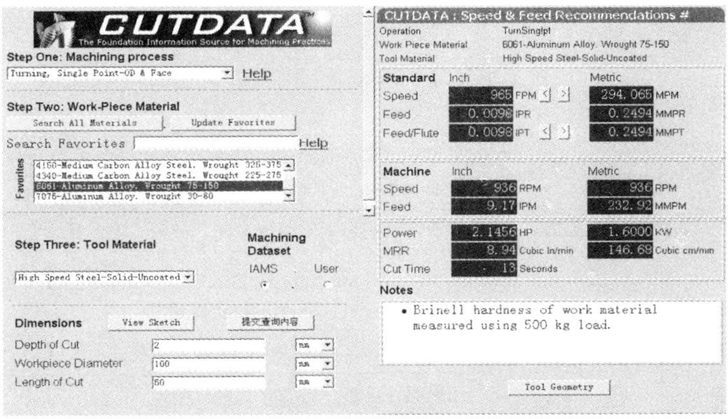

图 6－1 CUTDATA 切削数据库操作界面

切削数据情报中心（INFOS）是德国于 1970 年建立的，是世界上存储信息最多、软件系统最完整和数据服务能力最强的切削数据库之一，它能根据最低成本和最高生产率为用户提供车削数据，可使单件生产时间、生产成本均下降10%。

CERATIZIT公司开发的切削参数数据库如图6－2所示，其数据来源于仿真优化系统并考虑了工件几何特征的影响，是目前唯一考虑了切削稳定性因素的切削数据库。该数据库的不足之处是未考虑工件可能的弱刚性对实际切削的影响。

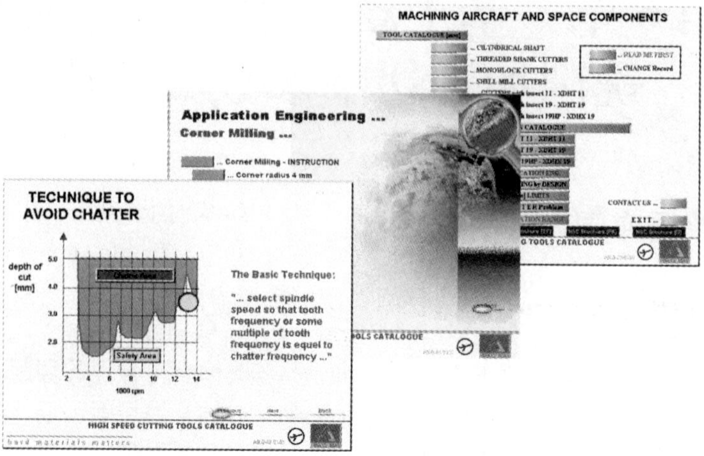

图6－2　CERATIZIT公司开发的切削数据库

Sandvik公司开发的网络版数据库，提供了该公司3000多种刀具CAD模型及其切削用量，但该数据库并未考虑工艺系统刚性因素对切削参数的影响，其提供的切削参数难以直接用来进行弱刚性零件的加工或进行高速加工。

6.1.2　切削数据库国内研究现状

国内部分高校和研究院所自20世纪80年代开始，开展了切削数据库的研究开发和应用工作，构建了一批金属切削数据库系统（见表6－1）。

表6－1　国内研究的切削数据库情况

研究单位	数据库名称	特　色
成都工具研究所	CTRN90	有11个专用子程序库，采用国内的机床、刀具和试验数据及部分国外数据
北京航空航天大学	DataCut	考虑了加工系统的切削力学/动力学特性参数等因素影响，切削参数分为仿真、试验验证和生产应用三个层次
南京航空航天大学	NAIMDS KBMDBSD	专用切削数据库软件系统，进行了切削数据的优化并应用专家系统技术
北京理工大学	—	硬质合金及涂层硬质合金数据库
西北工业大学	—	宇航难加工材料切削加工专家系统
哈尔滨理工大学	—	聚晶立方氮化硼刀具切削数据库
天津大学	—	汽车厂家使用的切削数据库
上海交通大学	—	旋转刀具切削数据库
山东大学	HISCUT	基于实例推理的高速切削数据库

成都工具研究所于 1987 年建成了我国第一个试验性车削数据库 TRN10，1988 年在引进 INFOS 车削数据库系统基础上，经过改进，向国内推出了修订版的 ATRN90E，还相继推出了多个版本的车削数据库软件 CTRN90。

南京航空航天大学张幼桢教授及有关研究人员在 1986 年对建立金属切削数据库的若干问题进行了探讨，相继开发了专用切削数据库软件系统 NAIMDS、KBMDBS 切削数据库系统，2004 年，武美萍等构建了一个实用型的切削数据库并在成都飞机公司应用。此外，北京理工大学开发了针对难加工材料的切削数据库 FMS 切削数据库和涂层硬质合金刀具切削数据库，西北工业大学开发了航空常用铝合金数控铣削数据库，山东大学通过采用混合推理模式建立了一个智能化的高速切削数据库，同济大学建立了切削参数优化的专家系统。

近年来，北京航空航天大学在国防基础科研计划等项目的资助下，以切削过程动力学分析、仿真技术为手段并结合切削试验，建立了铣削加工动力学仿真优化切削数据库系统 DataCut2. 0，该系统能为数控加工相关技术人员提供所需的切削参数、颤振稳定域图形和切削过程力学仿真结果。现已初步筛选录入了“千台数控机床增效工程”一期试点近 40 家企业的 6 万多组参数，并按照机床、刀具、工件材料、典型零件等进行分类统计，新的数据还在不断添加过程中。

当前，切削数据库的发展呈现出集成化、智能化、网络化的趋势。国内对切削工艺数据库工作十分重视，在多个重要科技计划中已立项支持切削数据库的研究建设，可以预期，经过努力，国内将会推出一批覆盖面更广泛、实用价值更高的切削数据库。

6.2　基于动力学仿真技术的切削数据库总体设计

6.2.1　需求分析

需求分析是设计数据库的起点，其目的是分析数据库系统的信息特点和处理要求，明确切削数据库的应用对象、实现功能，得到设计数据库所必需的数据集和需求说明，确定系统的总体框架。

在金属切削过程中，切削用量（包括切削速度、进给量、切削深度）的选择受制于机床、刀具、工件材料及切削液等因素，而加工质量和加工效率也会因选取不同的切削用量而表现较大的差异。本章重点以数控铣削加工为主讨论切削数据库构建与应用问题，铣削过程涉及切削加工方式、机床、刀具、工件、切削液、切削用量等多个实体以及影响加工质量和加工效率的机床动态特性、切削力、振动、变形等力学和动力学信息。每个实体拥有若干属性且实体之间又相互制约，加工过程中所涉及的物理量多且相互影响，需要采用合适方法对切削加工过程的各个实体进行描述。

由于切削数据库的应用对象是与数控切削加工密切相关的工程技术人员和数控机床的操作人员，因此所设计的切削数据库不仅要能为他们提供诸如主轴转速、径向切削深度、轴向切削深度、进给量等传统意义上的切削参数，而且还要能为他们所选择的切削参数提供诸如切削力、切削功率、切削转矩、振动幅值、表面粗糙度和颤振稳定域等相应的静力学和动力学仿真结果。

除此之外，切削数据库系统还应该具有将用户通过各种途径获得的有效切削参数添加到数据库中的管理功能。当然，要确保切削数据库的安全可靠运行，进行合理的用户角色和用户权限规划也是必不可少的。

基于动力学仿真技术的铣削加工切削参数数据库的信息构成如图 6-3 所示。

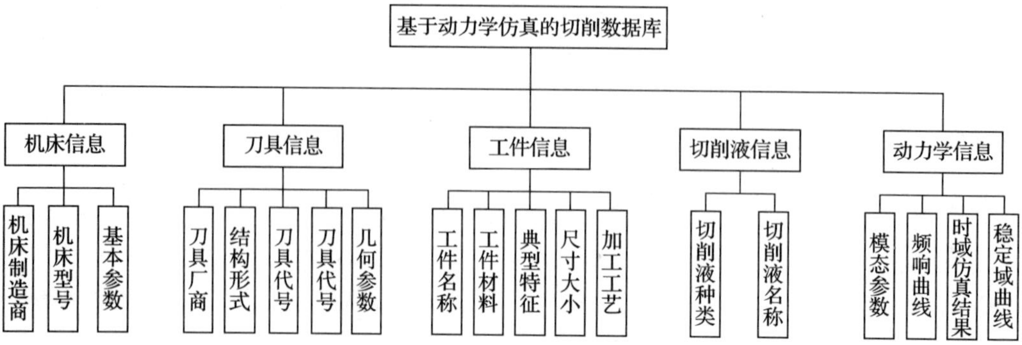

图 6-3　数据库系统数据信息构成

6.2.2　系统总体设计

（1）系统的总体构架

数据库管理系统主要有 C/S（Client/Server）和 B/S（Browser/Server）两种体系结构。在传统的 C/S 体系结构中，客户端和服务器端都能够处理任务，这种方式可减轻服务器的压力，但对客户端要求较高，无法真正为用户提供较好的开放环境；在 B/S 体系结构中，用户可通过 IE 浏览器访问数据库，主要处理工作在服务器端实现，降低了对客户端的要求，便于系统维护与升级，并且随着互联网技术的快速发展与应用，基于 B/S 结构的软件设计模式越来越显示出优越性因而被广泛采用。

本切削数据库采用 B/S 结构模式进行设计开发，如图 6-4 所示为 3 层 B/S 构架图，3 层结构分别为：显示层、应用逻辑层、数据层。

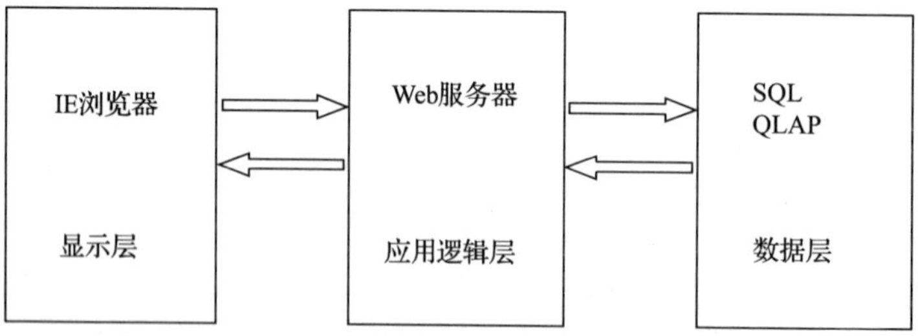

图 6-4　数据库系统 B/S 构架图

①显示层：Web 浏览器，提出服务请求并显示结果。

②应用逻辑层：具有应用程序扩展的 Web 服务器，负责事务处理逻辑，接受用户请求并以 SQL 方式向数据库服务器提出数据处理请求。

③数据层：数据库服务器，接受 Web 服务器对数据库操纵的请求，并将数据处理结果传回 Web 服务器。

（2）系统拟实现的功能

从满足用户需求出发，切削数据库系统应具备切削数据管理、切削数据查询和切削数据手册导出等三大功能。系统的用户分为管理员用户和普通用户两大类，管理员用户除和普通用户一样具有查询切削数据的权限外，同时还拥有对数据库中的切削数据进行添加、删除和编辑等操作的权限。此外，还具有用户管理和权限管理等功能。切削数据库系统由用户注册和管理模块、数据查询模块、数据管理模块以及数据手册导出模块等 4 个模块构成（见图 6－5）。

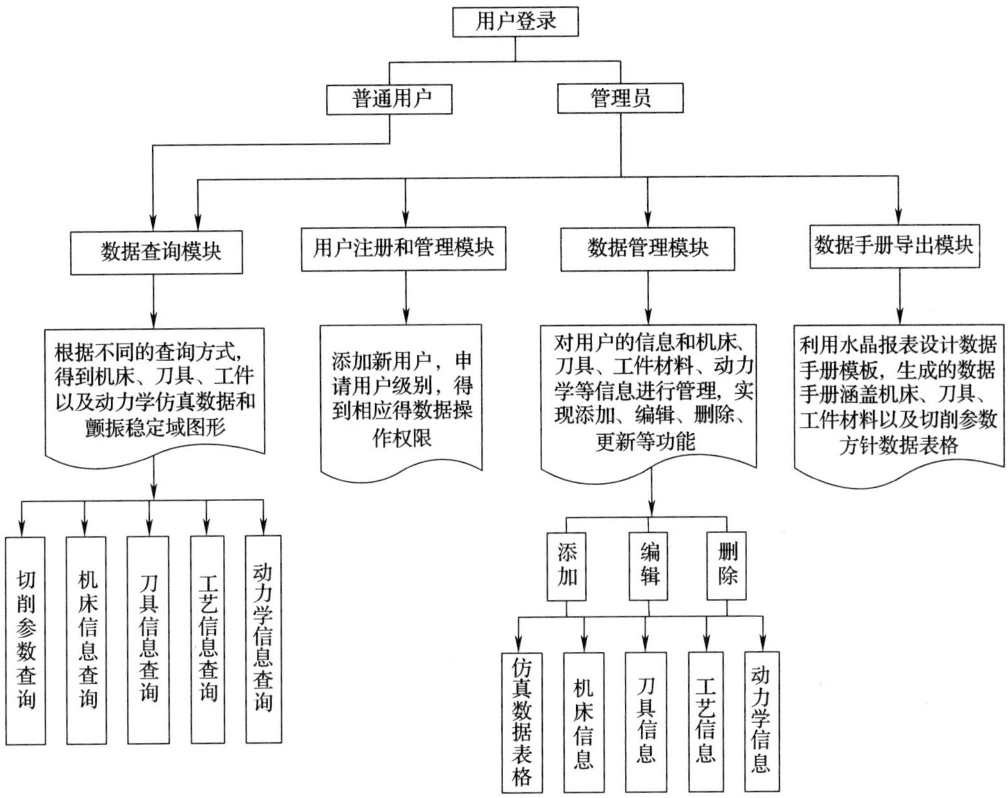

图 6－5　切削数据库功能模块划分

各功能模块的作用如下。

①用户注册和管理模块：出于对系统安全性考虑，系统设置普通用户和管理员用户两种角色，由 SQL Server 中的授权命令或者授权操作给每一个角色授予相应可操作的数据库对象的操作权限。例如，普通用户只是对各种切削数据表有查询权，也就是对这些数据表的select 权限，那么普通用户角色就只有各种切削数据的 select 权限。这样应用系统用户、口令的维护就不再需要用户自定义用户口令表，而由数据库管理系统来管理维护应用系统用户。

②数据查询模块：为用户提供简单查询（即单一信息查询）和多字段组合查询两种查询方式（见图 6－6），通过任何一种查询方式，都可以实现对机床信息、刀具信息、工艺信息和动力学信息的查询。其中的关键技术是如何准确地将用户的查询请求转化为对切削数据库中的相关表和视图的操作。

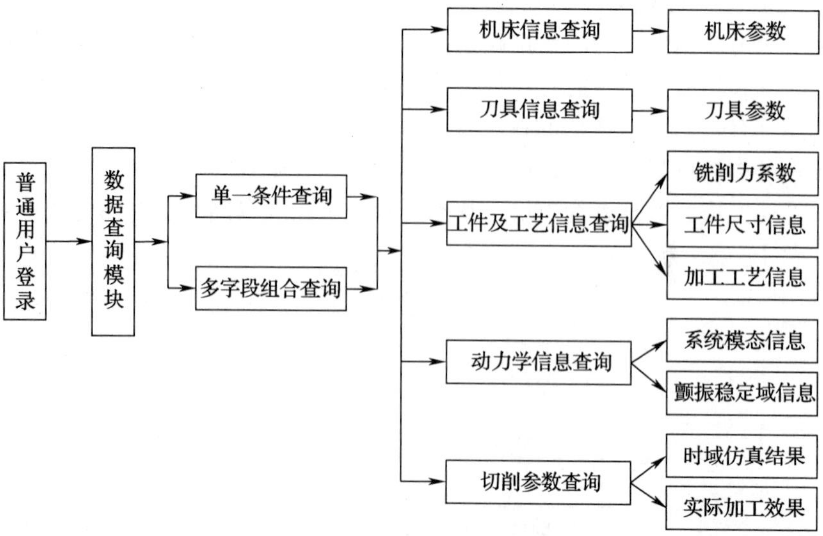

图 6－6　数据查询模块结构框图

③数据管理模块：为管理员提供方便快捷的数据库维护手段，具体包括如何实现各种信息（含数据和图形两种形式）的添加、删除和修改等操作（见图 6－7），主要通过 SQL Server 中的存储过程（Stored Procedure）来实现。存储过程是一组为了完成特定功能的 SQL 语句集，经编译后存储在数据库中。用户通过指定存储过程的名字并给出参数（如果该存储过程带有参数）来执行它。

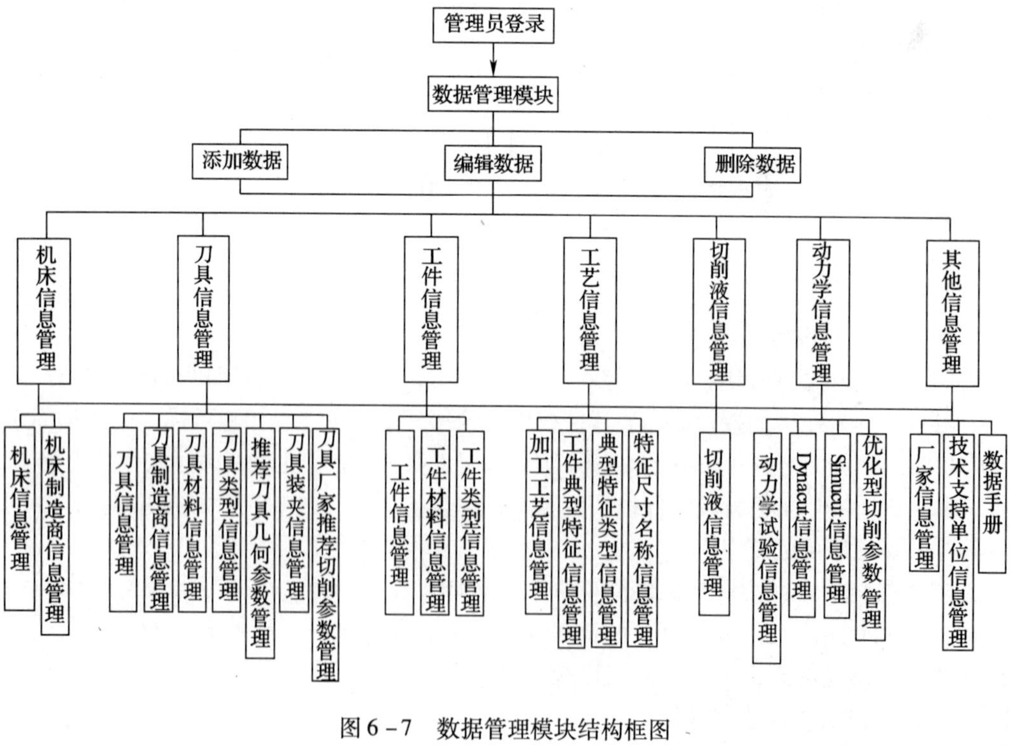

图 6－7　数据管理模块结构框图

④数据手册生成模块：利用水晶报表功能把用户的查询结果按一定输出格式导出生成数据手册并打印。生成的数据手册涵盖机床、刀具、工件材料以及优化的切削参数等信息。

6.2.3　数据库建模方法

数据库建模是在设计数据库时对现实世界进行分析、抽象，并从中找出内在联系，进而确定数据库结构的过程。随着数据库的应用越来越广泛，数据库建模的方法也在不断完善。利用数据库建模工具可以加快数据库建模的速度，保证设计模型和实施模型的一致性，在软件开发过程中的作用也越来越重要。

（1）数据库设计过程

一般数据库设计主要包括以下 6 个阶段（见图 6 – 8）。

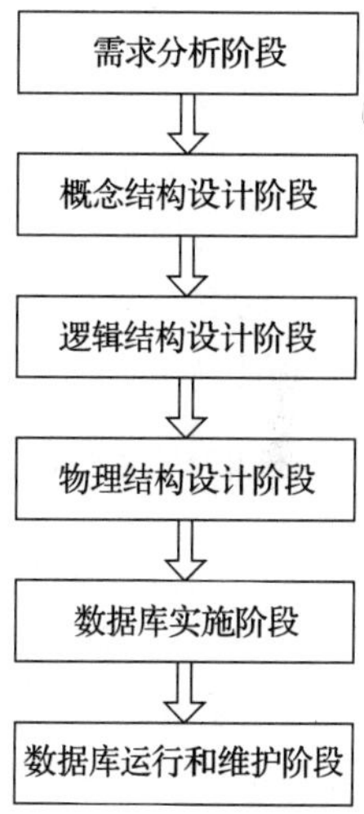

图 6 – 8　数据库建模过程

①需求分析阶段：准确了解与分析用户需求（包括数据与处理），定义数据库实现功能、目标以及系统的运行环境，获得数据字典和数据流图。是整个设计过程中最困难、最耗费时间的一步。

②概念结构设计阶段：通过对用户需求进行综合、归纳与抽象，形成一个独立于具体 DBMS 的概念模型，用 E – R 图表示，是整个数据库设计的关键。

③逻辑结构设计阶段：将概念结构转换为某个 DBMS 所支持的数据模型并对其进行优化。

④数据库物理设计阶段：为逻辑数据模型选取一个最适合应用环境的物理结构（包括存储结构和存取方法）。

⑤数据库实施阶段：运用 DBMS 提供的数据语言、工具及宿主语言，根据逻辑设计和物理设计的结果建立数据库，编制与调试应用程序，组织数据入库，并进行试运行。

⑥数据库运行和维护阶段：数据库应用系统经过试运行后即可投入正式运行。在数据库系统运行过程中必须不断地对其进行评价、调整与修改。

在设计过程中把数据库的设计和对数据库中数据处理的设计紧密结合起来，将这两个方面的需求分析、抽象、设计、实现在各个阶段同时进行，相互参照，相互补充，以完善两方面的设计。

数据库建模可采用 UML（Unified Modeling Language）统一建模语言，这是一种采用简单直观的图形化方式描述软件系统设计问题和细节的可视化建模方法，适用于面向对象的各种软件开发方法、软件生命周期的各个阶段、各种应用领域以及各种开发工具。

（2）开发环境与工具

SQL Server 是 Microsoft 开发和推广的一个关系型数据库管理系统（RDBMS），自 1988 年推出第一个版本后，近年来不断更新版本，其中 SQL Server2000 是 2000 年正式推出。SQL Server 2000 具有以下特点：

①与 Internet 集成；

②可伸缩性和可用性；

③支持企业级数据库功能；

④易于安装、部署和使用；

⑤方便的数据库功能。

SQL Server 2000 可提供如下工具和实用程序：

①企业管理器（Enterprise Manager）：用户和系统管理员可通过企业管理器配置系统环境、建立 SQL Server 对象和管理 SQL Server。其具体功能包括：注册和管理 SQL Server 服务器、管理 SQL Server 服务、创建和管理数据库及各种数据库对象、备份和恢复数据库、SQL Server 系统安全管理、编写和执行 T－SQL 脚本等。

②服务管理器（Service Manager）：用于启动、暂停、继续和停止 SQL Server 2000 服务。

③查询分析器（Query Analyzer）：用于输入和执行 Transaction－SQL 语句，并且迅速查看这些语句的结果，以分析和处理数据库中的数据。

④数据转换服务（Data Transformation Service，DTS）：提供一组工具以实现从不同的源将数据抽取、转换和合并到一个或多个目标位置，为在 OLE DB 数据源之间复制数据提供一种简捷方法。

6.2.4 数据库概念设计

概念模型设计是整个数据库设计的关键。概念设计的主要任务是对用户要求描述的现实世界，通过对其信息的分类、聚集和概括，建立抽象的概念数据模型。这个概念模型应反映现实世界的信息结构、信息流动情况、信息间的互相制约关系以及用户对信息存储、查询和加工的要求等。所建立的模型并不表示数据库在计算机上的具体实现细节，而是用一种抽象的形式表示出来。

描述概念模型的主要工具是实体关系模型（Entity－Relationship Model，简称 E－R 模型），用 E－R 图来表示。

复杂的切削加工过程中，切削用量受加工方法、工件、刀具、机床、切削液、装夹条件等众多因素影响，其中任何一个参数的改变都将会引起合理切削用量的改变，切削用量又包括切深、切宽、进给和切削速度等物理量，彼此之间互相影响。因此切削数据不仅数据量大，而且关系错综复杂，切削参数之间包含着多对多的复杂关系。

（1）局部 E－R 图设计

基于铣削加工动力学仿真技术的切削参数数据库系统包含机床信息、刀具信息、工件及铣削力系数信息、动力学模态信息及时域仿真信息几个局部应用，其对应的 E－R 图设计如图 6－9 ~ 图 6－13 所示。

（2）全局 E－R 图设计

全局 E－R 图设计将根据系统的整体需求，选择合适方法将各局部 E－R 图进行集成，同时消除属性冲突、实体冲突和联系冲突，最终形成系统的整体概念结构。Power Designer 是一种功能强大且简单易学的数据库建模工具，为采用 Power Designer 工具实现的切削数据库全局 E－R 图设计如图 6－13 所示。

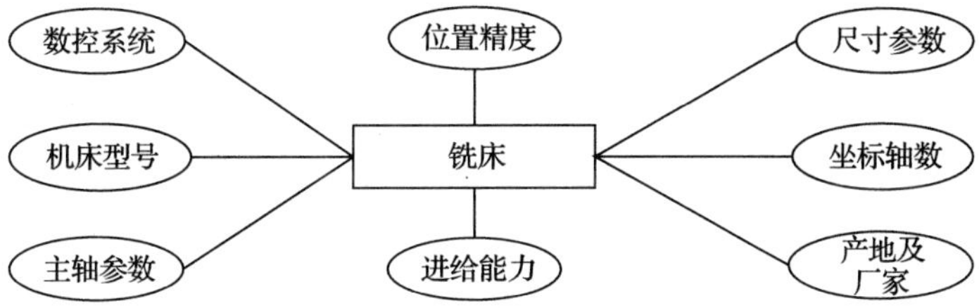

图 6－9　机床 E－R 图

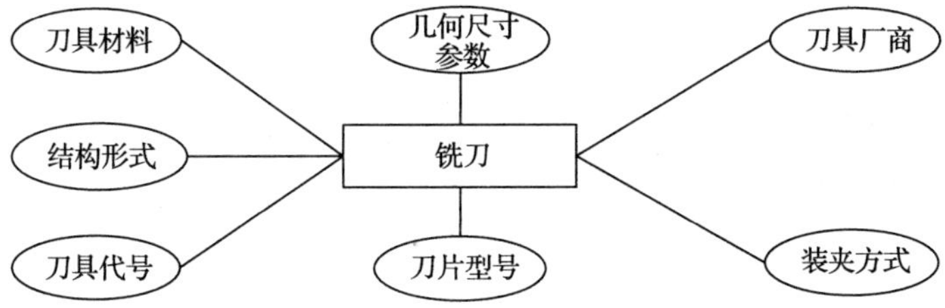

图 6－10　刀具 E－R 图

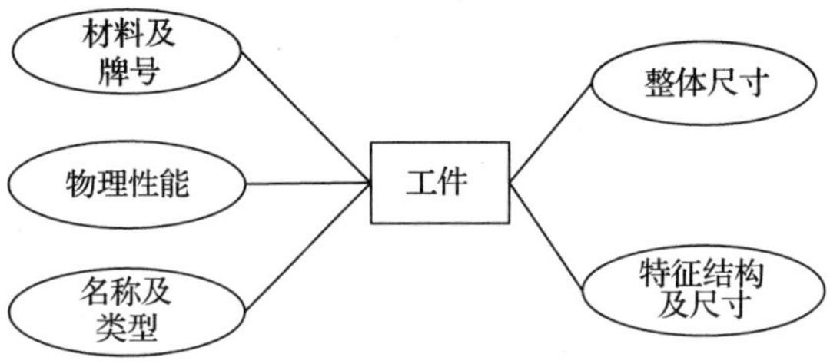

图 6－11　工件 E－R 图

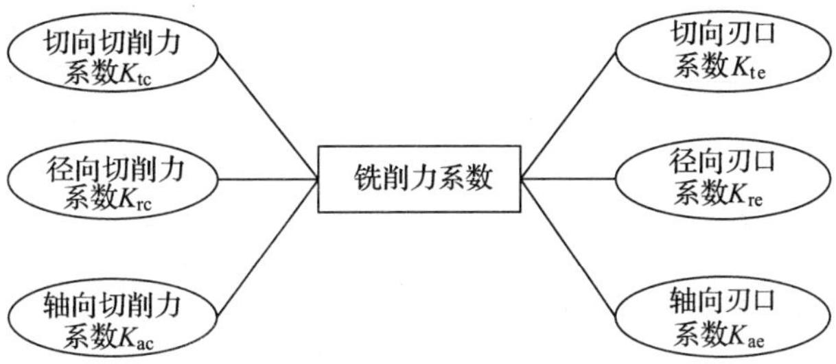

图 6－12　铣削力系数 E－R 图

6.2.5　系统逻辑模型设计

系统逻辑模型设计的主要工作是将概念数据模型设计成为数据库的一种逻辑模式，即适应于某种特定数据库管理系统所支持的逻辑数据模式。本切削数据库的逻辑模型设计的目的是将实体关系模型所描述的实体和联系转化为 SQL Server2000 支持的关系模式。具体包括：各参变量的类型和长度定义、每个关系的主关键字（PK）定义、关系模型库表结构生成、子库中各表之间主键/外键联系定义等。

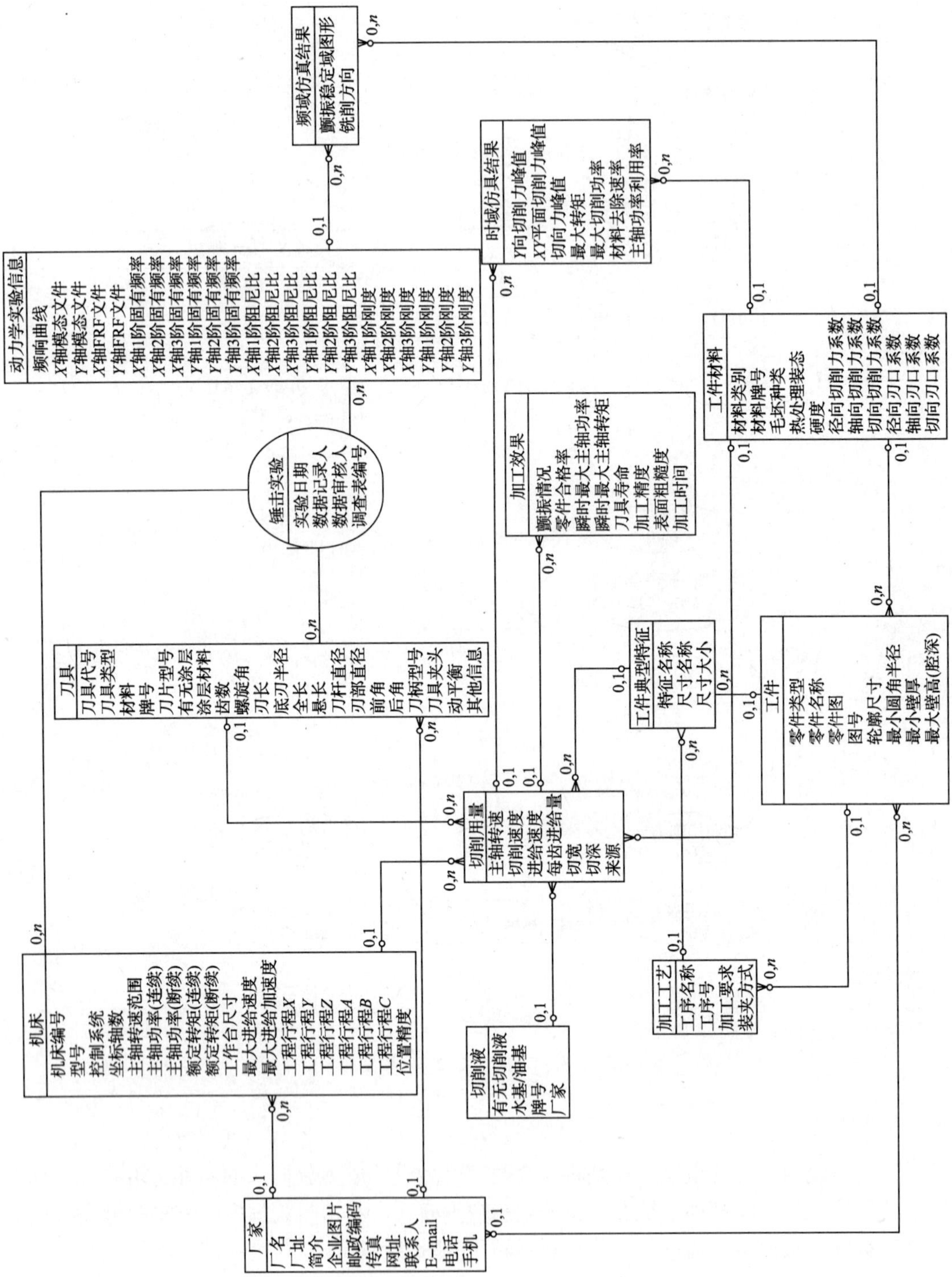
频域仿真结果
颤振稳定域图形
铣削方向
时域仿真结果
Y向切削力峰值
XY平面切削力峰值
切向力峰值
最大转矩
最大切削功率
材料去除速率
主轴功率利用率
动力学实验信息
频响曲线
X轴模态文件
Y轴模态文件
X轴FRF文件
Y轴FRF文件
X轴1阶固有频率
X轴2阶固有频率
X轴3阶固有频率
Y轴1阶固有频率
Y轴2阶固有频率
Y轴3阶固有频率
X轴1阶阻尼比
X轴2阶阻尼比
X轴3阶阻尼比
Y轴1阶阻尼比
Y轴2阶阻尼比
Y轴3阶阻尼比
X轴1阶刚度
X轴2阶刚度
X轴3阶刚度
Y轴1阶刚度
Y轴2阶刚度
Y轴3阶刚度
工件材料
材料类别
材料牌号
毛坯种类
热处理状态
硬度
径向切削力系数
轴向切削力系数
切向切削力系数
径向刃口系数
轴向刃口系数
切向刃口系数
加工效果
颤振情况
零件合格率
瞬时最大主轴功率
瞬时最大主轴转矩
刀具寿命
加工精度
表面粗糙度
加工时间
锤击实验
实验日期
数据记录人
数据审核人
调查表编号
刀具
刀具代号
刀具类型
材料
牌号
刀片型号
有无涂层
涂层材料
齿数
螺旋角
刃长
底刃半径
全长
悬长
刀杆直径
刃部直径
前角
后角
刀柄型号
刀具夹头
动平衡
其他信息
工件典型特征
特征名称
尺寸名称
尺寸大小
工件
零件类型
零件名称
零件图
图号
轮廓尺寸
最小圆角半径
最小壁厚
最大壁高(腔深)
切削用量
主轴转速
切削速度
进给速度
每齿进给量
切宽
切深
来源
机床
机床编号
型号
控制系统
坐标轴数
主轴转速范围
主轴功率(连续)
主轴功率(断续)
额定转矩(连续)
额定转矩(断续)
工作台尺寸
最大进给速度
最大进给加速度
工程行程X
工程行程Y
工程行程Z
工程行程A
工程行程B
工程行程C
位置精度
切削液
有无切削液
水基/油基
牌号
厂家
加工工艺
工序名称
工序号
加工要求
装夹方式
厂家
厂名
厂址
简介
企业图片
邮政编码
传真
网址
联系人
E-mail
电话
手机

图6-12 全局E-R图

（1）概念模型到关系模型的转换

Power Designer 会自动将概念数据模型（Concept Data Model，CDM）中的对象和数据类型转化为物理数据模型（Physical Data Model，PDM）中的对象和其支持的数据类型。当 CDM 中的表转换为 PDM 中的表时，实体属性转换成表中的列，标识符转化成 PDM 中的主键或外键，联系被转换为 PDM 中的参照完整性，这些参照完整性是由联系的基数和依赖性所控制的，数据类型则根据所选择的 DBMS 的具体特点转化为其支持的数据类型。CDM 转化为 PDM 时概念对象和物理对象之间的转化关系如表 6－2 所示。

表 6－2　CDM 对象与 PDM 对象

CDM 对象	相应的 PDM 对象
实体（Entity）	表（Table）
实体属性	列（Column）
标识符（Identifier）	主键或外键（由依赖或非依赖联系决定）
< 无相应的 CDM 对象 >	外键（Foreign Key）
联系（Relationship）	参照完整性（Reference）
< 无相应的 CDM 对象 >	索引（Index）
< 无相应的 CDM 对象 >	视图（View）

（2）数据库表的生成

通过 Power Designer 生成创建物理数据库的 SQL 脚本，执行该脚本，在 SQL Server 2000 中生成物理数据库（见图 6－14）。根据用户事务在 SQL Server 2000 中创建视图及存储过程。可以减少网络通信量并且易于管理。

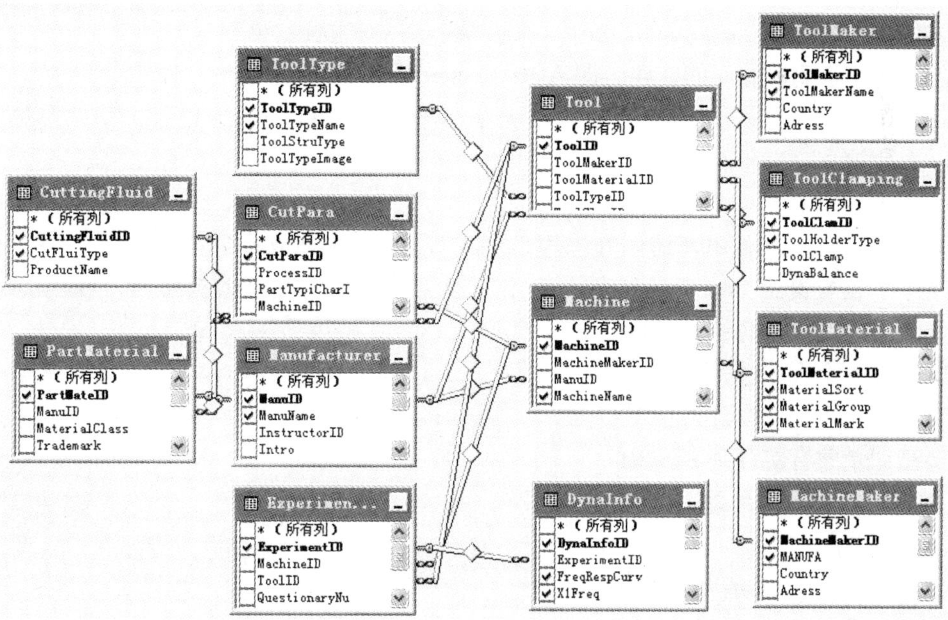

图 6－14　数据库表的生成

6.3 切削数据库管理功能的实现

6.3.1 系统开发工具

（1）ASP. net 平台

本数据库的开发工具平台采用 ASP. net。ASP. net 是 Microsoft. net Framework 的一个组成部分，它提供了一个充分利用公共资源的 Web 开发平台，可以使用任何“. net”编程语言（Visual Basic、C#、Jscript 语言）和调试功能进行应用程序的开发，使用 ADO. net 访问数据以及使用“. net Framework”类访问操作系统服务。ASP. net 具有如下优点：

①广泛的开发工具支持；

②强大性和适应性；

③高效和可管理性；

④简便易学。

（2）ADO. net 数据库访问技术

目前，常用的数据库接口技术主要有开放数据库互连 ODBC（Open Database Connectivity）、数据访问对象 DAO（Data Access Objects）、对象链接嵌入数据库和 ADO（ActiveX Data Objects）等，ADO 是 Microsoft 提供的一个用于存取数据源的 COM 组件，它提供了编程语言和统一数据访问方式，允许开发人员编写访问数据的代码。而不必关心数据库的具体实现。ADO. net 具有与不同类型数据源、数据库进行交互的功能。尽管不同的数据源采用的协议不同，但这些不同的数据源都可以借由“. net”的 ADO. net 类库来进行连接。ADO. net 采用名为 Data Providers 的一组类库，可以实现不同数据源之间的交互。

采用 ADO 技术访问数据库有如下 4 个步骤：

①创建一个到数据库的链路，即 ADO. Connection；

②查询一个数据集合，即执行 SQL，产生一个 Recordset；

③对数据集合进行需要的操作；

④关闭数据链路。

若采用 ADO. net 技术来访问数据库，上述步骤会发生变化，主要原因是 ADO. net 中引入了一个重要概念 DataSet，它是一个不依赖于数据库的独立数据集合，利用 DataSet，ADO. net 访问数据库的步骤变为：

①创建一个数据链路；

②请求一个记录集合；

③把记录集合暂存到 DataSet；

④如果需要，返回②；

⑤关闭数据链路；

⑥在 DataSet 上做需要的操作。

下面的例子展示了如何连接本地 MS SQL Server 数据库 BuaaCut：

```
<%@ Import Namespace ="System. Data "% >
```

```
<%@ Import Namespace = "System. Data. ADO "% >
<%
Dim strConnString as String   设置连接串
strConnString = "Provider = SQLOLEDB; Data Source = (local); "&amp; -
                "Initial Catalog = BuaaCut; User ID = sa "
Dim objConn as ADOConnection   创建 ADO. Connection 对象
objConn = New ADOConnection
objConn. ConnectionString = strConnString   设置 ADO. Connection 对象的连接串
objConn. Open ( )    打开数据链路
" 数据库操作代码省略
objConn. Close ( )    关闭数据链路
objConn = Nothing   清除对象
% >
```

6.3.2　主要功能模块开发

（1）数据管理

通过对整个铣削加工中相关信息的归类，确定数据库所要管理的数据信息主要包括机床信息、刀具信息、工件信息、工艺信息、切削液信息和动力学信息等。通过数据管理模块实现对上述信息的添加、编辑和删除。下面将通过机床信息管理的范例来说明如何实现进行有效的数据管理。

①添加记录：在机床信息界面（见图 6 – 15）中录入所有相关信息，点击“提交”按钮，完成新记录的添加。

图 6 – 15　机床信息添加界面

②编辑记录：通过查询功能找到需要编辑的数据记录（将在后面介绍）并选中，该条记录变红色并在前方显示编辑和删除按钮（见图 6 – 16）。点击编辑按钮，系统弹出机床信息界面并显示相关信息，待修改相关数据项后，点击更新按钮完成编辑工作。

③删除记录：查询到相关记录后，点击其上的删除按钮（见图 6－15），系统询问是否要删除此条记录，点击“确定”即可。

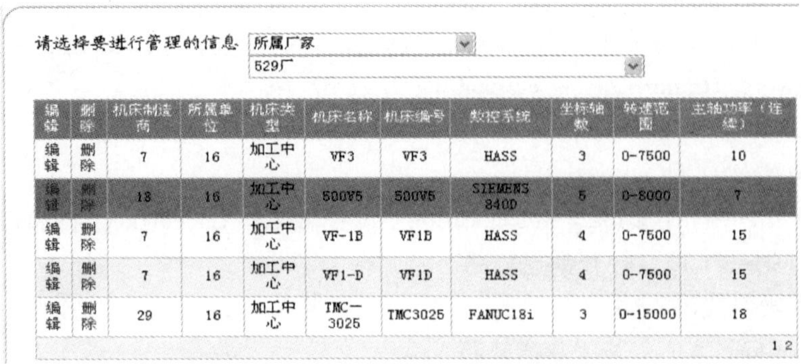

请选择要进行管理的信息 所属厂家

529厂

编辑	删除	机床制造商	所属单位	机床类型	机床名称	机床编号	数控系统	坐标轴数	转速范围	主轴功率（连续）
编辑	删除	7	16	加工中心	VF3	VF3	HASS	3	0-7500	10
编辑	删除	18	16	加工中心	500V5	500V5	SIEMENS 840D	5	0-8000	7
编辑	删除	7	16	加工中心	VF-1B	VF1B	HASS	4	0-7500	15
编辑	删除	7	16	加工中心	VF1-D	VF1D	HASS	4	0-7500	15
编辑	删除	29	16	加工中心	TMC—3025	TMC3025	FANUC18i	3	0-15000	18

1 2

图 6－16　机床信息编辑功能

（2）数据查询

通过查询模块可实现对数据库所记录信息的查询。特别提供了多种查询方式以方便用户获取所需有关机床、刀具、加工方式、动力学和切削用量等信息。数据查询入口界面如图 6－17 所示，其最左边一栏列出了所提供的如下查询方式。

图 6－17　数据查询总界面

①切削参数查询：其查询界面如图 6－18 所示。用户可选择“选择工件材料”、“选择刀具”、“选择机床”和“选择数据来源”4 个查询条件进行组合查询，查询结果分页显示，还可查看每条记录中包含实际切削效果、时域仿真结果及刀具等相关信息的详情。图 6－19 给出了切削数据查询的流程图。

②机床信息查询：可查询数据库中所有机床的相关信息。提供简单查询、多字段组合查询两种查询方式，查询结果如图 6－20 所示。

③刀具信息查询：可查询数据库中所有刀具的详细信息，查询界面如图 6－21 所示。

④工艺信息查询：可查询数据库中包括工件材料、尺寸、图片及工艺过程等典型零件的相关信息。

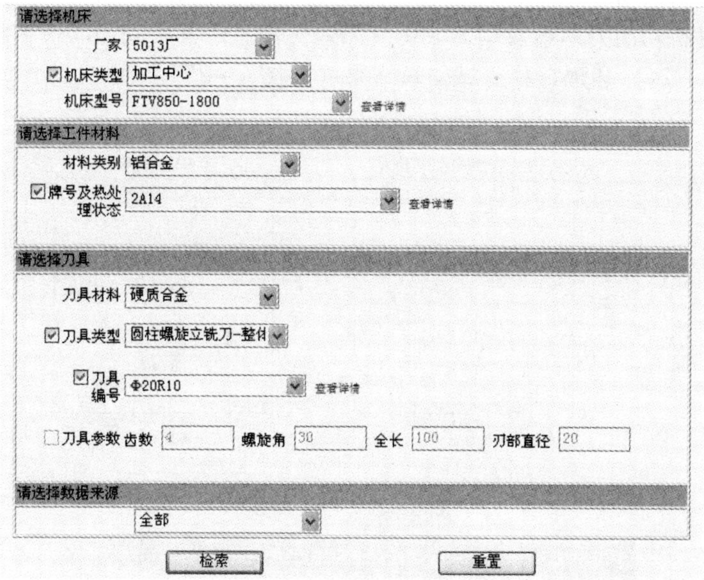

图 6－18　切削参数查询界面

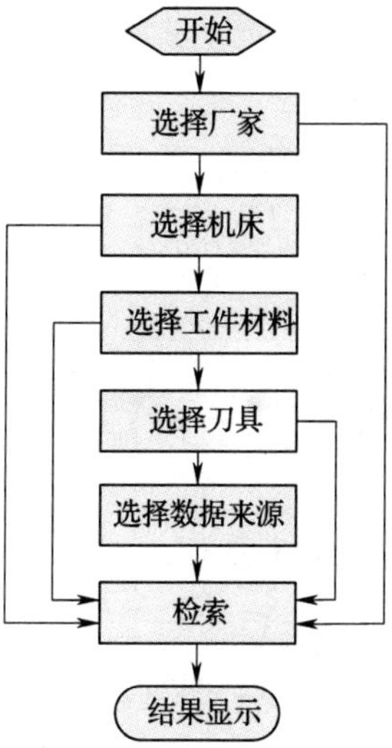

图 6－19　切削数据查询流程

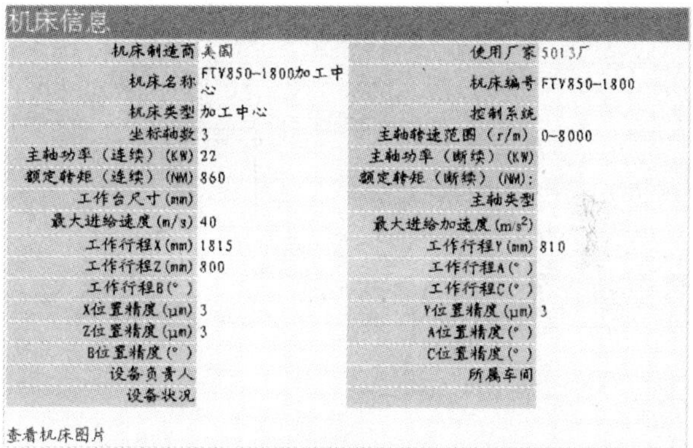

图 6－20　机床信息查询结果

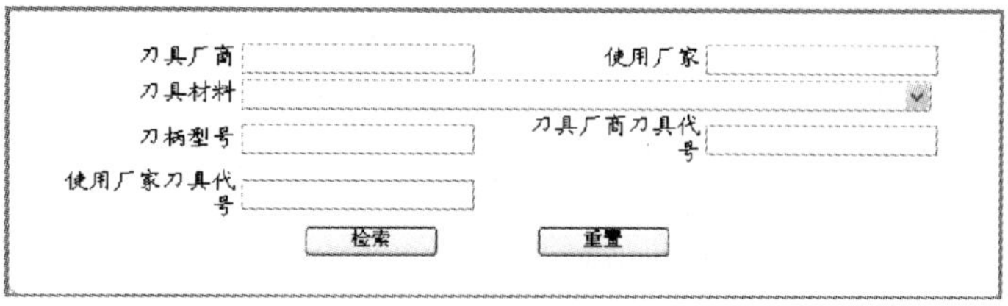

图 6－21　刀具信息查询界面

⑤动力学信息查询：可查询到包括工艺系统 FRF（见图 6－22）和模态参数（见图 6－23）、工件材料切削力系数及动力学仿真结果等信息。其中动力学仿真结果包括时域仿真结果（见图 6－24）和颤振稳定域仿真结果（见图 6－25）。

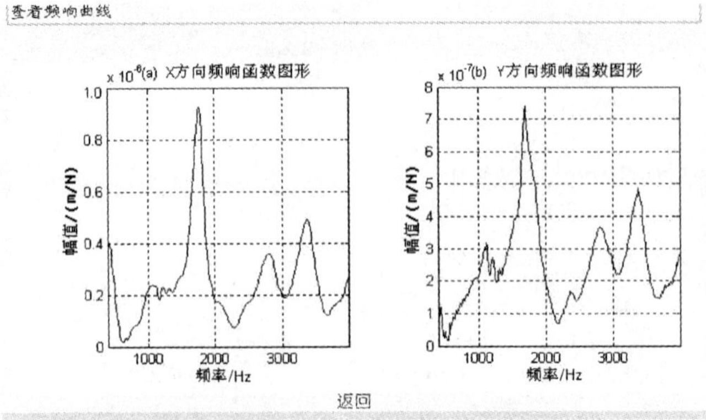

图 6－22　FRF 曲线

动力学信息

x向1阶固有频率	1.77E+03	x向2阶固有频率	3.36E+03
x向3阶固有频率	2.9E+03	y向1阶固有频率	1.74E+03
y向2阶固有频率	3.37E+03	y向3阶固有频率	2.78E+03
x向1阶阻尼比	4.0E-02	x向2阶阻尼比	2.1E-02
x向3阶阻尼比	5.0E-02	y向1阶阻尼比	6.64E-02
y向2阶阻尼比	2.15E-02	y向3阶阻尼比	6.94E-02
x向1阶刚度（N/m）	1.32E+07	x向2阶刚度（N/m）	5.17E+07
x向3阶刚度（N/m）	2.96E+07	y向1阶刚度（N/m）	1.19E+07
y向2阶刚度（N/m）	6.81E+07	y向3阶刚度（N/m）	3.00E+07

查看频响曲线

图 6－23　模态参数

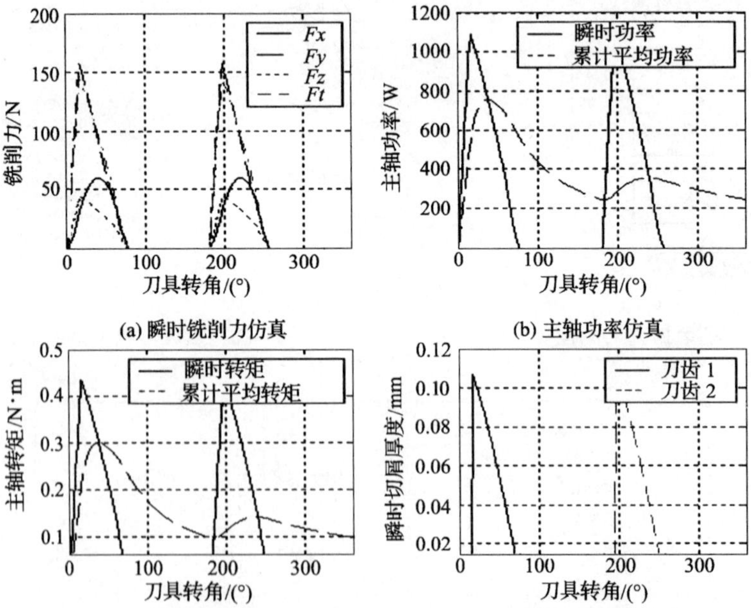

(a) 瞬时铣削力仿真　(b) 主轴功率仿真

(c) 主轴转矩仿真　(d) 瞬是切削厚度仿真

图 6－24　时域仿真结果

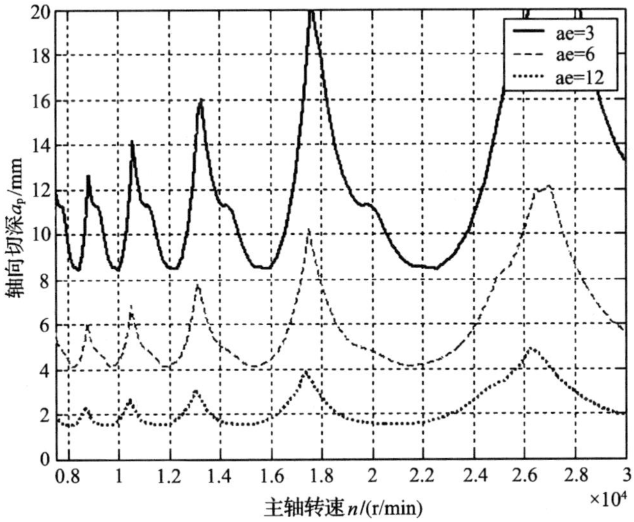

图 6 - 25　颤振稳定域曲线

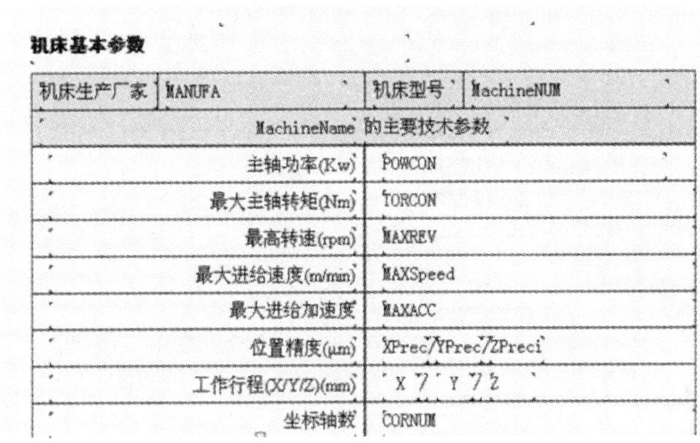

图 6 - 26　报表文件

（3）数据手册导出

采用报表开发工具 Crystal Report 10 实现从数据库中以预定义的数据手册形式导出数据并打印。Crystal Report 10 目前是业内最专业、功能最强的报表系统，且提供了与绝大多数流行开发工具的集成和接口。

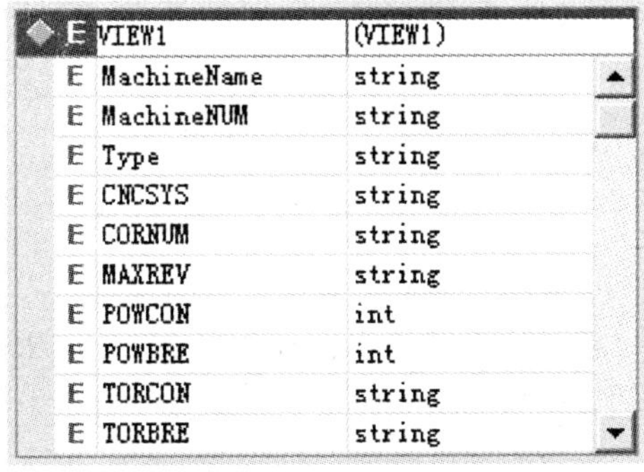

图 6 - 27　报表文件的数据集

在实际使用时，首先建立“. rpt”格式的报表文件，如图 6 - 26，根据要呈现给用户的数据手册的形式对其进行设计，报表文件由 1 个主报表和 2 个子报表构成，每个报表对应自己的数据集（DataSet），如图 6 - 27 所示，每个数据集对应于数据库中的一个视图，在报表对应处添加数据库中的字段，并且建立主报表和子报表的关联，最后通过报表查看器控件（Crystal Report Viewer）展现报表文件。

用户可以根据需要选择要导出的数据。加载数据后可以点击相应按钮查看报表内容，并可分别以 Word 或 PDF 格式导出。

6.4　切削数据的采集及处理

6.4.1　切削数据的采集

（1）切削数据来源

切削数据来源于国内近 40 家参加“千台数控机床增效工程”一期的制造企业。上述企业针对各自挑选出的典型机床、刀具、工件材料和加工方式，采用“X - Cut”数控切削参数优化系统中的数控机床动力学特性参数测试系统（DynaCut）和铣削加工动力学仿真优化系统（SimuCut），通过锤击试验、动力学仿真、切削参数优化和验证试验等手段来获取优化（有效）的切削数据，操作流程见图 6 - 28，操作步骤如下所示。

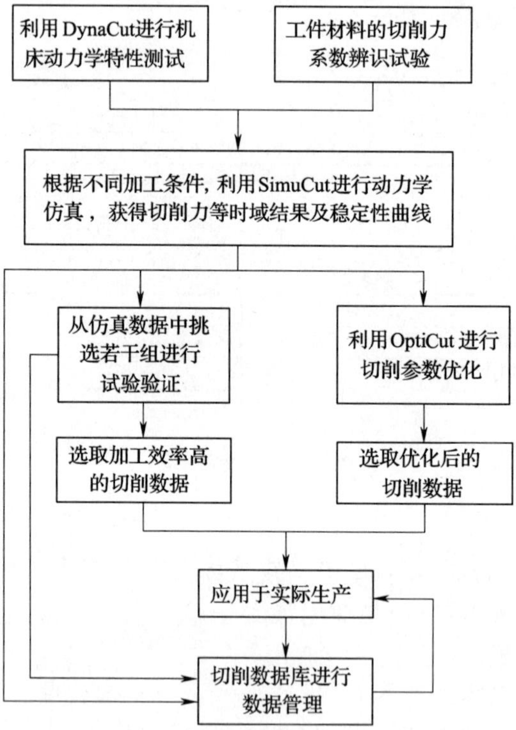

图 6 - 28　切削参数数据产生流程图

①采用 DynaCut 系统对机床 - 刀具系统进行测试，获取其刀尖点的频响函数；通过切削力系数辨识试验获取刀具 - 工件材料对的切削力系数。

②根据已知的刀具、机床和工件材料特性并参考先前工厂所用切削参数，初选出切削加工条件或切削参数，采用 SimuCut 软件获取这些切削参数下的切削力、切削转矩、切削功率、切屑厚度等时域信息和颤振稳定域图形的仿真结果，用于对切削参数的进一步筛

选、分析与优化。

③从大量仿真数据中选取若干数据进行切削试验，获取有效的切削参数数据。

④从试验数据中挑选切削效率较高的数据，或者运用切削参数优化软件 OptiCut 对切削参数进行优化，挑选较优的数据应用于实际生产。

⑤将获取的切削参数添加到切削参数数据库中，并根据实际情况冠以仿真、试验、应用等标识，以方便用户选用。

(2) 切削数据采集与处理

①机床信息：金属切削机床（见图 6－29）是对金属或其他材料的坯料或工件进行加工，使之获得所要求的几何形状、尺寸精度和表面质量的机器，是切削加工不可或缺的主体。按加工方式可分为车床、铣床、钻床、镗床、磨床、刨床、插床、拉床、锯床等；按照转速可分为中低速机床、准高速机床、高速机床等。虽然机床类型不同，但用于描述机床的参数项大致相同。以铣床为例，主要包括产地及厂家、型号、控制系统、坐标轴数、主轴参数、结构尺寸、进给速度、位置精度等。获取上述参数最直接的方法是查机床手册。

图 6－29　数控加工用加工中心

②刀具信息：刀具（见图 6－30）是机械制造中用于切削加工的工具，因其种类繁多故在此不做累述。以铣刀为例，刀具的基本属性包括刀具类别名称、刀具结构形式、刀具厂商、刀具代号、刀片型号、几何尺寸参数（直径、齿数、螺旋角、刃部直径、前角、后角等）、刀具材料和装夹条件等。这些信息可由刀具制造商提供。

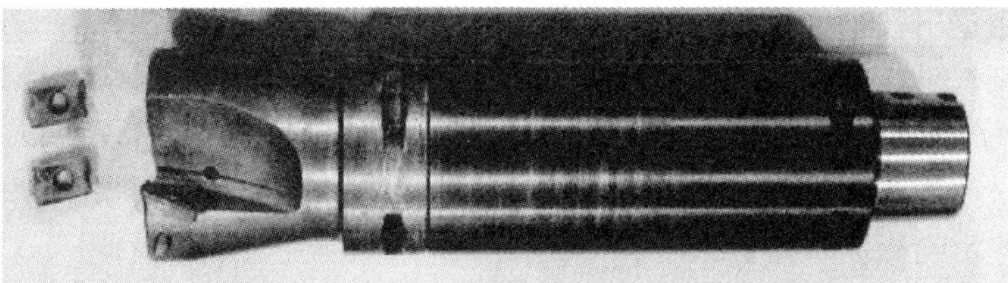

图 6－30　数控加工用刀具

③工件材料信息：军工企业所用工件材料种类繁多，其中又以钢和铝合金为主，钛合金、高强钢、镁合金、高温合金也占一定比例。描述工件材料的主要属性包括材料类别、牌号、毛坯种类、热处理状态、硬度等。此外，还需要使用一组参数来描述工件材料的切削性能，这就是材料的切削力系数，有关切削力系数的定义和获取方法详见第2章有关章节。目前数据库中已录入了共5大类（铝合金、钛合金、镁合金、高温合金、钢）90余种材料（包含不同热处理状态）的切削力系数。

④典型零件信息：由于军工行业的零件结构种类繁多，很难用统一属性对其进行定义。但对于某些具有典型意义的数控加工零件可以用特征对其进行描述，如航空薄壁件（见图6－31）可以用平面、腹板、筋板和拐角等特征来描述，每个特征又具有自己的属性。基于以上原因，典型零件数据信息主要包括工件类型名称、零件名称、零件图、图号、长、宽（直径）、高、零件图文件名、最小圆角半径、最小壁厚、最大壁高（腔深）等。典型零件特征的加工属性包括典型特征类型名称、典型特征尺寸名称、特征尺寸值、工步号、工步内容、工序名称、工序号、加工要求、装夹方式、工装代号、加工阶段等。

图6－31　典型框类零件

⑤动力学特性信息：因加工系统的动力学特性参数（模态参数或频响函数）对切削加工的稳定性有直接影响，故而它直接决定切削加工的质量和效率。有关如何通过锤击试验获取工艺系统的频响函数数据及如何利用频响函数数据拟合出模态参数，本书第3章已作详细叙述，请参看有关章节。

6.4.2　切削数据的筛选与录入

原始切削数据不仅量大，而且也并不都为有效切削数据。为此，需要对原始切削数据进行筛选以提高其可靠性和有效性。数据筛选主要有以下两层含义：一是去掉本身不完整和明显有问题的数据（见图6－32），二是对可用性不好的数据进行优化，待优化后再添加到数据库中。如图6－33所示为切削参数优化界面，如图6－34所示为切削参数优化前后切削效果对比。切削参数优化步骤如下：

①根据具体需要从材料去除速率、加工成本及综合优化等3个选项中选取一个作为优化目标函数。

轴向切深	每齿进给量	进给速度	径向切宽	主轴转速	切削速度	Y向切削力	XY平面切削	切向力峰值	最大转矩	切削功率	材料去除率	主轴利用率	数据来源
2.48	0.14	2500	12	8998	339.03	355.55				1.92	74.42	2.7	仿真
2.8	0.12	2800	12	11900	448.4	362.8				2.59	94.09	4.4	仿真
2.57	0.12	3000	12	13003	489.96	319.34				2.48	92.35	3.6	仿真
4.01	0.13	2500	9	9996	376.65	540.73				3.25	90.15	2.7	仿真
4.95	0.12	2800	9	11749	442.71	634.14				4.49	124.78	4.4	仿真

数据不完整项

图 6－32　不完整的数据项

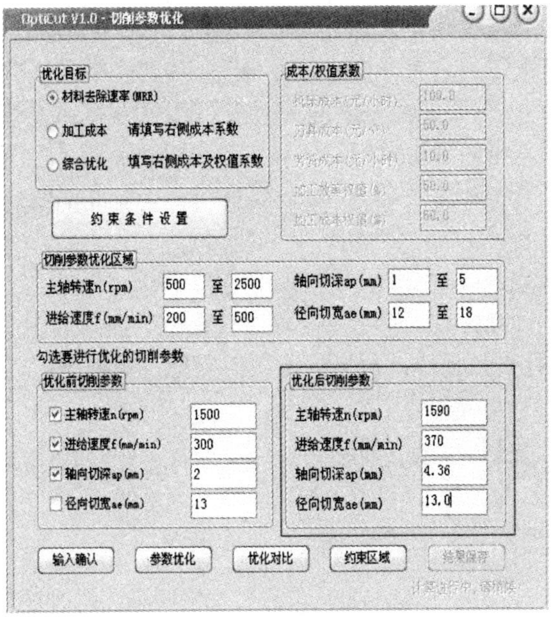

图 6－33　切削参数优化界面图

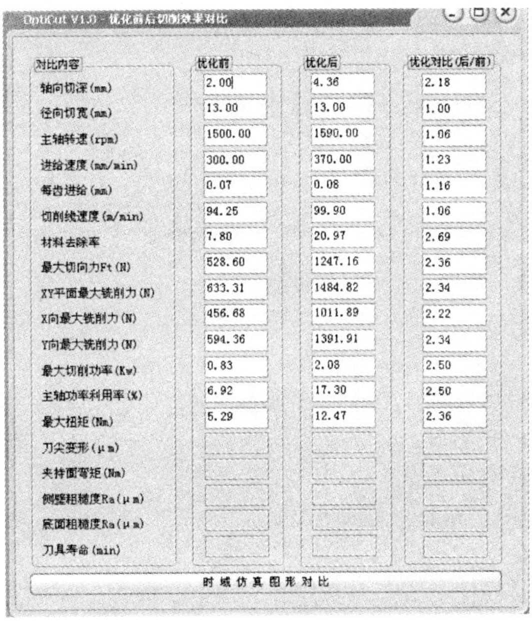

图 6－34　优化前后切削数据对比

②要设置的约束条件涵盖机床、刀具和工件等 3 方面。机床约束条件包括主轴转速、转矩、功率和进给速度等，刀具约束条件包括刀具材料、类型和几何参数等，工件约束条件包括材料、切削力系数和表面粗糙度等。

③为加快优化速度，可以对优化区域进行限制。

④选择优化变量进行优化，并查看优化前后结果对比。

待筛选出合格切削数据后，需要将其转换为数据库所能接受的格式。例如，颤振稳定域曲线、时域仿真图形以及机床、刀具、工件的图片信息等应保存为 Bitmap、JPEG 等图形文件格式，动力学时域仿真结果表格应保存为 Excel 文件格式。

到目前为止，已将 40 多个厂家提供的 7 万多组切削数据录入切削数据库中，涵盖航天、航空、兵器、电子、船舶等十大行业，详细情况如下：

①工件材料：覆盖国内常用的近 90 种金属材料，包括铝合金、钛合金、镁合金、合金钢、高强钢、高温合金等。

②机床：155 台国产或进口数控铣床（加工中心），涉及中低速、准高速和高速 3 个层次。

③刀具：各种类型的刀具 700 多把，以硬质合金、高速钢为主。

④典型零件：143 件典型零件，包括板类、薄壁件、支架类、壳体等。

6.5 切削数据库管理系统的应用

6.5.1 切削数据库管理系统的安装部署

（1）数据库系统运行环境

①服务器要求：

CPU：P4 以上；

内存：512M 以上；

硬盘空间：150M 以上剩余空间；

操作系统：Windows XP Professional SP2；

数据库：Microsoft SQL Server 2000 Personal Edition；

支撑环境：IIS5.0 以上、Microsoft. net Framework 1. 0；

其他：IE7.0 及以上。

②客户端要求：

CPU：P4 及以上；

内存：128M；

硬盘空间：50M 以上剩余空间；

外围设备：鼠标、打印机等；

操作系统：Windows XP Professional SP2；

其他：IE7.0 及以上。

（2）预安装软件

为确保切削参数数据库系统的正常运行，用户需要在服务器上安装 Microsoft SQL Server 2000 数据库管理系统、信息服务器 IIS 和 Microsoft. net Framework 1.0 等 3 个软件或组件。首先安装 Microsoft SQL Server 2000 和 IIS（两者安装无顺序要求），最后安装 Microsoft. net Framework 1.0。待上述 3 个组件安装好后，就可以着手安装切削数据库软件。上述 3 个组件的具体安装步骤可参阅有关使用说明书。

（3）服务器设置

在首次登录切削数据库之前，需在服务器上进行如下设置：找到默认安装目录 C：\ Inetpub \ wwwroot \ datacut 下的 Web. config 文件，以记事本方式打开，对其中的 < add key =" SQLCONNECTIONSTRING" value = " data source = CZG ; uid = sa ; pwd = sa ; database = buaacut ; pooling =true" >进行修改，将其中 data source = CZG 中的 CZG 改为服务器的计算机名，pwd = sa 的 sa 改为 SQL SERVER 2000 的密码。

6.5.2　数据库管理系统

切削参数数据库需要管理的基本信息包括机床信息、刀具信息、工件信息、工艺系统动力学特性参数及动力学仿真结果信息。其中机床、刀具信息可从相关手册获取或由生产厂家提供；工件信息由生产企业提供；工艺系统动力学特性参数和动力学仿真结果则需通过模态试验和动力学仿真获得。切削数据管理模块的主要功能包括添加、编辑、删除和更新等操作。下面将通过实例来说明如何进行相关操作。

①机床信息管理：

机床信息管理主要是对机床的转速、功率、转矩、进给速度等信息进行管理，界面如图 6－35 所示，表格所显示的机床信息，即为数据库中录入的所有机床相关信息，同时也可以添加新的机床信息。要查看某机床的详细信息，点击该条记录，相应地该记录行会变成红色，可对该记录进行编辑（见图 6－36）和删除（见图 6－37）操作。

图 6－35　机床信息管理界面

对所选记录编辑完毕后，点击【更新】，新的信息就会替代原有信息，进行删除操作时，会弹出一个对话框询问是否进行删除，点【确定】即可进行删除。

②刀具信息管理：

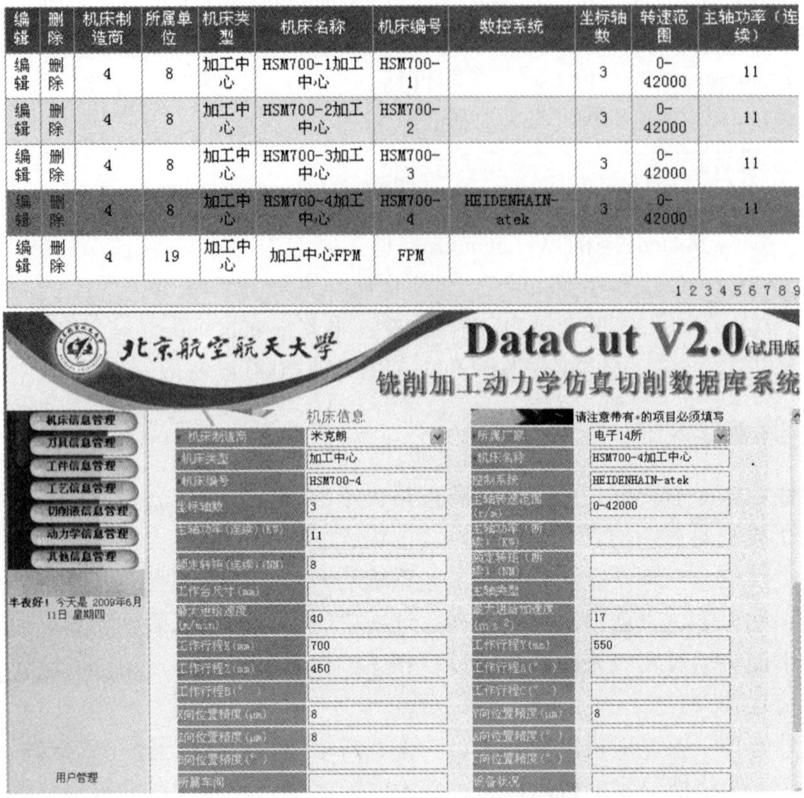

图6-36　机床信息管理编辑界面

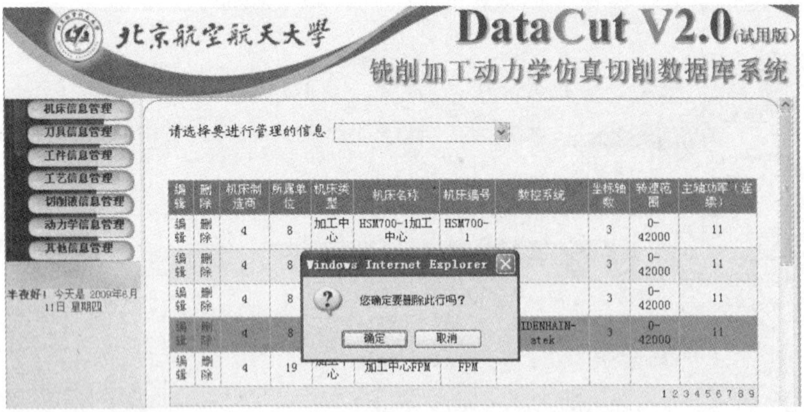

图6-37　机床信息管理删除界面

刀具信息管理主要是对刀具的材料、类型、装夹、几何参数等信息进行管理，同样包括浏览、添加、编辑和删除等操作（见图6-38~图6-40）。

③工件信息管理：

工件信息管理主要是对工件的材料、几何尺寸、图片等信息进行管理。同样，可以对工件信息进行浏览、添加、编辑和删除操作（见图6-41）。

图 6－38　刀具信息管理界面

图 6－39　刀具信息管理编辑界面

图 6－40　刀具信息管理删除界面

图 6－41　工件信息管理界面

④动力学信息管理：

动力学信息管理主要对通过锤击试验获得的工艺系统动力学特性参数和经切削加工动力学仿真系统获得的域仿真结果、颤振稳定域图形等信息进行管理（见图 6－42～图 6－43）。

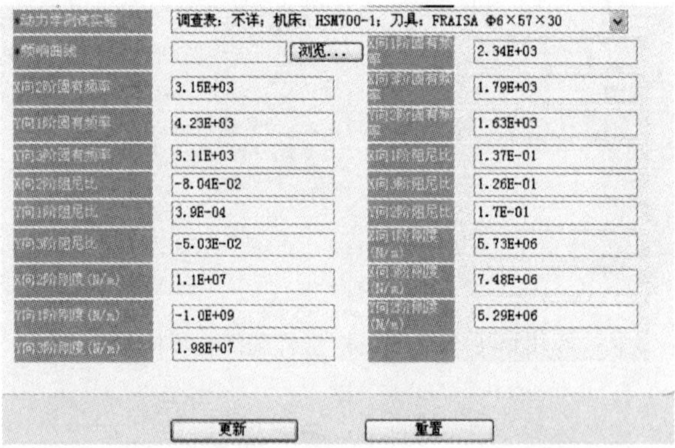

图 6－42　工艺系统动力学特性参数信息管理界面

⑤工艺信息管理：

工艺信息管理主要是指对工件的加工要求、加工方式、装夹方式、工序等信息进行管理，同样可进行查询、添加、编辑和删除操作。

⑥切削液信息管理：

对切削加工中所使用的各种切削液进行管理。

⑦数据手册：

利用水晶报表工具按照机床→刀具→工件材料 3 个层次生成数据手册，方便生产一线的数控机床操作人员查询（见图 6－44）。

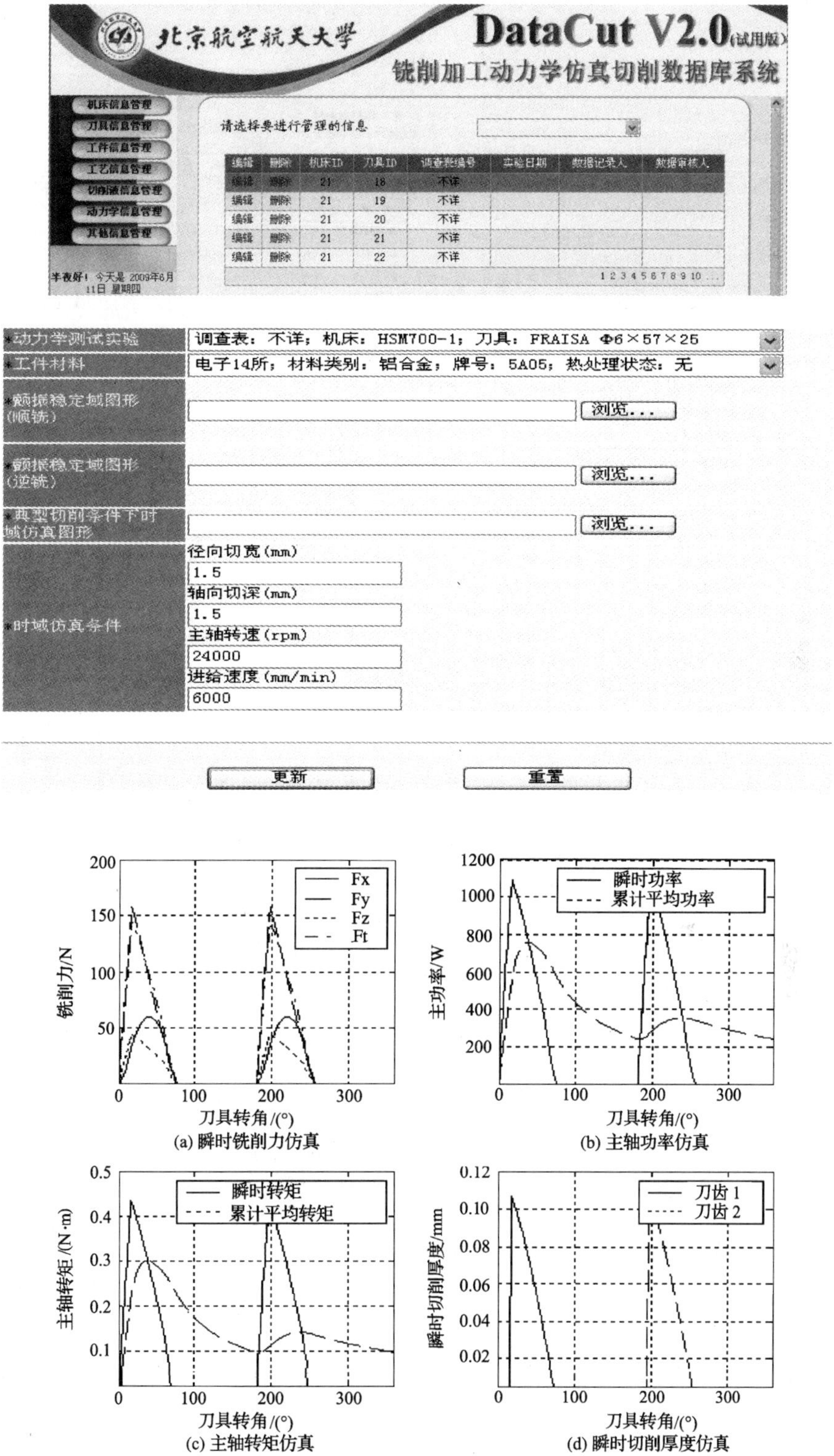

图 6－43　切削加工动力学仿真结果信息管理界面

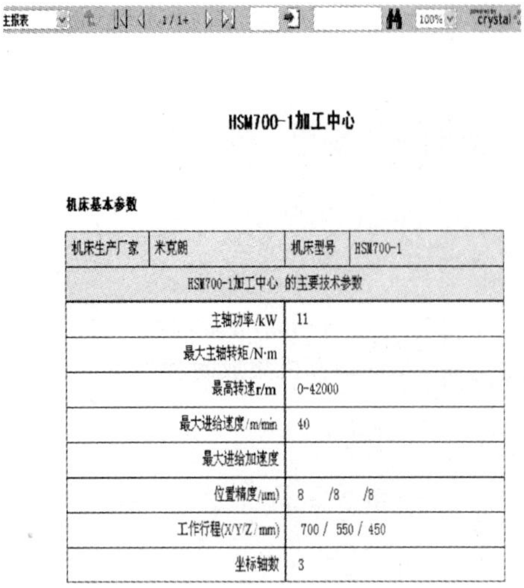

HSM700-1加工中心

机床基本参数

机床生产厂家	米克朗	机床型号	HSM700-1
HSM700-1加工中心 的主要技术参数			
主轴功率/kW	11		
最大主轴转矩/N·m			
最高转速r/m	0-42000		
最大进给速度/m/min	40		
最大进给加速度			
位置精度(μm)	8 /8 /8		
工作行程(X/Y/Z/mm)	700 / 550 / 450		
坐标轴数	3		

(a) 机床信息

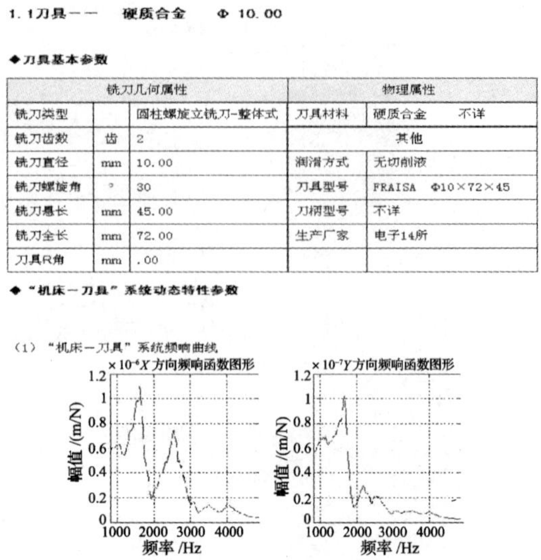

1.1刀具—— 硬质合金 Φ 10.00

◆刀具基本参数

铣刀几何属性			物理属性	
铣刀类型		圆柱螺旋立铣刀-整体式	刀具材料	硬质合金 不详
铣刀齿数	齿	2	其他	
铣刀直径	mm	10.00	润滑方式	无切削液
铣刀螺旋角	°	30	刀具型号	FRAISA Φ10×72×45
铣刀悬长	mm	45.00	刀柄型号	不详
铣刀全长	mm	72.00	生产厂家	电子14所
刀具R角	mm	.00		

◆"机床—刀具"系统动态特性参数

（1）"机床—刀具"系统频响曲线

(b) 刀具及机床刀具系统 频响函数曲线

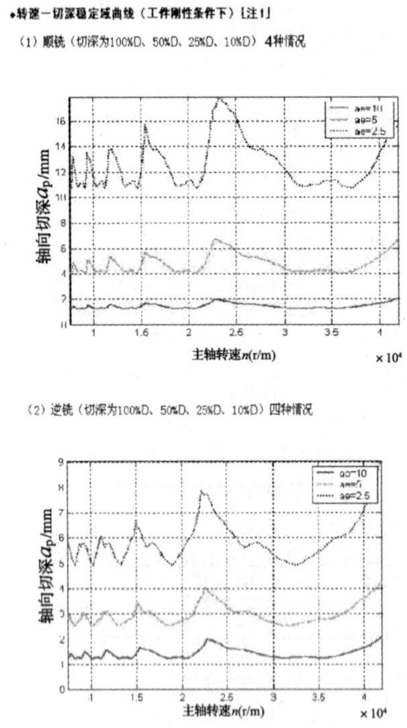

(c) 颤振稳定域图形信息

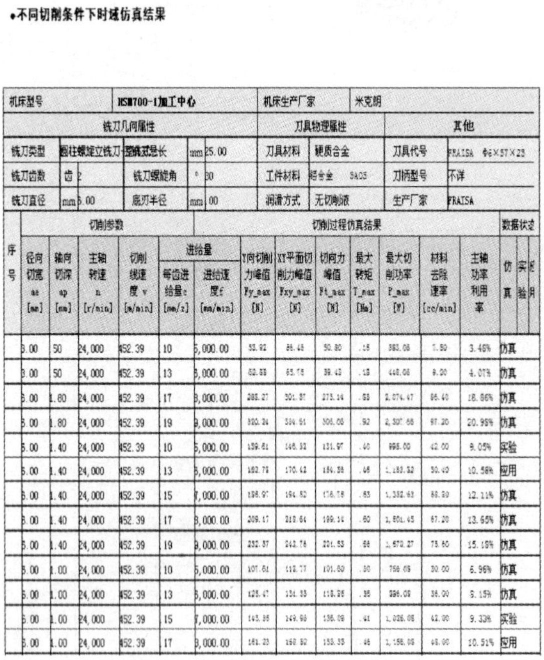

●不同切削条件下时域仿真结果

机床型号	HSM700-1加工中心	机床生产厂家	米克朗
铣刀几何属性		刀具物理属性	其他
铣刀类型	圆柱螺旋立铣刀-整体式 / 悬长 mm 25.00	刀具材料 硬质合金	刀具代号 FRAISA Φ6×57×25
铣刀齿数 齿 2	铣刀螺旋角 ° 30	工件材料 铝合金 5A05	刀柄型号 不详
铣刀直径 mm 6.00	底刃半径 mm .00	润滑方式 无切削液	生产厂家 FRAISA

序号	径向切宽 ae [mm]	轴向切深 ap [mm]	主轴转速 n [r/min]	切削线速度 v [m/min]	每齿进给量c [mm/z]	进给速度f [mm/min]	Y向切削力峰值 Fy_max [N]	XY平面切削力峰值 Fxy_max [N]	切向力峰值 Ft_max [N]	最大转矩 T_max [Nm]	最大切削功率 P_max [W]	材料去除速率 [cc/min]	主轴功率利用率	数据状态（仿真/实验/应用）
	3.00	50	24,000	452.39	10	5,000.00	53.92	56.46	50.80	.15	383.08	7.50	3.46%	仿真
	3.00	50	24,000	452.39	13	6,000.00	62.88	65.76	59.43	.18	448.06	9.00	4.07%	仿真
	6.00	1.80	24,000	452.39	17	8,000.00	285.27	301.37	273.14	.88	2,074.47	86.40	18.86%	仿真
	6.00	1.80	24,000	452.39	19	9,000.00	320.24	334.61	306.05	.92	2,307.68	97.20	20.98%	仿真
	6.00	1.40	24,000	452.39	10	5,000.00	139.61	146.32	131.97	.40	995.00	42.00	9.05%	实验
	6.00	1.40	24,000	452.39	13	6,000.00	162.72	170.42	154.35	.46	1,163.32	50.40	10.58%	应用
	6.00	1.40	24,000	452.39	15	7,000.00	185.97	194.62	176.78	.53	1,332.63	58.80	12.11%	仿真
	6.00	1.40	24,000	452.39	17	8,000.00	209.17	218.64	199.14	.60	1,501.45	67.20	13.65%	仿真
	6.00	1.40	24,000	452.39	19	9,000.00	232.37	242.76	221.53	.66	1,670.27	75.60	15.18%	仿真
	6.00	1.00	24,000	452.39	10	5,000.00	107.61	112.77	101.60	.30	766.05	30.00	6.96%	仿真
	6.00	1.00	24,000	452.39	13	6,000.00	125.47	131.33	118.26	.35	896.05	36.00	8.15%	仿真
	6.00	1.00	24,000	452.39	15	7,000.00	143.35	149.98	136.08	.41	1,026.05	42.00	9.33%	实验
	6.00	1.00	24,000	452.39	17	8,000.00	161.23	168.52	153.33	.46	1,156.05	48.00	10.51%	应用

(d) 颤切削参数信息

图6－44　数据手册

参 考 文 献

[1] Lee B Y, Tarng Y S, LI H R. An investigation of modeling of the machining database in turning operations [J]. Journal of Materials Processing Technology, 2000, 105 (1 - 2): 1 - 6.

[2] CUTDATA Speed & Feed Recommendations [EB/OL]. http: //www. cutdata. com/ 2003.

[3] 姜哲. 金属切削数据库的研究现状与展望 [J]. 机械工程师, 2006 (5): 104 - 106.

[4] 王娟. 数控切削动力学仿真数据库平台开发及应用 [D]. 北京: 北京航空航天大学, 2007.

[5] Sandvik Coromant Online Product Catalogue [EB/OL]. http: //www. coroguide. com/ 2006.

[6] 刘战强, 黄传真, 万熠. 切削数据库的研究现状与发展 [J]. 计算机集成制造系统, 2003, 9 (11): 937 - 943.

[7] 献金, 陈章林. 微机金属切削数据库的研究 [J]. 工具技术, 1998, 32 (1): 3 - 6.

[8] 张兴模, 彭贝. 大型多用户车削数据库软件 CTRN90 的开发及其应用 [J]. 工具技术, 1992, 26 (1) : 21 - 28.

[9] 叶文华. 金属切削数据库系统及磨削模拟的理论与应用研究 [D]. 南京: 南京航空航天大学, 1991.

[10] 武美萍, 翟建军, 廖文和. 数控加工切削参数管理和优化系统的开发 [J]. CAD/CAM 与制造业信息化, 2004 (Z1): 125 - 127.

[11] 张福梅, 刘强. 面向生产应用的优化型切削数据库研究与开发 [J]. 航空制造技术, 2010 (11): 64 - 67.

[12] 周渠. 涂层硬质合金刀具切削数据库 [D]. 北京: 北京理工大学, 1990.

[13] 周渠, 于启勋. 涂层硬质合金切削数据库 [J]. 硬质合金, 1992 , 9 (4) : 223 - 226.

[14] 赵文祥. 硬质合金刀具材料切削数据库的建立与研究 [D]. 北京: 北京理工大学, 1994.

[15] 周文亚, 边月明, 张明贤. 航空常用铝合金 NC 铣削数据库的研究与开发 [J]. 西北工业大学学报, 1994 (5): 14 - 16.

[16] 相克俊. 混合推理高速切削数据库系统的研究与开发 [D]. 山东: 山东大学, 2007.

[17] 蒋昇. 数控加工切削参数优化匹配专家系统的研究 [D]. 上海: 同济大学, 2006.

[18] Fernandes K J, Raja V H. Incorporated tool selection system using object technology [J]. International Journal of Machine Tools and Manufacturing, 2000, 40: 1547 - 1555.

[19] Cus F, Bal J. Selection of cutting conditions and tool flow in flexible manufacturing system [J]. Journal of Materials Processing Technology, 2001, 118 (1 - 3): 485 - 489.

[20] Anumolu B, Shewchu K J P. Design of a tooling database implementation for an existing facility [J]. Computers in Industry, 2000, 42: 221 - 229.

[21] 赵新, 臧晓俊, 徐峰, 等. 铝合金高速数控铣削参数优化 [J]. 制造业信息化, 2008, 30 (1): 118 - 121.

[22] Blaha M, Rumbaugh J. UML 面向对象建模与设计 [M]. 车皓阳, 译. 北京: 人民邮电出版社, 2006.

[23] 薛永宁. 基于 UML 技术的数据库建模分析研究 [J]. 电脑与电信, 2008 (6): 88 - 90.

[24] 韩培友, 懂桂云, 柳虹. 数据库技术 [M]. 西安: 西北工业大学出版社, 2008.

[25] 韩朝军, 梁冰, 刘莹. SQL Server 管理与开发技术大全 [M]. 北京: 人民邮电出版社, 2007.

[26] 孔璐, 吴志坚, 顾洪. 数据库原理与开发应用技术 [M]. 北京: 国防工业出版社. 2004.

第7章　工程应用实例

7.1　基于切削过程仿真的数控加工切削参数优化过程

7.1.1　基于切削力学/动力学仿真的数控加工参数优化软件

（1）“X－Cut”系列数控加工过程仿真优化系统

基于前6章讨论的关于数控切削过程力学/动力学建模、仿真和优化的理论和方法，并针对国内制造企业的应用需求，北京航空航天大学高效数控加工技术研究应用中心在国防基础科研计划项目和千台数控机床增效工程专项的支持下，研究开发了“X－Cut”系列数控加工过程仿真优化系统（又称为数控切削参数优化系统），其中包括4个子系统：数控铣削动力学仿真优化系统（SimuCut）、数控机床加工动力学特性测试分析系统（DynaCut）、中低速数控铣削过程仿真与优化系统（OptiCut）、铣削加工动力学仿真优化切削数据库系统（DataCut）。此外，还开发了数控机床动态特性信号采集处理系统（SigProc）作为支持DynaCut应用的硬件系统。

上述系统中，DynaCut主要用于进行主轴－刀具系统的动力学特性测试，也可用于工件－夹具系统的动力学特性测试，获得相应的机床－刀具或工件的模态参数，提供给SimuCut进行仿真计算；SimuCut主要针对铣削加工进行加工动力学仿真，可对不同切削条件下的切削力、主轴转矩、主轴功率、切屑厚度等时域信息和切削稳定性曲线进行仿真。OptiCut以铣削加工力学仿真为基础，综合考虑机床、刀具以及工件3方面的约束条件，在给定铣削参数范围内进行仿真优化，同时可以获取优化前后切削条件下的切削力、主轴转矩、主轴功率、刀尖变形等时域信息和5种不同类型的约束区域。DataCut是一个切削数据库平台，可收集机床、刀具及其加工零件信息，为企业提供一个参数共享平台。利用该平台，企业可以共享给定机床、刀具的动态特性及加工典型零件下的切削参数、仿真结果以及实际切削效果。

“X－Cut”已成功应用于“千台数控机床增效工程”专项中110多个企业和科研院所的数控铣削加工切削参数优化，取得了明显成效。

（2）“e－Cutting”数控切削动力学仿真与优化系统

在“X－Cut”成功应用的基础上，北京嘉宝兴业科技有限责任公司与北京航空航天大学进一步合作，面向高等学校和职业技术院校的数控加工的教学与科研需求，研究开发了一套数控切削动力学仿真与优化系统“e－Cutting”，该系统在全新开发的内核平台上开发，不仅具备“X－Cut”中SimuCut和OptiCut的主要功能，还增加了镶齿铣刀的力学仿真和切削参数优化、颤振频率分布图、“$X-Y-Z$”三向颤振稳定域仿真、“$n-a_p-a_e$”

三维颤振稳定域曲面显示等功能，并且将进一步拓展基于铣削加工工艺特征的切削过程仿真功能、切削力建模与辨识功能等。

（3）其他数控切削过程动力学仿真与优化系统

加拿大的“CutPro/ShopPro”系列软件是国外最早推出并应用的具有铣削、车削、镗（钻）削过程力学仿真和动力学仿真优化系统，在全球已有超过 200 个用户。美国的“MetalMax”可提供铣削过程的颤振稳定域测试分析功能，美国的“AdvantEdge”也可提供多种切削方式的力学仿真和参数优化功能。

7.1.2 基于切削力学/动力学的数控加工参数仿真优化的实施

（1）基于切削力学/动力学的数控加工参数仿真优化过程

基于切削过程力学/动力学的数控加工切削参数仿真优化过程如图 7－1 所示。该仿真优化过程需从“锤击试验”和“材料切削力系数试验”获得基础数据，然后进行动力学仿真与切削参数优化。“锤击试验”采用 DynaCut（配合使用 SigProc 采集处理系统），进行“主轴－刀具”动态特性测试，即在刀具端部给定方向施加激励（即锤击力），测得在该激励作用下的固定于刀具相应位置的加速传感器上的响应，对采集的动态信号进行处理，可获得“主轴－刀具”系统的频响函数并在此基础上获得系统的固有频率、刚度和阻尼等参数。另一方面，对被加工工件材料进行“材料切削力系统试验”，通过在给定切削条件下的切削力测试，辨识获得该材料的切削力系数。

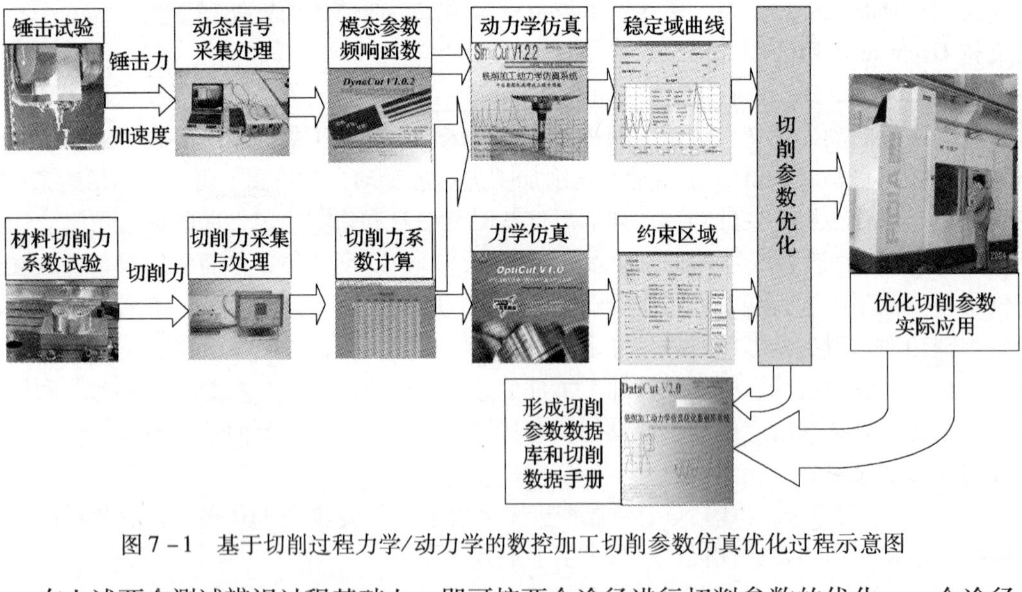

图 7－1　基于切削过程力学/动力学的数控加工切削参数仿真优化过程示意图

在上述两个测试辨识过程基础上，即可按两个途径进行切削参数的优化，一个途径是是采用 SimuCut（或 e－Cutting 的频域仿真功能）进行数控加工过程动力学仿真，获得切削稳定域和对应的时域参数，从而确定切削参数的优化选择区域；另一个途径是在材料切削力系统试验基础上，采用 OptiCut（或 e－Cutting 的时域仿真功能）进行数控加工过程的力学仿真，获得在各种约束条件下切削参数的优化选择区域。

（2）基于切削力学/动力学的数控加工参数仿真优化实施步骤

按照如图 7－1 所示的优化过程示意图，结合数控加工的实际情况，基于切削力学/动力学的数控加工参数仿真优化实施过程应包含信息收集、切削参数优化、切削参数验证及应用、切削参数入库等环节，如图 7－2 所示。

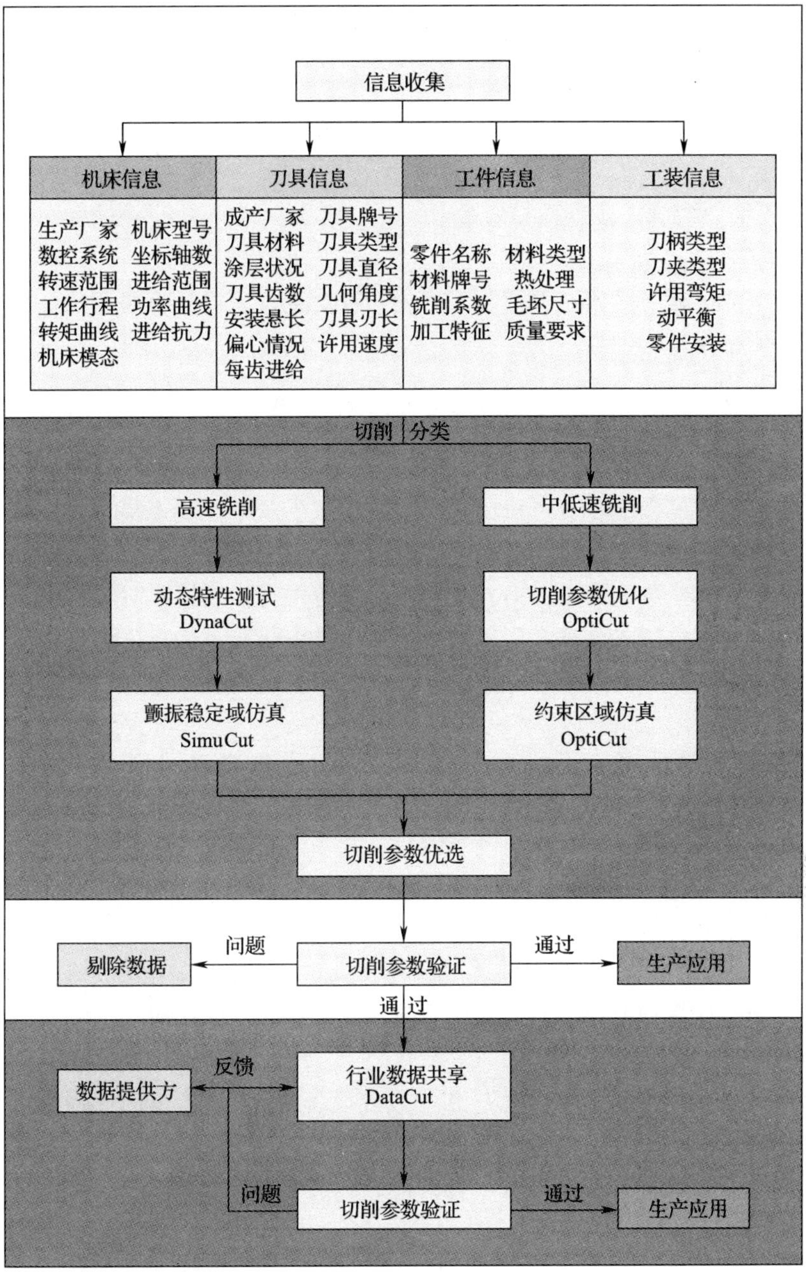

图 7－2　基于切削力学/动力学的数控加工参数仿真优化实施环节

为方便进行实际仿真优化应用，可将“X－Cut”或“e－Cutting”进行基于切削力学/动力学的数控加工参数仿真优化分为如下 7 个实施步骤：

①机床、刀具、工件信息收集；

②增效前加工效率指标计算与测评；

③切削加工参数分类优化；

④切削参数验证及生产应用；

⑤增效后加工效率指标计算与测评；

⑥建立典型零件切削参数数据库；

⑦生成切削参数数据手册。

下面按以上 7 个步骤，分别介绍各步骤的工作目的、工作内容和工作结果，供实际应用时参考。

步骤 1：机床、刀具、工件信息收集

［工作目的］

收集实际加工过程中机床、刀具、工件的一般信息，为进行现场测试、仿真计算和切削参数数据手册记录基本数据。

［工作内容］

根据企业实际加工情况填写“典型零件数控加工（铣削）情况调查表”，该调查表分为 4 部分，如附录 1 所示。

机床信息：机床信息主要参考机床技术手册，从手册中寻找表格中对应内容。对于机床模态信息，可以通过锤击试验获取。

刀具信息：刀具信息主要参考刀具手册，从手册中寻找表格中对应的内容。

工件信息：工件信息主要参考工艺图样，从图样中获取零件特征信息。

加工效果：加工效果需要结合生产统计、工艺信息以及工人加工经验。

［工作结果］

对参加“增效工程”的每台机床填写一份“机床信息表”；对于每一把刀具填写一份“刀具信息表”；对于每一个零件填写一份“工件信息表”；零件中的每一道典型工序填写一份“加工效果表”。

步骤 2：仿真优化前加工效率指标计算与测评

［工作目的］

对应用“X－Cut”或“e－Cutting”进行数控加工切削参数仿真优化前的实际加工效率指标进行采集、计算和测评，为仿真优化前后加工效率对比获取基础数据。

［工作内容］

按要求填写“数控设备基本信息”和“数控设备运行信息”两个表格。

［工作结果］

填写完成“数控设备基本信息表”和“数控设备运行信息表”。

步骤 3：切削参数分类优化

［工作目的］

在现有切削参数基础上进行参数优选，通过调整切削参数达到提高加工效率或改善加工质量。

［工作内容］

在铣削参数优化之前，需要获取当前加工条件下工件材料铣削力系数值。在 X－Cut

和 e－Cutting 中，已嵌入了部分常用材料的切削力系数的数据库，若无工件材料有关数据，需要另外进行工件材料的铣削力系数试验辨识以获取仿真用的必要数据。

数控切削参数分类优化按转速分为高速切削参数优化和中低速切削参数优化两类，高速切削转速一般在 8000r/min 及以上。对于高速切削加工，需要在颤振稳定域仿真选定稳定工作参数区间基础上，再考虑时域仿真的切削力、切削功率、切削效率等约束条件，可采用 DynaCut 与 SimuCut（或 e－Cutting 的频域仿真功能）进行切削参数优化（如图 7－3 所示）；对于中低速切削加工而言，颤振问题不是主要影响因素，因此，重点考虑机床、刀具、工件 3 方面的有关约束条件，采用 OptiCut（或 e－Cutting 的时域仿真功能）进行切削参数优化（如图 7－4 所示）。

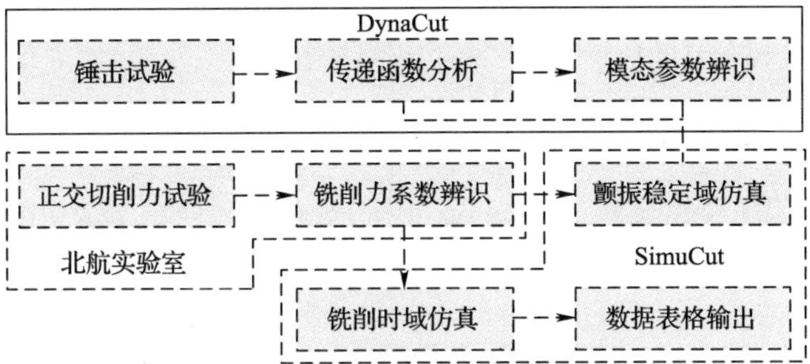

图 7－3　高速铣削参数优化流程

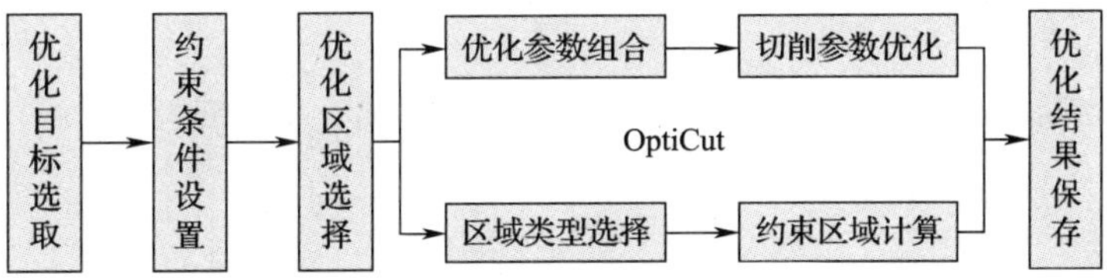

图 7－4　中低速铣削参数优化流程

［工作结果］

得到若干组符合实际加工要求的切削参数，在该参数下加工可以提高切削加工效率（材料去除速率 MRR）或改善加工质量。对于高速铣削，获取传函图片、颤振稳定域图片以及时域仿真图形；对于中低速铣削，获取时域仿真图形以及约束区域图形。

步骤 4：切削参数验证及生产应用

［工作目的］

对仿真优化后切削参数进行验证，确保采用优化后参数在提高加工效率的同时保证加工质量。

［工作内容］

切削参数验证可分两步进行：

a. 在试件材料上，采用优化后切削参数进行铣削试验，观察切削过程及效果；

b. 当切削过程平稳、符合生产要求，在实际零件上再次试验该组切削参数。在实际零件上进行切削验证时，有些情况只需调整机床转速、进给倍率开关，对大多数情况来说，则需要对数控程序进行调整。

［工作结果］

对优化后切削参数进行评价、判断该参数是否符合生产要求。

步骤5：仿真优化后加工效率指标计算与测评

［工作目的］

对应用“X－Cut”、“e－Cutting”进行切削参数仿真优化后的实际加工效率指标进行采集、计算和测评，为加工效率对比获取基础数据。

［工作内容］

按要求填写“数控设备基本信息”和“数控设备运行信息”，计算仿真优化前后加工效率各指标的对比。

［工作结果］

填写完成“数控设备基本信息”和“数控设备运行信息”，完成加工效率各指标对比。

步骤6：建立典型零件切削参数数据库

［工作目的］

建立典型零件切削参数数据库DataCut，通过数据库平台在实现切削参数数据共享。

［工作内容］

在DataCut数据库平台下，以管理员身份登录，输入下列内容：机床基本参数、刀具基本参数、“主轴－刀具”系统频响函数曲线以及模态参数、采用该刀具切削时材料铣削力系数、典型工况下颤振稳定域曲线、典型切削条件下时域仿真图片、优化参数下时域仿真结果。

［工作结果］

将上述内容添加到DataCut数据库中，以普通用户身份登录数据库可以查找到上述内容。

步骤7：生成切削参数数据手册

［工作目的］

将通过试验验证的切削参数生成切削参数数据手册，用于指导工艺人员编程以及现场操作人员进行生产。

［工作内容］

从数据库DataCut中导出下列数据，生成电子版切削参数数据手册，手册为“数控机床－切削刀具－工件材料”三级索引，按要求每台机床生成一份数据手册。打印电子版数据手册，供工艺人员以及机床操作人员。

［工作结果］

每台机床对应一份电子版以及纸质切削参数数据手册，手册为“数控机床－切削刀具－工件材料”三级索引。纸质切削参数数据手册供工艺人员及机床操作人员使用。

7.2 实例1：典型高速加工整体构件切削参数优化

某整体结构件（局部见图7－5）在5轴立式加工中心Micron HSM700（见图7－6）上进行型腔铣削，仿真优化前完全凭经验选取切削参数，不仅加工效率低而且存在显著的表面振纹。本例中将采用X－Cut的DynaCut和SimuCut进行切削动力学仿真来确定切削参数，可明显提高切削效率。

(a) 优化前

(b) 优化后

图 7 - 5　优化前后整体构件表面质量对比

图 7 - 6　Micron HSM700 的 5 轴立式高速数控加工中心

7.2.1　相关基本信息

（1）机床信息

Micron HSM700 的 5 轴立式数控加工中心适用于航空高质量零件的高速铣削加工，该机床的最高主轴转速达 42000r/min，主轴额定功率值为 10kW；最高进给速度 40m/min，最高进给加速度为 1.73g。

（2）工件信息

工件材料为铝合金 Al7075 - T6，材料的切削力系数为 K_{tc} = 868.5N/mm^2，K_{rc} = 233.5.0N/mm^2，K_{ac} =161.0N/mm^2，K_{te} =27.1N/mm，K_{re} =37.4N/mm，K_{ae} =0.304N/mm。

（3）刀具信息

采用 FRAISA 公司生产的整体硬质合金铣刀进行切削加工，该刀具直径为 10.0mm，2 齿，刀具全长为 70.0mm，安装悬伸长度为 40.0mm。

（4）优化前切削参数

主轴转速 n =16000r/min，径向切深 a_e =1.0mm，轴向切深 a_p = 0.8mm，每齿进给量 f_t = 0.25mm。

7.2.2　切削参数优化实现

该实例原用切削参数之所以会发生切削颤振且效率低下，其主要原因是因为切削参数选择不合理导致高速切削时发生切削颤振。因此，本例的解决思路是对加工系统（主要是机床-刀具系统）进行模态锤击试验，进而通过颤振稳定性仿真来获取稳定性叶瓣图，利用稳定性叶瓣图来选取非颤振切削参数，由于所选择的切削用量较小，可不必考虑切削力和切削功率等约束条件。

（1）模态锤击试验

采用 DynaCut 系统进行模态锤击试验，获得的 X、Y 方向上的频响函数如图 7-7 所示。

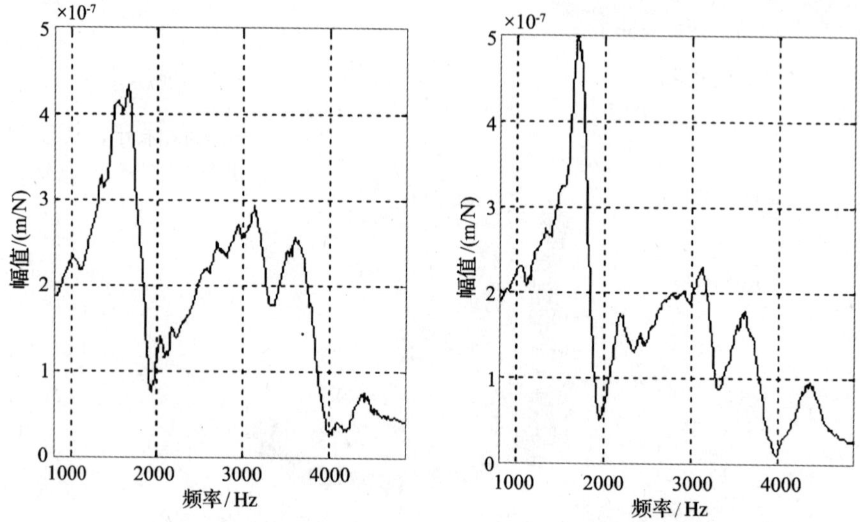

(a) X 方向频响函数　　(b) Y 方向频响函数

图 7-7　机床-刀具系统实测频响函数曲线

（2）颤振稳定域仿真

利用测得的频响函数及工件材料的切削力系数，选用不同的径向切深（a_e = 5.0 mm，7.50mm，9.33mm，10.0mm）进行颤振稳定性仿真，仿真结果如图 7-8 所示。

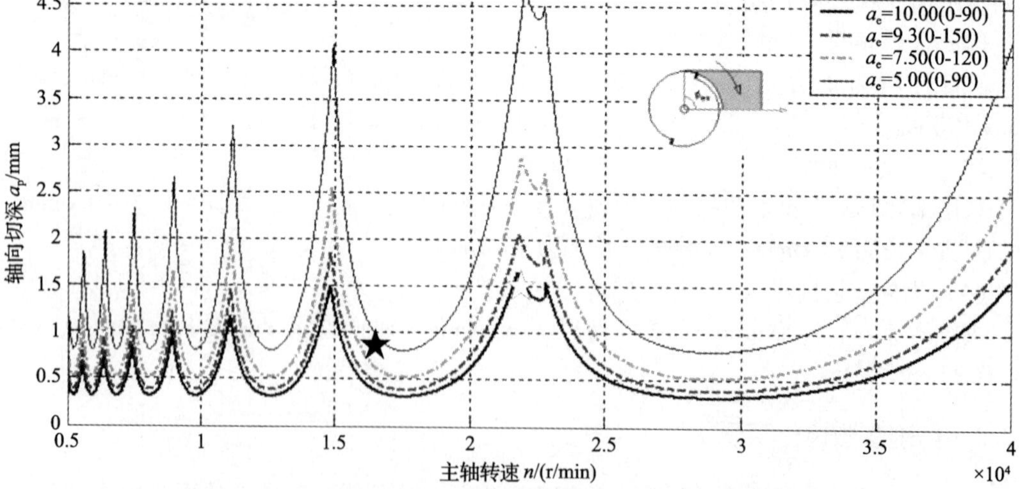

图 7-8　颤振稳定性仿真曲线及切削参数优化前后所对应的点

(3) 优化前后对比

由图 7-8 可知，★——优化前切削参数对应点（n =16000r/min，a_e =1.0mm，a_p = 0.8mm，f_t =0.25mm），☆——优化后切削参数对应点（n =22000r/min，a_e =4.0mm，a_p =1.5mm，f_t =1.81mm），优化前的材料去除速率 MRR_1 =6.48cm^3/min^{-1}，优化后的材料去除速率 MRR_2 =47.5cm^3/min^{-1}，理论上的切削效率提高了近 20 倍。

7.3 实例 2：通道体零件切削参数优化

某通道体零件（图 7-9）在 3 轴立式数控加工中心 Mikron UCP800（图 7-10）进行底平面和型腔铣削，仿真优化前采用经验方法确定的切削参数比较保守，切削效率明显较低。本例中采用“X-Cut”的 DynaCut、SimuCut 和 OptiCut 进行切削动力学仿真与切削参数优化，提高切削效率。

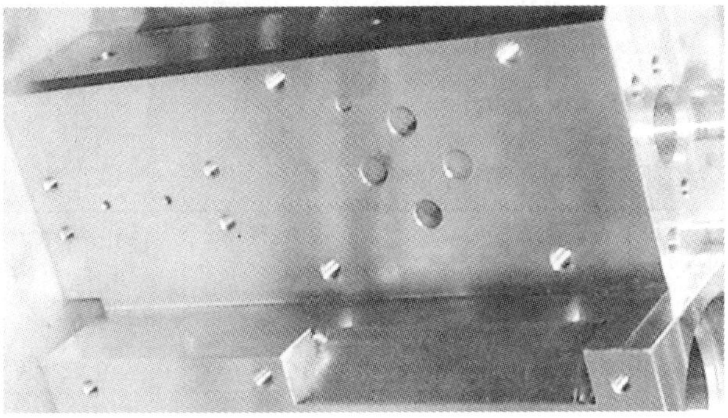

图 7-9 通道体零件

图 7-10 Mikron UCP800 立式加工中心

7.3.1 相关基本信息

(1) 机床信息

Mikron UCP800 立式加工中心是专为满足工模具、航空、航天等行业要求而设计的多轴、高精度零件加工机床，该机床的主轴转速范围为 100 ~ 12000r/min，主轴额定功率值为 16kW，额定转矩 100N · m；最高进给速度 20m/min，快进速度为 30m/min；数控系统为 Heidenhain iTNC530；各轴进给抗力不详。

(2) 工件信息

工件材料牌号为 LD10，热处理状态为 CS。该材料牌号为旧牌号，相当于新牌号 2A14T6。根据第 2 章有关内容叙述的材料切削力系数辨识方法进行切削试验，获得的切削力系数如表 7-1 所示，该表显示该材料具有良好的切削性能。

表7-1 LD10切削力系数值（硬质合金铣刀）

K_{tc}/MPa	K_{rc}/MPa	K_{ac}/MPa	K_{te}/（N/mm）	K_{re}/（N/mm）	K_{ae}/（N/mm）
764.7	184.4	6.6	29.2	28.8	9.7

（3）刀具信息

采用著名刀具制造商山高公司生产的镶片立铣刀（见图7-3）进行切削加工，该刀具直径为25.0mm，2齿，切削刃长为15.0mm，安装悬伸长度为200.0mm。刀具生产厂家推荐的切削线速度小于2500m/min，每齿进给量小于0.2mm。

（4）优化前加工方案及切削参数

优化前，型腔部分加工采用同一把铣刀分粗加工和精加工两步进行，其具体加工参数如表7-2所示。

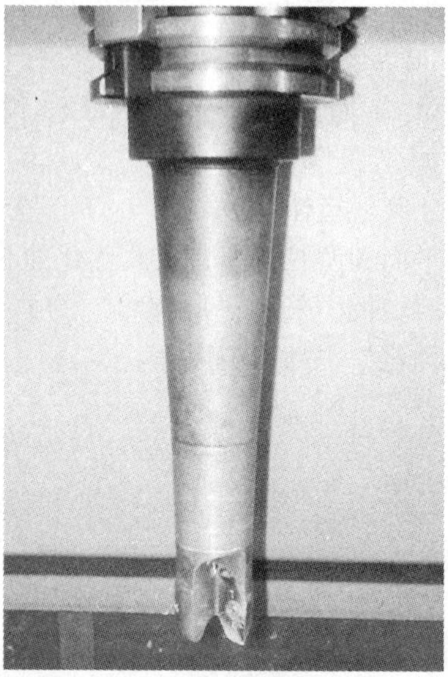

图7-11 型腔加工用镶片立铣刀

7.3.2 总体优化思路

数控切削加工过程优化涉及到机床、刀具、夹具、工艺方案和切削用量等方面。由于本书主要讲述基于动力学分析、仿真的切削参数优化技术，所以本优化案例仅从切削参数（切削用量）优化角度考虑优化问题，而对工艺方案、刀具选择和夹具设计等均未考虑改进。

表7-2 优化前工厂实际使用切削参数

加工阶段	铣削方式	主轴转速 n/（r/min）	进给速度 V_f/（mm/min）	径向切深 a_e/mm	轴向切深 a_p/mm
粗加工	顺铣	4500	2000	25.0	2.0
精加工	顺铣	4500	2000	25.0	0.5

鉴于本案例的对象是铝合金铣削加工，采用硬质合金铣刀切削铝合金材料，其刀具寿命很长，具有很高的性价比，在优化时就不用考虑刀具磨损问题，这样整个优化问题就变成了以加工效率（材料去除速率）为目前函数的单目标优化问题。设计变量为主轴转速、进给速度和径向切深与轴向切深等，约束条件包括机床约束、稳定性约束条件、刀具约束和工件约束等。

切削参数优化按加工过程（粗加工、精加工）分别进行，在每个优化过程中通过寻找满足约束条件的设计变量来实现切削效率最大化，约束条件的有效范围可根据机床、刀具厂商提供的有关参数值和推荐值、切削动力学仿真值及现用参数值等来确定，在确定过程中需要进行数控机床动力学特性参数测试和切削加工动力学仿真。

7.3.3 粗加工切削参数优化

（1）加工系统动态特性参数

考虑到该零件加工的实际情况，由于加工用刀具的安装悬伸长度较长，故机床刀具系统的刚性相对较弱；而工件为箱型零件、壁厚，在采用良好夹持条件下，机床工件系统的刚性与机床刀具系统相比要好很多。因此，只对机床刀具系统的动态特性进行测试，采用 DynaCut 系统测得的机床刀具系统 X、Y 方向位移频响函数如图 7－12 所示。

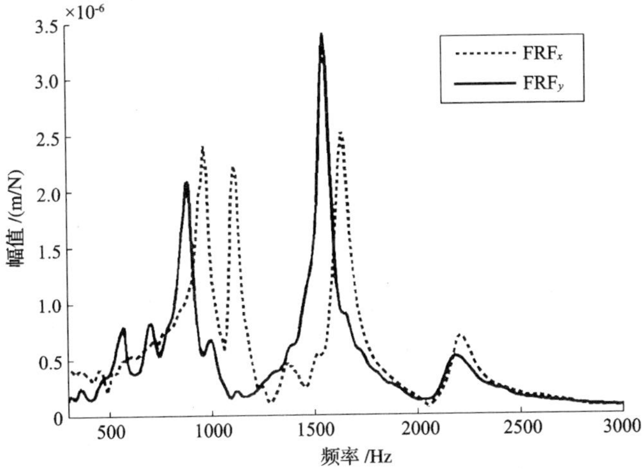

图 7－12　机床刀具系统实测频响函数值

（2）约束条件

①机床约束条件：

机床约束条件主要包括：主轴功率、主轴转矩、主轴转速、切削进给速度及切削力等约束，其中前 4 个约束条件可由机床基本信息确定，而切削力约束条件机床厂商并未提供，为未知。在 3 向切削力中，X 和 Y 方向切削力（所产生的弯矩）会对机床轴承的使用寿命产生影响，所以在优化过程中应予以考虑；Z 方向切削力主要影响薄壁零件的加工变形（对机床影响不大），故可不予考虑。要确定 X、Y 方向最大许用切削力，可通过相关计算或切削试验来获得，由于已超出本书探讨范围，故在此不予介绍。这里提出一种工程上较为实用的方法，就是以优化前所用切削参数所对应的切削力作为最大许用切削力来进行优化，这种方法虽然存在牺牲效率的不足之处，但它却能在现有的已知条件下获得优化的切削参数。

根据如表 7－2 所示的切削参数，通过 SimuCut 仿真，获得的优化前粗加工切削力仿真结果如图 7－13 所示，由该图可知，X 方向的最大切削力为 300. 0N，Y 方向最大切削力为 420. 0N，因此，可将 X 方向和 Y 方向的最大许用切削力定位 300. 0N 和 420. 0N。

综上所述，机床的约束条件可确定为：

$$\begin{cases} P_c \leqslant 16 \\ T_c \leqslant 100 \\ F_x \leqslant 300 \\ F_y \leqslant 420 \\ 100 \leqslant n \leqslant 12000 \\ 1000 \leqslant V_f \leqslant 15000 \end{cases} \tag{7-1}$$

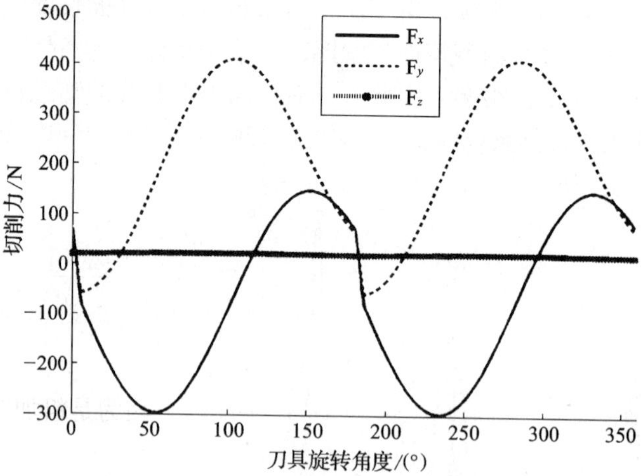

图 7 - 13　优化前粗加工切削力仿真结果

②加工稳定性约束条件：

由于该机床的最高主轴转速达到 12000r/min，属高速加工范畴，加工过程中存在发生加工颤振的可能性，因此需要考虑加工稳定性约束条件。如前所述，由于机床工件系统的刚性远好于机床刀具系统，因此在进行颤振稳定域仿真时仅考虑机床刀具系统的弱刚性。采用如图 7 - 12 所示的 FRF 数据和如表 7 - 2 所示的材料切削力系数，并应用 Simu Cut 进行仿真，得到不同径向切深（切宽）下的颤振稳定域曲线，如图 7 - 14 所示。图中曲线下方为稳定切削区，切削参数必须选择曲线下方对应的参数点，否则就会发生颤振；每条曲线对应于不同的径向切深值，该图显示，随着径向切深的增加，对应的临界稳定轴向切深值会降低；从图中可知比较理想的切削参数对应点应在主轴转速范围 8500 ~ 9500r/min 曲线下方选取。

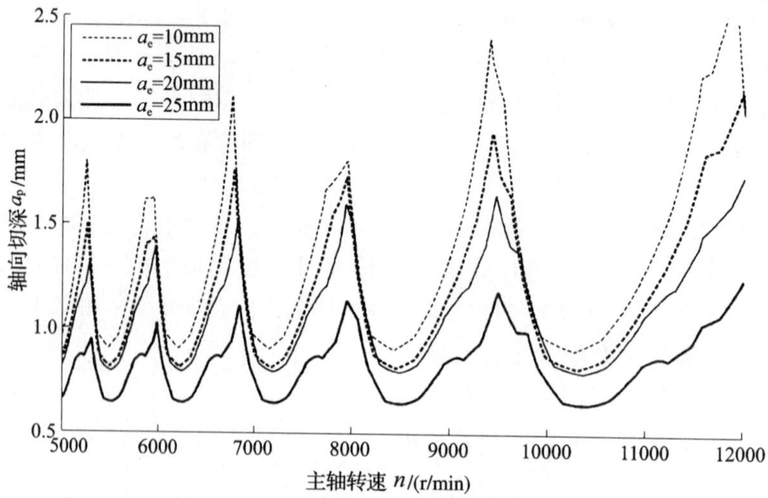

图 7 - 14　不同切宽下的颤振稳定域图

③刀具约束条件：

刀具约束条件包括每齿进给量、切削线速度、轴向切深、径向切深、刀具耐用度及刀齿能承受的最大切削力等。前 4 个约束可由刀具基本信息确定，加工铝合金时刀具耐用度很高，而且可以通过每齿进给量和切削线速度来间接约束刀具耐用度。刀齿所能承受的最大切削力可通过刀具厂商推荐的许用每齿进给量（切削载荷）来间接约束或通过前面所述的用现有切削参数所对应的切削力作为许用切削力来约束。刀具约束条件为：

$$\begin{cases} a_p \leqslant 15 \\ a_e \leqslant 25 \\ f_t \leqslant 0.2 \\ V_c \leqslant 2500 \end{cases} \tag{7-2}$$

④工件约束条件

工件约束条件包括工件许用变形量、表面粗糙度等，因为是粗加工，故可不予考虑。

（3）优化结果与验证

根据上述的约束条件，以材料去除率为优化目标，得到优化的切削参数如表 7 – 3 所示。

表 7 – 3　粗加工阶段切削参数优化结果

项目	主轴转速 n /（r/min）	进给速度 V_f/（mm/min）	切深 a_p/mm	切宽 a_e/mm	材料去除率 MRR/（cm^3/min）	效率提高量
优化前	4500	2000	2	25	100	42.5%
优化后	9500	3800	1.5	25	142.5	

采用优化后的切削参数进行试切。如图 7 – 15 所示为采用 Kistler 9257B 压电式测力平台测试获得的 3 向切削力值，该图显示切削过程非常平稳，切削力在许用值范围内。如图 7 – 16 所示为对测得的切削力进行快速傅里叶变换（FFT）得到频谱图。该图显示切削力振动的主要频率位于 316.7Hz 处，刚好为刀齿的切削频率值，能量基本上都集中在切削上，不存在颤振。综上可知，优化后的切削参数不仅可用，而且较大地提高了切削效率。

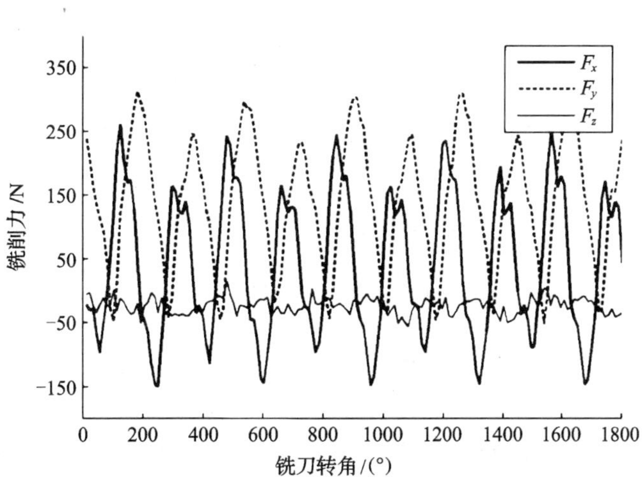

图 7 – 15　实测切削力

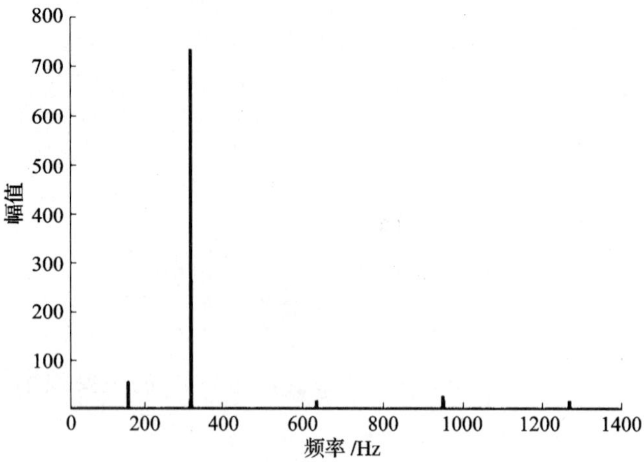

图 7－16　Y 向切削力频谱图

7.3.4　精加工切削参数优化

（1）约束条件

精加工约束条件确定如下：

①精加工时的切削载荷要显著低于粗加工时，因此与机床有关约束条件如主轴 3 个方向上的抗力、主轴功率和主轴转矩等约束条件均不需考虑。

②精加工时轴向切深也显著低于粗加工时，加工过程中不易发生加工颤振，因此也无需考虑加工稳定性约束条件。

③对刀具约束条件来讲，由于精加工过程中的切削力要低于粗加工，所以也无需考虑切削力对刀齿的破坏，需要考虑的约束条件同粗加工。

④对于工件约束条件来说，由于是精加工，故需考虑表面粗糙度约束；精加工轴向切深应满足粗加工余量要求；此外，由于加工面为底平面，刚性好，所以无需考虑加工变形约束条件。

综上所述，精加工时的约束条件为：

$$
\begin{cases}
a_e \leqslant 25 \\
a_p \leqslant 0.5 \\
V_f \leqslant 2500 \\
f_t \leqslant 0.2 \\
100 \leqslant n \leqslant 12000 \\
1000 \leqslant f \leqslant 15000 \\
R_a = 0.8
\end{cases}
\tag{7-3}
$$

（2）优化结果

根据上述的约束条件，以材料去除率为优化目标，在不改变轴向切削深度（因加工余量要求）情况下得到了一组优化的切削参数（见表 7－4）。

表 7-4　精加工阶段切削参数优化结果

项目	主轴转速 n /（r/min）	进给速度 V_f/（mm/min）	切深 a_p/mm	切宽 a_e/mm	材料去除率 MRR/（cm^3/min）	效率提高量
优化前	4500	2000	0.5	25.0	25.0	90%
优化后	9500	3800	0.5	25.0	47.5	

（3）试切验证

如图 7-17 所示为采用 Kistler 9257B 压电式测力平台测试获得的三向切削力值，该图显示切削过程非常平稳，切削力在许用值范围内。见图 7-18 所示为对测得的切削力进行快速傅里叶变换（FFT）得到频谱图。该图显示切削力振动的主要频率位于 316.7Hz 处，刚好为刀齿的切削频率值，能量基本上都集中在切削上，不存在颤振。综上可知，优化后的切削参数不仅可用，而且较大地提高了切削效率。

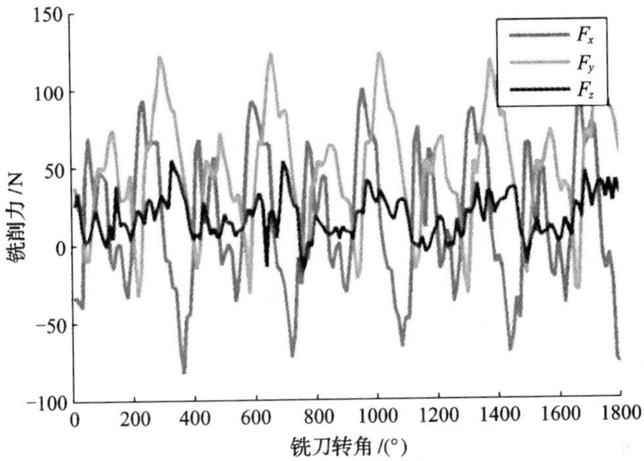

图 7-17　精加工时实测切削力

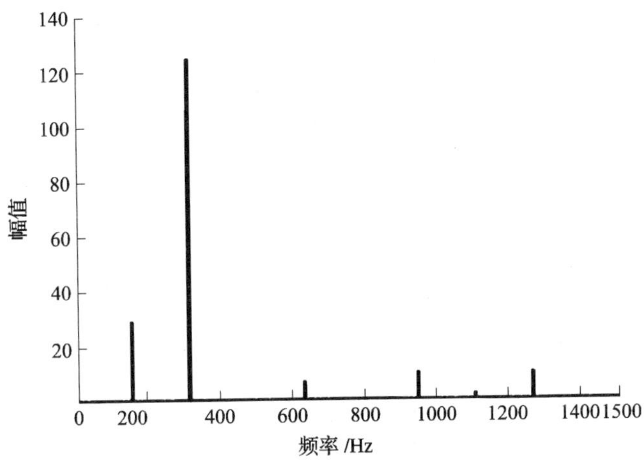

图 7-18　精加工时 Y 向切削力频谱图

7.4 实例3：合金钢40Cr切削参数优化

本实例主要针对一类相对难加工材料切削加工的参数优化问题，其加工过程中所用主轴转速不是很高，加工系统的刚度又相对较好，由于可采用的切削参数不是很激进，加工过程不易发生颤振。因此，此类零件的加工主要应考虑的问题是切削力、切削功率和切削转矩等约束条件。下面将详细讲述在 DMG DMC 64V linear 立式加工中心（见图 7－19）40Cr 材料的切削参数优化问题。

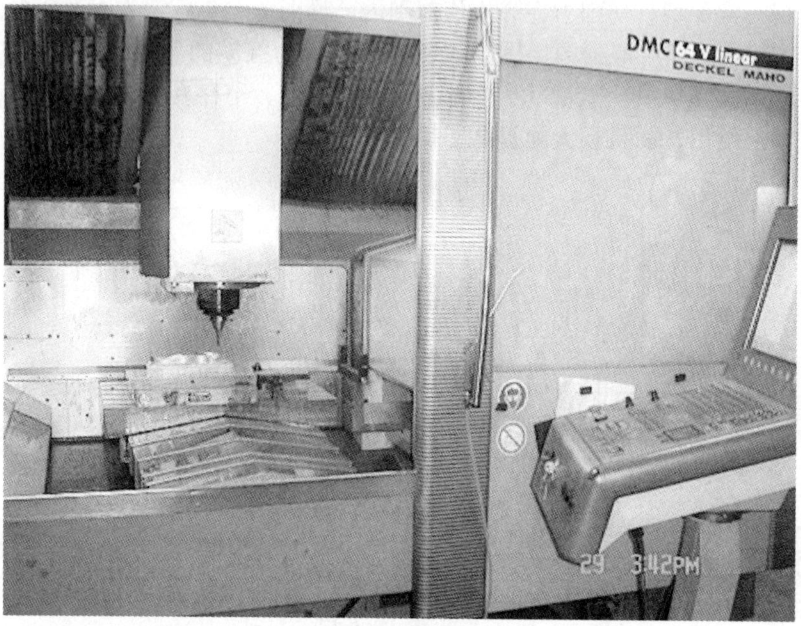

图 7－19 DMG DMC 64V linear 立式加工中心

7.3.1 相关基本信息

（1）机床信息

DMG DMC 64V linear 三坐标立式加工中心，其最高转速为 8000r/min，最大功率为 17.0kW，最大转矩为 170.0N·m，其主轴功率扭矩曲线图见图 7－20 所示，三向进给抗力均为 7000N，最大切削进给速度为 40 mm/min。

（2）刀具信息

切削刀具为 SANDVIK 整体硬质合金立铣刀，其几何参数如图 7－21 所示。查刀具手册得其基本参数为：直径 20mm、齿数 3、螺旋角 30°、刃长 50mm、刀具安装悬长 75mm、刃前角 10°。

（3）工件信息

工件材料为 40Cr，由切削力系数辨识试验得到硬质合金铣刀切削该材料的切削力系数见表 7－5。

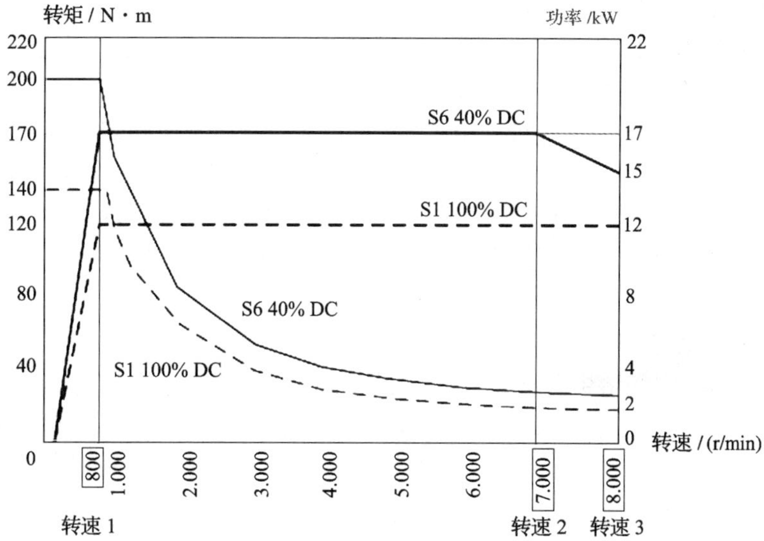

图 7 – 20　主轴功率扭矩曲线图

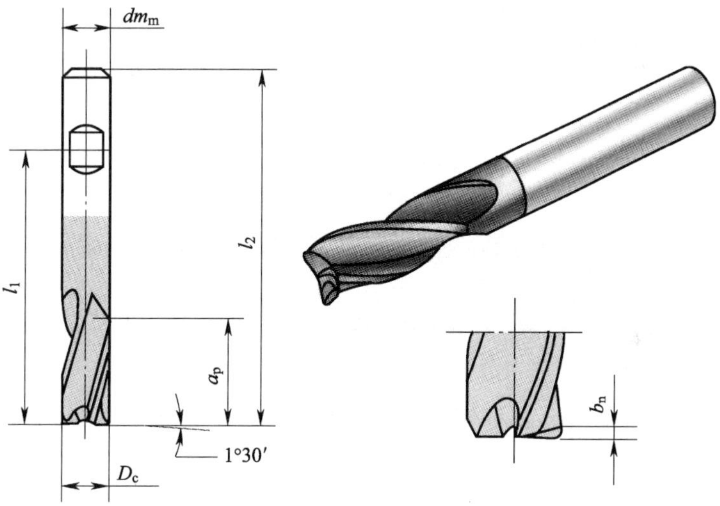

图 7 – 21　所选用硬质合金铣刀几何参数

表 7 – 5　硬质合金铣刀切削 40Cr 材料的切削力系数

K_{tc}/MPa	K_{rc}/MPa	K_{ac}/MPa	K_{te}/（N/mm）	K_{re}/（N/mm）	K_{ae}/（N/mm）
2396. 53	1331. 74	137. 27	104. 62	85. 99	16. 39

7. 3. 2　约束条件确定

（1）机床约束条件

机床约束条件包括了机床的主要性能参数，这些参数必须参照机床技术手册来设定，以保证使用优化的切削参数进行加工不至于对机床造成损害。机床的主要约束条件包括进给抗力、主轴功率、主轴转矩等。

查机床手册知道该机床 X、Y、Z 方向上的进给抗力均为 7000N，综合考虑零件装夹、刀柄及刀具等承受能力，可将进给抗力定为 1500N。

主轴功率和转矩约束条件可参考如图 7－19 所示的机床功率扭矩图确定。图中功率和扭矩均分别有两条曲线：实线为 S6 40% 切削区域，只能短时切削；虚线为连续运转区域。一般使用连续运转区域，故选择虚线曲线。考虑到利用该机床进行加工时，主要工作区间在高速端，因此可将机床的功率约束值设定为 12kW，同理可将机床主轴的扭矩约束值设定为 14N · m。

（2）刀具约束条件

刀具约束条件主要包括切削速度、每齿进给量、刀具耐用度、轴向切深与径向切深等。

刀具手册中对切削速度的限制如图 7－22 所示。由于加工的材料为合金钢 40Cr，出厂硬度通常在 200～250HB 之间，所以选择的切削速度如图 7－22 中灰底所示。

CoroMill® Plura	GC1620 GC1630 H10F			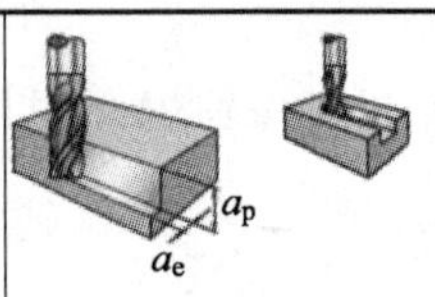	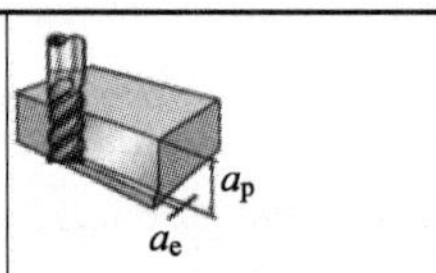	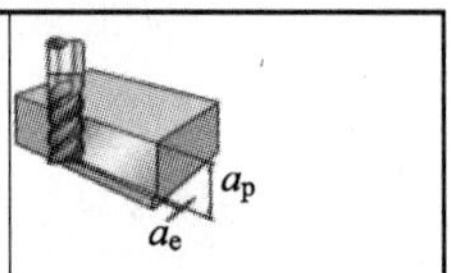
				$a_p \times a_e > D_c$	$a_p \times a_e < D_c$	$a_e \leq 0.05 \times D_c$
ISO	CMC	HB	HRC	v_c /(m/min)	v_c/(m/min)	v_c/(m/min)
P	01.1	125		155	200	375
	01.2	150		135	185	340
	01.4	200		120	140	255
	02.2	250		100	130	255
	02.2	300		90	120	220
	03.22	400		75	95	180
	03.23	450		65	85	160

图 7－22　铣刀的许用切削速度

刀具手册中对每齿进给量的限制如图 7－23 所示。由于刀具直径为 20mm，所以对应的每齿进给量如图 7－23 中灰底所示。

通常情况下，粗加工径向切深 a_e 选择刀具直径的 0.6～0.9 倍，轴向切深一般在 2mm 作用，此时 $a_e \times a_p > D_c$，参考图 7－22 及图 7－23 得到许用切削速度为 100m/min，许用每齿进 0.078m/min。刀具耐用度约束条件可通过切削线速度及每齿进给量等间接约束。

（3）工件约束条件

工件约束条件主要包括工件变形约束条件和表面粗糙度约束条件，当零件为刚性体时，可不考虑变形约束条件；粗糙度约束条件包括侧壁粗糙度和底面粗糙度约束。

（4）加工约束条件

可选用逆铣、顺铣和面铣，本例为顺铣。

综上所述，整个约束条件设计界面如图 7－24 所示。

CoroMill® Plura

GC1620
GC1630
H10F

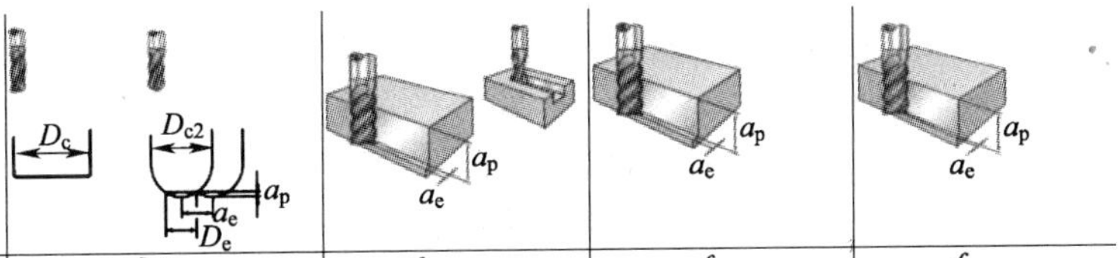

公制

$n=\frac{1000\times v_c}{\pi\times D_c}$ (r/min)

$v_f=n\times f_z\times z_n$(mm/min)

$D_e=2\times\sqrt{a_p\times(D_{c2}-a_p)}$ 耐热材料

注意：公式中，参数v_c和D_c可用v_e和D_{c2}替换。

D_c或D_{c2} mm	f_z mm/齿	f_z mm/齿	f_z mm/齿
	Plura指南		
0.5			
1	0.002	0.002	0.013
2	0.004	0.003	0.032
3	0.006	0.007	0.039
3.175	0.006	0.008	0.040
4	0.008	0.014	0.045
4.76	0.010	0.019	0.046
5	0.011	0.021	0.046
6	0.014	0.03	0.055
6.35	0.015	0.031	0.056
8	0.020	0.033	0.063
9.525	0.025	0.050	0.069
10	0.027	0.055	0.071
12	0.036	0.071	0.077
12.7	0.039	0.074	0.079
15.875	0.054	0.089	0.089
16	0.055	0.09	0.089
19.05	0.073	0.105	0.097
20	0.078	0.11	0.1
25	0.11	0.11	0.11

图 7－23　铣刀的许用每齿进给量

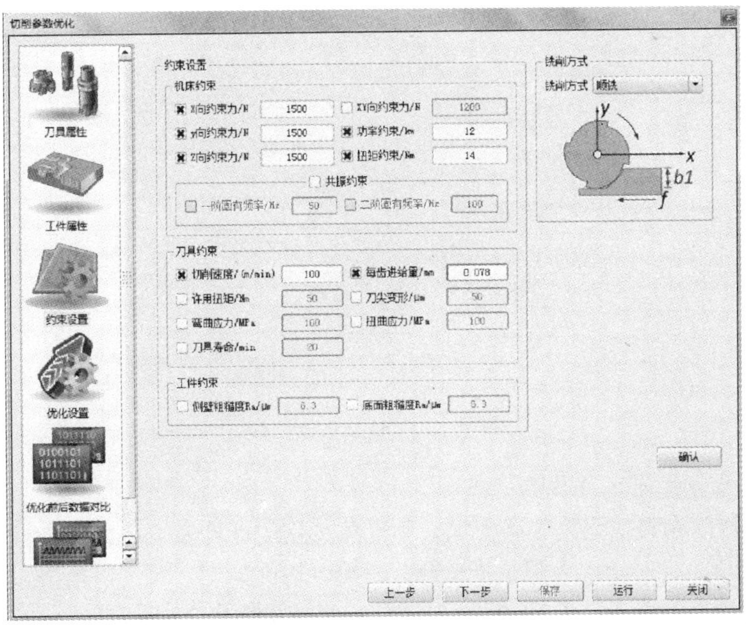

图 7－24　约束条件设计

7.3.3　切削参数优化

（1）优化前切削参数设定

确定并输入优化前的切削参数，主要是为了在无法确定切削抗力时提供约束参考，并与优化后结果进行对比以显示优化的实际效果。本实例中，选择某厂正在使用的切削参数为优化前切削参数，具体设置如图 7－25 所示。

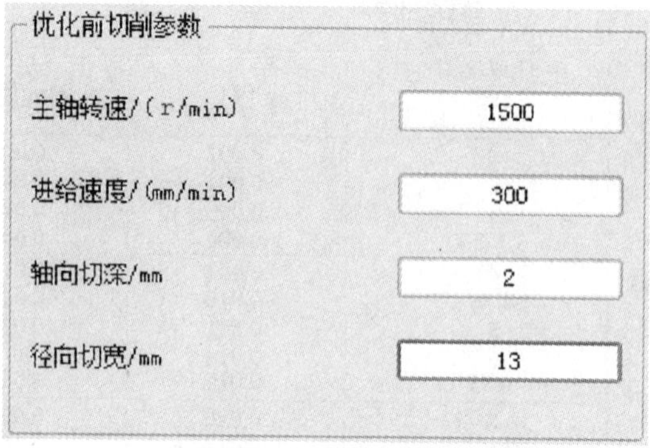

图 7－25　优化前切削参数设置

（2）优化目标设定

共有 3 种优化目标可以选定，它们是：材料去除率、加工成本和综合优化。当优化目标选择为“加工成本”时，用户需要填写“机床”、“刀具”、“人工”以及“其他资源”成本系数；当优化目标为“综合优化”时，用户需要填写“机床”、“刀具”、“人工”、“其他资源”成本系数以及“加工效率权值”、“加工成本权值”。

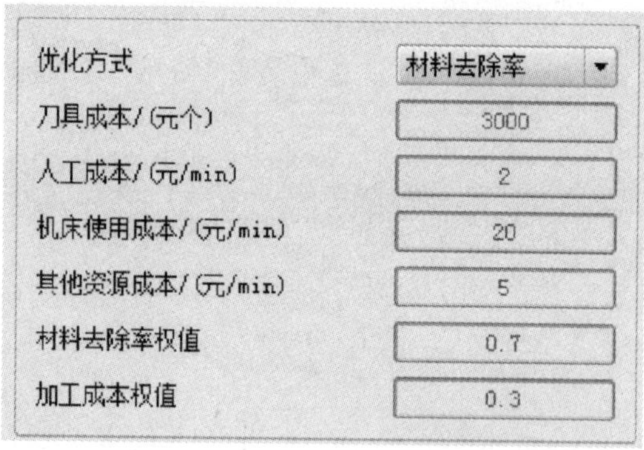

图 7－26　优化目标选择

（3）优化参数优化区域设置

合理设置切削参数优化区域可大幅减小优化过程的计算量，从而减少优化时间。由于工件材料是 40Cr，且进给抗力限制为 1500N，所以切削速度、每齿进给以及切深的可选范围较窄。切宽限制在直径的 0.6～0.9 倍。设置界面如图 7－27 所示。

如果凭经验无法判断大概的切削参数区域，则可以按照机床主轴转速范围和进给速度范围以及刀具的刃长和直径来设置，但是这样设置会导致优化运算时间比较长。

（4）优化前后切削参数对比

在优化前后数据对比界面中（见图 7－28）列出的是优化前后的一些关键参数及其对

比情况，如切削速度、每齿进给、切削力、材料去除率等，目的是为了将优化效果直观地显示出来。

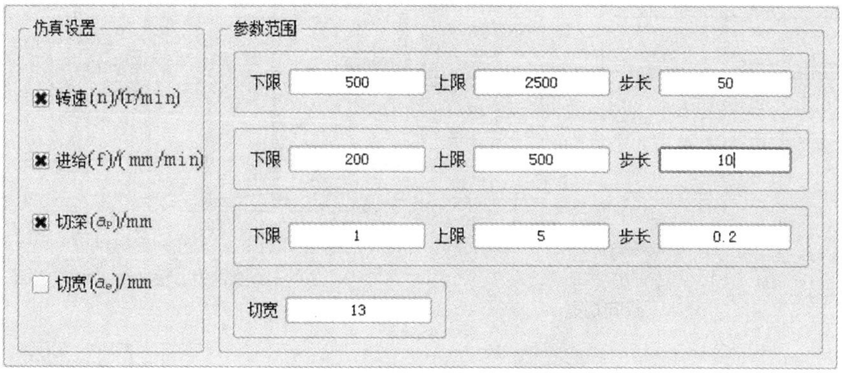

图 7－27　切削参数优化区域设置

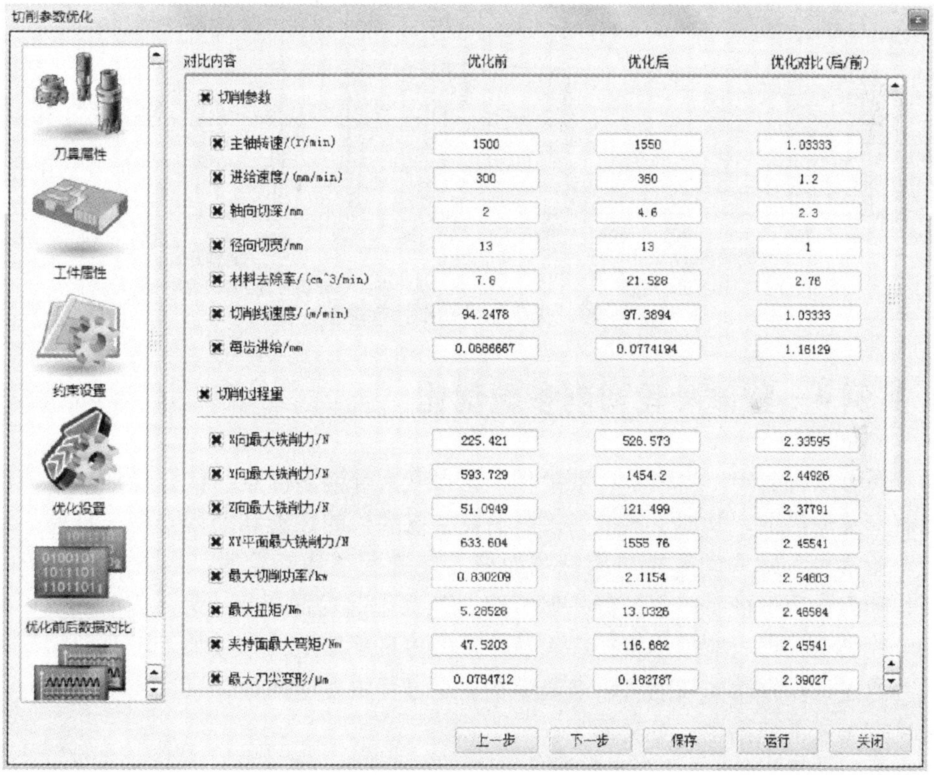

图 7－28　优化前后切削参数对比

优化前后其他切削过程参数对比如图 7－29 所示。从该图中可知，通过切削参数优化，选择了切削效率较高的切削参数，对应的三向切削力、切削功率和切削扭矩都有很大的提高，但是它们都没有超出当初设定的约束范围，说明切削参数优化有效。

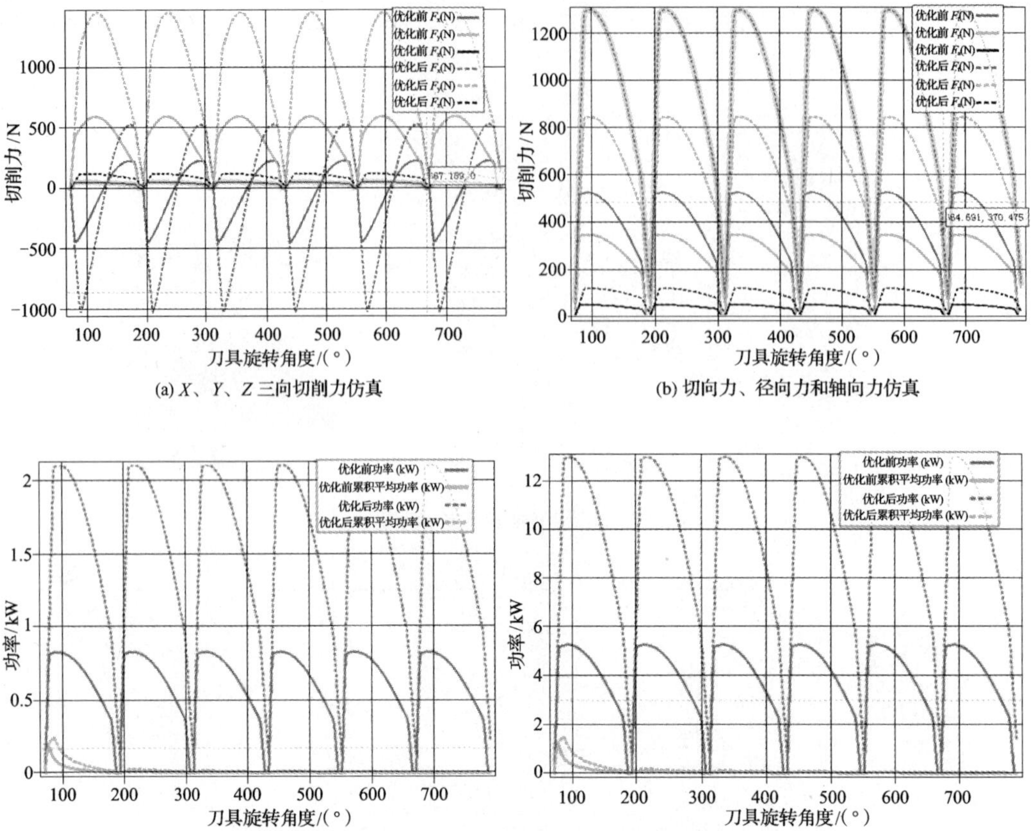

(a) X、Y、Z 三向切削力仿真　　(b) 切向力、径向力和轴向力仿真

(c) X、Y、Z 三向切削力仿真　　(d) 切向力、径向力和轴向力仿真

图 7－29　优化前后切削过程参数对比

7.4　实例 4：整体叶轮切削参数优化

由于具有结构紧凑、体积小、重量轻、比强度大等诸多优点，钛合金整体叶轮被广泛应用在航空发动机上，其加工质量直接影响航空发动机的性能和使用寿命。目前，钛合金整体叶轮通常由 5 轴联动数控机床铣削而成。在铣削整体叶轮时，一方面，由于叶片很薄，在切削力作用下极易产生颤振并因“让刀”而引起局部超差；另一方面，细长而严重扭曲的叶片结构使得只能用小直径、大悬伸量的刀具来加工，导致加工系统的刚性差。由此可见，通过选用合适的切削参数来避免在加工过程中发生颤振并通过控制切削力将加工变形控制在可接受范围内，意义重大。

前面几个切削参数优化实例所针对的应用对象是刚性刀具系统＋刚性工件系统，或弱刚性刀具系统＋刚性工件系统，本范例针对的对象是弱刚性刀具系统＋弱刚性工件系统，下面将详述其切削参数优化过程。

7.4.1　相关基本信息

（1）机床信息

所用机床为海默 5 轴加工中心 HERMLE C800U（图 7－30），该机床的主轴最大功率为 43kW，最高转速为 10000r/min，快进速度为 30m/min，数控系统为 Heidenhain TNC530。

(2) 刀具信息

粗、精加工由同一型号直径为 6.0mm、单边锥度为 2°、3 齿硬质合金锥形球头铣刀完成，铣刀的安装悬伸量为 30.0mm。

(3) 工件信息

某发动机整体叶轮（见图 7－31）由钛合金 TC4（Ti－6Al－4V）制成，工厂原用切削参数见表 7－8，使用该参数加工时，在整体叶轮的叶尖处存在振纹。

图 7－30　HERMLE C800U 的 5 轴加工中心

图 7－31　某发动机整体叶轮

表 7－6　TC4 切削力系数辨识试验用切削参数

主轴转速 n/（r/min）	每齿进给量 f_t/mm	径向切深 a_e/mm	轴向切深 a_p/mm
600	0.04	16	1
600	0.06	16	1
600	0.08	16	1
600	0.1	16	1

7.4.2　优化前准备工作

(1) 材料切削力系数辨识

采用如表 7－6 所示切削参数进行切削力系数辨识试验，由 Simu Cut 软件辨识出该材料的切削系数为：$K_{tc}=1869.8\text{N/mm}^2$，$K_{rc}=915.4\text{N/mm}^2$，$K_{ac}=780.6\text{N/mm}^2$，$K_{te}=41.0\text{N/mm}$，$K_{re}=77.5\text{N/mm}$，$K_{ae}=58.9\text{N/mm}$。

(2) 加工系统动力学特性参数获取

由于粗加工时工件系统刚性明显高于刀具系统刚性，故只考虑刀具系统刚性；而精加工时工件系统刚性与刀具系统刚性处在同一量级，所以必须同时考虑。获取加工系统动力学特性参数方法如下：按正常工作状态将刀具和工件装夹在机床上，分别在刀尖处的进给（X）方向和垂直于进给（Y）方向及粗加工后叶轮的叶尖处刚性最薄弱方向上进行锤击试验，由 DynaCut 获取的刀具系统与工件系统频响函数见图 7－31。由正交多项式模态参数整体估计方法辨识出的加工系统动力学特性参数见表 7－7。

表 7－7　加工系统模态参数

对象	方 向	阶 数	固有频率 ω/Hz	阻尼比 ζ	刚度 k/（N/m）
机床/刀具系统（粗、精加工）	X	1	357.8	0.027	8.9×10^6
		2	893.0	0.033	1.8×10^8
	Y	1	367.0	0.069	4.3×10^6
机床/工件系统（精加工）	壁厚方向	1	371.0	0.038	6.9×10^6
		2	899.0	0.013	7.0×10^7

（3）颤振稳定域仿真

粗加工采用逆铣以提高加工系统稳定性，精加工采用顺铣以获得较好的表面加工质量。考虑到是采用锥形球头铣刀进行加工行距（径向切深）不能很大，故径向切深采用工厂先前使用的参数，亦即粗加工径向切深为 1.0mm、精加工径向切深为 0.5mm。由 Simu Cut 软件仿真得到的粗、精加工时的颤振稳定域如图 7－32 所示。

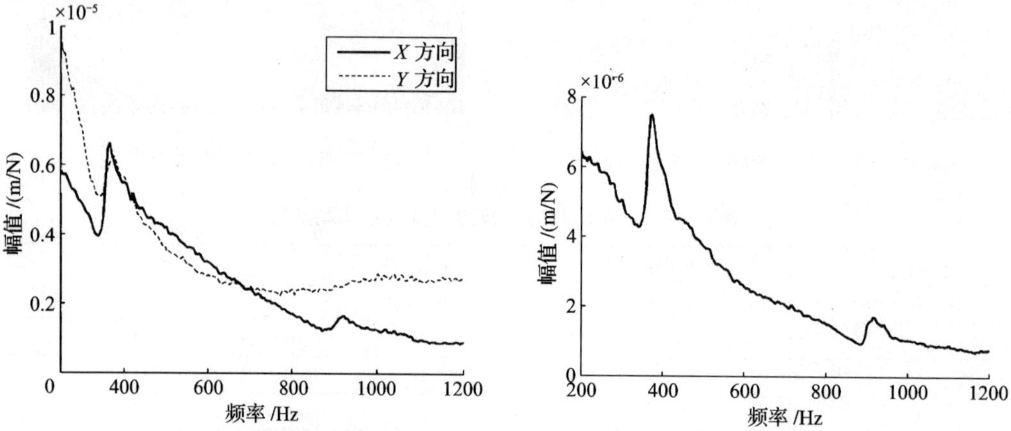

(a) 机床刀具系统频响函数　(b) 机床工件系统频响函数

图 7－32　加工系统频响函数

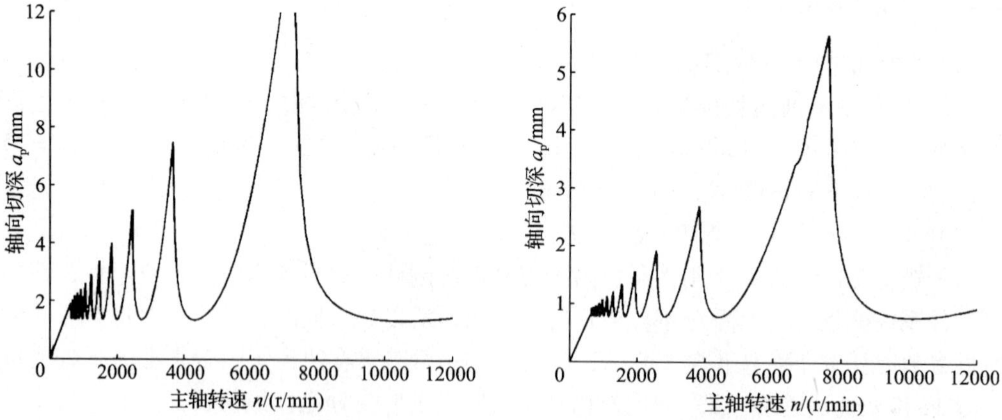

(a) (a_e=1mm、逆铣、弱刚性刀具、刚性工件)　(b) (a_e=0.5mm、顺铣、弱刚性刀具、弱刚性工件)

图 7－33　加工系统颤振稳定域仿真结果

7.4.3　切削参数优化

（1）粗加工切削参数确定

粗加工切削参数优化主要应满足切削力、切削功率、转矩、切削线速度、切削温度和加工稳定性等约束条件。其中切削功率和转矩的许可范围由机床确定，铣刀的最大切削线速度由刀具制造商提供（由加工钛合金的切削速度不超过 100m/min 得出最大许用主轴转速应低于 5300r/min），最大切削温度不超过 900℃，颤振稳定性约束条件由仿真获得，而切削力的有效范围很难确定，以下是一种可行的解决思路：

由于使用原参数加工未出现刀具和工件损坏问题，说明此时切削力在有效值范围内，只要优化后的切削参数对应的最大切削力不超过优化前的值，就满足切削力约束条件。具体方法：①根据颤振稳定性叶瓣图，选择较大稳定叶瓣所对应的主轴转速 n 和轴向切深 a_p，转速 n 应同时满足切削线速度约束条件；②调整 f_t，使优化后的最大切削力低于优化前值；③使用优化后切削参数进行温度仿真，若仿真出的切削温度高于许可值，降低 f_t 直至满足温度要求。

按上述方法得出的粗加工切削参数为：n = 3600r/min，a_e = 1.0mm，a_p = 1.5，V_f = 1080mm/min。温度仿真在 CutPro 软件上进行，优化前后温度仿真结果对比见图 7－34。优化后的切削线速度显著增大使得铣削温度随之增高，但低于最高许可温度，故满足切削温度约束条件。此外，P_{max} = 0.2kW，T'_{max} = 0.52N · m 远小于机床许可值。

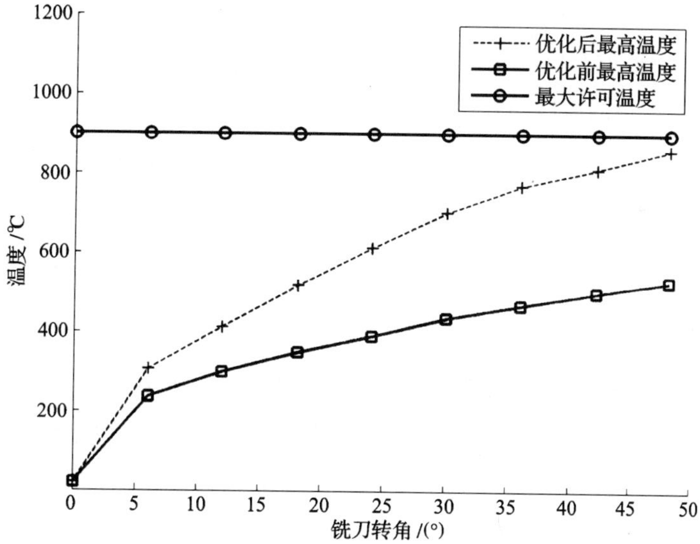

图 7－34　优化前后切削区最高温度仿真结果对比

（2）精加工切削参数确定

精加工切削参数优化方法与粗加工类似。由于使用原始参数加工时存在局部超差现象（由加工变形引起），故在确定切削参数时应减少 Y 方向上的切削力把加工变形控制在公差范围内。保持 a_e、a_p 和 V_f 不变，增加 n、降低 f_t 可达到上述目的，由此确定出精加工优化参数为：n = 4600r/min，a_e = 0.5mm，a_p = 0.3mm，f_t = 0.05mm（V_f = 690mm/min）。

分别用优化前、后的切削参数在 SimuCut 中进行时域仿真，Y 方向切削力对比见图 7－35，工件振动对比见图 7－36。

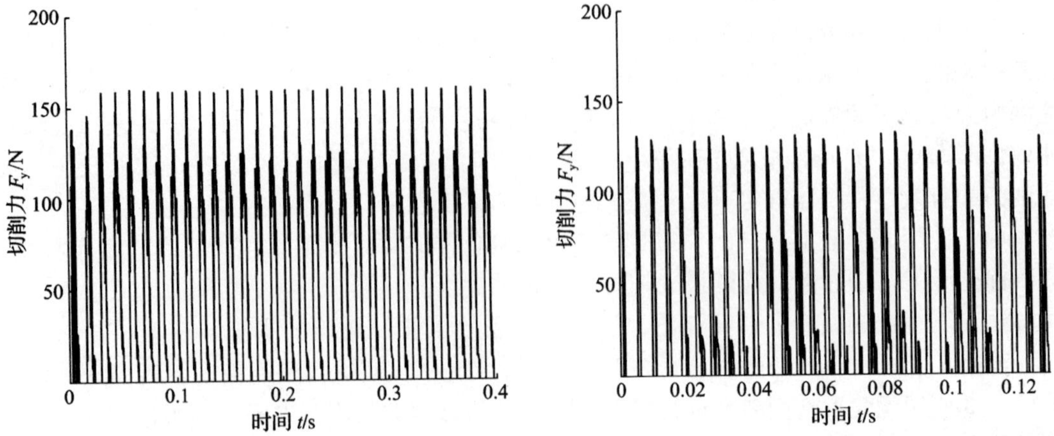

(a) 优化前　　(b) 优化后

图 7－35　优化前、后 Y 向切削力仿真结果对比

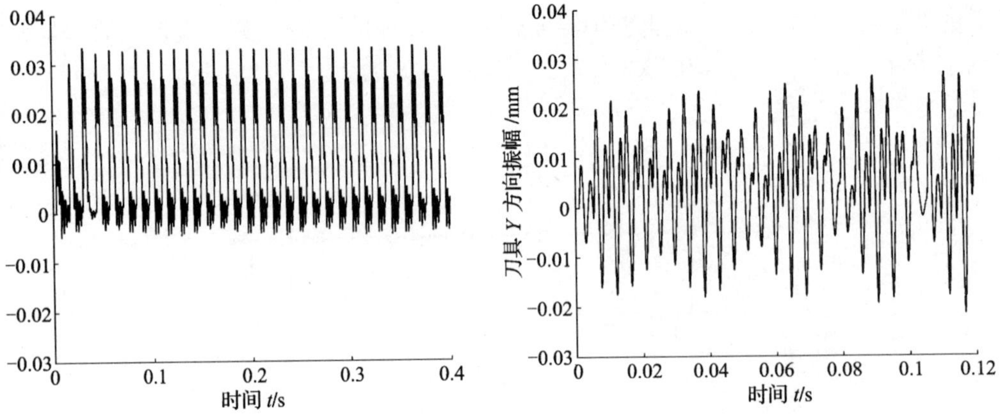

(a) 优化前　　(b) 优化后

图 7－36　优化前、后 Y 方向工件振动仿真结果对比

如图 7－35 所示，优化后 Y 方向最大切削力比优化前降低了近 1/4，由此而产生加工变形随之减少。如图 7－36 所示，工件最大振幅量由优化前的 0.03 mm 降低为优化后的 0.02mm。

（3）优化效果

使用优化切削参数进行了实际零件加工，优化前、后切削参数、切削效率及其加工效果对比见表 7－8。粗加工切削效率提高了 1.16 倍，精加工基本消除了超差现象且零件的表面加工质量有明显提高。

表 7－8 TC4 整体叶轮铣削加工优化前、后切削参数，切削效率及加工效果对比

加工阶段		主轴转速 n/（r/min）	进给速度 V_f/（mm/min）	径向切深 a_e/mm	轴向切深 a_p/mm	材料去除率/（cm^3/min）	加工效果
粗铣	优化前	1200	500	1.0	1.5	0.75	无颤振
	优化后	3600	1080	1.0	1.5	1.62	无颤振
精铣	优化前	1500	500	0.5	0.3	0.075	局部因变形而超差
	优化后	4600	690	0.5	0.3	0.104	无超差，表面质量好

附录　数控切削动力学仿真与优化系统（e－Cutting）使用说明

附1　频域仿真

附1.1　功能简介

基于再生颤振理论及切削加工过程动力学建模分析，建立数控铣削加工过程稳定性模型，实现常用铣刀铣削加工颤振稳定性叶瓣图及颤振频率图的预测，为高速数控切削加工选取优化的切削参数提供依据。

附1.2　操作说明

附1.2.1　刀具属性设置

导向栏中的“刀具属性”项用于设置动力学仿真时所用铣刀的各种属性（见附图1－1）。

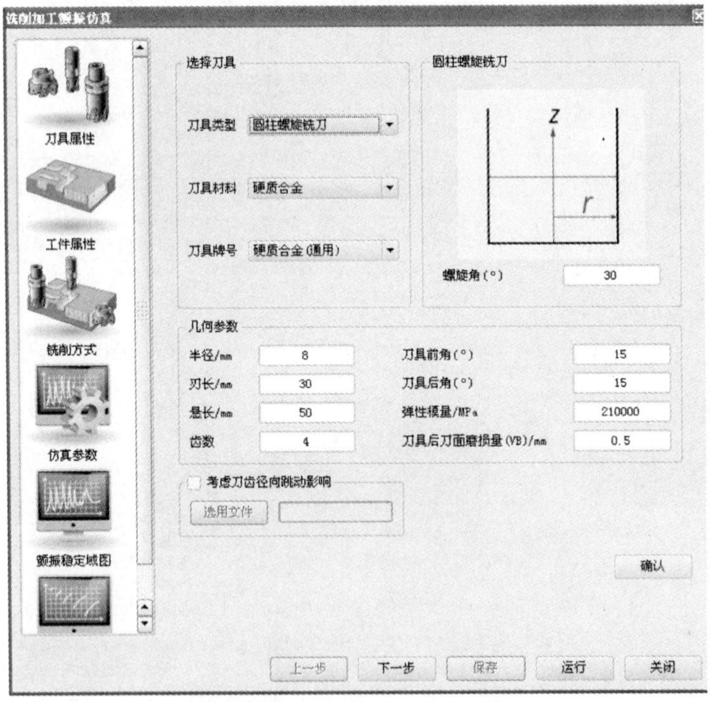

附图1－1　刀具属性设置界面

“刀具属性”设置主要包括三部分：

（1）选择刀具

单击“刀具类型”下拉菜单，可选择相应的刀具类型（附图 1 – 2）。

单击“刀具材料”下拉菜单，可选择相应的刀具材料（附图 1 – 3）。

单击“刀具牌号”下拉菜单，可选择相应的刀具牌号（附图 1 – 4）。

附图 1 – 2　刀具类型设置

附图 1 – 3　刀具材料设置

附图 1 – 4　刀具牌号设置

（2）几何参数

根据所选刀具，输入相应的 8 个几何参数（见附图 1 – 5）。此外，在相应刀具类型简图下方还应输入一些几何参数（如螺旋角、R 刀的圆角半径等）。

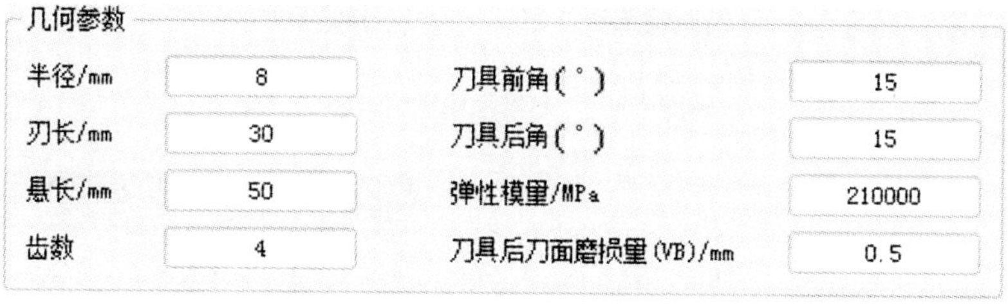

附图 1 – 5　刀具几何参数设置

（3）考虑刀齿径向跳动影响

铣刀的刀齿径向跳动情况如附图 1 – 6 所示。仿真时，若需考虑刀齿径向跳动的影响，可点击“考虑刀齿径向跳动影响”复选框（缺省情况下不考虑），系统将弹出如附图 1 – 7 所示的输入界面用于加载刀齿径向跳动文件。刀齿径向跳动文件由实测获得。文件中的一行对应于某个轴向位置下个刀齿相对于理论位置的偏差值；第一列为刀具的轴向位置值，从第二列起依次为各刀齿在各轴向位置上径向偏差值，刀齿数决定数据文件中的列数。附图 1 – 8 所示为附图 1 – 6 所对应的刀齿径向跳动文件。

待输入（选择）完所用参数后，点击“确定”按钮结束刀具属性设置。

e – Cutting 软件在仿真前将对相关设置进行完整性检查，一旦设置不完整就点击“运行”按钮，系统将提示相关出错信息。

附 1.2.2　工件属性设置

导向栏中的“工件属性”项用于设置动力学仿真时相关工件的属性（见附图 1 – 9）。

“工件属性”设置包括“工件材料”、“工件材料牌号”及“考虑其他因素影响”三部分内容。“工件材料”设置见附图 1 – 10，“工件材料牌号”设置见附图 1 – 11。

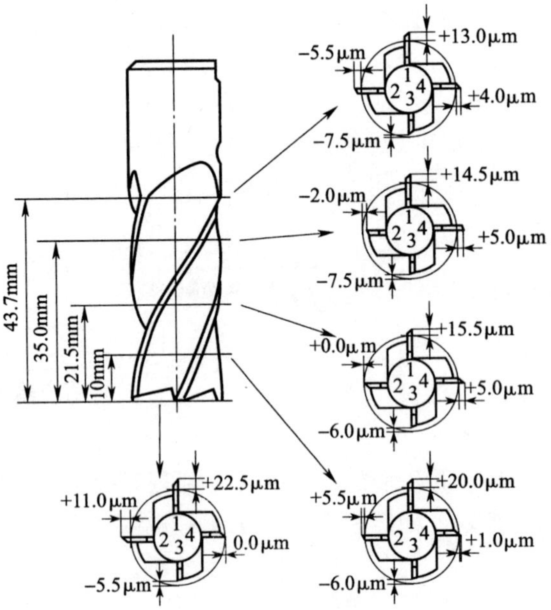

附图 1－6　刀齿径向跳动示意图

附图 1－7　刀齿径向跳动值文件输入界面

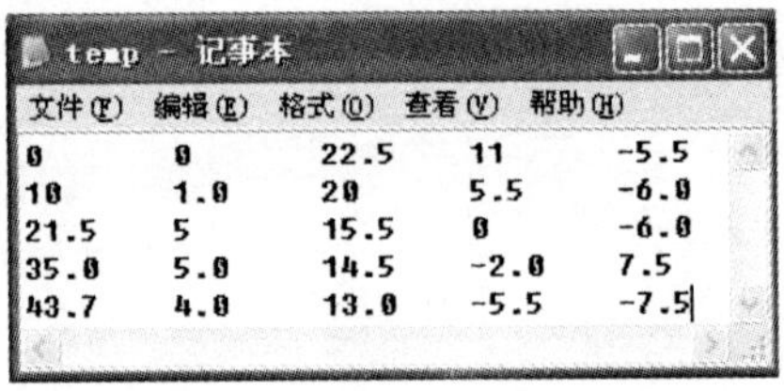
temp - 记事本

文件(F)　编辑(E)　格式(O)　查看(V)　帮助(H)

0	0	22.5	11	-5.5
10	1.0	20	5.5	-6.0
21.5	5	15.5	0	-6.0
35.0	5.0	14.5	-2.0	7.5
43.7	4.0	13.0	-5.5	-7.5

附图 1－8　典型刀齿径向跳动文件

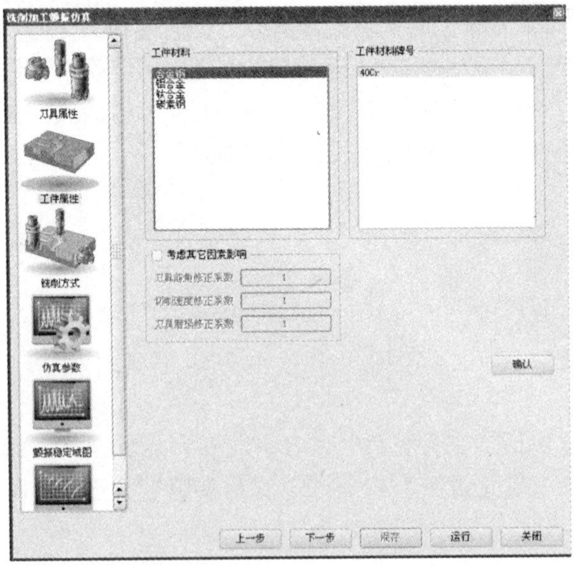

附图 1－9　工件属性设置界面

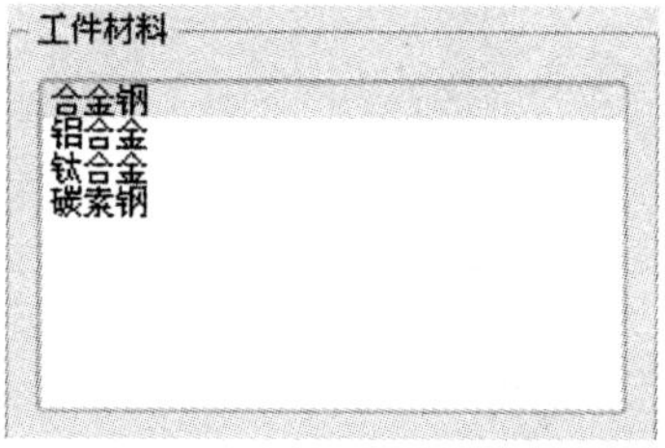

附图 1－10　工件材料选择

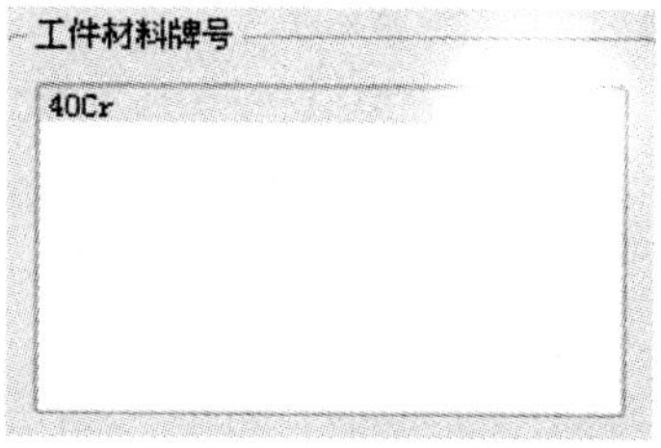

附图 1－11　工件材料牌号选择

鉴于刀具前角、切削速度和刀具磨损等均会对切削力系数产生影响，从而影响颤振稳定性仿真结果，“考虑其它因素影响”输入框（附图 1－12）提供给用户输入这些因素的影响系数。

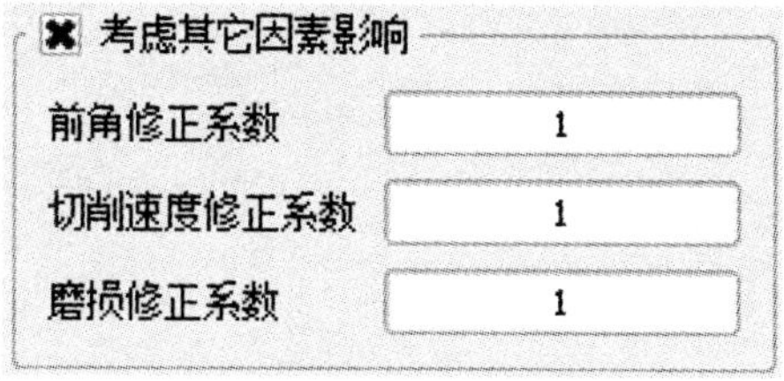

附图 1－12　考虑其他因素影响

附 1.2.3　铣削方式设置

导向栏中的“铣削方式”项用于设置动力学仿真时所用铣削方式（见附图 1－13）。

系统提供顺铣、逆铣、面铣三种方式供用户选择，若选择顺铣（见附图 1－14）或逆铣（见附图 1－15），则只需输入径向切深值 b_1；若选择了面铣（见附图 1－16），则需输入径向铣削宽度 b_1 和径向铣削宽度 b_2。若令 X 轴表示沿刀具中心进给方向的坐标轴，Y 轴垂直于 x 轴，b_1、b_2 分别为切宽两侧与 X 轴的距离。b_1、b_2 输入值在 X 轴以上时取正值，X 轴以下时取负值。系统会自动根据用户输入的 b_1、b_2 计算出相应的切入、切出角。

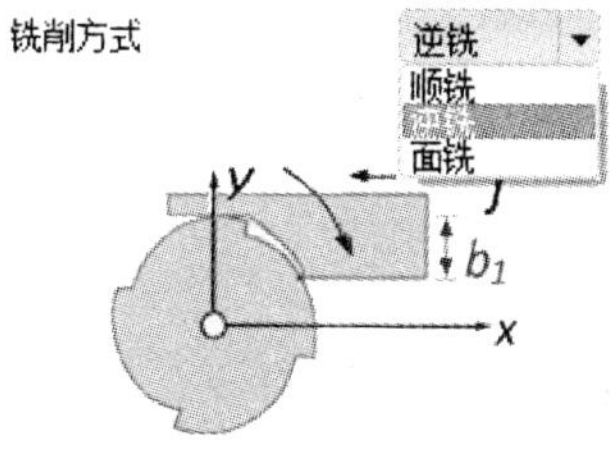

附图 1－13　铣削方式选择

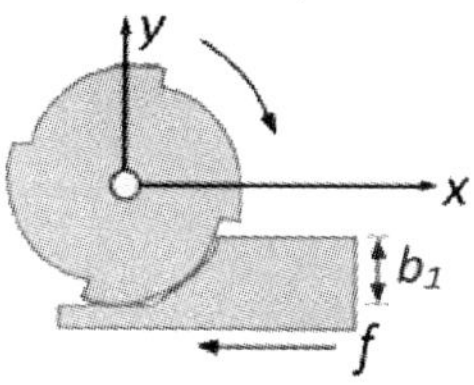

附图 1－14　顺铣

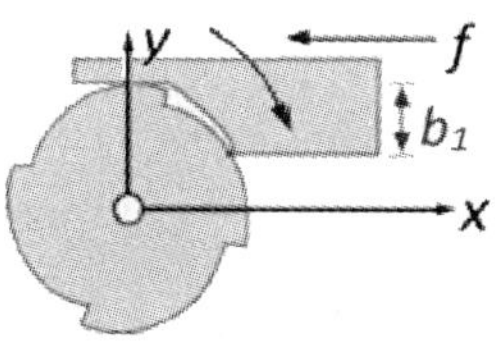

附图 1－15　逆铣

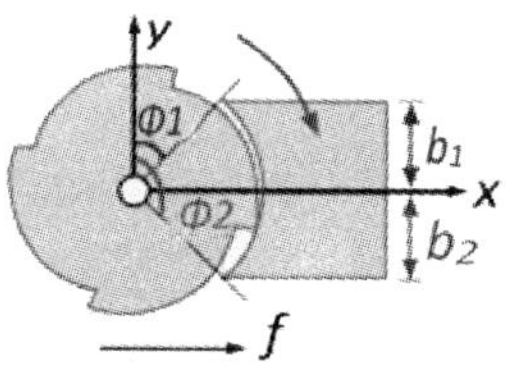

附图 1－16　面铣

附 1.2.4　仿真参数设置

导向栏中的“仿真参数”项用于设置动力学仿真时所需要的仿真参数，其设置界面如附图 1－17 所示，待设置的仿真条件包括刀具、工件动态特性文件、频响函数图形频率上下限、主轴转速上下限，仿真叶瓣数及仿真步长等。

附图 1－17　铣削加工颤振仿真参数设置

（1）铣削加工工艺系统动态特性

缺省情况下只考虑刀具系统的动态特性，如需考虑工件动态特性，应勾选该选项。

动态特性文件要求在 X、Y 两个方向均有输入。输入的文件类型包括：FRF 文件、实模态参数和复模态参数。

①FRF 文件共 3 列，依次为固有频率、频响函数实部和频响函数虚部；

②实模态参数共 4 列，依次为固有频率、阻尼、刚度和质量；

③复模态参数共 4 列，依次为固有频率、阻尼、留数实部和留数虚部。

（2）频响函数图形

设置刀具、工件系统所需分析频率的上下限。

（3）仿真参数设置

①转速上下限：设置颤振稳定性叶瓣图、颤振频率图横坐标（转速）的范围。

②叶瓣数：构成颤振稳定性叶瓣图的稳定性叶瓣个数。

③转速步长：设置颤振稳定性叶瓣图及颤振频率图中转速离散间距。

④扫频宽度：设置稳定域及颤振频率图的仿真精度。

附 1.2.5　颤振稳定性叶瓣图

在完成“刀具属性”、“工件属性”及“仿真参数”设置后，点击“仿真参数”界面底部的“运行”按钮，系统开始仿真。附图 1－18 为仿真得到的颤振稳定性叶瓣图，横坐标为主轴转速，纵坐标为轴向切深，曲线下方稳定切削区、上方为颤振区。附图 1－19 为仿真得到的颤振频率图，横坐标为主轴转速，纵坐标为该转速下发生颤振时所对应的颤振频率。双击曲线，可对曲线的坐标轴、坐标轴、曲线线型等进行设置（见附图 1－20）。

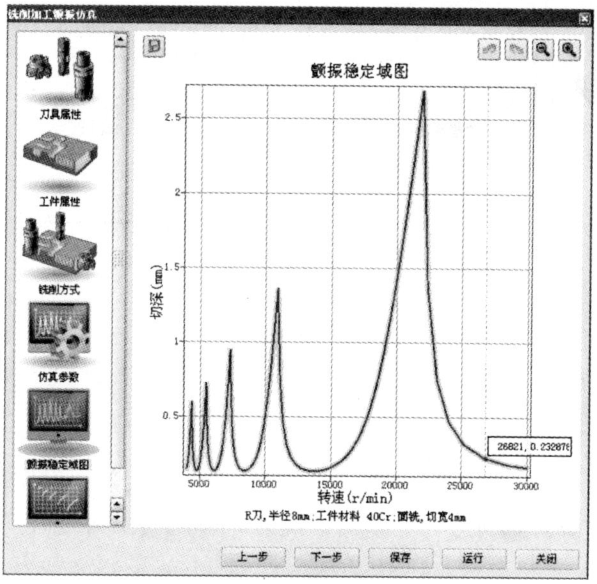

附图 1－18　颤振稳定性叶瓣图

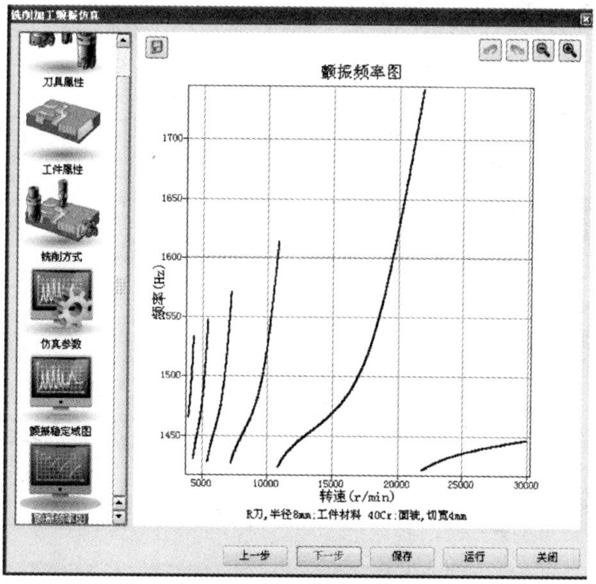

附图 1－19　颤振频率图

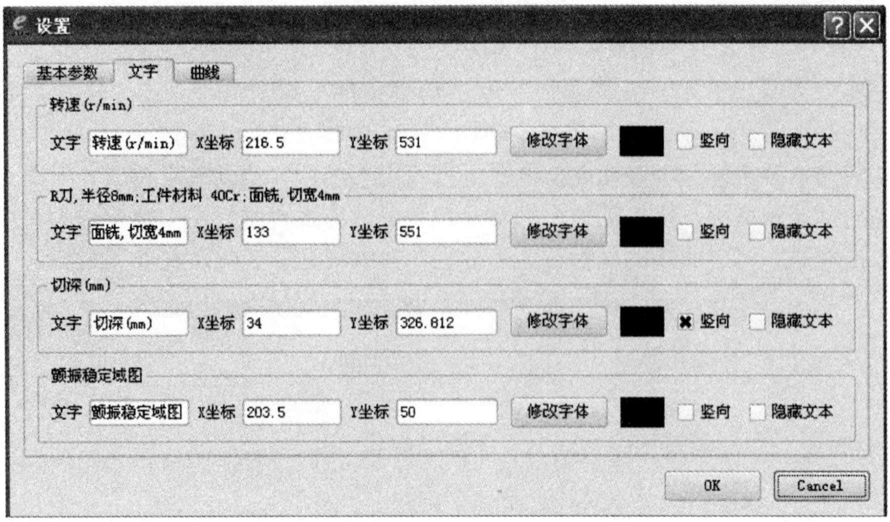

附图 1-20　颤振稳定性叶瓣图曲线设置

附 2　时域仿真：整体刀铣削力仿真

附 2.1　功能简介

整体铣刀铣削仿真用于模拟整体铣刀铣削时的受力情况，可对铣削过程中的 X、Y、Z 的 3 向瞬时铣削力、瞬时切向力 F_t、瞬时径向力 F_r 和瞬时轴向力 F_a 等进行预测。

附 2.2　操作说明

在主界面上选择“时域仿真”菜单下的“整体刀铣削力仿真”（见附图 2-1）或点击“整体刀切削力仿真”图标（见附图 2-2），即可调用整体刀铣削力仿真模块（见附图 2-3）。

附图 2-1　通过菜单栏调用整体刀铣削力仿真模块

附图 2-2　通过工具条调用整体刀铣削力仿真模块

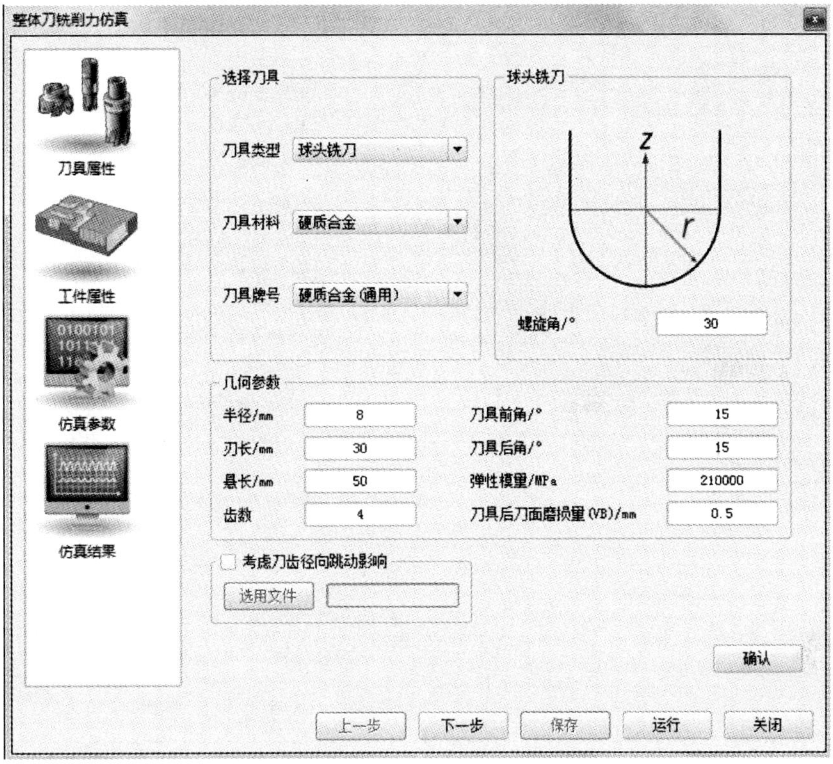

附图 2－3　整体刀铣削力仿真模块

附 2.2.1　刀具属性设置

同附 1.2.1 节。

附 2.2.2　工件属性设置

同附 1.2.2 节。

附 2.2.3　仿真参数设置

在导向栏中选择“仿真参数”或在工件属性界面底部点击“下一步”按钮，可进入“整体刀铣削力仿真”参数设置界面（见附图 2－4）。

该界面主要包括以下 3 部分设置：

（1）铣削方式设置

同附 1.2.3 节。

（2）仿真参数设置

用于输入仿真步长及仿真周期数（见附图 2－5）。

（3）切削参数设置

用于输入主轴转速、轴向切深及进给速度，系统会根据输入情况自动计算出切削线速度、每齿进给量和每转进给量（见附图 2－6）。

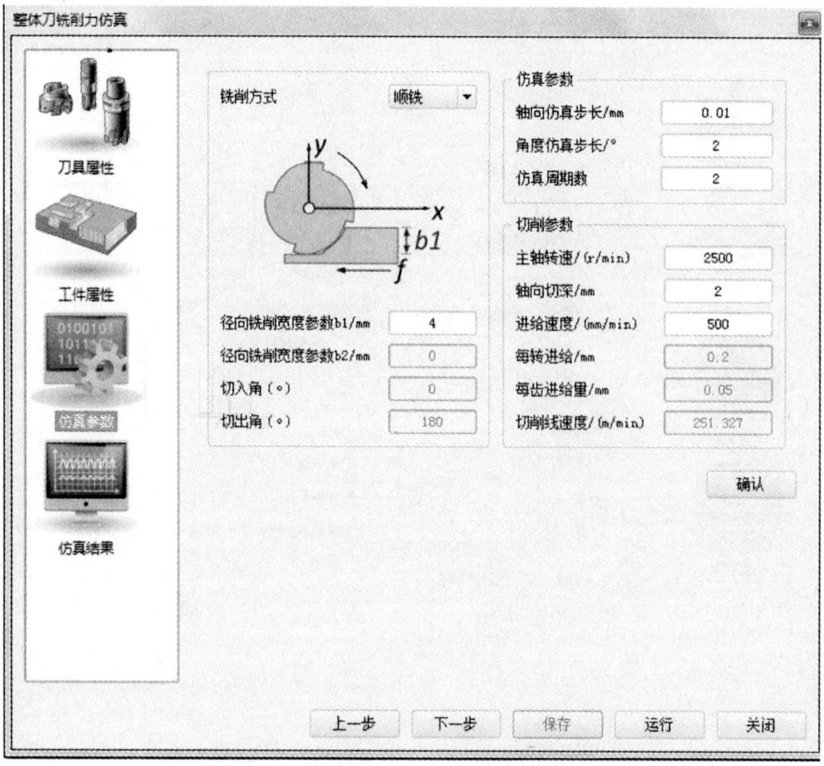

附图 2－4　整体刀铣削力仿真参数设置界面

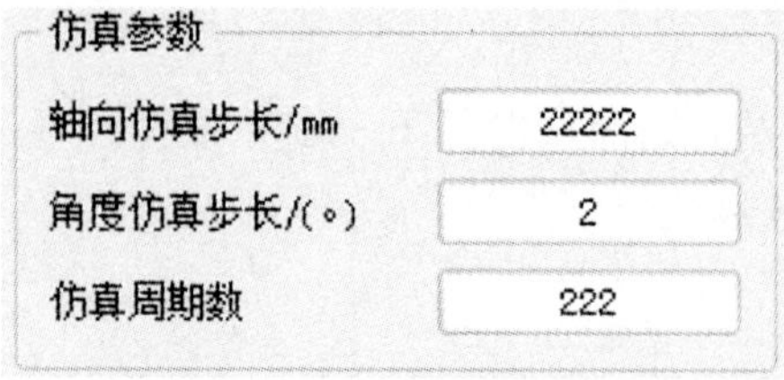

附图 2－5　仿真参数设置

附图 2－6　切削参数设置

附 2.2.4　时域仿真结果显示

在完成刀具属性、工件属性及仿真参数设置后，点击仿真参数界面底部的“运行”按钮，系统即进行铣削力仿真。点击整体刀铣削力仿真模块左边导向栏中的“仿真结果”可查看铣削力仿真结果曲线（见附图 2－7）。

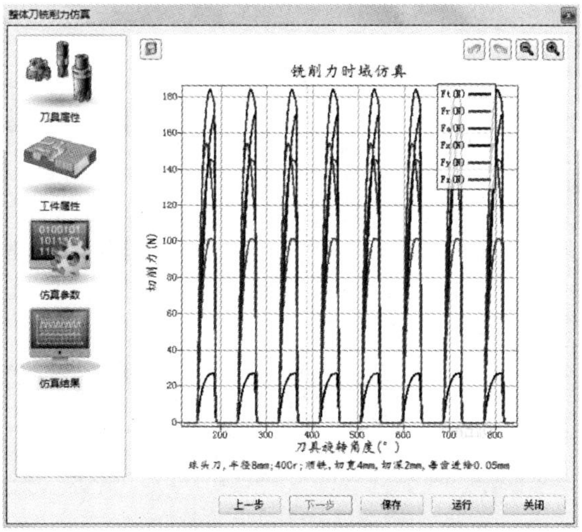

附图 2－7　铣削力仿真结果

双击“铣削力时域仿真”结果曲线，系统将弹出一个设置对话框，用于对铣削力时域仿真结果曲线进行编辑，主要包括基本参数（*X*、*Y* 坐标轴取值范围，见附图 2－8）、文字（*X*、*Y* 坐标名称和曲线标题，见附图 2－9）以及曲线（线型、线宽以及该曲线是否隐藏，见附图 2－10）等的设置，点击“OK”按钮完成设置。

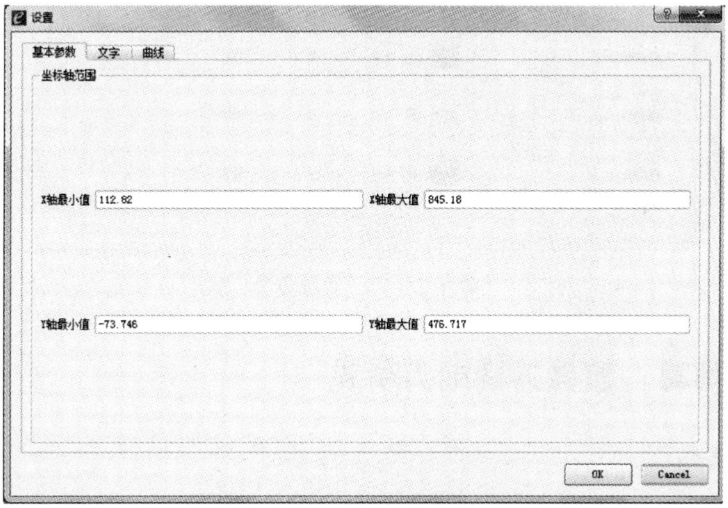

附图 2－8　基本参数设置

点击界面顶部“保存”图标，可将铣削力仿真曲线以图片（＊.png）格式保存；点击仿真结果界面顶部图标，可对铣削力仿真结果曲线进行缩放显示；点击图标，即可对当前操作进行撤销或恢复；点击仿真结果界面底部“保存”按钮，选择路径将铣削力仿真结果以文本文件（＊.txt）或电子表格（＊.xls）形式保存；点击仿真结果界面底部“关闭”按钮，将关闭整体刀铣削力仿真模块。

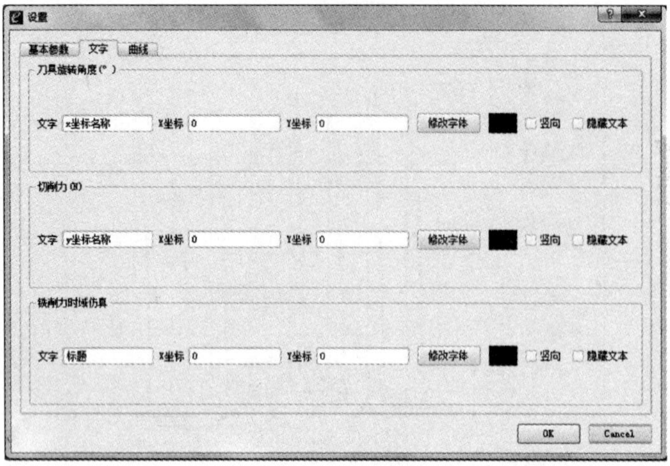

附图 2－9　文字设置

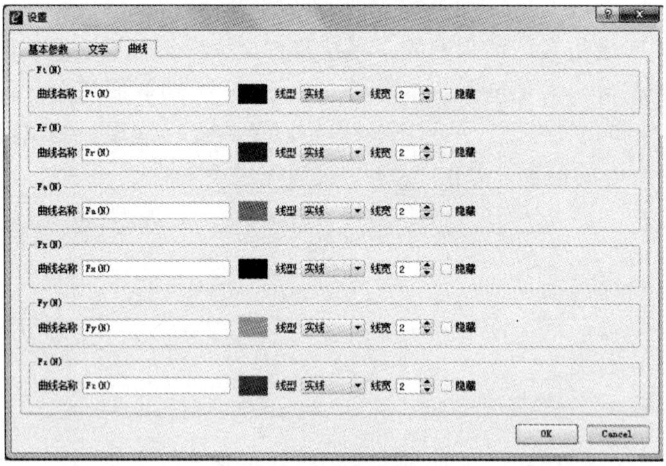

附图 2－10　曲线设置

附 3　时域仿真：镶齿刀铣削力仿真

附 3.1　功能简介

本模块是整体刀铣削力仿真模块的扩展，即对镶齿刀的铣削加工过程进行动力学建模，进而对三种不同类型刀片（矩形，圆形，凸三角形）的镶齿刀进行切削力预测，包括 X、Y、Z 的 3 向瞬时铣削力、瞬时切向力 F_t、瞬时径向力 F_r 和瞬时轴向力 F_a。

附 3.2　操作说明

在主界面上选择“时域仿真”菜单下的“镶齿刀铣削力仿真”项（见附图 3－1）或点击工具栏上“镶齿刀铣削力仿真”图标（见附图 3－2），调用镶齿刀铣削力仿真模块。

附图 3－1　通过菜单栏启动镶齿刀铣削力仿真模块

附图 3－2　通过工具栏启动镶齿刀铣削力仿真模块

附 3.2.1　刀具属性设置

在导向栏中选择“刀具属性”，即可进入“刀具属性”设置界面（见附图 3－3）。

附图 3－3　刀具属性设置界面

“刀具属性”设置包括以下 4 部分内容。

（1）刀片类型、铣刀齿数及刀片层数设置（见附图 3－4）

单击“刀片类型”下拉菜单，可选择相应的刀片类型（矩形刀片、凸三角形刀片和圆形刀片）。在“铣刀齿数”和“刀片层数”文本框中分别输入仿真所需值，系统默认刀片层数是 1。

通过“当前刀齿”和“当前刀层”两个下拉菜单组合可以定位到当前具体的刀片，如附图 3－4 中，当前刀齿和当前刀层的值均为 1，它表示当前编辑的是第一个刀齿上的第一层刀片。

（2）当前刀片参数

根据“当前刀齿”和“当前刀层”所定位的刀片，在“当前刀片参数”设置栏中输入该刀片的几何与方位参数，见附图3－5。

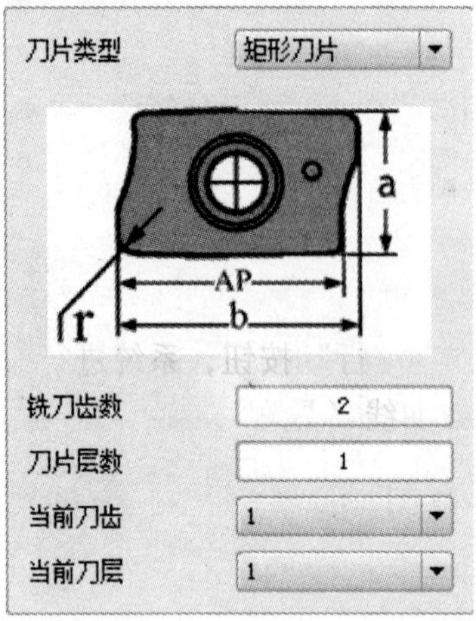

附图3－4　刀片类型、数量及位置设置

附图3－5　当前刀片参数设置

（3）快捷按钮

为方便用户完成“刀具属性”界面设置，该模块特设置了两个快捷按钮“复制到所有刀片”和“刀片定位角度”（见附图3－6）。点击“复制到所有刀片”快捷按钮可以实现将当前刀片参数设置复制到其他刀片。

点击“刀片定位角度”按钮，系统弹出“刀片在刀体上定位角度的说明”（见附图3－7）。

附图3－6　快捷按钮

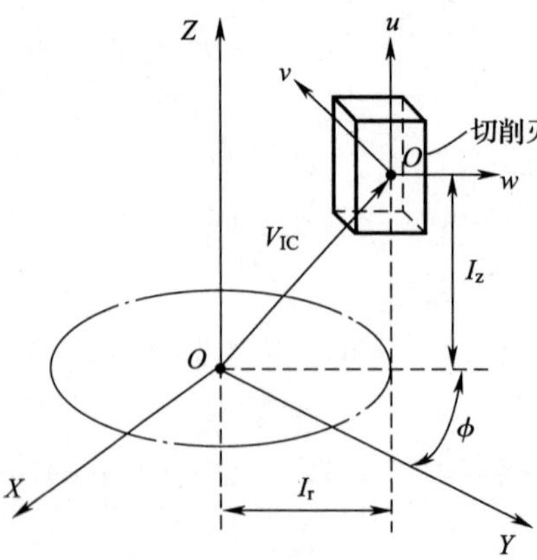

附图3－7　刀片在刀体上定位角度的说明

（3）考虑刀齿径向跳动影响

同附 1.2.1 节中考虑刀齿径向跳动影响。

e－Cutting 软件在进行仿真运算前会检查相关设置是否点击“确认”按钮；否则，在单击“运行”按钮时会提示错误信息。

附 3.2.2　工件属性设置

同附 1.2.2 节。

附 3.2.3　仿真参数设置

参考附 2.2.3 节。

附 3.2.4　时域仿真结果显示

完成刀具属性、工件属性及仿真参数设置后，点击“运行”按钮，系统进行铣削力仿真。点击导向栏中的“仿真结果”查看铣削力仿真结果曲线（见附图 3－8）。

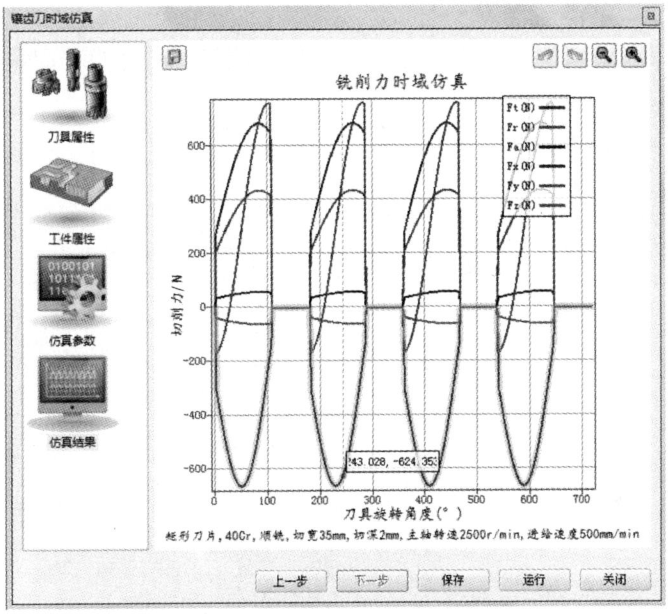

附图 3－8　镶齿刀铣削力仿真结果

附 4　时域仿真：切削力仿真批处理

附 4.1　功能简介

为满足实际需要，可采取批处理方式获得不同加工条件下的动力学仿真结果（包括轴向切深 a_p、径向切深、每齿进给量 f_z、主轴转速 n、各方向铣削力、扭矩、功率、弯矩、夹持面弯曲正应力、最大弯曲正应力、扭转剪应力和材料去除速率 MRR 等），仿真结果可通过 Excel 表格输出。计算过程可考虑铣削力修正系数（前角修正系数、切削速度修正系数、磨损修正系数）对动力学仿真的影响。整个仿真过程需设置各切削参数的初始值、终止值和仿真步长。

附 4.2 操作说明

在主界面上选择时域仿真菜单下的“切削力仿真批处理”（附图 4－1）或点击工具栏上的“切削力仿真批处理”图标，进入切削力仿真批处理模块（附图 4－2）。

附图 4－1　通过菜单栏启动切削力仿真批处理模块

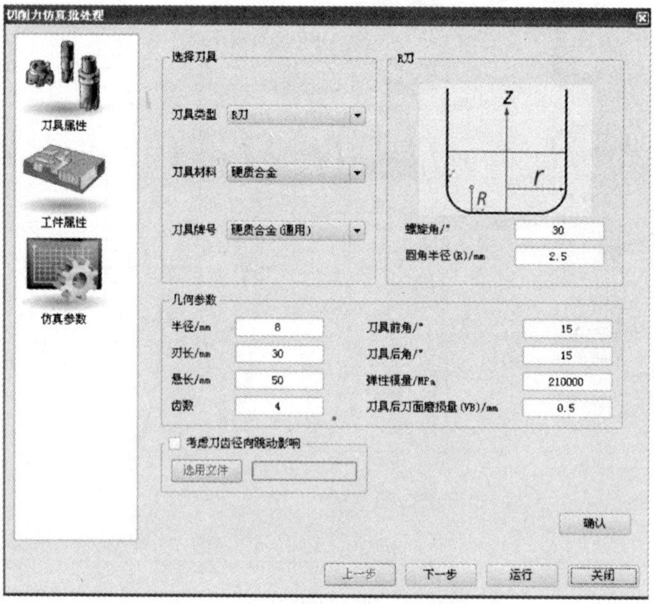

附图 4－2　切削力仿真批处理模块

附 4.2.1　刀具属性设置

同附 1.2.1 节。

附 4.2.2　工件属性设置

同 1.2.2 节。

附 4.2.3　仿真参数设置

在导向栏中选择“仿真参数”或在“工件属性”界面点击底部的“下一步”按钮，即可进入仿真参数设置界面（附图 4－3）。

“仿真参数”设置主要包括“铣削方式”（见附图 4－4）和“仿真设置及参数范围”设置（见附图 4－5）。

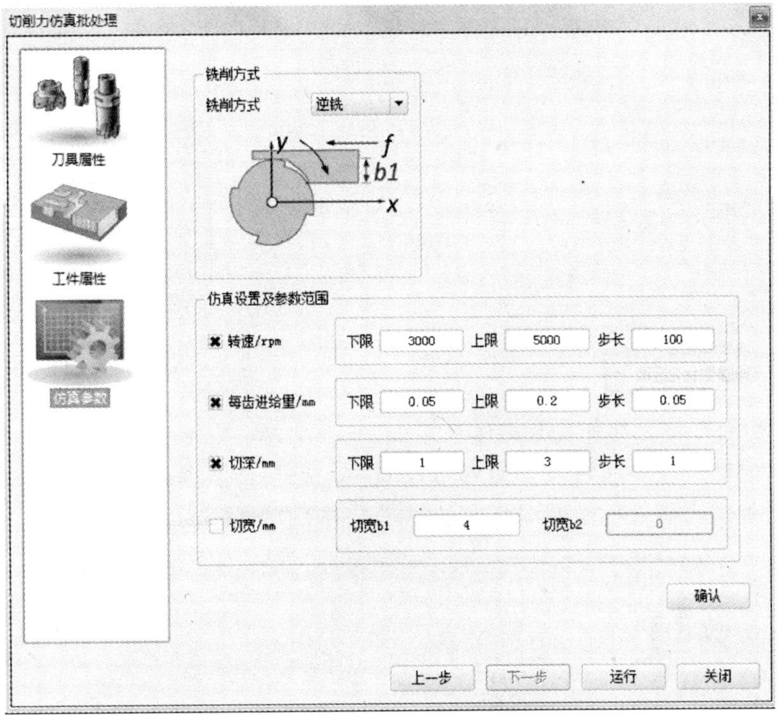

附图 4 – 3　仿真参数设置界面

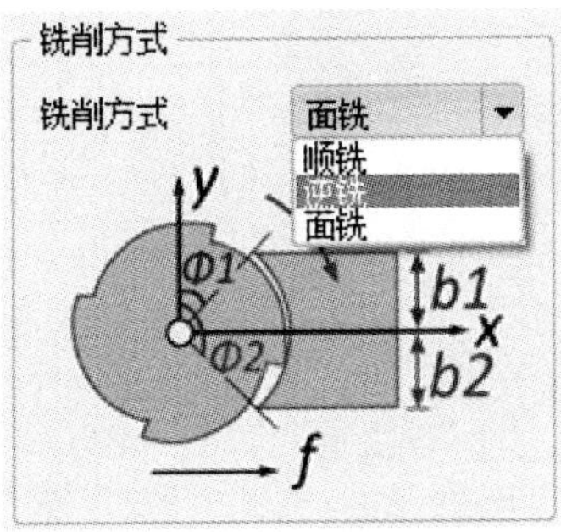

附图 4 – 4　铣削方式选择图

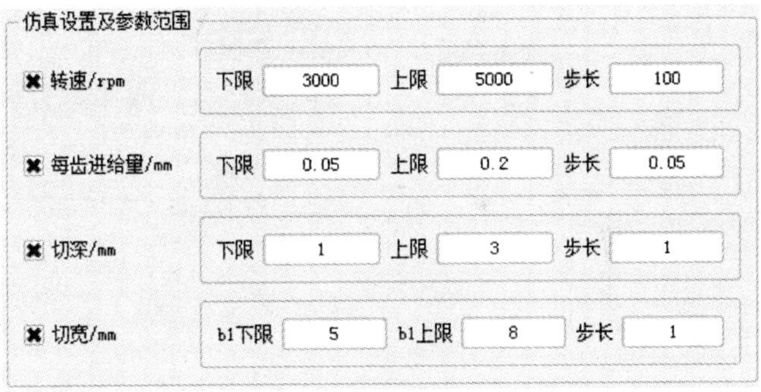

附图 4 – 5　仿真设置及参数范围

用户可根据需要选择仿真条件，例如，当用户不考虑把转速作为一个仿真循环条件时，只需取消“转速”复选框，并在“转速”文本框中输入某固定转速即可（见附图 4 – 5）；当用户需要把转速作为仿真循环条件时，只需选中“转速”复选框，并输入相应的“下限”、“上限”及“步长”框中输入合适的值（见附图 4 – 6）。其他仿真条件处理方法类似。

仿真参数设置完毕后，点击“确认”按钮，系统会对用户输入参数进行逻辑判断，如果输入参数有误，系统则会报警，见附图 4 – 7。

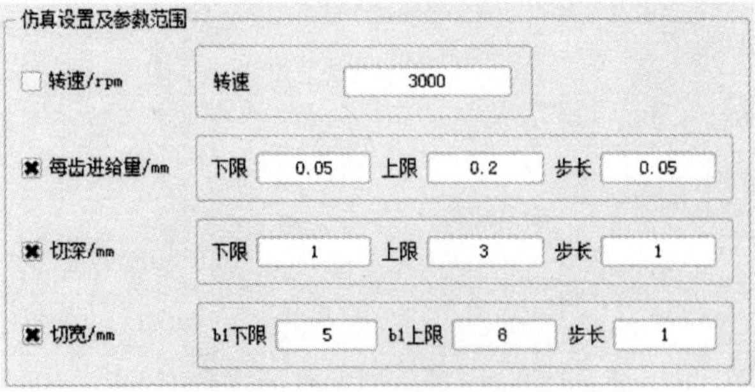

附图 4-6　未考虑转速作为仿真循环条件

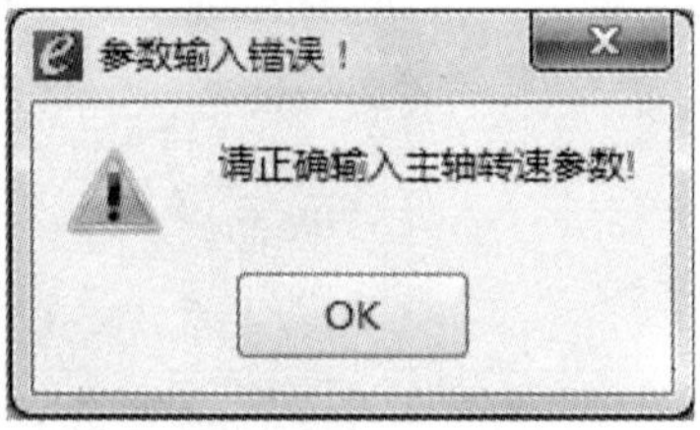

附图 4-7　输入产生出错提示

附图 4.2.4　切削力仿真批处理数据保存

完成刀具属性、工件属性及仿真参数设置后，点击仿真参数界面底部的“运行”按钮，系统进行切削力仿真批处理运算（见附图 4-8）。

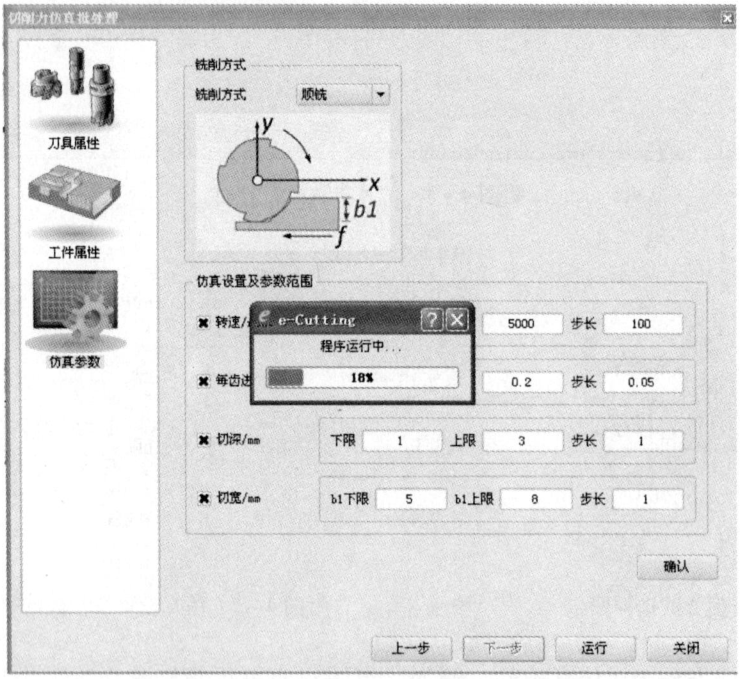

附图 4-8　切削力仿真批处理运算过程

当运算完毕后，系统会弹出“仿真数据表格输出”对话框，选择文件路径将仿真结果保存为文本文件（∗.txt）或电子表格（∗.xls）文件，内容如附图 4-9 所示。

点击切削力仿真批处理模块仿真参数设置界面底部的“关闭”按钮，可关闭切削力仿真批处理模块。

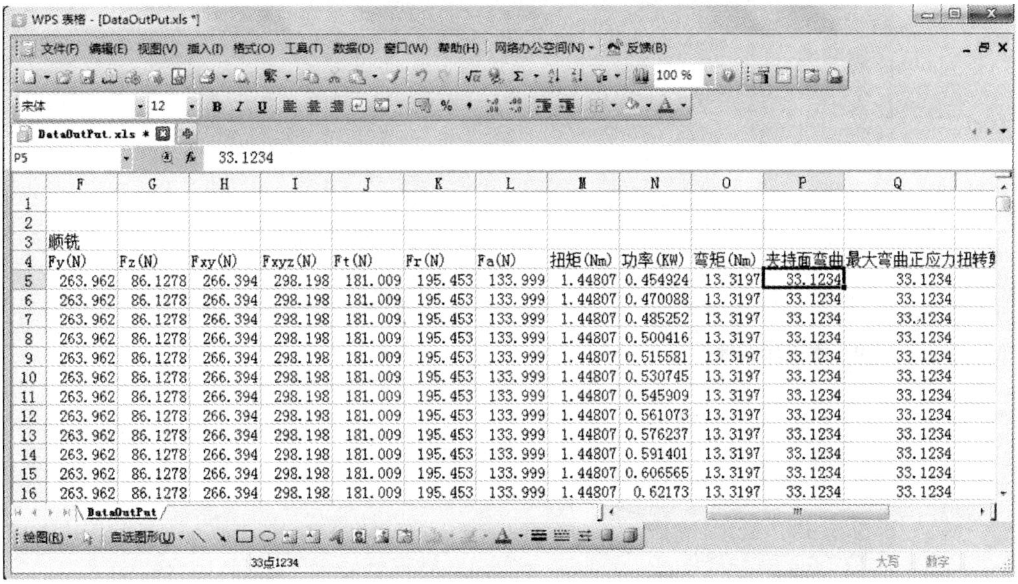

	F	G	H	I	J	K	L	M	N	O	P	Q
1												
2												
3	顺铣											
4	Fy(N)	Fz(N)	Fxy(N)	Fxyz(N)	Ft(N)	Fr(N)	Fa(N)	扭矩(Nm)	功率(KW)	弯矩(Nm)	夹持面弯曲	最大弯曲正应力
5	263.962	86.1278	266.394	298.198	181.009	195.453	133.999	1.44807	0.454924	13.3197	33.1234	33.1234
6	263.962	86.1278	266.394	298.198	181.009	195.453	133.999	1.44807	0.470088	13.3197	33.1234	33.1234
7	263.962	86.1278	266.394	298.198	181.009	195.453	133.999	1.44807	0.485252	13.3197	33.1234	33.1234
8	263.962	86.1278	266.394	298.198	181.009	195.453	133.999	1.44807	0.500416	13.3197	33.1234	33.1234
9	263.962	86.1278	266.394	298.198	181.009	195.453	133.999	1.44807	0.515581	13.3197	33.1234	33.1234
10	263.962	86.1278	266.394	298.198	181.009	195.453	133.999	1.44807	0.530745	13.3197	33.1234	33.1234
11	263.962	86.1278	266.394	298.198	181.009	195.453	133.999	1.44807	0.545909	13.3197	33.1234	33.1234
12	263.962	86.1278	266.394	298.198	181.009	195.453	133.999	1.44807	0.561073	13.3197	33.1234	33.1234
13	263.962	86.1278	266.394	298.198	181.009	195.453	133.999	1.44807	0.576237	13.3197	33.1234	33.1234
14	263.962	86.1278	266.394	298.198	181.009	195.453	133.999	1.44807	0.591401	13.3197	33.1234	33.1234
15	263.962	86.1278	266.394	298.198	181.009	195.453	133.999	1.44807	0.606565	13.3197	33.1234	33.1234
16	263.962	86.1278	266.394	298.198	181.009	195.453	133.999	1.44807	0.62173	13.3197	33.1234	33.1234

附图 4－9　仿真数据表格

附 5　时域仿真：切削参数优化

附 5.1　功能简介

通过设定优化目标（材料去除率、加工成本、综合优化）、约束条件（刀具属性、工件属性和约束设置），优化区间（主轴转速范围、进给速度范围、轴向切深范围、径向切宽范围）和待优化参数（主轴转速、进给速度、轴向切深、径向切宽组合）后，通过计算可获得满足约束条件的最佳切削参数，并可以查看优化前后对比结果（数据或图形形式）。

附 5.2　操作说明

切削参数优化主界面见附图 5－1。其操作流程为设置刀具属性→设置工件属性→设置约束条件→优化设置→优化计算→优化结果查看→结果保存。各步骤详细介绍如下：

附 5.2.1　刀具属性设置

点击“刀具属性”标签，进入“刀具属性设置”界面（见附图 5－2），刀具属性设置包括刀具选择、刀具几何参数和刀齿径向跳动 3 部分内容。

（1）选择铣刀类型

在“选择刀具”栏里选择铣刀的类型（圆柱立铣刀，球头铣刀或 R 刀），并在右侧窗口中输入相应的螺旋角或圆角半径等刀具信息。

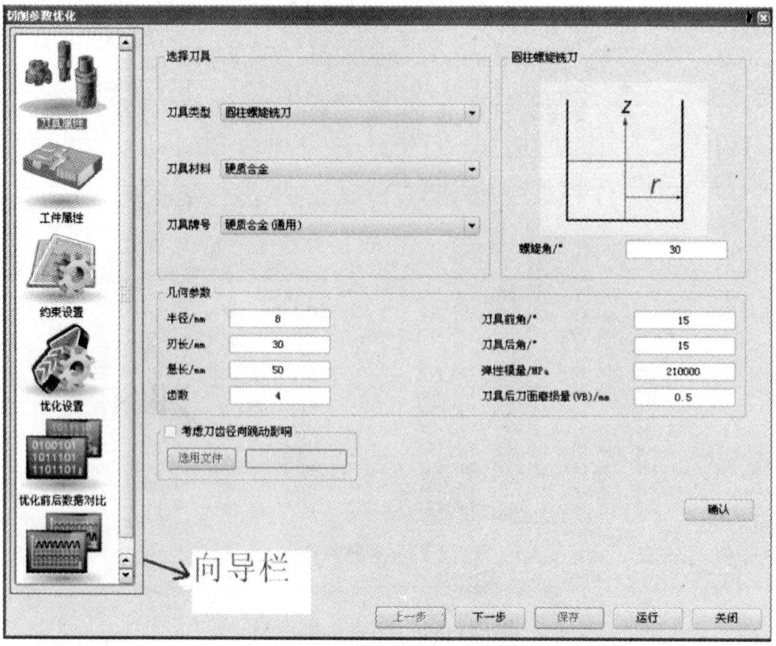

附图 5 - 1　切削参数优化主界面

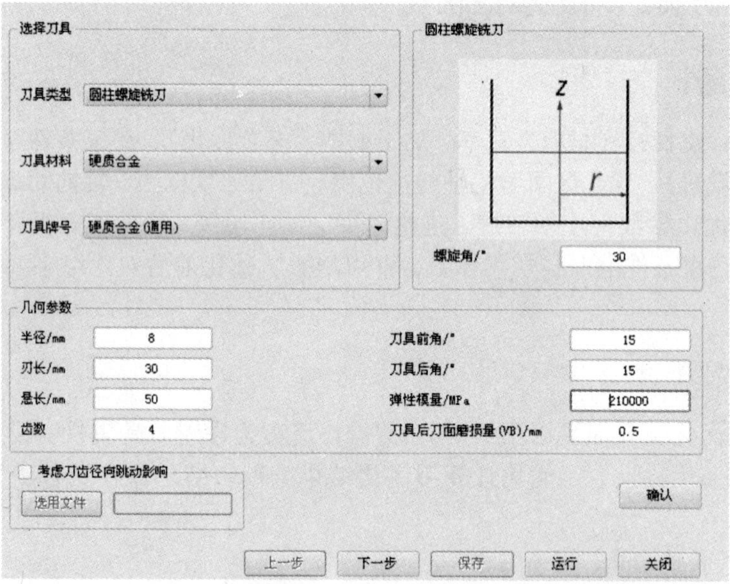

附图 5 - 2　刀具属性设置界面

（2）几何参数

要输入的刀具几何参数见附图 5 - 2。

（3）刀具偏心影响

见附 1. 2. 1 节刀具属性中有关刀齿偏心部分。

（4）输入确认

完成以上各个步骤后，单击“确认”按钮完成参数的输入。如果输入参数不合理，系统会提示报警信息。

附 5.2.2　工件属性设置

同附 1.2.2 节。

附 5.2.3 约束设置

选择“约束设置”标签，进入约束设置界面（见附图 5－3）。约束设置包括：机床约束、刀具约束、工件约束和铣削方式。

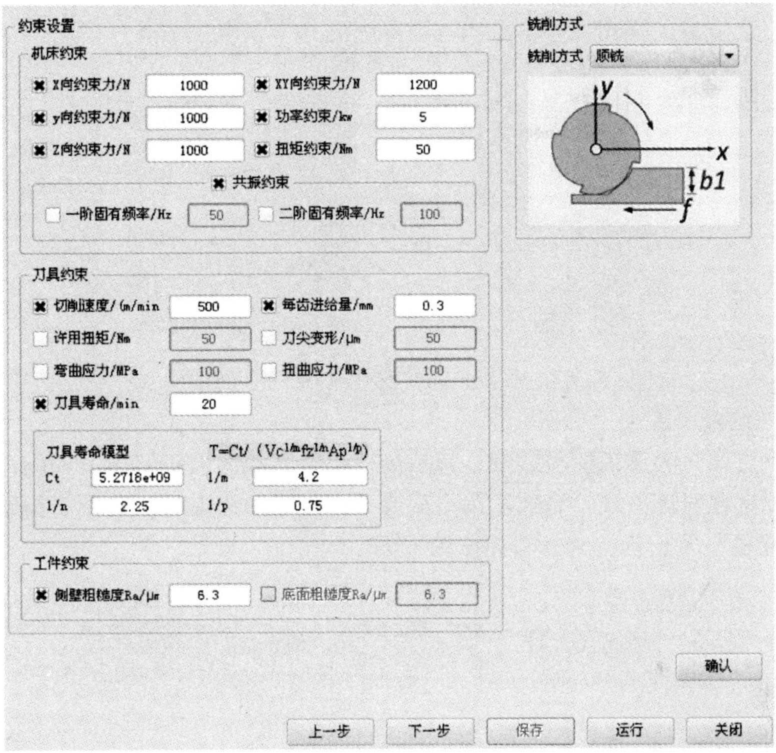

附图 5－3　约束设置主界面

（1）机床约束设置

在机床约束栏中，用户需要根据机床技术手册和实际情况设置一系列和机床相关的约束条件（见附图 5－4）。其中共振约束可考虑机床两阶固有频率。

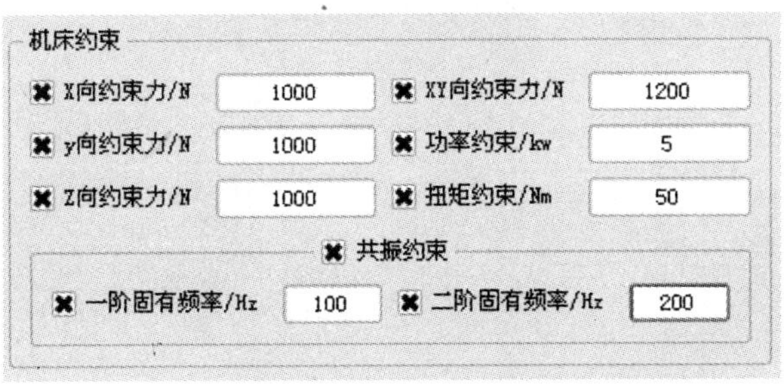

附图 5－4　机床约束设置

(2) 刀具约束设置

在刀具约束栏中，用户需要根据刀具手册和实际情况设置一系列和刀具相关的约束条件（附图5-5）。由于采用不同切削参数时，刀具寿命会发生变化，用户可以通过“刀具寿命经验公式”建立刀具寿命模型，预测刀具寿命。本软件中采用的刀具寿命模型为：

$$T_{\text{life}} = C_{\text{T}}/(v_{\text{c}}^{\frac{1}{m}} f^{\frac{1}{n}} a_{\text{p}}^{\frac{1}{p}})$$

式中，v_c为铣削线速度、f为每齿进给、a_p为轴向切深；C_T、m、n、p可以通过刀具寿命正交试验获得，也可通过查找手册获得。

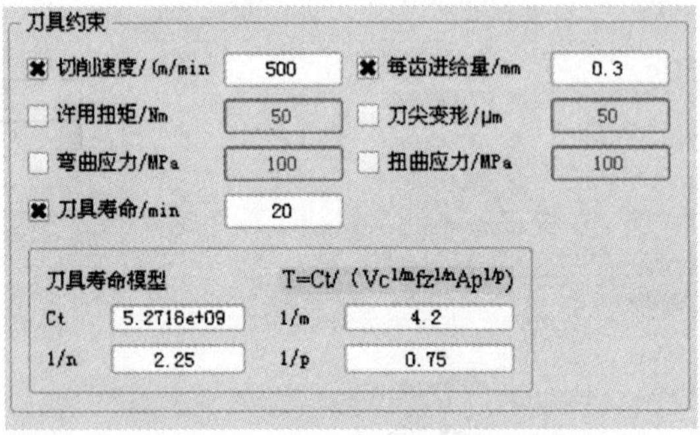

附图5-5　刀具约束设置

(3) 工件约束设置

工件约束方面只考虑粗糙度影响，包括侧壁粗糙度和底面粗糙度，如附图5-6所示。其中底面粗糙度仅对球头铣刀有效。用户需要考虑粗糙度约束时，选择“侧壁粗糙度”以及“底面粗糙度”复选框，并填写相应约束值。

附图5-6　工件约束设置

(4) 铣削方式

提供顺铣和逆铣两种铣削方式，用户通过下拉列表选择相应的铣削方式，系统将给出顺铣及逆铣示意图（见附图5-7）。

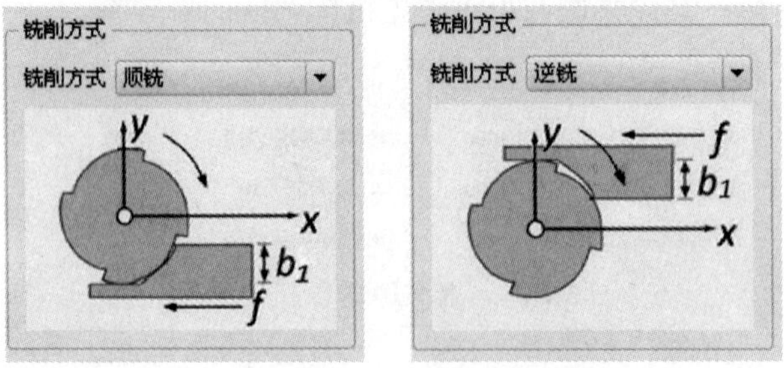

附图5-7　铣削方式

（5）输入确认

完成以上各个步骤后，单击“确认”按钮完成参数输入。

附 5.2.4　优化设置

选择“优化设置”标签，进入优化设置界面（见附图 5－8）。优化设置包括优化前切削参数、优化方式和优化参数选择等。

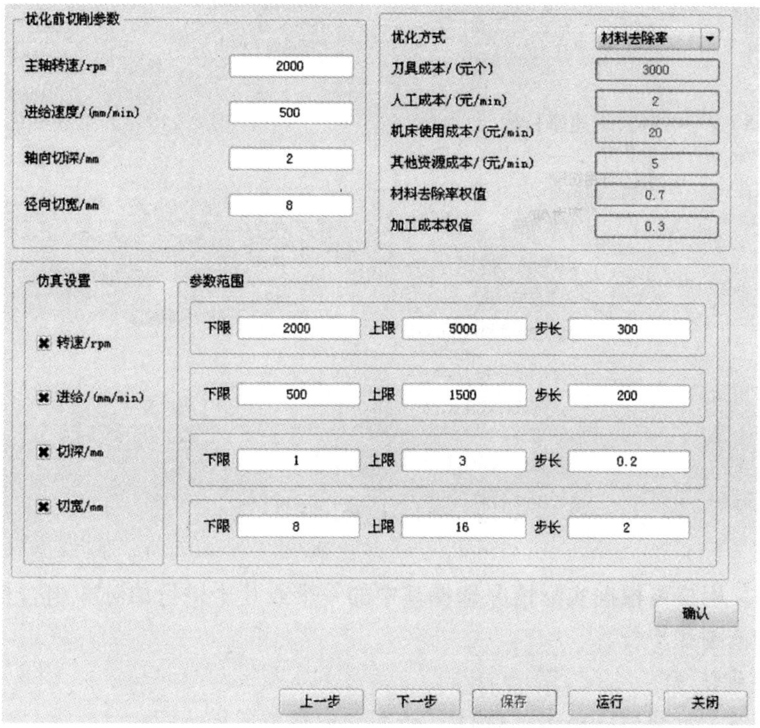

附图 5－8　优化设置主界面

（1）优化前切削参数

输入优化前切削参数，包括主轴转速、进给速度、轴向切深与径向切宽。

（2）优化方式

该模块提供 3 种优化目标：

①材料去除速率（MRR）：提高加工效率，缩短加工时间（见附图 5－9）；

②加工成本：降低单位时间（每小时）加工成本（见附图 5－10）；

③综合优化：通过加权来综合考虑提高效率和降低成本（见附图 5－11）。

用户根据实际需要选择适当的优化目标。当优化目标选择为“加工成本”时，用户需要填写“机床”、“刀具”、“人工”以及“其他资源”成本系数；当优化目标为“综合优化”时，用户需要填写“机床”、“刀具”、“人工”、“其他资源”成本系数以及“加工效率权值”、“加工成本权值”。

（3）选择优化参数

铣削过程中需优化的切削参数包括主轴转速、进给速度（或每齿进给量）、轴向切深

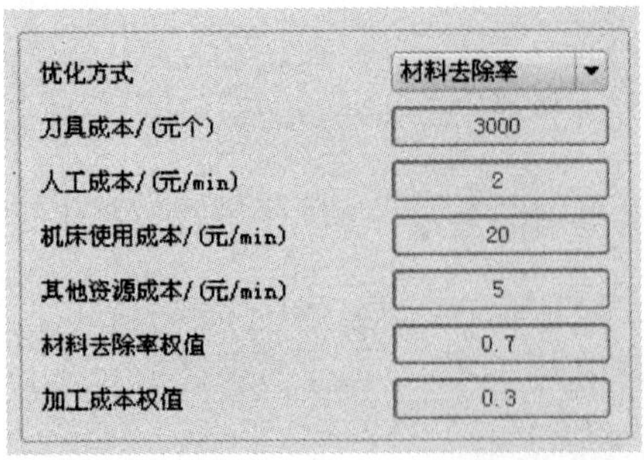

附图5-9　材料去除速率目标

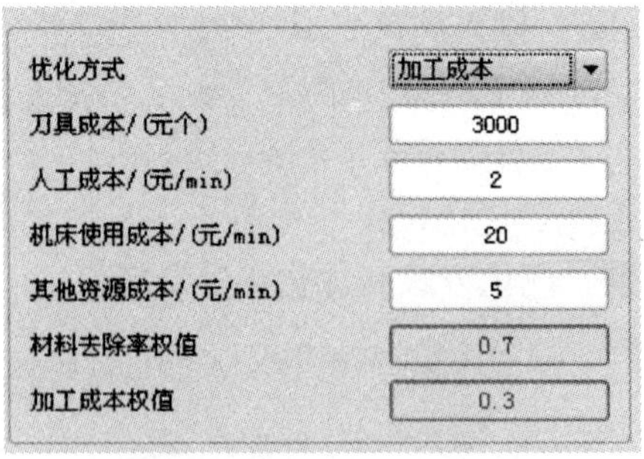

附图5-10　加工成本目标

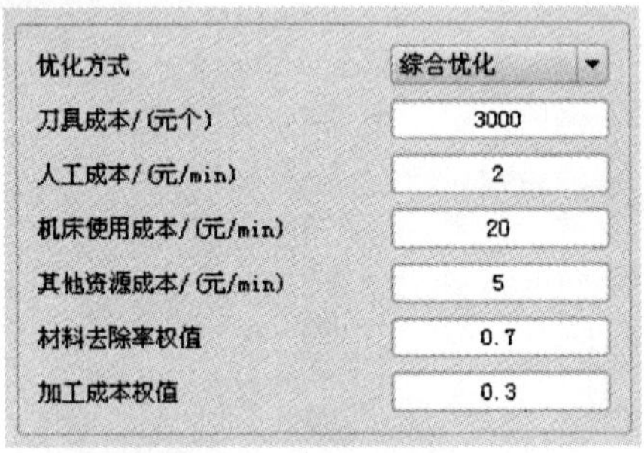

附图5-11　综合优化目标

以及径向切宽。用户可根据实际情况选择其中的一个或几个进行单独或组合优化，优化时需要指定变量范围和步长。

(4) 输入确认

完成以上各个步骤后，单击“确认”按钮完成参数的输入。

附5.2.5　参数优化

设置完上述信息后，单击“运行”按钮，进行优化仿真。

附5.2.6　优化前后数据对比

参数优化结束后，单击“优化前后数据对比”标签，可显示优化前后数据对比情况(见附图5-12)。

对于“约束设置”中没有选择的约束项，在该界面中不进行对比。如附图5-13中，由于在约束条件设置中不考虑“底面粗糙度”以及“侧壁粗糙度”影响，在优化前后切削效果对比界面中“底面粗糙度”以及“侧壁粗糙度”项为空。

单击“保存”按钮，可将上述数据以“·txt”或“·xls”格式保存，保存的内容如附图5-14所示。

附5.2.7　优化前后图形对比

单击“优化前后图形对比”标签，进入如附图5-15所示的界面。该界面采用不同颜色曲线来区别优化前后所对应的项目。该界面显示X向切削力、Y向切削力、Z向切削力、XY平面切削合力、切向力、主轴切削力矩、主轴切削功率、刀尖变形以及刀具夹持面弯矩等内容。通过“对比选项”栏，用户可以在不同对比项目之间进行切换。

附图 5－12　优化前后数据对比界面

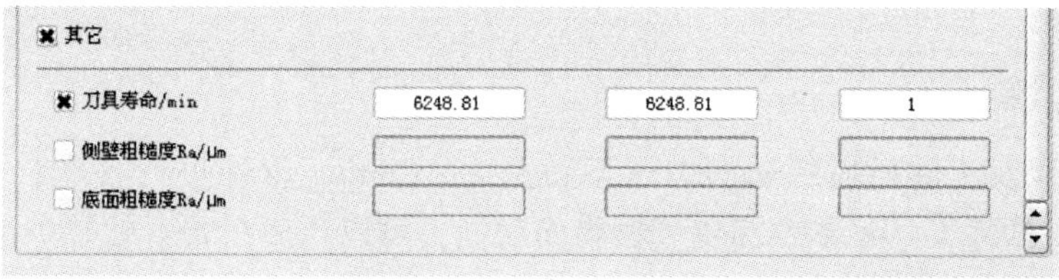

附图 5－13　其他项目对比

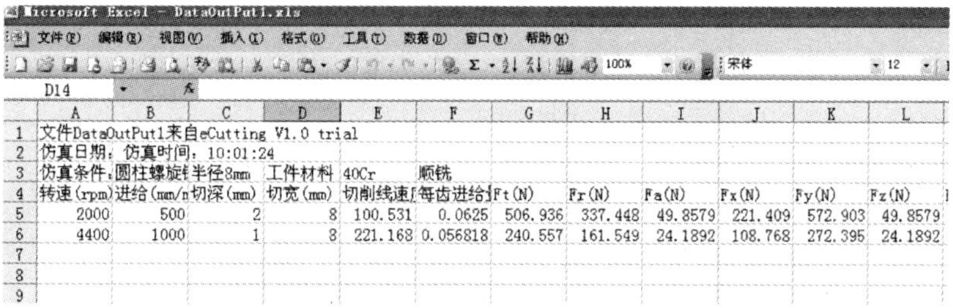

附图 5－14　保存数据文件示例

将鼠标置于图形区域，滚动鼠标滑轮可以实现图形的上下移动；单击图标可以实现图形的缩小和放大；双击鼠标右键，图形将自动以合适的比例全部显示在图形区域中；单击图标可以撤销一步上述操作。

单击图标可以对当前图形进行保存。

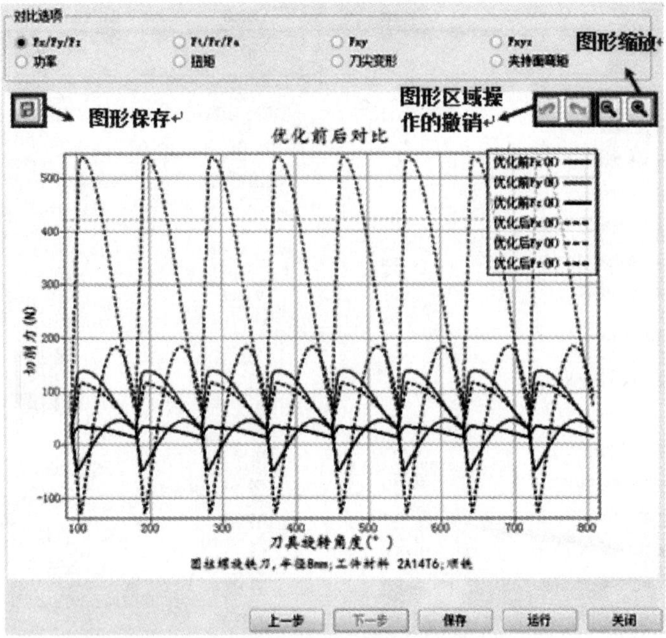

附图 5－15　优化前后图形对比界面

附 6　工具

附 6.1　功能介绍

刀具材料以及工件材料的切削力学系数是 e－Cutting 软件进行各类计算和仿真的基础。e－Cutting 软件工具菜单中提供了材料库功能，可以让用户查看软件中的系统材料库，并且允许用户添加新的材料。

附 6.2　操作说明

点击菜单中“工具”按钮再点击“材料库”，即可进入 e－Cutting 材料库中。也可以通过点击菜单栏下方的材料库快捷方式按钮进入材料库，如附图 6－1 所示。

附图 6－1　进入材料库

附 6.2.1　系统材料库

点击左侧向导栏中系统材料库图标，可查看软件系统材料库中已有刀具、工件的材料及牌号，如附图 6－2 所示。目前，e－Cutting 系统材料库中包含硬质合金刀具的材料属性以及铝合金、镁合金、钛合金、碳素钢、铸铁、合金钢、铜及铜合金等 7 大类数十种工件材料的属性。

附图 6 - 2　系统材料库

附图 6.2.2　用户材料库

点击左侧向导栏中“用户材料库”图标可进入用户材料库，用户可自行向用户材料库中添加新的刀具材料以及工件材料。将刀具或工件材料的类型以及牌号输入相应位置，在切削力系数栏中分别填入新添加材料的切向、径向以及轴向的切削力系数和刃口力系数。正确输入后点击添加当前材料，新材料即被添加进用户材料库中，如附图 6 - 3 所示。新添加的材料可以在“频域仿真”、“时域仿真”等模块中被找到并使用。若要删除某种材料，可选中该材料后点击“删除当前材料”按钮进行删除操作。

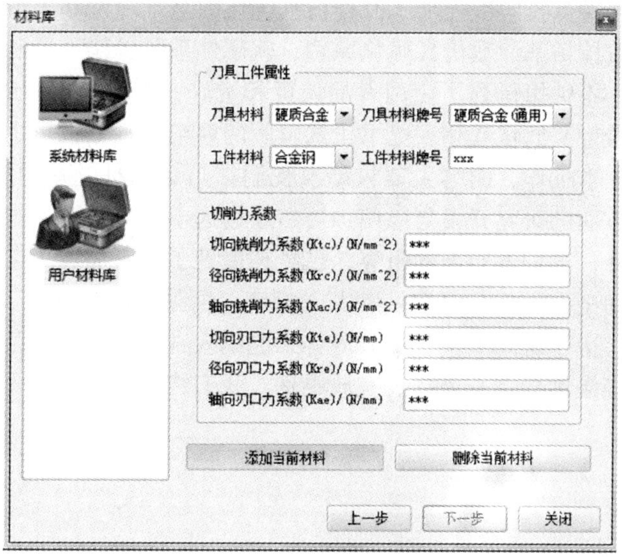

附图 6 - 3　用户材料库

后　　记

经过半年多的紧张工作，我们终于把多年来在数控切削力学/动力学仿真与切削参数优化方面的部分重要工作成果萃取、浓缩在这本《数控铣削加工过程仿真与优化——建模、算法与工程应用》的书稿里。“云晴渐觉山川异，风宁更知道路长”，交稿之时，我们感到稍许的轻松和宽慰，因为总算实现了多年来的一个夙愿。但是，正如上面诗句所描绘的景象，虽是经历长途艰辛跋涉，却会因身在其中难识庐山真面目，而在云散风息之后临高望远，则又倍感山川各异、道路漫长。本书内容涉及的研究开发及应用工作，历时约10年。这期间，我们既收获了取得进展成果的幸福喜悦，也倍尝研究开发过程的曲折艰苦；既得到了专家同行的大力支持肯定，也经历过无中生有的风波小浪。但是，无论是山高路远，还是风浪扑面，我们一直在坚定地努力前行，不仅为了能在科学技术的未知世界里探奥拓新，也为了能在学术研究的广阔天地上有所作为，更为了能在现代制造的应用领域中给力贡献。

本书的内容中的铣削过程建模基础理论部分是在我留学国外时的导师尤瑟夫·奥廷塔思（Yusuf Altintas）教授的创新和开拓性的研究成果基础上，结合国内制造业需求有针对性地开展消化、吸收以及进一步研究应用而形成的，当前的“X - Cut”和“e - Cuting”也是基于这些成果并为了满足国内企业数控加工优化增效的迫切需求完全自主开发的仿真优化系统。“千台数控机床增效工程”的成功实施与取得的成效，让越来越多的研究人员和工程技术人员将关注点投向数控加工过程仿真优化的基础理论和关键使能技术，在增效工程中我们编写了数控切削参数仿真优化原理、软硬件系统操作手册和应用规程等成套培训教材，以应急需，不曾想得到了使用者的认可和赞许，在增效工程中发挥了重要作用，许多人也多次表达希望我们将其整理成书正式出版的期望。本书也可以说是我们顺应需求呈现给各位读者第一本拙作，内容主要只涉及我们在当前相对成熟的经典切削力学/动力学仿真理论与方法方面的研究开发与应用，当然还远远不能全面概括这个领域里国内外研究进展和成果。此外，我们近年来的研究，已经拓展到了基于加工工艺特征和各种加工策略等变参数条件下切削力学、动力学。考虑“机床 - 伺服 - 切削过程”多耦合的数控机床整机动力学仿真等。由于时间关系，这些内容未能纳入本书中，自觉甚是遗憾！

学海求索，路漫漫则修远，风物长宜放眼量。我们将不懈努力，争取为各位读者呈上更多、更好的新作。

编著者

2011 年 5 月